3ds Max 2018/VRay 室内效果图制作从新手到高手

毛璞　王倩雯　罗琼 /主编
户天顺 /副主编

中国青年出版社
CHINA YOUTH PRESS

图书在版编目（CIP）数据

3ds Max 2018/VRay室内效果图制作从新手到高手：超值全彩版 / 毛璞，王倩雯，罗琼主编.
—北京：中国青年出版社，2018.11
ISBN 978-7-5153-5247-3
I.①3… II.①毛… ②王… ③罗… III. ①室内装饰设计-计算机辅助设计-三维动画软件
IV. ①TU238-39
中国版本图书馆CIP数据核字（2018）第193886号

3ds Max 2018/VRay室内效果图制作从新手到高手
（超值全彩版）

毛璞 王倩雯 罗琼 / 主编 户天顺 / 副主编

出版发行：中国青年出版社
地　　址：北京市东四十二条 21 号
邮政编码：100708
电　　话：（010）50856188 / 50856189
传　　真：（010）50856111
企　　划：北京中青雄狮数码传媒科技有限公司
策划编辑：张 鹏
责任编辑：张 军

印　　刷：湖南天闻新华印务有限公司
开　　本：787×1092 1/16
印　　张：15
版　　次：2019 年 7 月北京第 1 版
印　　次：2019 年 7 月第 1 次印刷
书　　号：ISBN 978-7-5153-5247-3
定　　价：59.90 元（附赠案例素材文件、3D 模型、精美材质贴图、语音视频教学等海量资源）

本书如有印装质量等问题，请与本社联系
电话：（010）50856188 / 50856189
读者来信：reader@cypmedia.com
投稿邮箱：author@cypmedia.com
如有其他问题请访问我们的网站：http://www.cypmedia.com

前言

首先，感谢您选择并阅读本书。

3ds Max是一款功能强大的三维建模与动画设计软件，利用该软件不仅可以设计出各种建筑模型，还可以很好地制作出具有仿真效果的图片和动画。随着国内建筑行业的迅猛发展，3ds Max的三维建模功能得到了淋漓尽致的发挥。目前，市场上与之相关的图书也层出不穷，但由于受传统出版思路和教学方法的影响，相当一部分图书都存在理论讲解与实际应用无法完全融合的尴尬，读者在学习过程中会感到知识的连贯性差，表现为在学习理论知识后，实际操作软件时会遇到不知如何下手的困惑。基于此，我们组织一批富有经验的一线教师和设计人员共同编写了本书，其目的是让读者所学即所用，以达到一定的职业技能水平。

本书以3ds Max 2018版本为写作基础，围绕室内效果图的制作展开介绍，以“理论+实例”的形式对3ds Max 2018的操作应用和VRay渲染器的知识进行了全面地阐述，书中更加突出强调知识点的实用性。书中每一张效果图的制作都给出了详细的操作步骤，同时还贯穿了作者在实际工作中得出的实战技巧和经验。正所谓要“授人以渔”，学习本书不仅可以让读者掌握这款三维建模软件，还能利用它独立完成室内效果图的创作。

本书内容概述

章节	内容
第1章	主要介绍了3ds Max 2018的应用领域、新增功能、工作界面以及界面的自定义设置
第2章	主要介绍了3ds Max 2018基本操作，包括文件操作、变换操作、复制操作、捕捉操作、隐藏操作、成组操作等
第3章	主要介绍了基本体建模与扩展基本提建模的方法与技巧
第4章	主要介绍了样条线的创建、复合对象的创建、修改器的应用以及可编辑对象的应用等
第5章	主要介绍了3ds Max摄影机和VRay摄影机的相关知识
第6章	主要介绍了材质的基础知识、材质的类型、贴图以及VRay材质应用等内容
第7章	主要介绍了灯光的种类、标准灯光的基本参数、光度学灯光的基本参数以及VRay灯光等知识
第8章	主要介绍了VRay渲染器的基础知识及应用方法
第9～12章	以综合案例的形式依次介绍了客厅效果图、餐厅效果图、卧室效果图、商务办公楼效果图的制作方法与技巧

本书各实例均经过精心设计，操作步骤简明清晰，技术分析深入浅出。在每章的最后均安排了“新手练习”、“高手进阶”操作案例。按照展示的步骤，读者很容易上手操作。

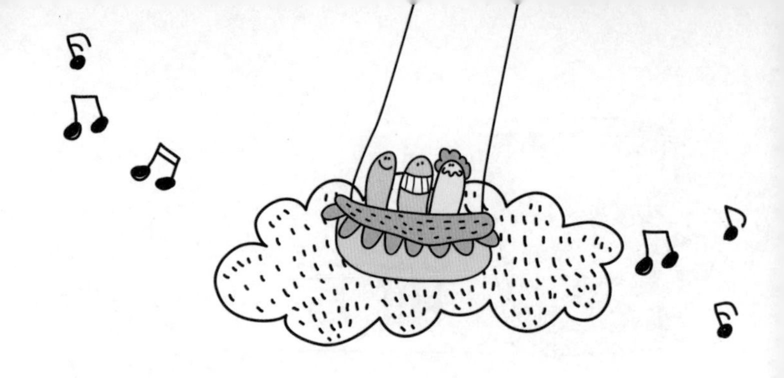

赠送超值资源

为了帮助读者更加直观地学习本书，随书附赠的资料包括：

- 书中全部实例的素材文件，方便读者高效学习；
- 书中课后练习文件，以帮助读者加强练习，真正做到熟能生巧；
- 语音教学视频，手把手教你学，扫除初学者对新软件的陌生感；
- 微信关注DSSF007公众平台，回复"高级教程"获取更多3ds Max学习资源。

适用读者群体

本书既可作为了解3ds Max各项功能和最新特性的应用指南，又可作为提高用户设计和创新能力的指导。本书适用于以下读者：

- 室内效果图制作人员；
- 室内效果设计人员；
- 室内装修、装饰设计人员；
- 效果图后期处理技术人员；
- 装饰装潢培训班学员与大中专院校相关专业师生；
- 对3ds Max软件感兴趣并自学的首选教材。

本书由一线资深教育培训专业老师编写，这些老师在长期的工作中积累了大量的经验，在写作的过程中始终坚持严谨细致的态度、力求精益求精，在此向参与本书编写工作的所有老师表示感谢。本书在编写过程中力求严谨细致，但由于时间与精力有限，疏漏之处在所难免，望广大读者批评指正。

编　者

目录

1 Chapter 3ds Max 2018轻松入门

第1节 初识3ds Max 2018 …… 012
- 1.1.1 3ds Max发展简史 …… 012
- 1.1.2 3ds Max应用领域 …… 012
- 1.1.3 3ds Max 2018新功能 …… 013

第2节 3ds Max 2018工作界面 …… 014
- 1.2.1 菜单栏 …… 015
- 1.2.2 工具栏 …… 015
- 1.2.3 命令面板 …… 016
- 1.2.4 视口 …… 017
- 1.2.5 状态栏和提示栏 …… 018

新手练习 自定义视口背景色 …… 020

高手进阶 DIY视口边框颜色 …… 021

2 Chapter 3ds Max 2018基本操作

第1节 个性化工作界面 …… 023
- 2.1.1 视口布局 …… 023
- 2.1.2 视觉样式 …… 023

第2节 软件基本操作 …… 024
- 2.2.1 文件操作 …… 024
- 2.2.2 变换操作 …… 024
- 2.2.3 复制操作 …… 025
- 2.2.4 捕捉操作 …… 026
- 2.2.5 对齐操作 …… 027
- 2.2.6 镜像操作 …… 027
- 2.2.7 隐藏/冻结/解冻操作 …… 027
- 2.2.8 成组操作 …… 028

新手练习 巧设绘图单位 …… 029

高手进阶 轻松复制沙发模型 …… 030

3 Chapter 基础建模技术

第1节 创建标准基本体…………032

3.1.1 长方体…………032

3.1.2 圆锥体…………033

3.1.3 球体…………034

3.1.4 几何球体…………034

3.1.5 圆柱体…………035

3.1.6 管状体…………035

3.1.7 圆环…………036

3.1.8 茶壶…………036

3.1.9 平面…………037

3.1.10 加强型文本…………038

第2节 创建扩展基本体…………038

3.2.1 异面体…………039

3.2.2 切角长方体…………039

3.2.3 切角圆柱体…………040

新手练习 绘制沙发凳模型…………041

高手进阶 创建餐桌椅模型…………042

4 Chapter 高级建模技术

第1节 创建样条线…………045

4.1.1 线…………045

4.1.2 其他样条线…………046

第2节 NURBS建模…………049

4.2.1 NURBS对象…………049

4.2.2 编辑NURBS对象…………050

第3节 创建复合对象…………052

4.3.1 布尔对象…………053

4.3.2 放样对象…………055

第4节 认识修改器…………056

4.4.1 修改器堆栈…………056

4.4.2 二维图形常用修改器…………056

第5节 可编辑对象…………060

4.5.1 可编辑样条线…………060

4.5.2 可编辑多边形…………061

4.5.3 可编辑网格…………064

新手练习 创建电视柜模型…………065

高手进阶 创建装饰品模型…………068

5 Chapter

摄影机技术

第1节 3ds Max摄影机 ······ 072

5.1.1 认识摄影机 ······ 072

5.1.2 操作摄影机 ······ 072

第2节 标准摄影机 ······ 073

5.2.1 物理摄影机 ······ 073

5.2.2 目标摄影机 ······ 075

5.2.3 自由摄影机 ······ 076

第3节 VRay摄影机 ······ 077

新手练习 为卧室场景创建摄影机 ······ 078

高手进阶 为场景创建景深效果 ······ 079

6 Chapter

材质与贴图应用

第1节 材质的应用 ······ 081

6.1.1 设计材质 ······ 081

6.1.2 材质编辑器 ······ 082

6.1.3 材质管理 ······ 082

第2节 材质的类型 ······ 083

6.2.1 “标准”材质 ······ 083

6.2.2 “壳”材质 ······ 084

6.2.3 “双面”材质 ······ 085

6.2.4 “多维/子对象”材质 ······ 085

第3节 贴图的应用 ······ 086

6.3.1 2D贴图 ······ 086

6.3.2 3D贴图 ······ 088

6.3.3 其他贴图 ······ 090

第4节 VRay材质的应用 ······ 091

6.4.1 VRay材质类型 ······ 091

6.4.2 VRay程序贴图 ······ 094

新手练习 为沙发模型创建材质 ······ 096

高手进阶 为绿植盆栽添加材质 ······ 098

Chapter 7 灯光技术

第1节 灯光的种类 …… 102
7.1.1 标准灯光 …… 102
7.1.2 光度学灯光 …… 103
第2节 标准灯光的基本参数 …… 104
7.2.1 强度/颜色/衰减 …… 104
7.2.2 区域阴影 …… 105
7.2.3 阴影贴图 …… 105
7.2.4 VRay阴影 …… 105
7.2.5 光线跟踪阴影 …… 106
第3节 光度学灯光的基本参数 …… 107
7.3.1 灯光的分布方式 …… 107
7.3.2 灯光的强度和颜色 …… 108
7.3.3 灯光的形状 …… 109
第4节 VRay光源系统 …… 109
7.4.1 VRay灯光 …… 109
7.4.2 VRay太阳 …… 110
7.4.3 VRayIES …… 111
新手练习 为书房场景创建灯光 …… 112
高手进阶 为客厅场景创建灯光 …… 115

Chapter 8 VRay渲染器的应用

第1节 渲染基础知识 …… 119
8.1.1 渲染器的类型 …… 119
8.1.2 渲染器的设置 …… 119
第2节 VRay渲染器 …… 120
8.2.1 "公用"选项卡 …… 120
8.2.2 V-Ray选项卡 …… 121
8.2.3 GI选项卡 …… 125
8.2.4 "设置"选项卡 …… 129
新手练习 渲染厨房模型 …… 130
高手进阶 渲染书房模型 …… 133

9
Chapter
客厅场景的表现
第1节 检测模型……137
第2节 为客厅场景创建材质……138
9.2.1 为建筑主体创建材质……138
9.2.2 为沙发和背景墙创建材质……140
9.2.3 为沙发凳创建材质……146
9.2.4 为茶几创建材质……148
9.2.5 为电视背景墙创建材质……149
9.2.6 为其他装饰品创建材质……151
第3节 为客厅场景创建灯光……154
第4节 渲染客厅场景效果……158
第5节 Photoshop后期处理……161

10
Chapter
餐厅场景的表现
第1节 检测模型……164
第2节 为餐厅场景创建材质……165
10.2.1 为建筑主体创建材质……165
10.2.2 为餐桌椅组合创建材质……169
10.2.3 为装饰镜创建材质……175
10.2.4 为酒柜创建材质……177
10.2.5 为其他装饰品创建材质……179
第3节 为餐厅场景创建灯光……182
第4节 渲染餐厅场景效果光……187
第5节 Photoshop后期处理……190

11
Chapter
卧室场景的表现
第1节 创建模型……193
11.1.1 导入CAD平面布局图……193
11.1.2 创建卧室框架模型……194
11.1.3 创建吊顶石膏线及推拉门模型……198
11.1.4 创建床头背景墙模型……200
11.1.5 合并成品模型……201
第2节 检测模型并创建摄影机……202

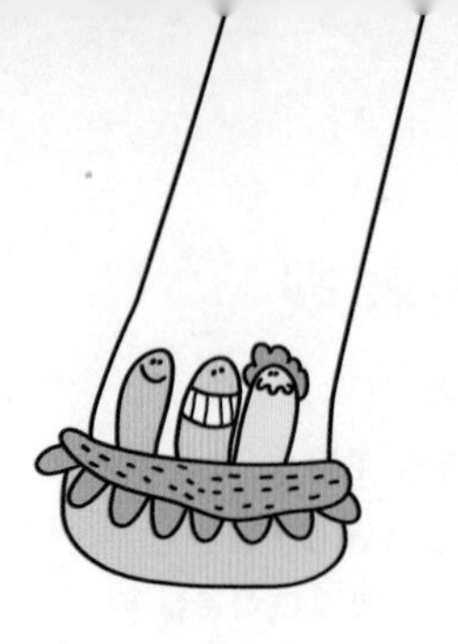

第3节 为卧室场景创建材质 204

11.3.1 为建筑主体创建材质 204

11.3.2 为门框及艺术玻璃创建材质 207

11.3.3 为双人床创建材质 210

11.3.4 为吊灯及装饰品创建材质 213

第4节 为卧室场景创建灯光 216

第5节 渲染卧室场景 219

第6节 Photoshop后期处理 221

12 Chapter 办公大厅场景的表现

第1节 创建摄影机 224

第2节 创建主要材质 225

第3节 为办公大厅场景创建灯光 227

12.3.1 创建室外场景及阳光光源 227

12.3.2 创建天光 230

12.3.3 创建筒灯光源 232

12.3.4 创建接待台光源 233

12.3.5 创建壁灯光源 235

12.3.6 创建补光 236

第4节 渲染办公大厅场景效果 237

12.4.1 测试渲染 237

12.4.2 高品质效果渲染 238

第5节 Photoshop后期处理 239

1 Chapter 3ds Max 2018 轻松入门

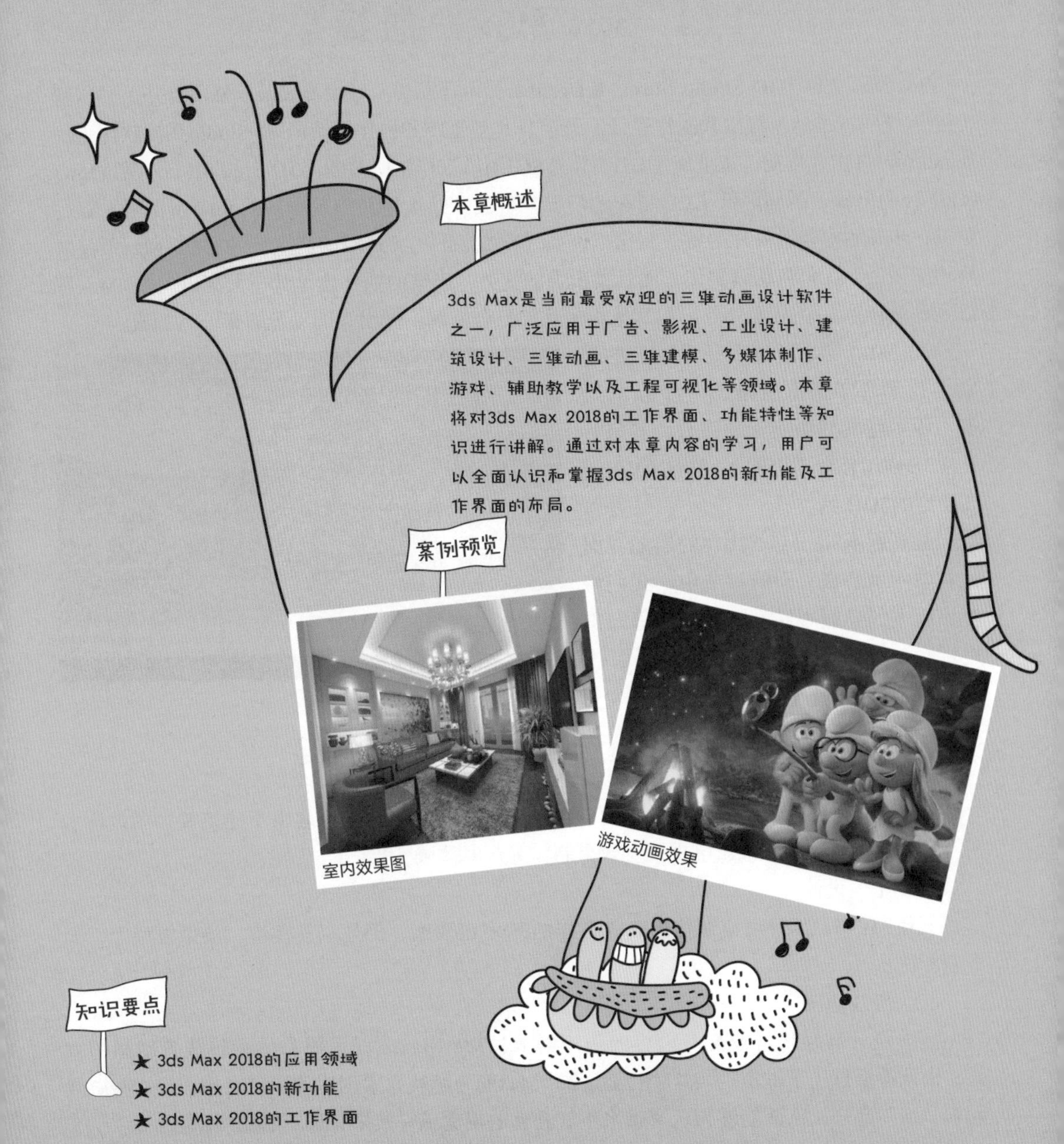

3ds Max是当前最受欢迎的三维动画设计软件之一，广泛应用于广告、影视、工业设计、建筑设计、三维动画、三维建模、多媒体制作、游戏、辅助教学以及工程可视化等领域。本章将对3ds Max 2018的工作界面、功能特性等知识进行讲解。通过对本章内容的学习，用户可以全面认识和掌握3ds Max 2018的新功能及工作界面的布局。

室内效果图

游戏动画效果

知识要点

- 3ds Max 2018的应用领域
- 3ds Max 2018的新功能
- 3ds Max 2018的工作界面

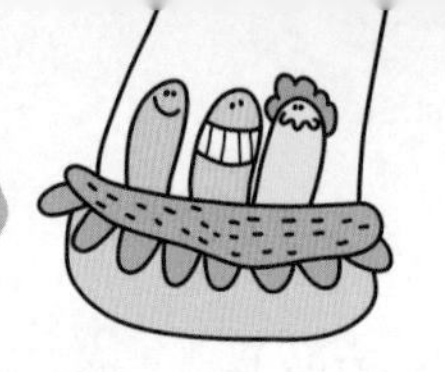

第1节 初识3ds Max 2018

3ds Max是一款优秀的三维动画设计类软件，它是利用建立在算法基础之上并高于算法的可视化程序来生成三维模型的。与其他建模软件相比，3ds Max操作更简单、更容易上手，因此受到了广大用户的青睐。

1.1.1 3ds Max发展简史

3ds Max全称为3D Studio Max，是Discreet公司开发的（后被Autodesk公司合并）一款基于PC系统的三维动画渲染和制作软件。其前身是基于DOS操作系统的3D Studio系列软件。在Windows NT出现以前，工业级的CG制作被SGI图形工作站所垄断。3D Studio Max+Windows NT组合的出现，瞬间降低了CG制作的门槛，首先开始运用在电脑游戏的动画制作中，随后更进一步开始参与影视片的特效制作，例如《X战警Ⅱ》、《最后的武士》等。3ds Max不仅建模功能强大，在角色动画制作方面具备很强的优势，丰富的插件也是其一大亮点。3ds Max可以说是最容易上手的3D软件。和其他相关软件配合流畅，做出来的动画效果非常逼真。

3ds Max的更新速度超乎人们的想象，几乎每年都准时推出一个新的版本。版本越高其功能就越强大，其宗旨是使3D创作者在更短的时间内创作出更高质量的3D作品。

最新版本3ds Max 2018的启动界面如右图所示。在后面的章节中，我们将对该版本的界面布局、基本操作等知识进行逐一介绍。

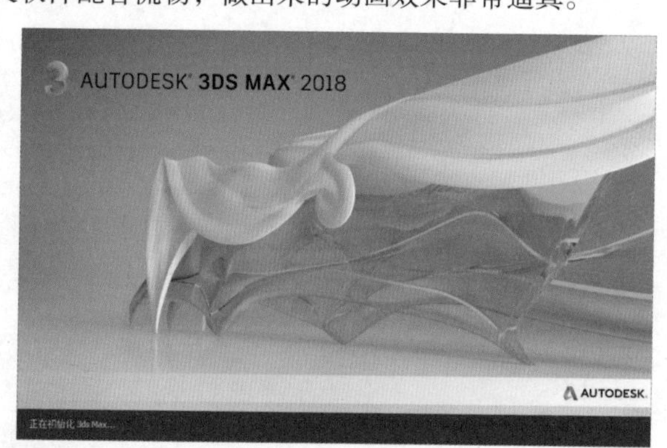

1.1.2 3ds Max应用领域

3ds Max作为一款优秀的三维建模、动画、渲染软件，被广泛应用于建筑效果图设计、游戏开发、角色动画和电影电视视觉效果制作等众多领域。

（1）室内设计

利用3ds Max软件可以制作出各式各样的3D室内模型，例如家具模型、场景模型等，如下左图所示。

（2）游戏动画

随着设计与娱乐行业交互内容的强烈需求，3ds Max改变了原有的静帧或者动画的方式，由此逐渐催生了虚拟现实这个行业。3ds Max能为游戏元素创建动画、动作，使这些游戏元素“活”起来，从而能够为玩家带来生气勃勃的视觉感官效果，如下右图所示。

（3）建筑设计

3ds Max建筑设计被广泛应用在各个领域，内容和表现形式也呈现出多样化，主要表现建筑的地理位置、外观、内部装修、园林景观、配套设施和其中的人物、动物，以及风雨雷电、日出日落、阴晴圆缺等自然现象，将建筑和环境动态地展现在人们面前，如下左图所示。

（4）影视动画

影视动画是目前媒体中所能见到的最流行的画面形式之一。随着影视动画的普及，3ds Max在动画电影中得到了广泛的应用，3ds Max数字技术不可思议地扩展了电影的表现空间和表现能力，创造出人们闻所未闻、见所未见的视听奇观及虚拟现实效果。《阿凡达》、《诸神之战》等热门电影都引进了先进的3D技术，如下右图所示。

1.1.3 3ds Max 2018新功能

3ds Max 2018纳入了一些全新的功能，让用户可以创建自定义工具并轻松共享工作成果，因此更有利于跨团队协作。此外，它还可以提高新用户的工作效率，增强其自信心，可以更快速地开始项目，渲染也更顺利。下面将对新版本的主要功能和优势进行介绍。

（1）全新的用户界面

3ds Max 2018使用全新的用户界面设计，新版本的升级对所有图标都进行了修改，界面更简洁、更简单，可以更快捷地切换工作区，更随意地拖曳时间轴与菜单。

（2）运动路径

可以直接在视口中预览已设置动画的对象路径。在视口的运动路径上不仅可以调整关键帧的位置，还可以调整关键帧的切线手柄，使运动曲线可以调整得更加平滑。同时也可以将运动路径转换为样条线，或将样条线转换为运动路径。

（3）混合框贴图

混合框贴图简化了混合投影纹理贴图的过程，使用户可以轻松地自定义贴图和输出。利用混合框贴图工具可以直接通过映射原理，为模型创建复杂贴图，还可以调整融合值参数使多种复杂的材质颜色无缝地融合在一起。

（4）数据通道修改器

数据通道修改器是用于自动执行复杂建模操作的工具。提供了一个访问Max内部节点接口，把模型数据通过输入节点取出来，经过一系列的节点加工，最后由输出节点输出，从而产生丰富多彩的动画和材质变化，大大提高了用户的可创造性。

（5）Arnold for 3ds Max

Arnold属性修改器不仅可以控制每个对象渲染时的效果和选项，而且内置专业明暗器和材质。同时，Arnold作为3ds Max 2018的内置渲染器，支持OpenVDB的体积效果、渲染大气效果、景深、运动模糊和摄影机快门等效果。

第2节 3ds Max 2018工作界面

3ds Max 2018安装完成后，即可双击其桌面快捷图标进行启动，其操作界面如下图所示。从图中可以看出，3ds Max的工作界面包含标题栏、菜单栏、功能区、工具栏、视口、命令面板、状态栏/提示栏（动画面板、窗口控制板、辅助信息栏）等几个部分，下面将分别对其进行介绍。

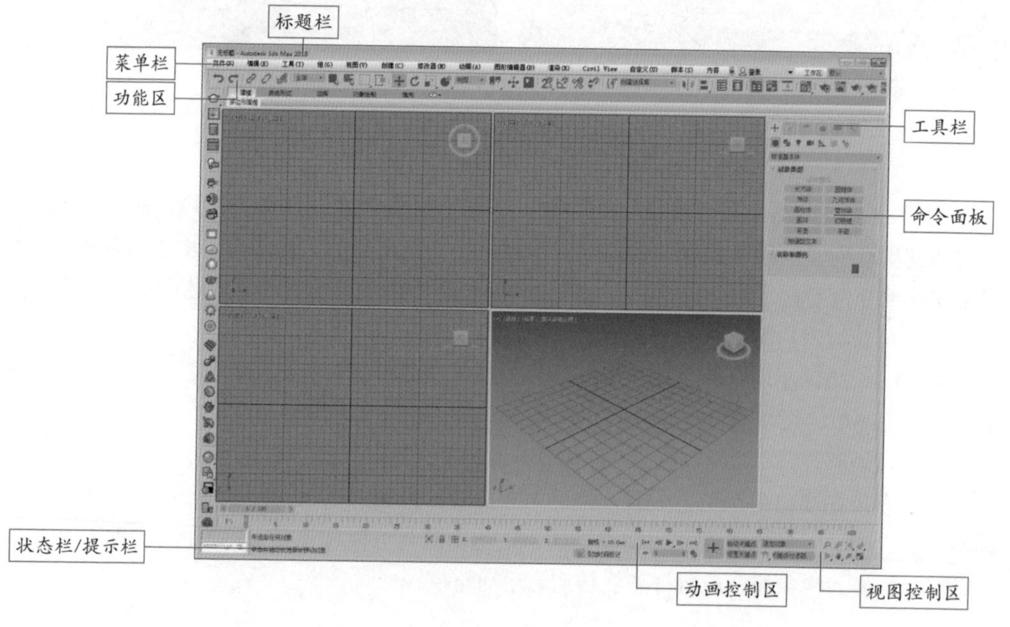

1.2.1 菜单栏

菜单栏位于标题栏的下方，为用户提供了几乎所有3ds Max的操作命令。它的形状和Windows菜单相似，如下图所示。在3ds Max 2018中，菜单栏中共有17个菜单项。

- 文件：主要包含文件的打开、保存、导入、导出、摘要信息、文件属性等命令的应用。
- 编辑：主要包含对象的拷贝、删除、选定、临时保存等功能。
- 工具：包括常用的各种制作工具。
- 组：用于将多个物体组为一个组，或分解一个组为多个物体。
- 视图：用于对视图进行操作，但对对象不起作用。
- 创建：用于创建物体、灯光、相机等。
- 修改器：包含用于编辑修改物体或动画的命令。
- 动画：包含用于控制动画的各项功能命令。
- 图形编辑器：包含用于创建和编辑视图的各项功能。
- 渲染：包含用于通过某种算法，体现场景的灯光、材质和贴图等效果的命令。
- 自定义：用于方便用户按照自己的爱好设置工作界面。3ds Max 2018的工具栏、菜单栏、命令面板可以被放置在任意的位置，如果用户厌烦了以前的工作界面，可以自己定制一个工作界面保存起来，软件下次启动时就会自动加载。
- 内容：在该菜单列表中选择“3ds Max资源库”选项，打开网页链接，里面有Autodesk旗下的多种设计软件。
- 帮助：在该菜单列表中包含关于软件的帮助文件，包括在线帮助，插件信息等。

关于上述菜单的具体使用方法，我们将在后续章节中逐一进行详细介绍。

1.2.2 工具栏

工具栏位于菜单栏的下方，集合了3ds Max中比较常见的工具，如下图所示。

下面将对工具栏中各工具的含义进行介绍，如表1所示。

表1 常见工具介绍

序号	图标	名称	含义
01		选择并链接	用于对不同的物体进行链接
02		断开当前选择链接	用于将链接的物体断开
03		绑定到空间扭曲	用于粒子系统中，把场用空间绑定绑到粒子上，这样才能产生作用

（续表）

序号	图标	名称	含义
04		选择对象	只能对场景中的物体进行选择使用，无法对物体进行操作
05		按名称选择	单击后弹出操作窗口，在其中输入名称可以容易地找到相应的物体，方便操作
06		选择区域	矩形选择是一种选择类型，按住鼠标左键拖动来进行选择
07		窗口/交叉	设置选择物体时的选择方式
08		选择并移动	用于对选择的物体执行旋转操作
09		选择并旋转	用于对选择的物体执行移动操作
10		选择并均匀缩放	用于对选择的物体执行等比例的缩放操作
11		选择并放置	将对象准确地定位到另一个对象的曲面上，随时可以使用，不仅限于在创建对象时
12		使用轴点中心	选择多个物体时，通过此工具来设定轴中心点坐标的类型
13		选择并操纵	针对用户设置的特殊参数（如滑竿等参数）进行操纵使用
14		捕捉开关	用于在操作时进行捕捉创建或修改
15		角度捕捉切换	确定多数功能的增量旋转，设置的增量围绕指定轴旋转
16		百分比捕捉切换	通过指定百分比增加对象的缩放
17		微调器捕捉切换	设置3ds Max 2018中所有微调器的单个单击所有增加/减少的值
18		编辑命名选择集	无模式对话框，通过该对话框可以直接从视口创建命名选择集或选择要添加到选择集的对象
19		镜像	可以对选择的物体执行镜像操作，如复制、关联复制等
20		对齐	方便用户对物体执行对齐操作
21		切换层资源管理器	对场景中的物体可以使用此工具分类，即将物体放在不同的层中进行操作，以便用户管理
22		切换功能区	Graphite建模工具
24		图解视图	设置场景中元素的显示方式
25		材质编辑器	可以对物体进行材质的赋予和编辑
26		渲染设置	调节渲染参数
27		渲染帧窗口	单击后可以对渲染进行设置
28		渲染产品	文件制作完毕后，可以使用该工具渲染输出，查看效果

1.2.3 命令面板

命令面板位于工作视窗的右侧，包括创建面板、修改面板、层次命令面板、运动命令面板、显示命令面板和实用程序面板，通过这些面板可访问3ds Max中绝大部分的建模和动画命令。

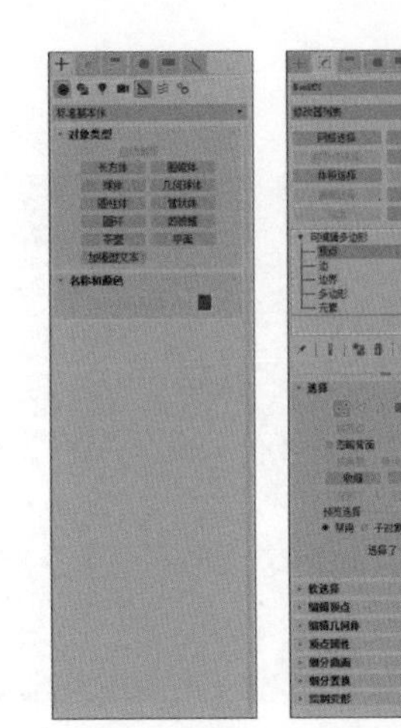
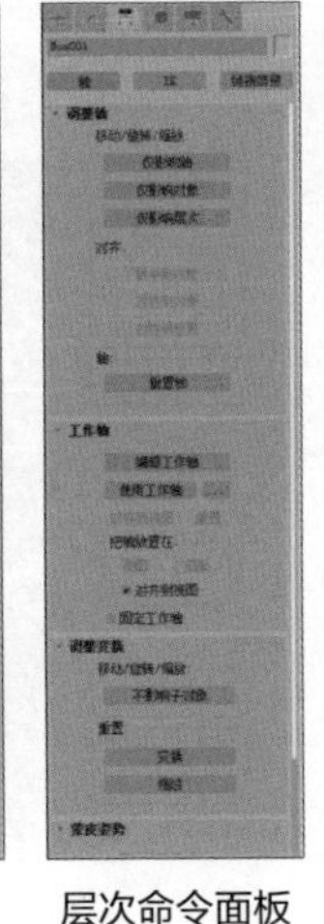
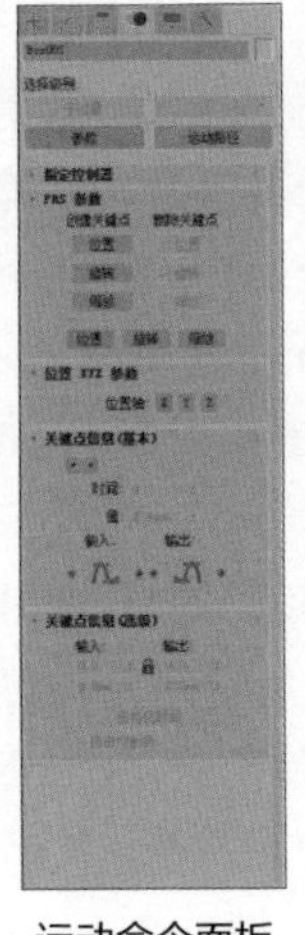
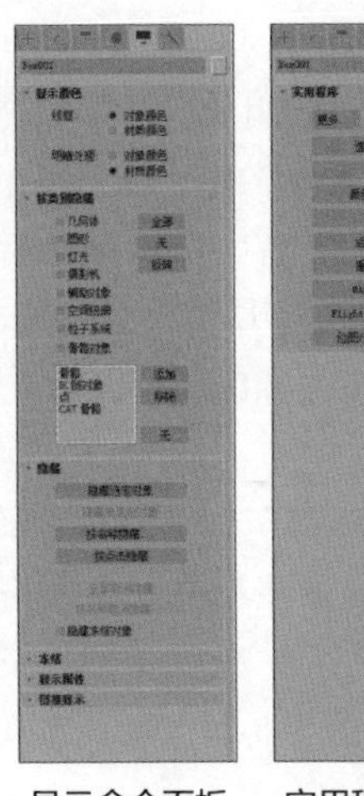
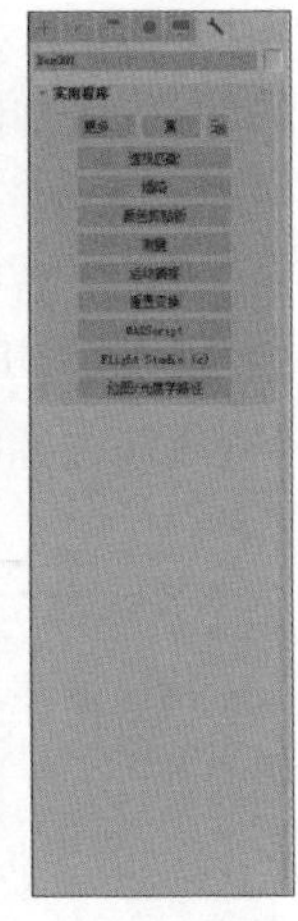

创建命令面板　修改命令面板　层次命令面板　运动命令面板　显示命令面板　实用程序面板

（1）创建命令面板

创建命令面板提供了用于创建对象的各种功能，这是在3ds Max中构建新场景的第一步。创建命令面板将所创建对象分为7个类别，包括几何形、图形、灯光、摄像机、辅助对象、空间扭曲和系统。

（2）修改命令面板

通过创建命令面板，在场景中放置一些基本对象，包括3D几何体、2D形态、灯光、摄像机、空间扭曲及辅助对象时，创建对象的同时系统会为每一个对象指定一组创建参数，这些参数可以在修改命令面板中进行更改。

（3）层次命令面板

应用层次命令面板可以访问用来调整对象间链接的工具。通过将一个对象与另一个对象相链接，可以创建父子关系，应用到父对象的变换同时将传达给子对象。通过将多个对象同时链接到父对象和子对象，可以创建复杂的层次。

（4）运动命令面板

运动命令面板提供用于设置各个对象的运动方式和轨迹，以及高级动画设置。

（5）显示命令面板

通过显示命令面板可以访问场景中控制对象显示方式的工具。可以隐藏和取消隐藏、冻结和解冻对象，改变其显示特性、加速视口显示及简化建模步骤。

（6）实用程序命令面板

通过实用程序命令面板可以访问各种3ds Max小程序，并可以编辑各个插件，它是3ds Max系统与用户之间对话的桥梁。

1.2.4　视口

3ds Max用户界面的最大区域被分割成四个相等的矩形区域，称之为视口（Viewports）

或者视图（Views）。

（1）视口的组成

视口是主要工作区域，每个视口的左上角都有一个标签，启动3ds Max后，默认的四个视口标签是Top（顶视口）、Front（前视口）、Left（左视口）和Perspective（透视视口），如右图所示。

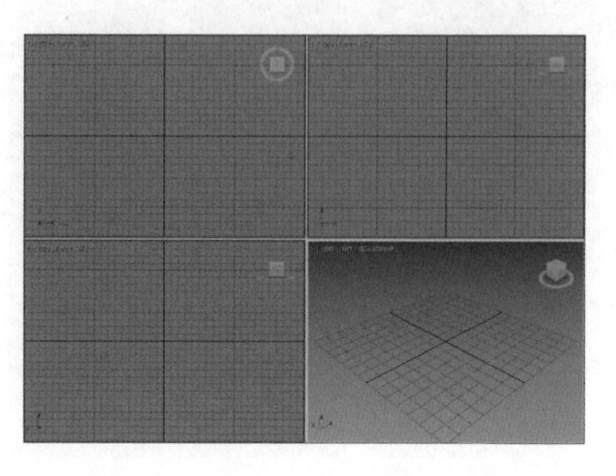

每个视口都包含垂直和水平线，这些线组成了3ds Max的主栅格。主栅格包含黑色垂直线和黑色水平线，这两条线在三维空间的中心相交，交点的坐标是X=0、Y=0和Z=0。其余栅格都为灰色显示。

顶视口、前视口和左视口显示的场景没有透视效果，这就意味着在这些视口中同一方向的栅格线总是平行的，不能相交。透视口类似于人的眼睛和摄像机观察时看到的效果，视口中的栅格线是可以相交的。

（2）视口的改变

3ds Max默认情况下为4个视口，当我们按下改变窗口的快捷键时，所对应的窗口就会变所想改变的视图。下面我们来玩一下改变窗口的游戏，首先激活一个视图窗口，按下B键，这个视图就变为底视图，可以观察物体的底面。将光标对着一个视口，然后按以下快捷键：

T=顶视图(Top）　　B=底视图(Bottom）

L=左视图(Left）　　R=右视图(Right）

U=用户视图(User）　　F=前视图(Front）

K=后视图(Back）　　C=摄像机视图(Camera）

Shift键加$键=灯光视图　　W=满屏视图

或者在每个视图左上面的那行英文上按鼠标右键，将会弹出一个命令栏，也可以更改视图方式和视图显示方式等。记住这些快捷键是提高效率的很好手段！

提示：恢复原始界面设计

如果操作界面被调整得面目全非，用户只需选择菜单栏中的“自定义>选择自定义界面”命令，在出现的选择列表里选择还原为启动布局文件命令，它使3ds Max的启动时的默认界面又恢复了原始的界画。

1.2.5 状态栏和提示栏

提示栏和状态栏分别用于显示关于场景和活动命令的提示和信息，也包含控制选择和精度的系统切换以及显示属性。

提示栏和状态栏可以细分成动画控制栏、时间滑块/关键帧状态、状态显示、位置显示栏、视口导航栏，如下图所示。

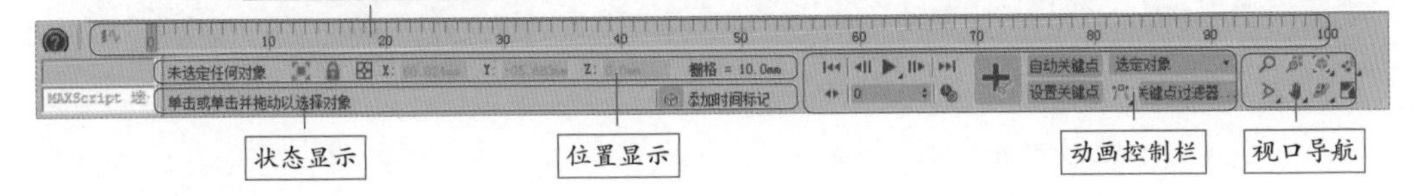

状态栏和提示栏中各个部分的作用介绍如下。

- 时间滑块/关键帧状态和动画控制栏：用于制作动画的基本设置和操作工具。
- 位置显示：用于显示坐标参数等基本数据。
- 状态显示：用于显示当前操作的提示。
- 视口导航栏：默认包含4个视图，是实现图形、图像可视化的工作区域，如表2所示。

表2　视口导航介绍

序号	图标	名称	用途
01		缩放	当在“透视图”或“正交”视口中进行拖动时，使用“缩放”功能可调整视口放大值
02		缩放所有视图	在4个视图的任意一个窗口中按住鼠标左键拖动，可以看到4个视图同时缩放
03		缩放区域	在视图中框选局部区域，将其放大显示
04		最大化显示选定对象	在编辑包含很多物体的文件时，若用户要对单个物体进行观察操作，可以使此命令最大化显示
05		所有视图最大化显示选定对象	选择物体后单击，可以看到4个视图同时放大显示的效果
06		视野	调整视口中可见场景数量和透视张量
07		平移视图	沿着平行于视口的方向移动摄像机
08		环绕子对象	使用视口中心作为旋转的中心。如果对象靠近视口边缘，则可能会旋转出视口
09		最大化视口切换	可在正常大小和全屏大小之间进行切换

提示：效果图制作流程

经过长时间的发展，效果图制作行业已经发展到一个非常成熟的阶段，无论是室内效果图还是室外效果图都有了一个模式化的操作流程，这也是能够细分出专业的建模师、渲染师、灯光师、后期制作师等岗位的原因之一。对于每一个效果图制作人员而言，正确的流程能够保证效果图的制作效率和质量。

要想做一套完整的效果图，需要结合多种不同的软件，也必须有清晰的制图步骤，效果图制作详细流程通常分为6步：

步骤01 3ds Max基础建模，利用CAD图和3ds Max的命令创建出符合要求的空间模型。

步骤02 在场景中创建摄像机，确定合适的角度。

步骤03 设置场景光源。

步骤04 给场景中各模型指定材质。

步骤05 调整渲染参数，渲染出图。

步骤06 在Photoshop中对图片进行后期的加工和处理，使效果图更加完善。

新手练习：自定义视口背景色

3ds Max 2018默认界面的颜色是黑色，但是大多数用户习惯用浅色的界面，下面介绍界面颜色的设置操作，具体步骤如下。

步骤 01 执行“自定义>自定义用户界面”命令，打开“自定义用户界面”对话框，如下左图所示。

步骤 02 切换到“颜色”选项卡，如下右图所示。

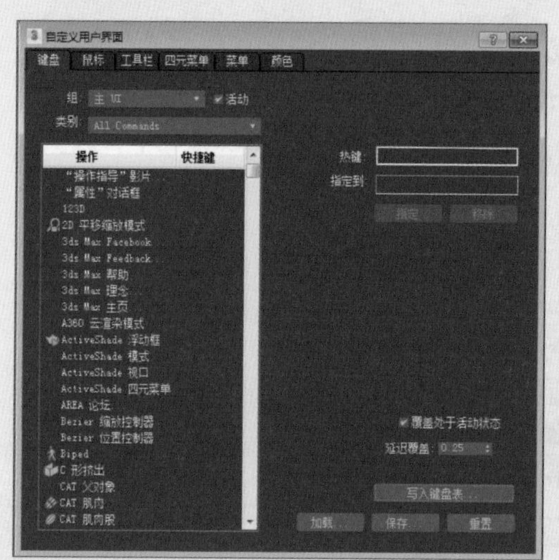

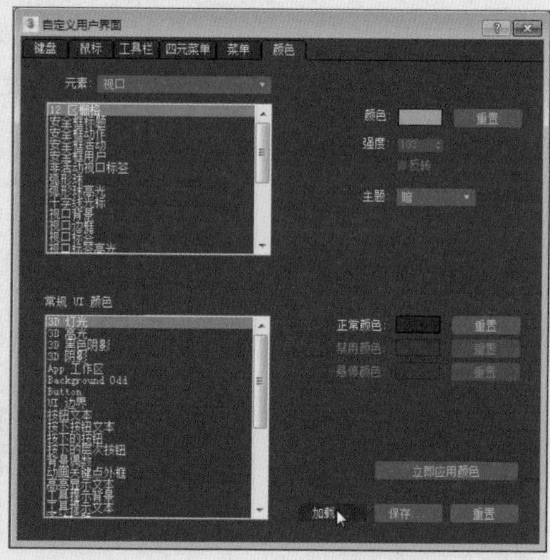

步骤 03 单击下方的“加载”按钮，打开“加载颜色文件”对话框，找到3ds Max 2018安装文件下的UI文件夹，从中选择ame-light.clrx文件，路径为Program Files/Autodesk/3ds Max 2018/de-DE/UI，如下左图所示。

步骤 04 单击“打开”按钮，即可发现整个工作界面的颜色发生了变化，如下右图所示。

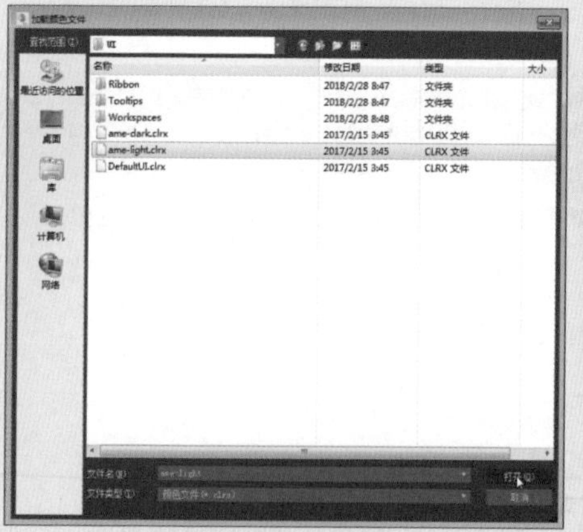

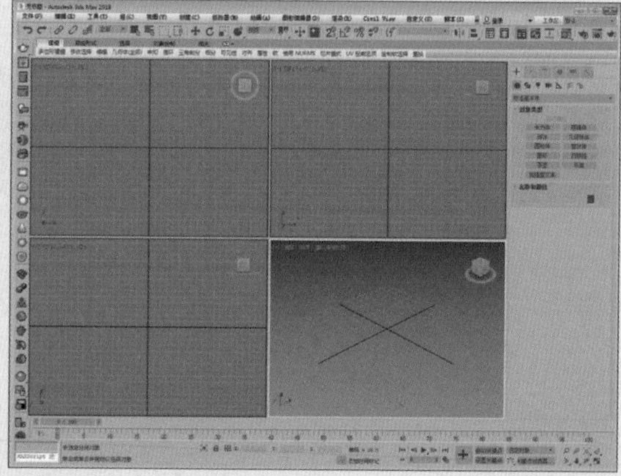

高手进阶：DIY视口边框颜色

3ds Max默认的视口边框颜色为黑色，当选择某个视口后，该视口的边框颜色为黄色，用户可以根据自己的喜好更改视口边框的颜色，具体步骤如下。

步骤01 执行“自定义>自定义用户界面”命令，打开“自定义用户界面”对话框，切换到“颜色”选项卡，如下左图所示。

步骤02 在视口元素选项组中选择“视口边框”选项，并设置其颜色为红色，如下右图所示。

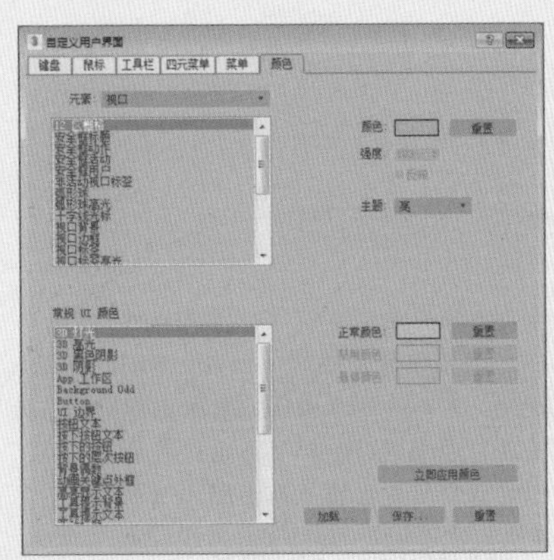

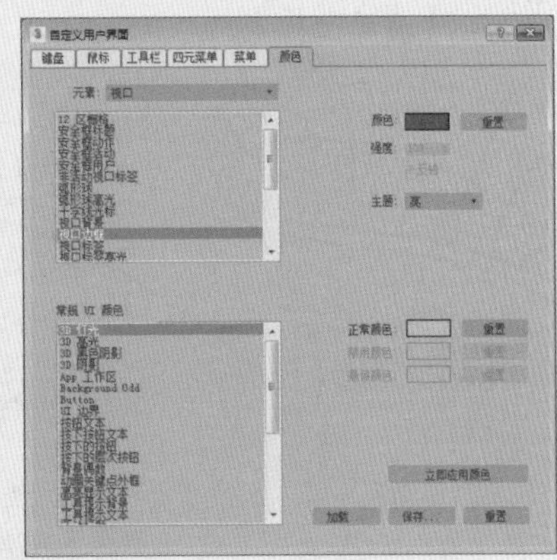

步骤03 单击“立即应用颜色”按钮，关闭对话框，可以看到视口边框的颜色已发生改变，如下图所示。

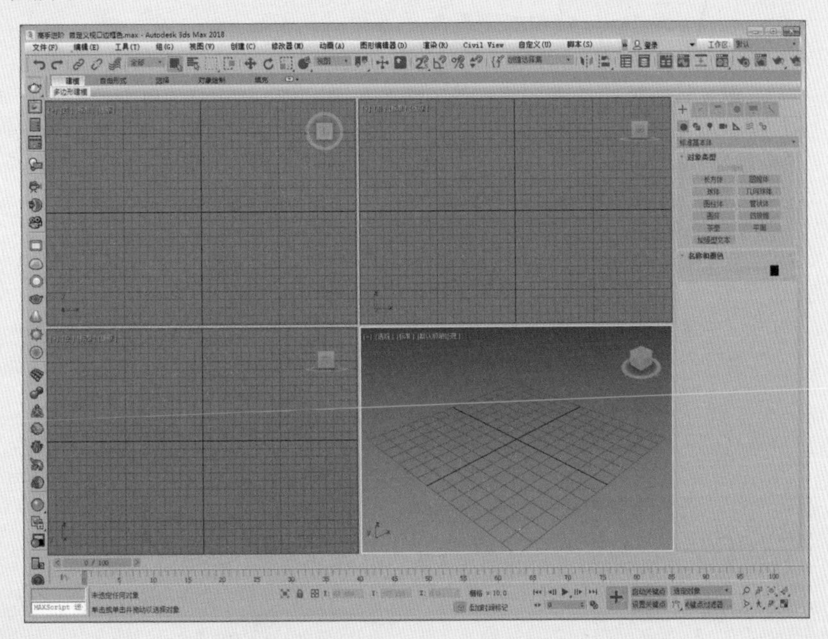

2 Chapter 3ds Max 2018 基本操作

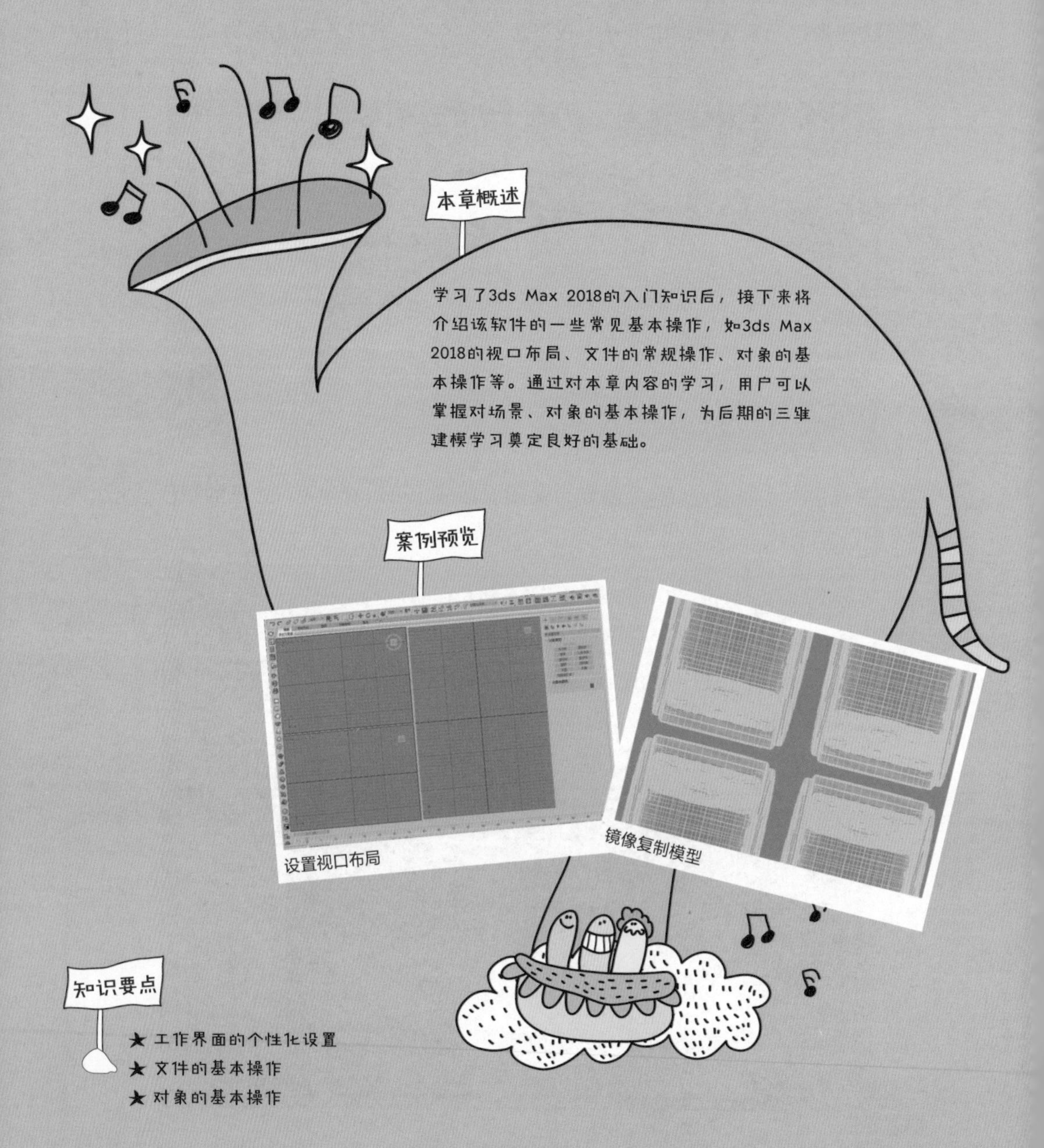

本章概述
学习了3ds Max 2018的入门知识后，接下来将介绍该软件的一些常见基本操作，如3ds Max 2018的视口布局、文件的常规操作、对象的基本操作等。通过对本章内容的学习，用户可以掌握对场景、对象的基本操作，为后期的三维建模学习奠定良好的基础。
案例预览
设置视口布局
镜像复制模型

知识要点

★ 工作界面的个性化设置
★ 文件的基本操作
★ 对象的基本操作

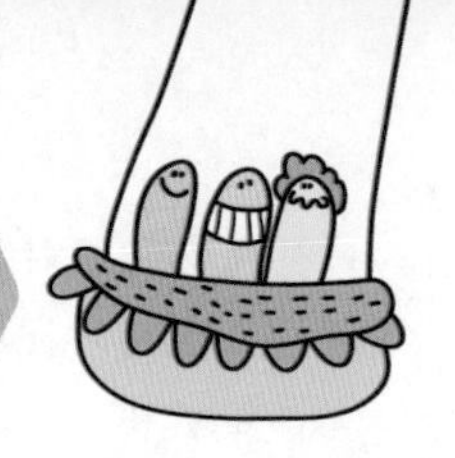

第1节 个性化工作界面

本节将对如何自定义视口布局和视觉样式的设置进行详细介绍，从而使用户能够根据自己的操作习惯设置工作界面。

2.1.1 视口布局

执行“视图>视口配置”命令，打开“视口配置”对话框，切换至“布局”选项卡，从中指定视口的划分方式，并向每个视口分配特定类型的视口，如右图所示。

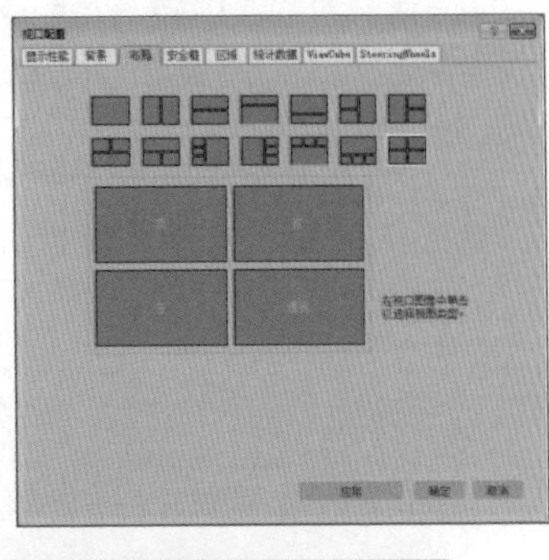

在“布局”选项卡中，上方显示区域罗列出了视口布局图标，下方显示的是当前所选布局样式的预览效果。选定布局样式后，若需指定特定视口，则只要在布局样式区域中单击，从弹出菜单中选择视口类型即可。下图是默认视口布局以外的其他两种布局样式。

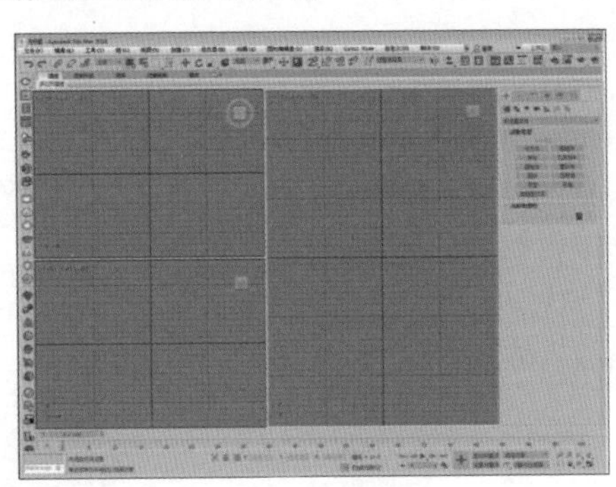

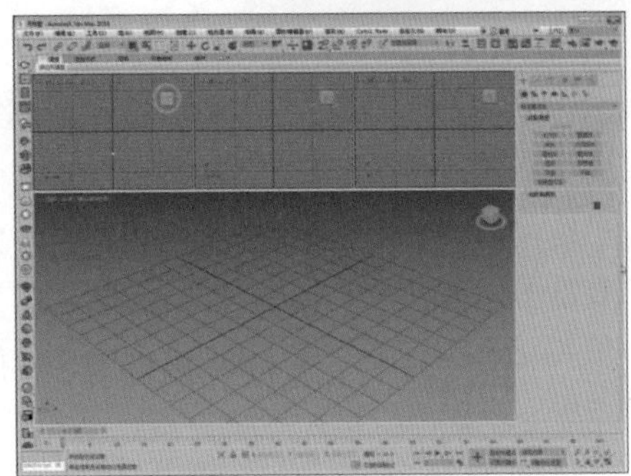

2.1.2 视觉样式

在视口左上角单击“线框”设置按钮，在打开的快捷菜单中根据需要选择合适的视觉样式，如右图所示。下面将对常用选项的含义进行介绍。

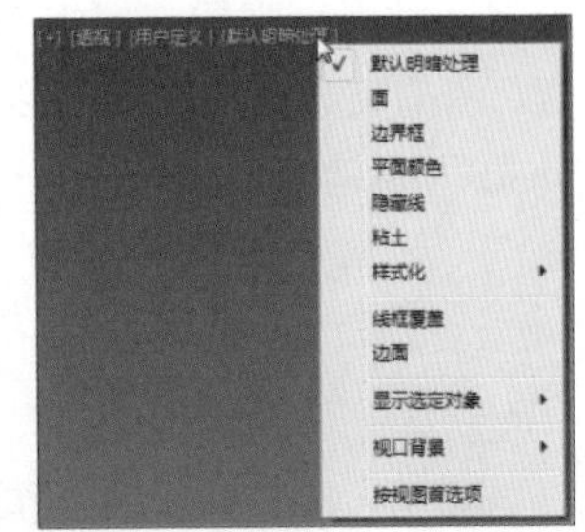

- 线框覆盖：将对象绘制作为线框，并不应用着色。按F3功能键可以在“线框”和“默认明暗处理”间快速切换。
- 默认明暗处理：使用真实平滑着色渲染对象，并显示反射、高光和阴影。
- 面：将多边形作为平面进行渲染，但不使用平滑或高亮显示进行着色。
- 边界框：将对象绘制作为边界框，并不应用着色。边界框的定义是将对象完全封闭的最小框。

- 平面颜色：只有高光和反射。
- 隐藏线：线框模式隐藏法线指向偏离视口的面和顶点，以及被附近对象模糊的对象的任一部分。在该模式下，线框颜色由“视口>隐藏线未选定颜色”命令决定，而不是对象或材质颜色。

第2节 软件基本操作

本节主要介绍3d Max 2018的基本操作，例如文件的打开、重置、保存等，并对对象的变换、复制、捕捉、对齐、镜像、隐藏、冻结成组等基本操作进行详细介绍。

2.2.1 文件操作

为了更好地掌握并应用3ds Max 2018软件，首先介绍关于文件的操作方法。

1. 新建文件

执行“文件>新建”命令，在其子菜单中将出现4种文件新建方式，现分别介绍如下。

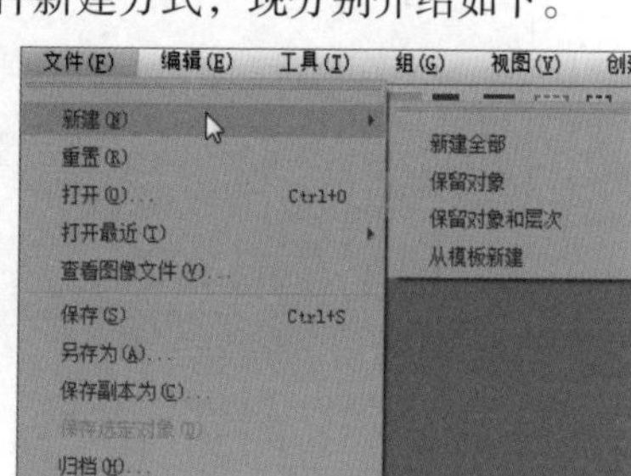

- 新建全部：该命令可以清除当前场景的内容，保留系统设置，如视口配置、捕捉设置、材质编辑器、背景图像等。
- 保留对象：该命令使用新场景刷新3ds Max，并保留进程设置及对象。
- 保留对象和层次：该命令使用新场景刷新3ds Max，并保留进程设置、对象及层次。
- 从模板新建：该命令使用新场景刷新3ds Max，根据需要确定是否保留旧场景。

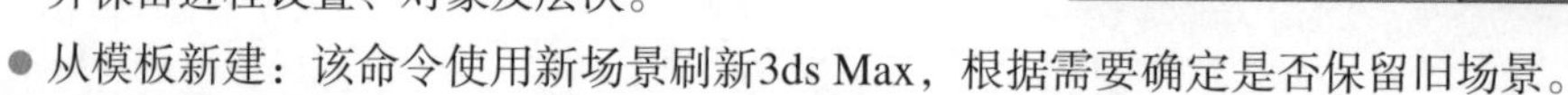

2. 重置文件

执行“文件 > 重置”命令，重置场景。使用“重置”命令可以清除所有数据并重置程序设置（如视口配置、捕捉设置、材质编辑器、背景图像等）。“重置”命令可以还原默认设置，并且可以移除当前会话期间所做的任何自定义设置。使用“重置”命令与退出并重新启动3ds Max的效果相同。

2.2.2 变换操作

移动、旋转和缩放操作统称为变换操作，是3ds Max中使用最为频繁的操作。下面将对各操作的具体应用进行介绍。

1. 选择并移动

要移动单个对象，选择后使该按钮处于活动状态，单击对象进行选择，当轴线变黄色时，按轴的方向拖动鼠标以移动该对象。

2. 选择并旋转

要旋转单个对象，选择后使该按钮处于活动状态，单击对象进行选择，并拖动鼠标以旋转该对象。

3. 选择并缩放

单击主工具栏上的“选择并缩放”按钮，选择用于更改对象大小的3种工具。

选择并均匀缩放按钮可以沿所有3个轴以相同量缩放对象，同时保持对象的原始比例。

选择并非均匀缩放按钮可以根据活动轴约束，以非均匀方式缩放对象。

选择并挤压按钮可以根据活动轴约束来缩放对象，挤压对象势必牵涉到在一个轴上按比例缩小，同时在另两个轴上均匀地按比例增大。

4. 选择并放置

“选择并放置”弹出按钮提供了移动对象和旋转对象的两种工具，即选择并放置工具和选择并旋转工具。

要放置单个对象，无须先将其选中。当工具处于活动状态时，单击对象进行选择并拖动鼠标即可移动该对象。随着使用鼠标拖动对象，方向将基于基本曲面的发现和“对象上方向轴”的设置进行更改。启用选择并旋转工具后，拖动对象会使其围绕通过“对象上方向轴”设置指定的局部轴进行旋转。右键单击该工具按钮，即可打开“放置设置”对话框，如右图所示。

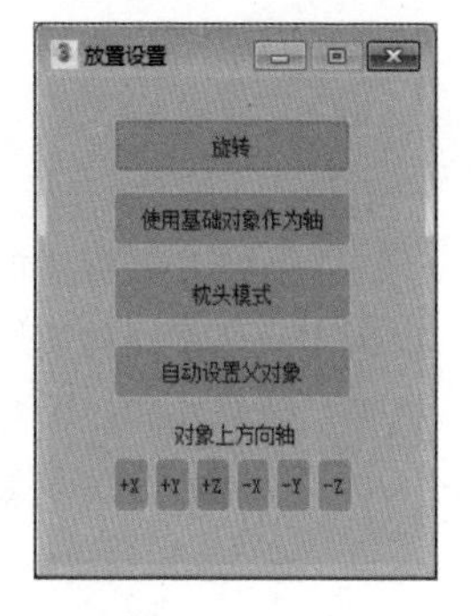

2.2.3 复制操作

3ds Max提供了多种复制方式，可以快速创建一个或多个选定对象的多个版本，本节将介绍多种复制操作的方法。执行复制操作的方法有3种，下面将对其进行介绍。

1. 复制

在场景中选择需要复制的对象，按住Shift键的同时使用移动工具移动复制对象，将打开下左图所示的对话框。使用这种方法能够设定复制的方法和复制对象的个数，所复制的对象与本体之间没有任何关联。

2. 实例

在场景中选择需要复制的对象，执行“编辑 > 克隆”命令，直接进行克隆复制，将打开下中图所示的对话框。实例复制的对象与本体之间存在关联，一方参数的改变也会引起另一方参数的改变。

3. 阵列复制

执行“工具＞阵列”命令，随后将弹出“阵列”对话框，如下右图所示。使用该对话框可以基于当前选择对象创建阵列复制。

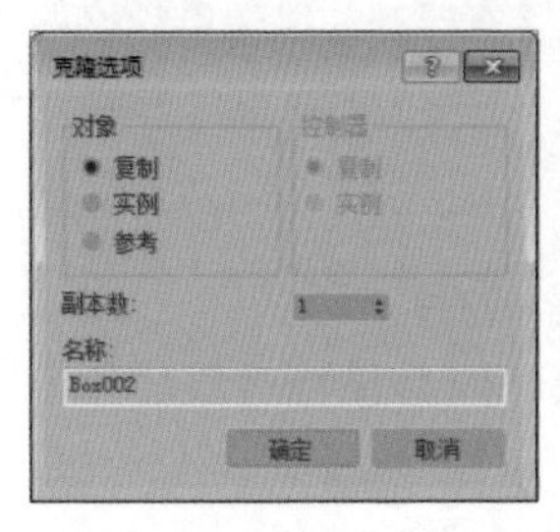

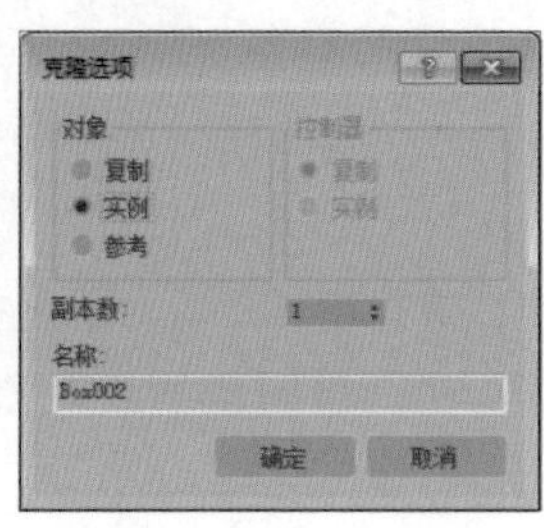

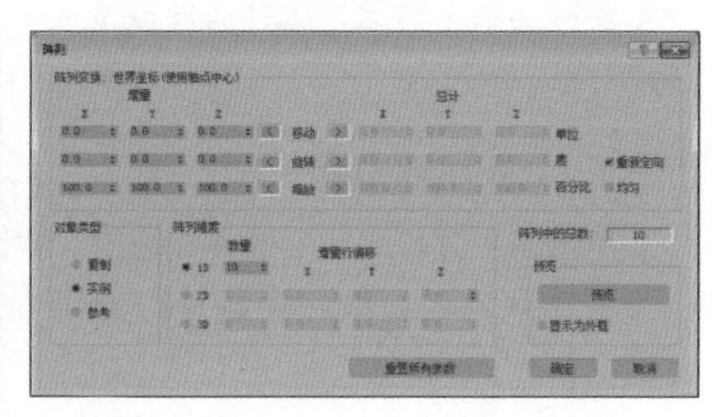

在“阵列”对话框中，“增量”选项区域用于指定使用哪种变换组合来创建阵列，还可以为每个变换指定沿3个轴方向的范围。在每个对象之间，可以按“增量”指定变换范围。对于所有对象，可以按“总计”指定变换范围。在任何一种情况下，都测量对象轴点之间的距离。使用当前变换设置可以生成阵列，因此该组标题会随变换设置的更改而改变。

2.2.4 捕捉操作

捕捉操作能够捕捉处于活动状态位置3D空间的控制范围，而且有很多捕捉类型可用，可以用于激活不同的捕捉类型。与捕捉操作相关的工具按钮包括捕捉开关、角度捕捉、百分比捕捉、微调器捕捉切换。现分别介绍如下。

（1）捕捉开关

这3个按钮代表了3种捕捉模式，提供捕捉处于活动状态位置的3D空间的控制范围。在捕捉对话框中有很多捕捉类型可用，可以用于激活不同的捕捉类型。

（2）角度捕捉

用于切换确定多数功能的增量旋转，包括标准旋转变换。随着旋转对象或对象组，对象以设置的增量围绕指定轴旋转。

（3）百分比捕捉

用于切换通过指定的百分比增加对象的缩放。

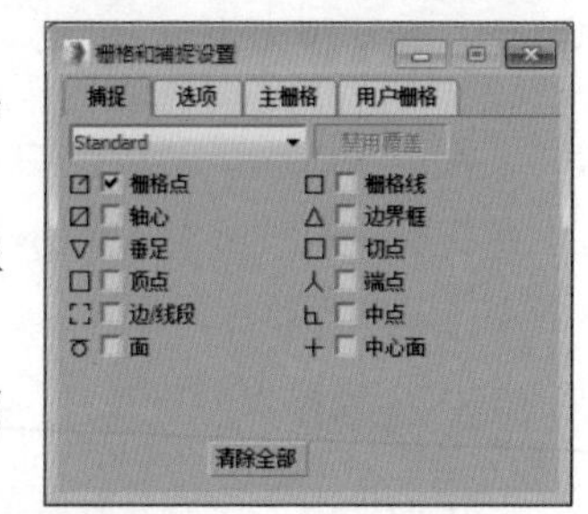

单击捕捉按钮，可以捕捉栅格、切换、中点、轴点、面中心和其他选项。

使用鼠标右键单击主工具栏的空区域，在弹出的快捷菜单中选择“捕捉”命令，可以打开“栅格和捕捉设置”对话框，如右图所示。该对话框中“捕捉”选项卡中的复选框可以启用捕捉设置的任何组合。

2.2.5 对齐操作

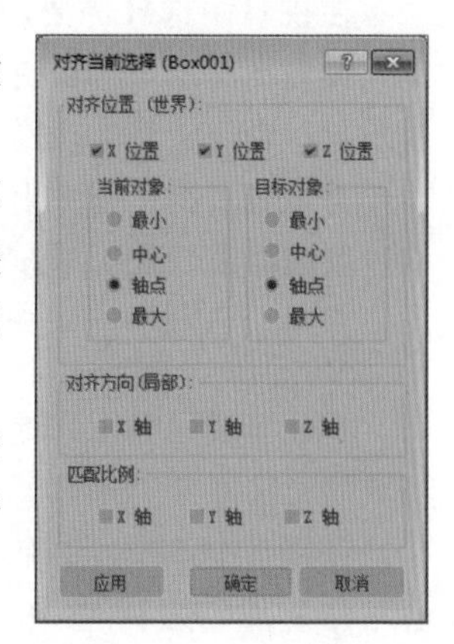

对齐操作可以将当前选择与目标选择进行对齐，该功能在建模时使用频繁，希望读者能够熟练掌握。

主工具栏中的“对齐”弹出按钮提供了用于对齐对象的6种不同工具的访问。按从上到下的顺序，这些工具依次为对齐、快速对齐、法线对齐、放置高光、对齐摄影机以及对齐到视图。

首先在视口中选择源对象，接着在工具栏上单击“对齐”按钮，将光标定位到目标对象上并单击，在打开的对话框中设置对齐参数并完成对齐操作，如右图所示。

2.2.6 镜像操作

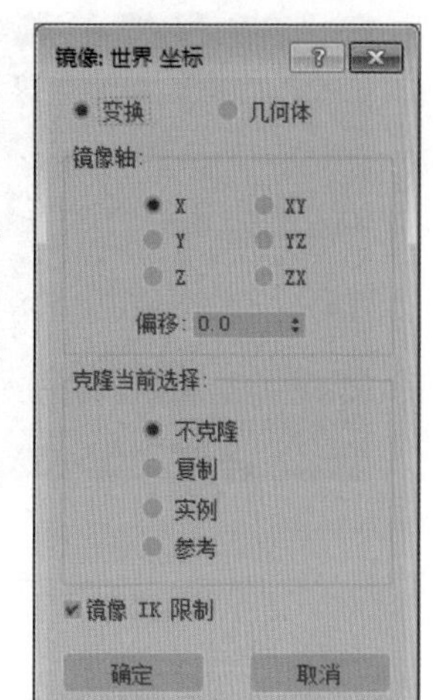

在视口中选择任一对象，在主工具栏上单击“镜像”按钮，将打开“镜像”对话框，设置镜像参数，然后单击“确定”按钮完成镜像操作。“镜像”对话框如右图所示。

在“镜像轴”选项组中可以选择X、Y、Z、XY、YZ和ZX单选按钮。选择其一可指定镜像的方向。这些单选按钮等同于“轴约束”工具栏上的选项按钮。其中“偏移”选项用于指定镜像对象轴点距原始对象轴点之间的距离。

“克隆当前选择”选项组用于确定由“镜像”功能创建的副本的类型，默认选择“不克隆”单选按钮。

- 不克隆：在不制作副本的情况下，镜像选定对象。
- 复制：将选定对象的副本镜像到指定位置。
- 实例：将选定对象的实例镜像到指定位置。
- 参考：将选定对象的参考镜像到指定位置。

镜像IK限制：当围绕一个轴镜像几何体时，会导致镜像IK约束（与几何体一起镜像）。如果不希望IK约束受“镜像”命令的影响，可取消勾选此复选框。

2.2.7 隐藏/冻结/解冻操作

在视图中选择要操作的对象，单击鼠标右键，在打开的快捷菜单中将显示“隐藏选定对象”、“全部取消隐藏”、“冻结当前选择”等命令。下面将对常用命令的含义进行介绍。

1. 隐藏与取消隐藏

在建模过程中为了便于操作，常常将部分物体暂时隐藏，以提高界面的操作速度，在需要的时候再将其显示。

在视口中选择需要隐藏的对象并单击鼠标右键，将打开快捷菜单，如右图所示。在快捷菜单中选择“隐藏当前选择”或“隐藏未选择对象”命令，将实现隐藏操作。当不需要隐藏对象时，同样在视口中单击鼠标右键，在弹出的快捷菜单中选择“全部取消隐藏”或“按名称取消隐藏”命令，场景对象将不再被隐藏。

2. 冻结与解冻

在建模过程中为了便于操作，避免场景中对象的误操作，常常将部分物体暂时冻结，在需要的时候再将其解冻。

在视口中选择需要冻结的对象并单击鼠标右键，在弹出的快捷菜单中选择“冻结当前选择”命令，实现冻结操作，下左图所示为冻结效果。当不需要冻结对象时，同样在视口中单击鼠标右键，在弹出的快捷菜单中选择“全部解冻”命令，场景对象将不再被冻结，下右图所示为解冻效果。

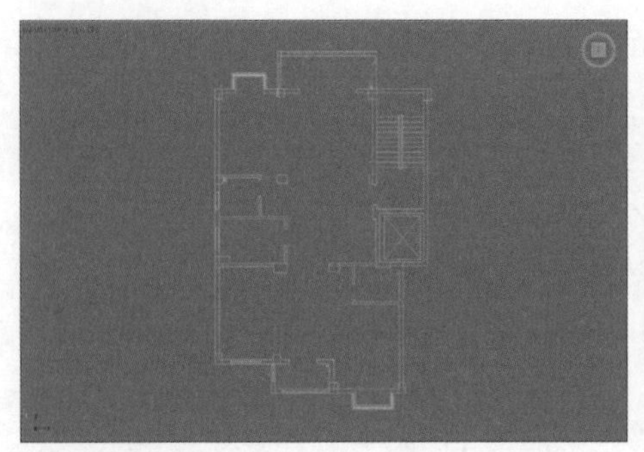

2.2.8 成组操作

控制成组操作的命令集中在“组”菜单栏中，包含用于将场景中的对象成组和解组的所有功能，如右图所示。

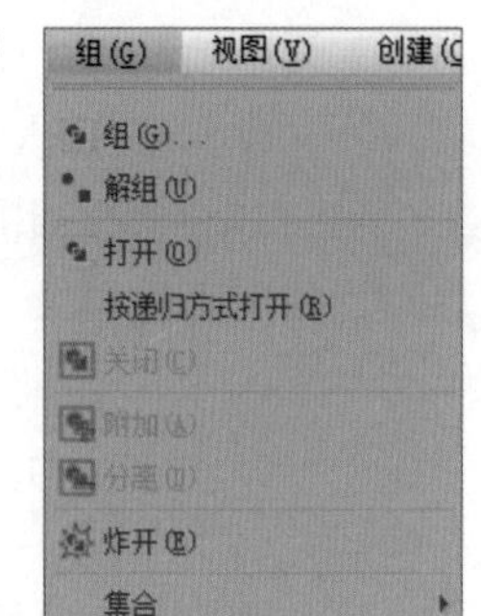

执行“组 > 组”命令，可将对象或组的选择集组成为一个组。

执行“组 > 解组”命令，可将当前组分离为其组件对象或组。

执行“组 > 打开”命令，可暂时对组进行解组，并访问组内的对象。

执行“组 > 关闭”命令，可重新组合打开的组。

执行“组 > 附加”命令，选定对象将成为现有组的一部分。

执行“组 > 分离”命令，可从对象的组中分离选定对象。

执行“组 > 炸开”命令，解组组中的所有对象。与“解组”命令不同，后者只解组一个层级。

执行“组 > 集合”命令，其级联菜单中提供了用于管理集合的命令。

新手练习：巧设绘图单位

下面将介绍对3ds Max 2018实施个性化设置操作的操作方法，比如单位设置。单位是建模之前必须要调整的要素之一，设置的单位用于度量场景中的几何体。设置绘图单位可以使绘制的图纸更加精确。设置绘图单位的具体操作过程如下。

步骤01 执行“自定义>单位设置”命令，如下左图所示。用户也可以直接按下Alt+U+U组合键，打开“单位设置”对话框，如下右图所示。

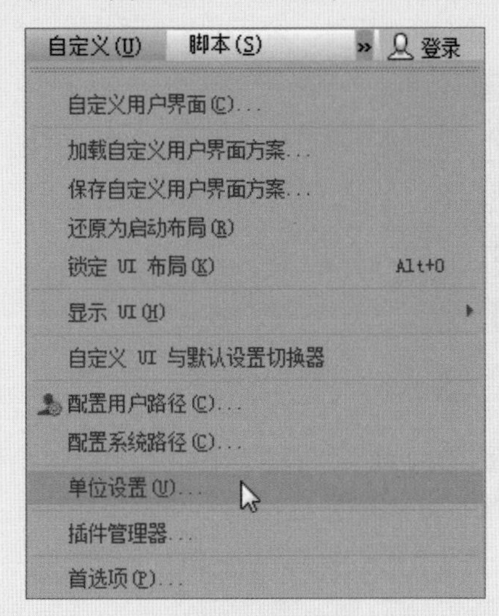

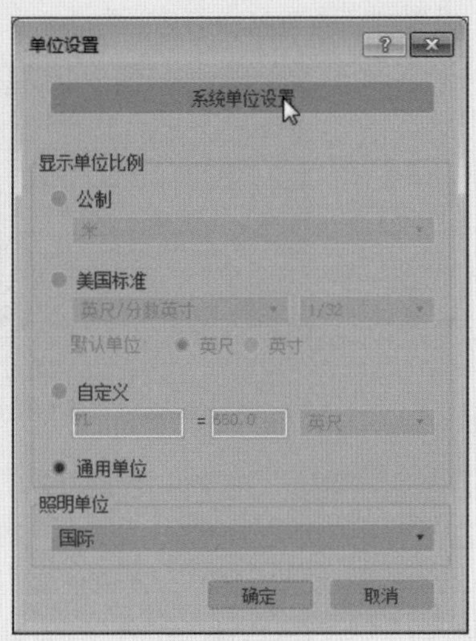

步骤02 单击“系统单位设置”按钮，打开“系统单位设置”对话框，设置系统单位比例1单位为1毫米，如下左图所示。

步骤03 单击“确定”按钮返回到“单位设置”对话框，设置显示单位比例为公制的毫米，设置完成后单击“确定”按钮即可，如下右图所示。

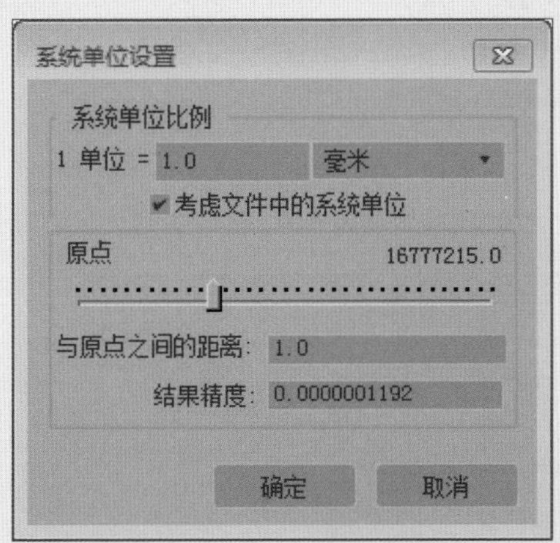

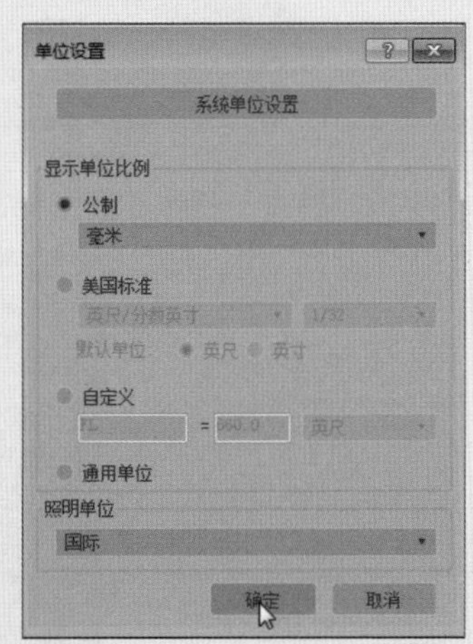

高手进阶：轻松复制沙发模型

在创建场景模型过程中，若需要创建多个相同的模型，只需进行简单的镜像复制即可，不需要再次执行相同的命令创建模型。下面将以镜像复制沙发模型为例，介绍镜像操作的方法，具体步骤如下。

步骤01 打开素材文件，如下左图所示。

步骤02 选择沙发模型，执行“镜像”命令，打开“镜像：屏幕坐标”对话框，设置镜像轴为Y轴，设置“克隆对象当前选择”为“复制”单选按钮，如下右图所示。

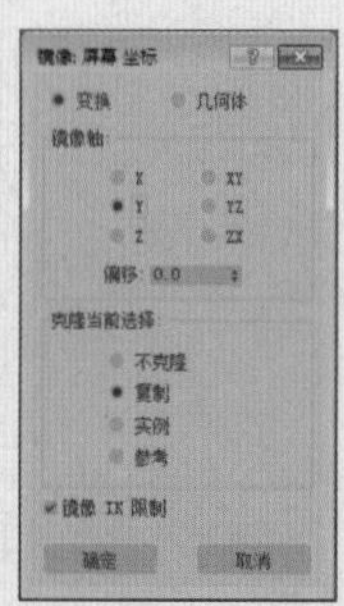

步骤03 单击“确定”按钮，复制模型，如下左图所示。

步骤04 选择这两个沙发模型，执行“镜像”命令，打开“镜像：屏幕坐标”对话框，设置镜像轴为X轴，设置“克隆对象当前选择”为“复制”单选按钮，如下右图所示。

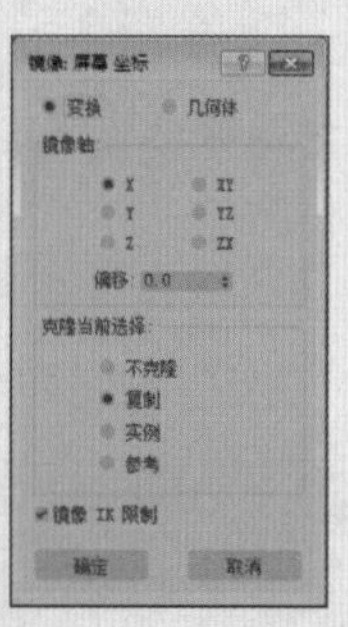

步骤05 单击“确定”按钮，复制模型，效果如下图所示。

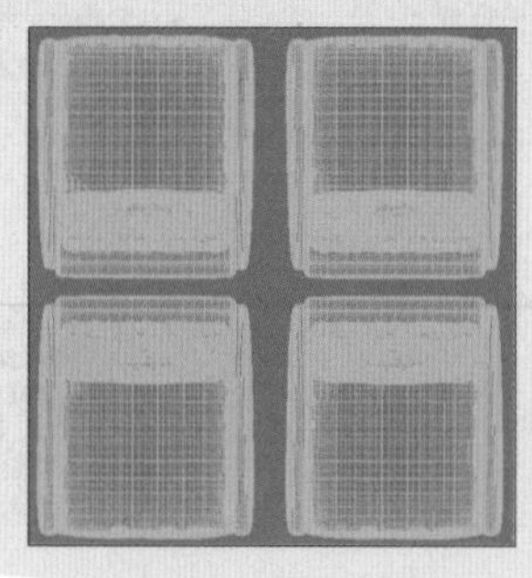

3 基础建模技术

Chapter

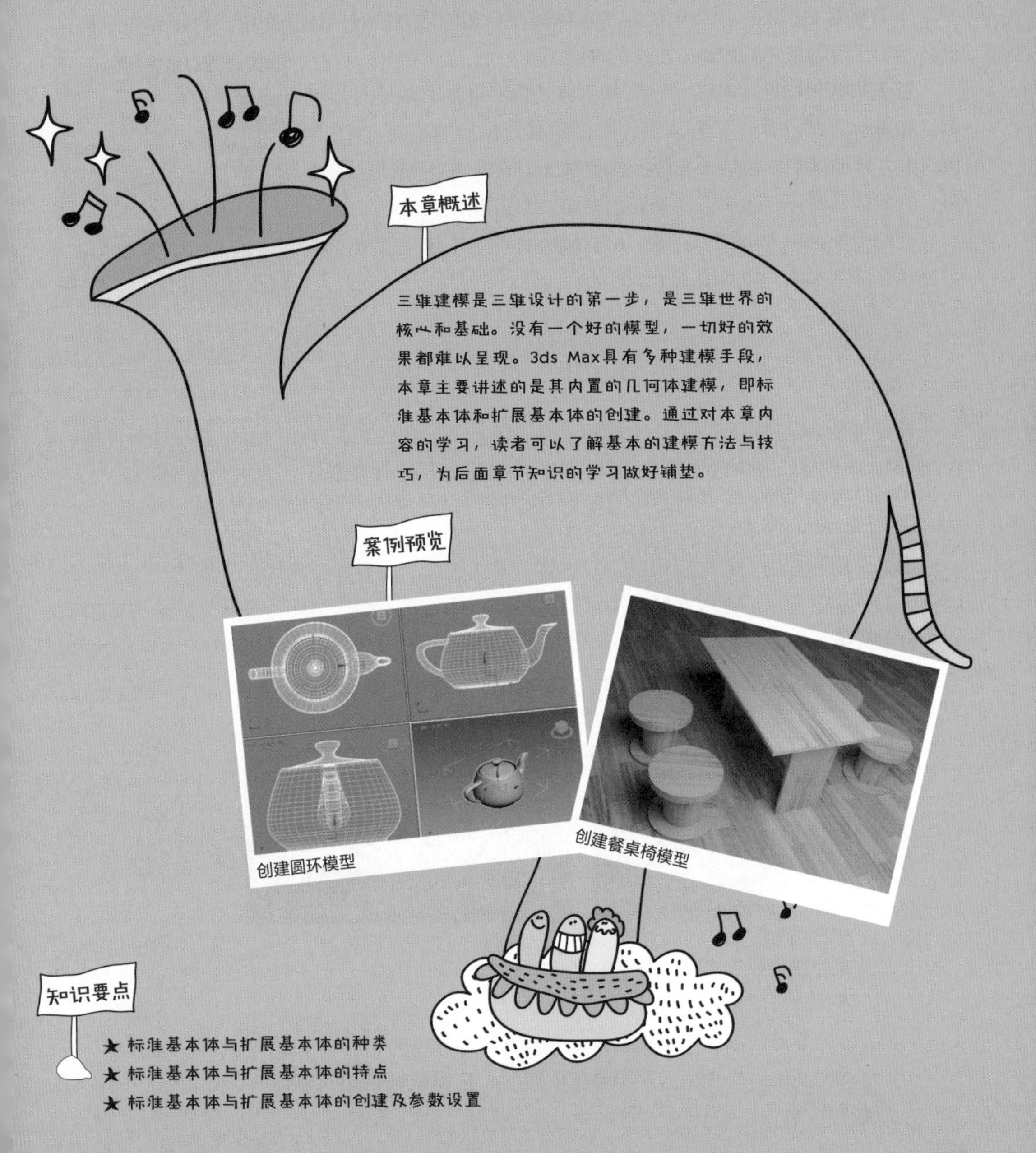

本章概述

三维建模是三维设计的第一步，是三维世界的核心和基础。没有一个好的模型，一切好的效果都难以呈现。3ds Max具有多种建模手段，本章主要讲述的是其内置的几何体建模，即标准基本体和扩展基本体的创建。通过对本章内容的学习，读者可以了解基本的建模方法与技巧，为后面章节知识的学习做好铺垫。

案例预览

创建圆环模型

创建餐桌椅模型

知识要点

★ 标准基本体与扩展基本体的种类
★ 标准基本体与扩展基本体的特点
★ 标准基本体与扩展基本体的创建及参数设置

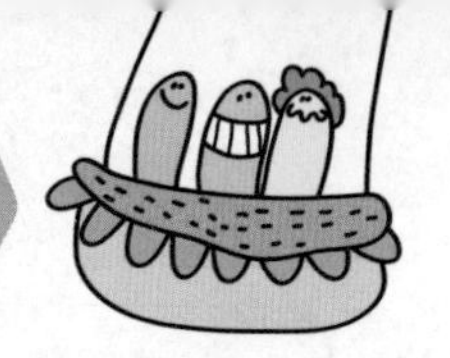

第1节 创建标准基本体

创建标准基本体是构造三维模型的基础。标准基本体既可以单独建模（如茶壶），也可以进一步编辑、修改成新的模型，它在建模中的作用就相当于建筑中所使用的砖瓦、砂石等原材料。

本节将对3ds Max 2018中标准基本体的命令和创建方法进行详细介绍，以帮助用户更快地熟悉、了解和使用3ds Max 2018软件。

首先来认识标准基本体，标准基本体是现实世界中常见的几何体，像球体、圆柱体、长方体等，是创建其他模型的基础。在3ds Max中，标准基本体包括长方体、圆锥体、球体、几何球体、圆柱体、管状体、圆环、四棱锥、茶壶、平面、加强型文本等。

在命令面板中单击“创建+>几何体●>标准基本体”按钮，即可显示全部基本体，如右图所示。

3.1.1 长方体

长方体是基础建模应用最广泛的标准基本体之一，在各式各样的模型中都存在长方体。在3ds Max中创建长方体的方法有两种，下面将分别对其进行介绍。

1. 创建长方体

单击“创建方法”卷展栏中的“长方体”单选按钮，下方即会出现长方体的“参数”卷展栏，如下左图所示。在该卷展栏中可以更改长方体的相关参数选项，创建好的长方体模型如下右图所示。

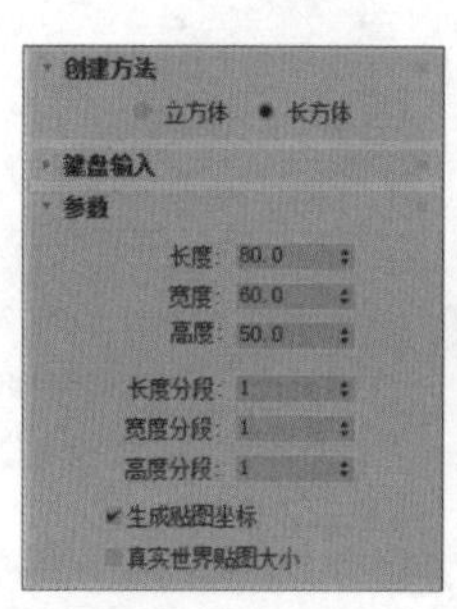

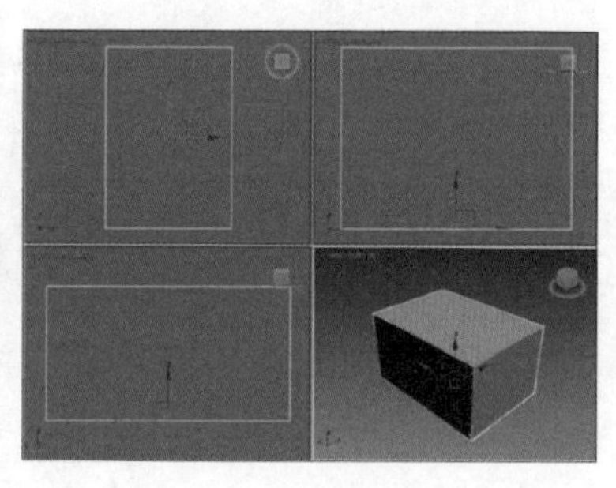

下面具体介绍创建长方体常用选项的含义。

- 立方体：单击该单选按钮，可以创建立方体。
- 长方体：单击该单选按钮，可以创建长方体。
- 长度/宽度/高度：设置长方体的长度值后，拖动鼠标创建长方体时，数值框中的数值会随之更改。

- 长度分段/宽度分段/高度分段：在数值框中可以设置各轴上的分段数量。
- 生成贴图坐标：勾选该复选框，为创建的长方体生成贴图材质坐标。该复选框默认为勾选状态。
- 真实世界贴图大小：勾选该复选框，贴图大小由绝对尺寸决定，与对象相对尺寸无关。

2. 创建立方体

创建立方体的方法非常简单，执行“创建>标准基本体>长方体”命令，在“创建方法”卷展栏中单击“立方体”单选按钮，然后在任意视图中单击并拖动鼠标定义立方体大小，释放鼠标左键即可创建立方体，如右图所示。

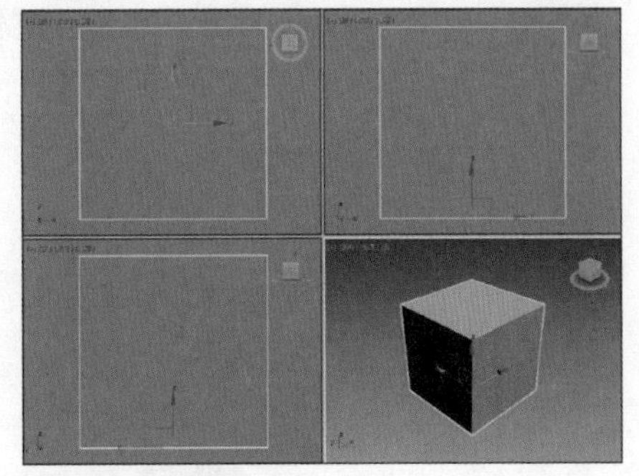

绘图技能

在创建长方体时，按住Ctrl键并拖动鼠标，可以将创建的长方体的地面宽度和长度保持一致，再调整高度，即可创建具有正方形底面的长方体。

3.1.2 圆锥体

圆锥体大多用于创建天台，利用“参数”卷展栏中的选项，可以将圆锥体定义成许多形状。在“几何体”命令面板中单击“圆锥体”按钮，命令面板的下方会打开圆锥体的“参数”卷展栏，如下左图所示。创建好的圆锥体模型如下右图所示。

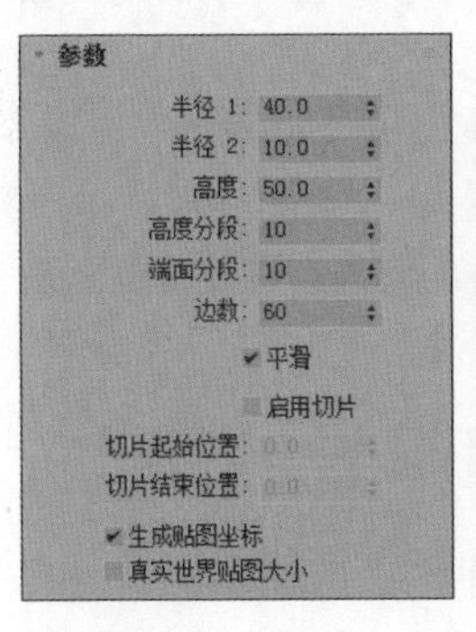

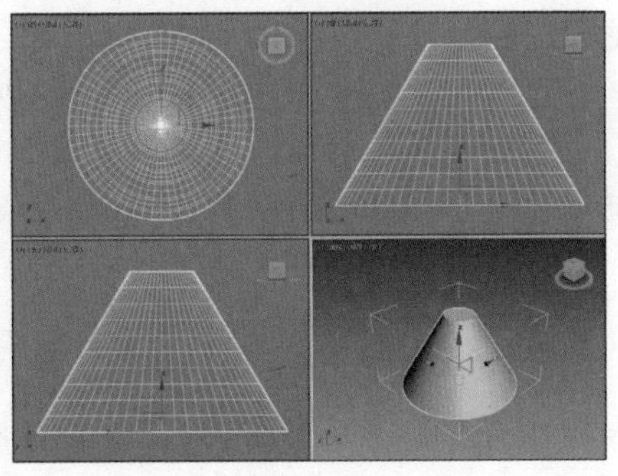

下面具体介绍圆锥体“参数”卷展栏中常用选项的含义。

- 半径1：设置圆锥体的底面半径大小。
- 半径2：设置圆锥体的顶面半径。当值为0时，圆锥体将更改为尖顶圆锥体；当值大于0时，将更改为平顶圆锥体。
- 高度：设置圆锥体主轴的分段数。
- 高度分段：设置圆锥体的高度分段。
- 端面分段：设置围绕圆锥体顶面和地面的中心同心分段数。
- 边数：设置圆锥体的边数。

- 平滑：勾选该复选框，将对圆锥体执行平滑处理，在渲染中形成平滑的外观。
- 启用切片：勾选该复选框，将激活“切片起始位置”和“切片结束位置”数值框，在其中可以设置切片的角度。

3.1.3 球体

无论是建筑建模还是工业建模，球体是必不可少的一种结构。单击“球体”按钮，在命令面板下方会打开球体“参数”等卷展栏，如下左图所示。创建好的球体模型如下右图所示。

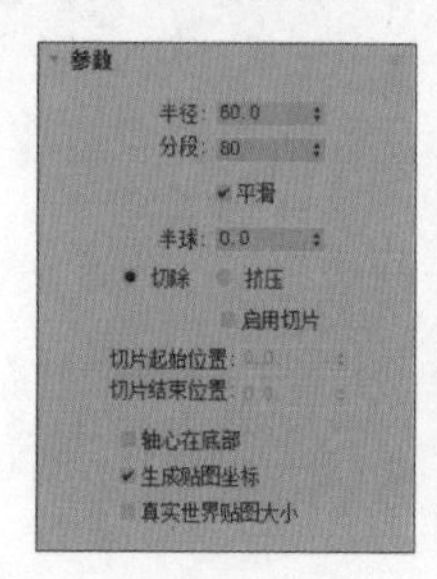

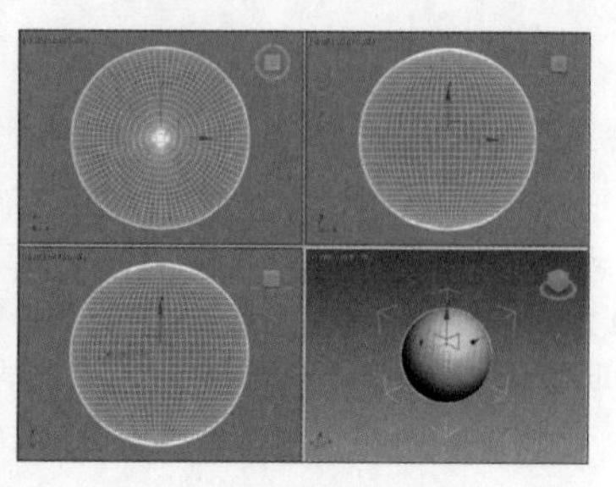

下面具体介绍球体“参数”卷展栏中常用选项的含义。

- 半径：设置球体半径的大小。
- 分段：设置球体分段数目，设置分段会形成网格线，分段数值越大，网格密度越大。
- 平滑：勾选该复选框，将对创建的球体表面执行平滑处理。
- 半球：创建部分球体，定义半球数值，可以定义减去创建球体的百分比数值。该参数的有效数值在0.0～2.0之间。
- 挤压：选择该单选按钮，保持球体的顶点数和面数不变，向球体的顶部挤压为半球体的体积。
- 轴心在底部：勾选该复选框，将轴心设置为球体的底部。该复选框默认为禁用状态。

3.1.4 几何球体

几何球体和球体的创建方法一致，在命令面板中单击“几何球体”按钮，在任意视图中拖动鼠标，即可创建几何球体。在命令面板下方会打开几何球体“参数”卷展栏，如下左图所示。创建好的几何球体模型如下右图所示。

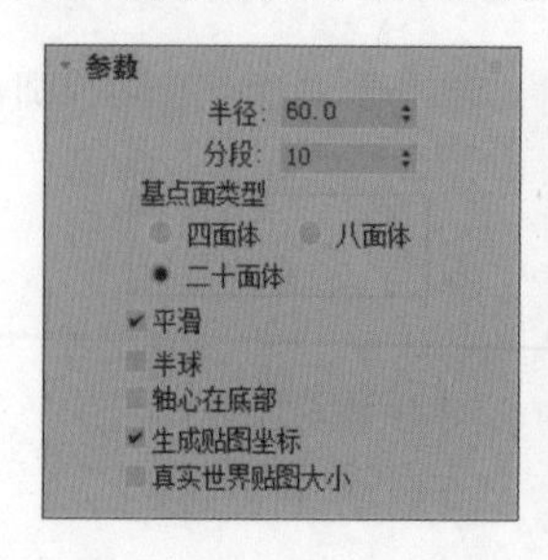

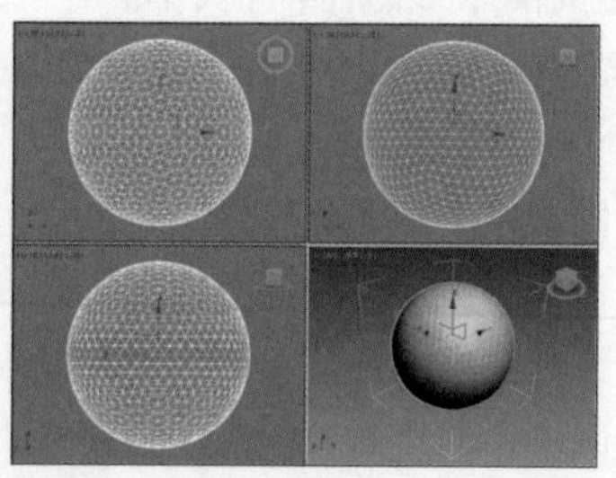

下面具体介绍几何球体“参数”卷展栏中常用选项的含义。

- 半径：设置几何球体的半径大小。
- 分段：设置几何球体的分段。设置分段数值后，将创建网格，数值越大，网格密度越大，几何球体越光滑。
- 基点面类型：该选项组中包含“四面体”、“八面体”和“二十面体”3个单选按钮，分别代表相应的几何球体的面数。

3.1.5 圆柱体

创建圆柱体的方法也非常简单，在几何体命令面板中单击“圆柱体”按钮，在命令面板的下方会打开圆柱体“参数”卷展栏，如下左图所示。创建好的圆柱体模型如下右图所示。

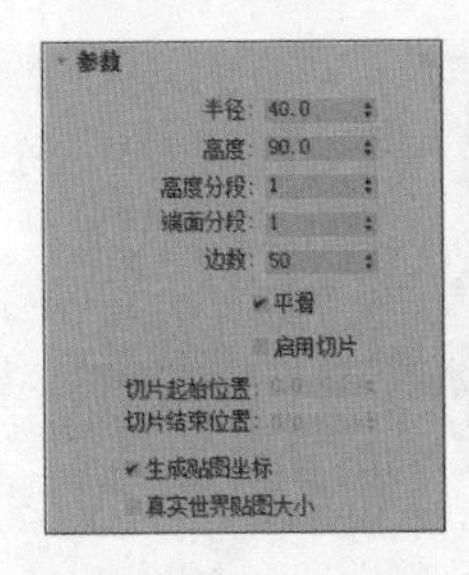

下面具体介绍圆柱体“参数”卷展栏中常用选项的含义。

- 半径：设置圆柱体的半径大小。
- 高度：设置圆柱体的高度值，当数值为负数时，将在构造平面下创建圆柱体。
- 高度分段：设置圆柱体高度上的分段数值。
- 端面分段：设置圆柱体顶面和底面中心的同心分段数量。
- 边数：设置圆柱体周围的边数。

3.1.6 管状体

管状体主要应用于管道之类模型的制作，创建方法非常简单，在“几何体”命令面板中单击“管状体”按钮，在命令面板的下方会打开管状体“参数”卷展栏，如下左图所示。创建好的管状体模型如下右图所示。

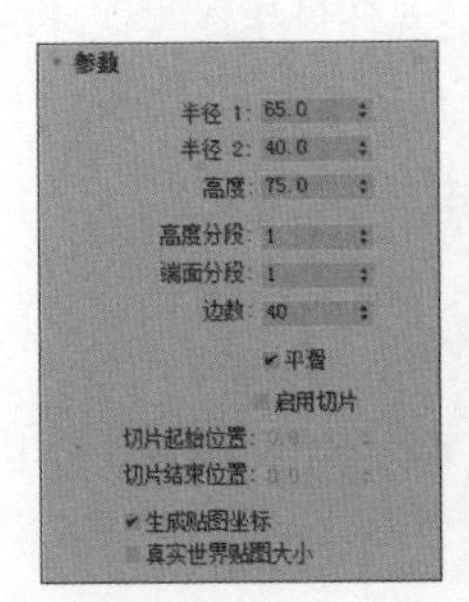

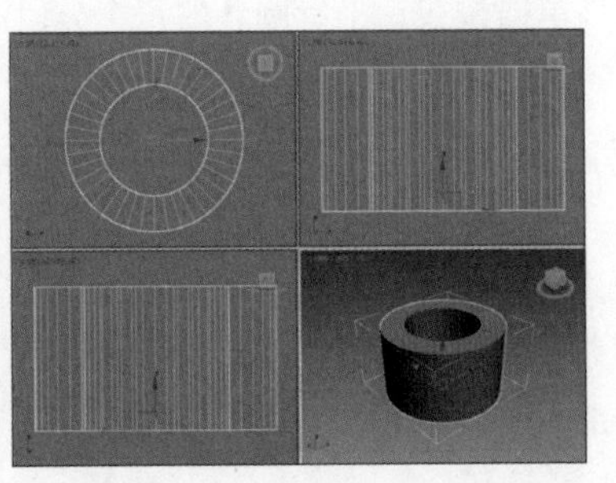

下面具体介绍管状体“参数”卷展栏中常用选项的含义。

- 半径1/半径2：设置管状体底面圆环的内径和外径的大小。
- 高度：设置管状体高度。
- 高度分段：设置管状体高度分段的精度。
- 端面分段：设置管状体端面分段的精度。
- 边数：设置管状体的边数，值越大，渲染的管状体越平滑。

3.1.7 圆环

创建圆环的方法和其他标准基本体有许多相同点，在命令面板中单击“圆环”按钮，在命令面板的下方会打开圆环“参数”卷展栏，如下左图所示。创建好的圆环模型如下右图所示。

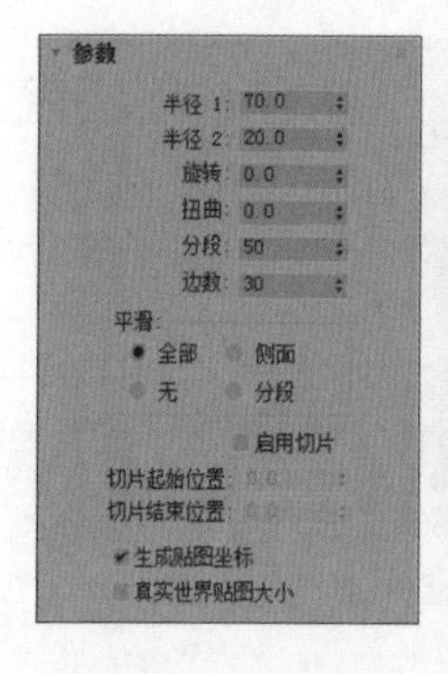

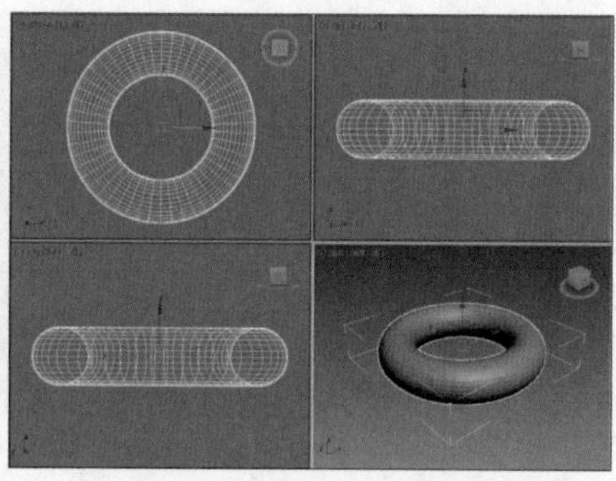

下面具体介绍圆环“参数”卷展栏中常用选项的含义。

- 半径1：设置圆环轴半径的大小。
- 半径2：设置截面半径大小，可以定义圆环的粗细程度。
- 旋转：将圆环顶点围绕通过环形中心的圆形旋转。
- 扭曲：设置决定每个截面扭曲的角度，产生扭曲的表面，数值设置不当，将会产生只扭曲第一段的情况，此时只需要将扭曲值设置为360.0，或勾选下方的“启用切片”复选框即可。
- 分段：设置圆环的分数划分数目，值越大，得到的圆形越光滑。
- 边数：设置圆环上下方向上的边数。
- 无：单击该单选按钮，不进行平滑操作。
- 分段：单击该单选按钮，平滑圆环的每个分段沿着环形生成类似环的分段。

3.1.8 茶壶

茶壶是标准基本体中唯一完整的三维模型实体，在命令面板中单击“茶壶”按钮，在命令面板下方会打开茶壶“参数”卷展栏，如下左图所示。单击并拖动鼠标即可创建茶壶的三维实体，创建好的茶壶模型如下右图所示。

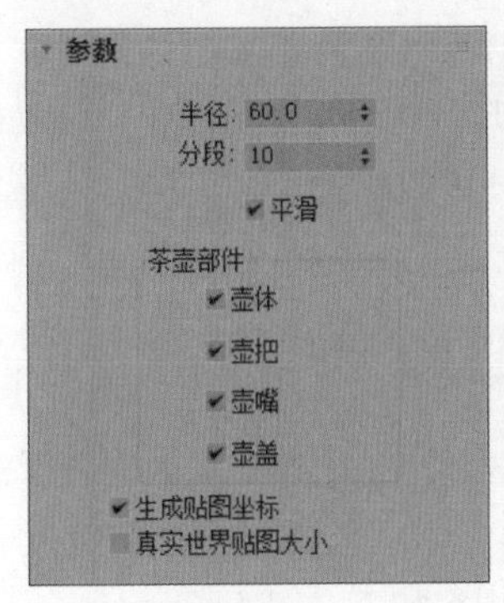

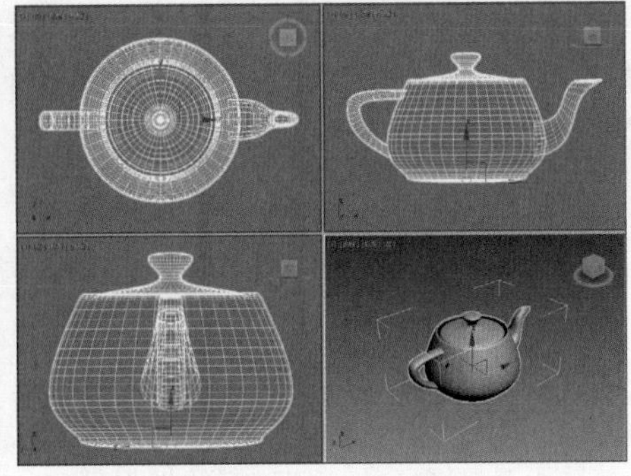

下面具体介绍茶壶“参数”卷展栏中常用选项的含义。

- 半径：设置茶壶的半径大小。
- 分段：设置茶壶及单独部件的分段数。
- 茶壶部件：在该选项组中包含壶体、壶把、壶嘴、壶盖4个茶壶部件，取消勾选相应部件的复选框，则在视图区将不显示该部件。

3.1.9 平面

平面是一种没有厚度的长方体，在渲染时可以无限放大。平面常用来创建大型场景的地面或墙体。此外，用户可以为平面模型添加噪波等修改器来创建波涛起伏的海面或陡峭的地形、岩石等效果，如下图所示。

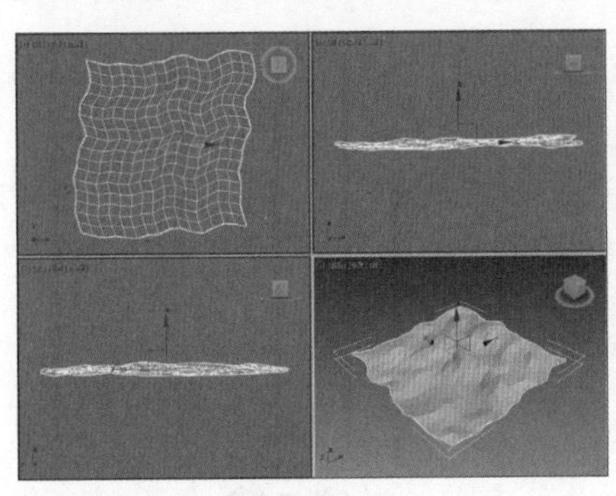

在“几何体”命令面板中单击“平面”按钮，在命令面板的下方会打开平面“参数”卷展栏，如右图所示。

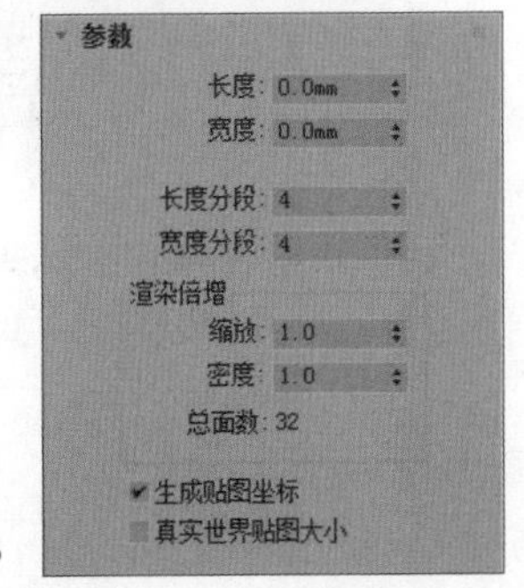

下面具体介绍“参数”卷展栏中创建平面常用选项的含义。

- 长度：设置平面的长度。
- 宽度：设置平面的宽度。
- 长度分段：设置长度的分段数量。
- 宽度分段：设置宽度的分段数量。
- 渲染倍增：该选项组中包含“缩放”、“密度”、“总面数”3

个选项。“缩放”选项用于指定平面几何体的长度和宽度在渲染时的倍增数，从平面几何体中心向外缩放；“密度”选项用于指定平面几何体的长度和宽度分段数在渲染时的倍增数值；“总面数”选项用于显示创建平面物体中的总面数。

3.1.10 加强型文本

加强型文本作为3ds Max 2018版本的新功能，主要作用是通过文本内容表达模型。在命令面板中单击“加强型文本”按钮，在视图中框选出文本框范围，在命令面板下方会打开“参数”卷展栏，如下左图所示。创建好的加强型文本内容如下右图所示。

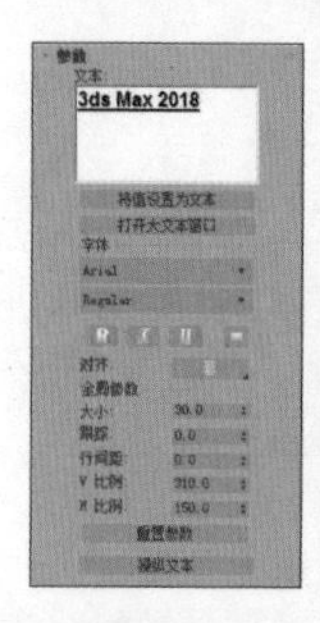

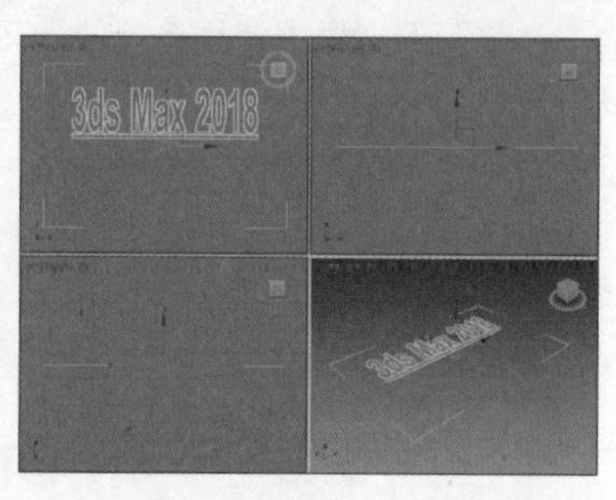

下面具体介绍加强型文本“参数”卷展栏中常用选项的含义。

- 文本：用于输入所需要的文本内容。
- 打开大文本窗口：单击该按钮打开大文本窗口，在窗口中输入更多的文本内容。
- 字体：在该选项组中设置文本的字体样式。
- 对齐：设置文本内容的对齐方式，包括左对齐、中心对齐、右对齐、最后一个左对齐、最后一个中心对齐、最后一个右对齐、完全对齐6种对齐方式。
- 全局参数：在该选项组中“大小”参数用于设置文本内容大小值；“跟踪”参数用于设置文本内容之间的列间距；“行间距”参数用于设置文本内容之间的行间距；“V比例”/“H比例”参数用于对文本内容进行缩放。

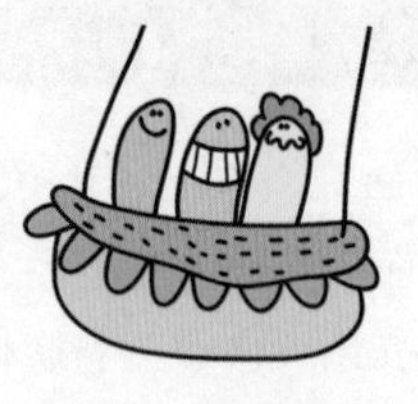

第2节 创建扩展基本体

扩展基本体可以创建带有倒角、圆角和特殊形状的模型，和标准基本体相比，创建方法更复杂一些。

在3ds Max 2018中，扩展基本体包括异面体、环形结、切角长方体、切角圆柱体、油罐、胶囊、纺锤、L-Exl（L形拉伸体）、球棱柱、C-Ext（C形拉伸体）、环形波、软管、棱柱，如右图所示。

创建扩展基本体的基本方法如下。

- 执行“创建>扩展基本体”命令。
- 在命令面板中单击“创建”按钮，然后单击“标准基本体”右侧的按钮，在弹出的列表框中选择“扩展基本体”选项。

3.2.1 异面体

异面体是由多个边面组合而成的三维实体图形，不仅可以调节异面体边面的状态，也可以调整实体面的数量改变其形状。在“扩展基本体”命令面板中单击“异面体”按钮，在命令面板下方会打开异面体“参数”卷展栏，如下左图所示。创建好的异面体模型效果，如下右图所示。

下面具体介绍异面体“参数”卷展栏中常用选项组的含义。

- 系列：该选项组中包含“四面体”、“立方体/八面体”、“十二面体/二十面体”、“星形1”和“星形”5个单选按钮，主要用于定义创建异面体的形状和边面的数量。
- 系列参数：在该选项组中P和Q两个参数用于控制异面体的顶点和轴线双重变换关系。
- 轴向比率：在该选项组中P、Q、R三个参数分别为其中一个面的轴线，设置相应的参数，可以使异面体的面突出或者凹陷。

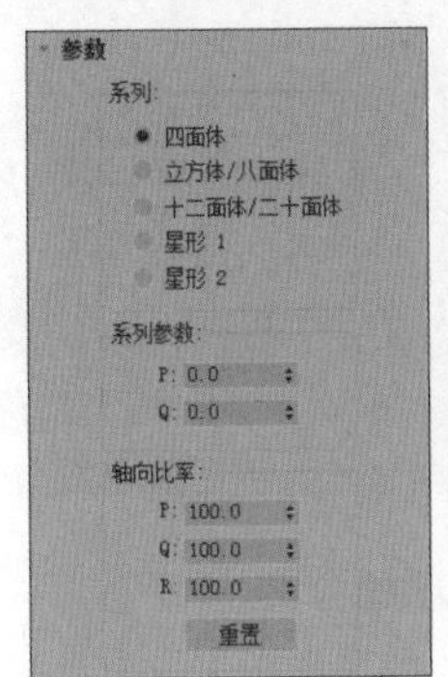

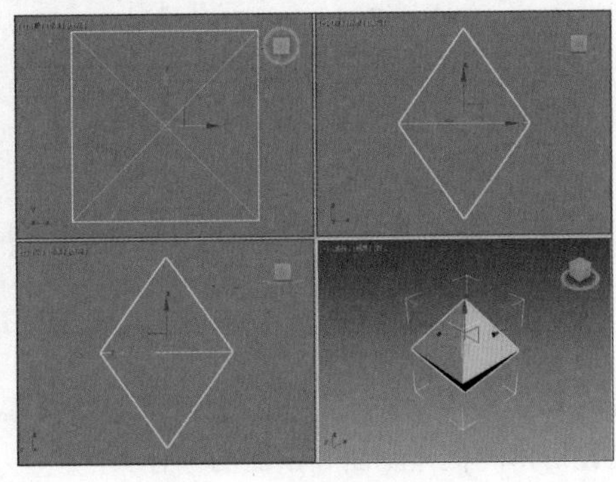

3.2.2 切角长方体

切角长方体在创建模型时应用十分广泛，常用于创建带有圆角的长方体结构。在“扩展基本体”命令面板中单击“切角长方体”按钮，命令面板下方会打开切角长方体“参数”卷展栏，如下左图所示。创建好的切角长方体模型如下右图所示。

下面将具体介绍切角长方体“参数”卷展栏中常用选项的含义。

- 长度/宽度/高度：设置切角长方体长度、宽度和高度值。
- 圆角：设置切角长方体的圆角半径，值越大，圆角半径越明显。

● 长度分段/宽度分段/高度分段/圆角分段：设置切角长方体分别在长度、宽度、高度和圆角上的分段数目。

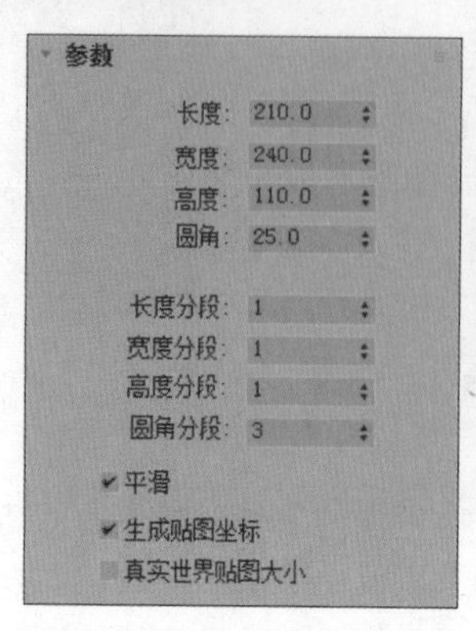

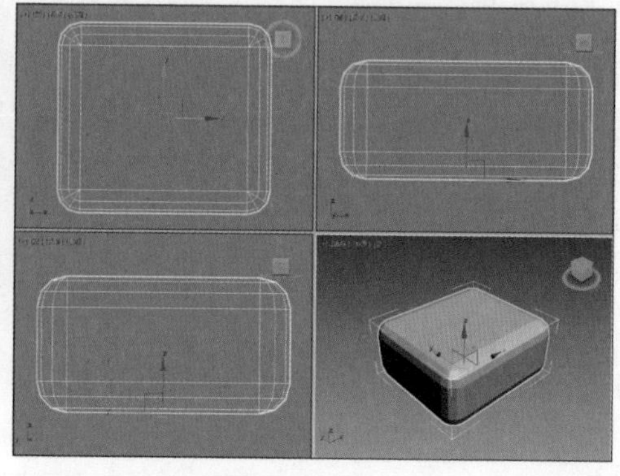

3.2.3 切角圆柱体

创建切角圆柱体和创建切角长方体的方法相同，但在“参数”卷展栏中参数的设置有些不相同，如下左图所示。创建好的切角圆柱体如下右图所示。

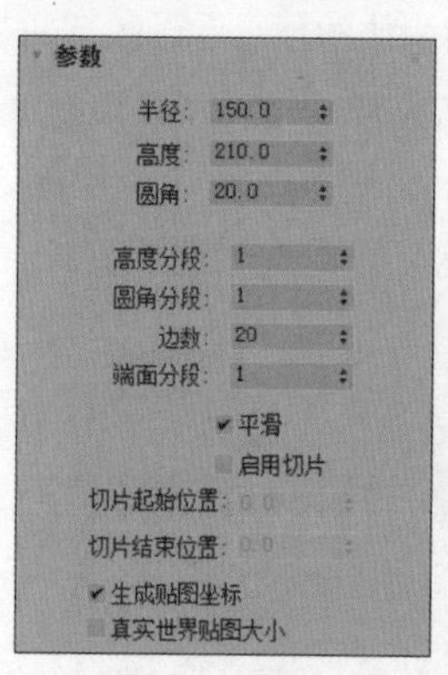

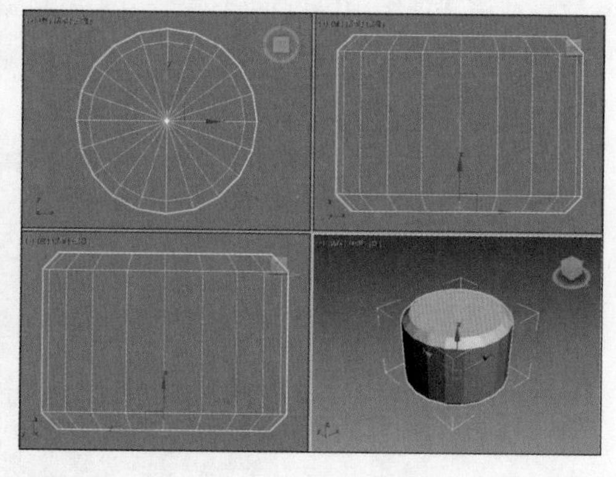

下面将具体介绍切角圆柱体“参数”卷展栏中常用选项的含义。

● 半径：设置切角圆柱体底面和顶面的半径大小。
● 高度：设置切角圆柱体的高度大小。
● 圆角：设置切角圆柱体的圆角半径大小。
● 高度分段/圆角分段/端面分段：设置切角圆柱体高度、圆角和端面的分段数目。
● 边数：设置切角圆柱体的边数，数值越大，圆柱体越平滑。
● 平滑：勾选该复选框，即可将创建的切角圆柱体在渲染中进行平滑处理。

新手练习：绘制沙发凳模型

学习了标准基本体和扩展基本体的创建和参数设置后，下面将介绍创建沙发凳模型的具体操作方法，步骤如下。

步骤01 首先在“扩展基本体”命令面板中单击“切角长方体”按钮，创建长和宽为450mm、高为120mm、圆角为50mm的切角长方体，作为座椅模型，如下左图所示。

步骤02 向下复制模型，并修改复制后模型的高度值为150mm，如下右图所示。

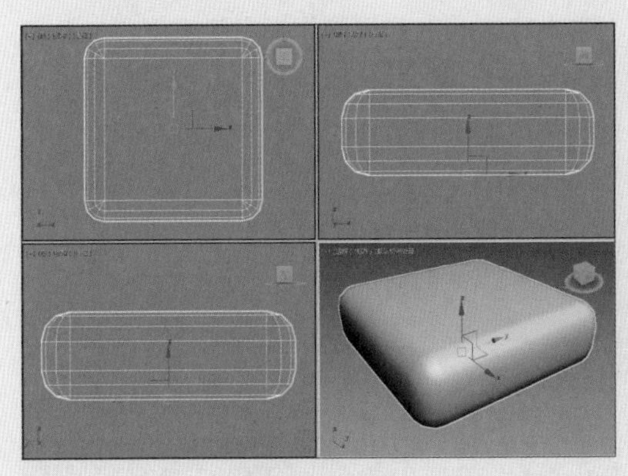

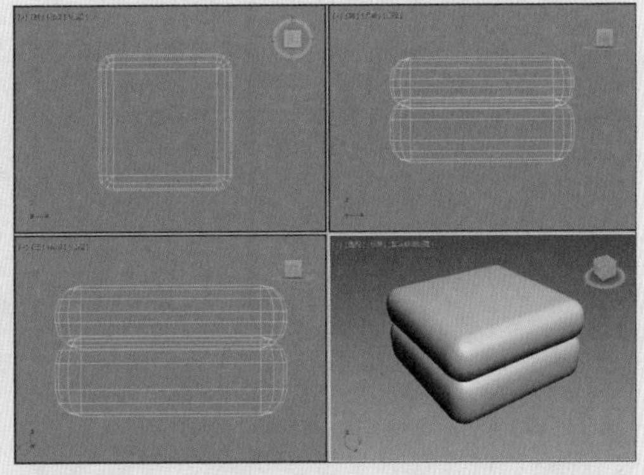

步骤03 在“标准基本体”命令面板中单击“圆柱体”按钮，创建半径为25mm、高为150mm的圆柱体模型，并对其进行复制，如下左图所示。

步骤04 将创建好的模型赋予材质并进行渲染(材质的创建过程将在后面章节进行介绍)，效果如下右图所示。

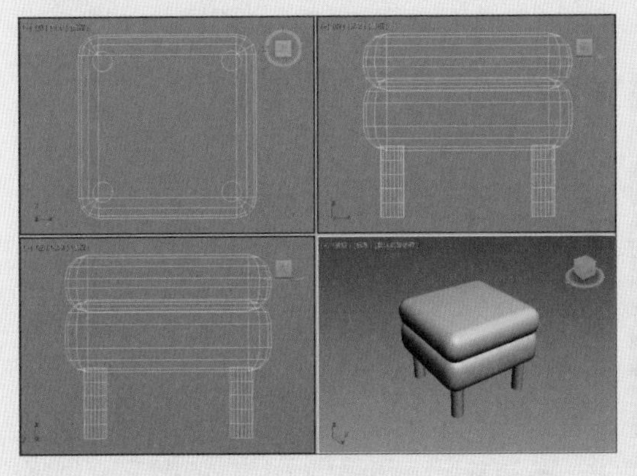

高手进阶：创建餐桌椅模型

通过本章知识的学习，相信读者对创建标准基本体和扩展基本体等知识有了一定的了解。为了使读者更好地掌握本章所学知识，接下来将介绍创建组合桌椅模型的方法，具体创建步骤介绍如下。

步骤01 首先在“标准基本体”命令面板中单击“长方体”按钮，创建长为1600mm、宽为900mm、高为30mm的长方体作为餐桌的桌面，如下左图所示。

步骤02 继续创建长为30mm、宽为400mm、高为750mm的长方体作为桌腿模型，如下右图所示。

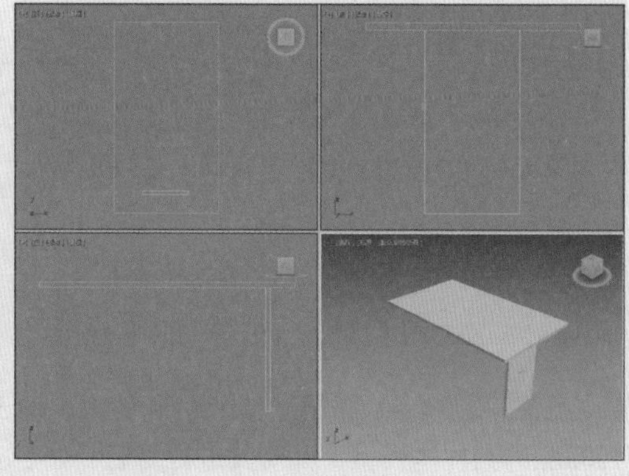

步骤03 执行“复制”命令，复制桌腿模型，如下左图所示。

步骤04 然后创建长为1300mm、宽为30mm、高为200mm的长方体作为隔板模型，如下右图所示。

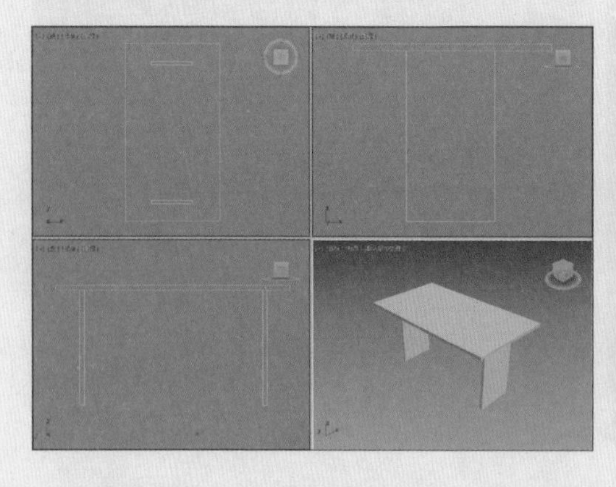

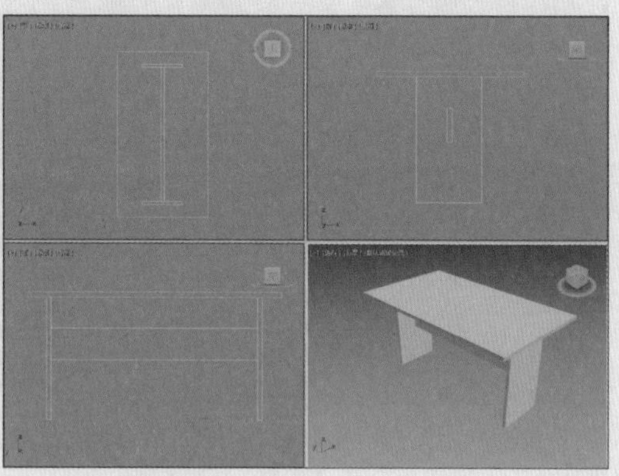

步骤05 在“标准基本体”命令面板中单击“圆柱体”按钮，创建半径为225mm、高为30mm的圆柱体作为椅座模型，如下左图所示。

步骤06 继续创建半径为225mm、高为30mm和半径为180mm、高为370mm的圆柱体，创建好的椅座模型如下右图所示。

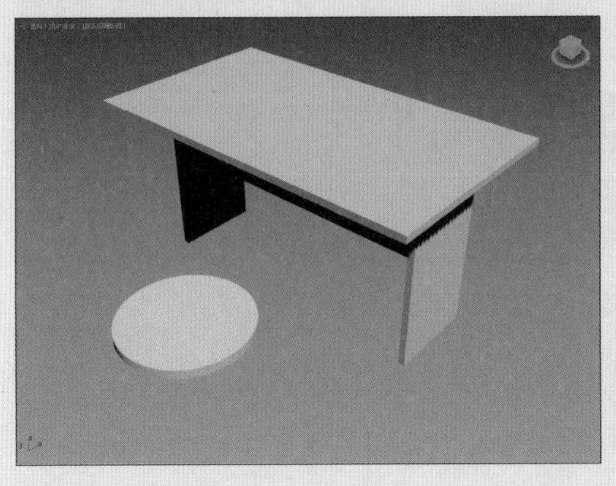

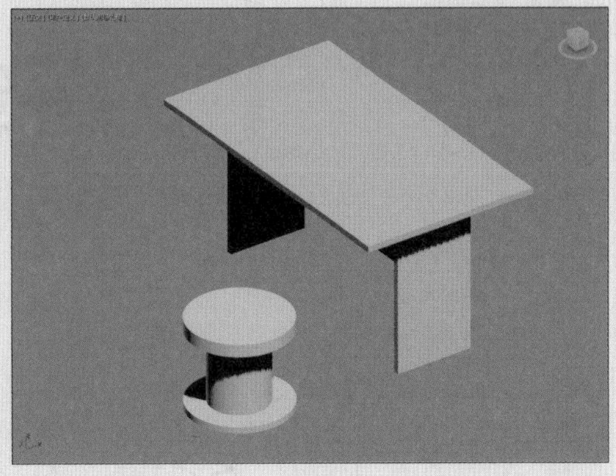

步骤07 执行“镜像”命令，镜像复制椅子模型，即可完成组合桌椅模型的制作，如下左图所示。

步骤08 赋予模型材质后进行渲染，效果如下右图所示。

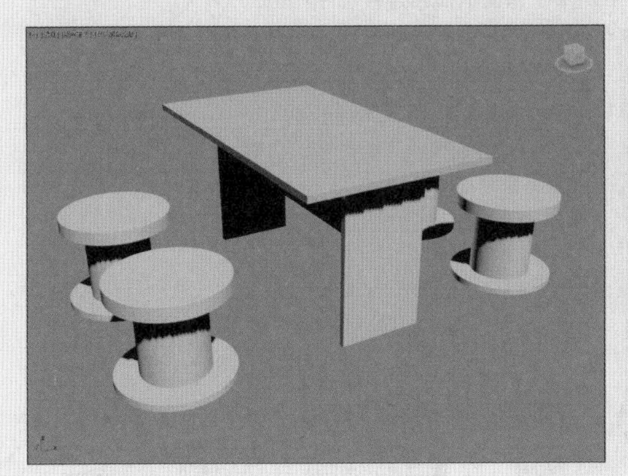

4 Chapter 高级建模技术

本章概述

在3ds Max中，除了内置的几何体模型外，用户还可以通过对二维图形的挤压、放样等操作来制作三维模型，或者利用基础模型、面片、网格等来创建三维物体。本章将对这些建模技术进行介绍，从而使读者可以更加全面地了解并掌握建模方法，高效地创建出自己想要的模型。

案例预览

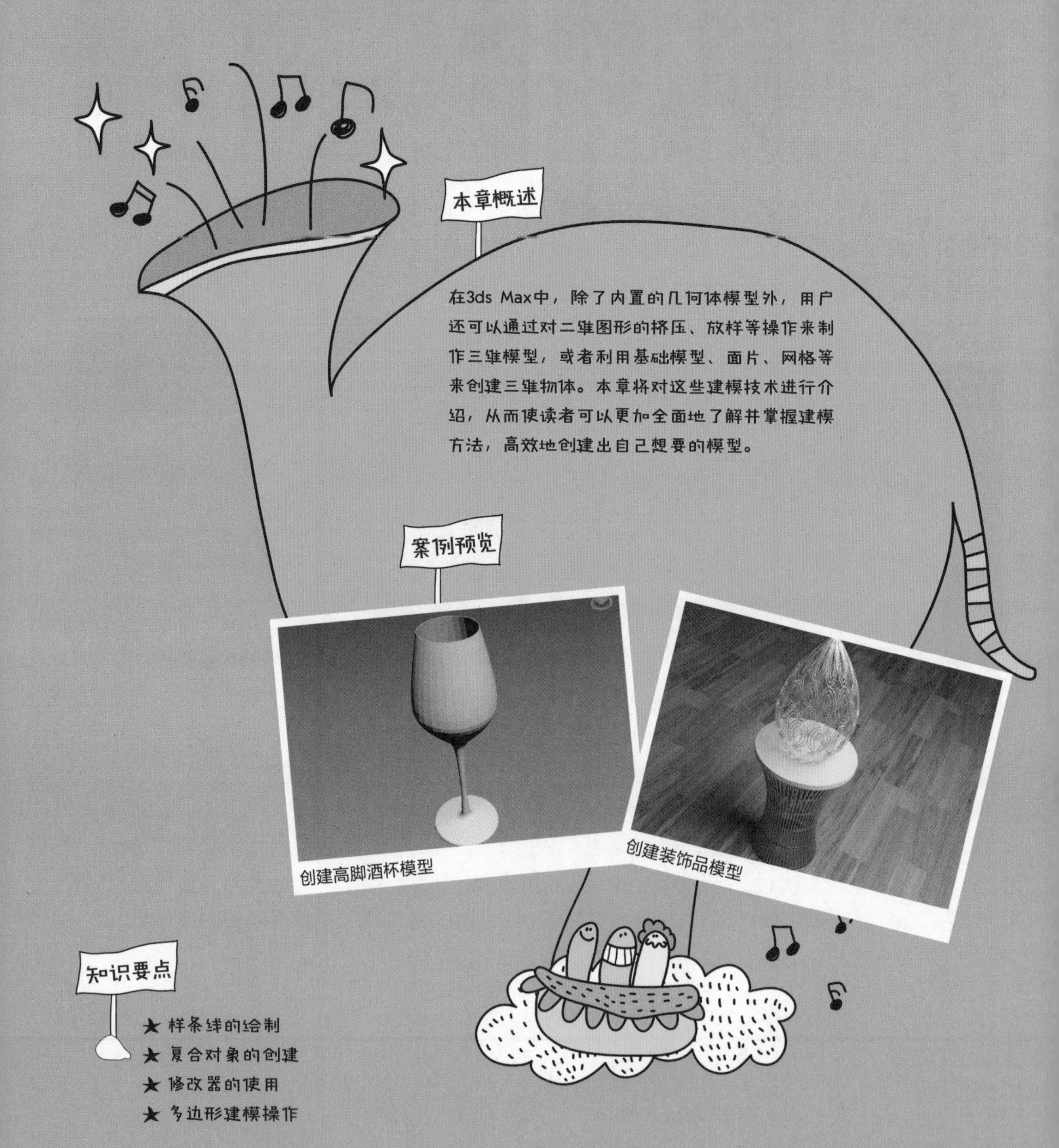

创建高脚酒杯模型

创建装饰品模型

知识要点

- 样条线的绘制
- 复合对象的创建
- 修改器的使用
- 多边形建模操作

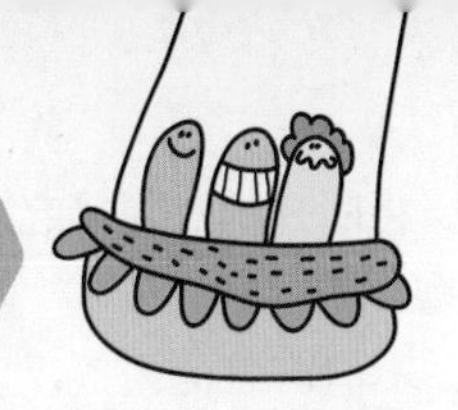

第1节 创建样条线

样条线是指由两个或两个以上的顶点及线段所形成的集合线。在三维设计中，运用顶点及线段的空间位置不同可以得到不同的设计效果。

在命令面板中选择“创建+”>“图形”>“样条线”选项，即可看到所有的样条线类型。其中包括线、矩形、圆、椭圆、弧、圆环、多边形、星形、文本、螺旋线、卵形和截面，如右图所示。

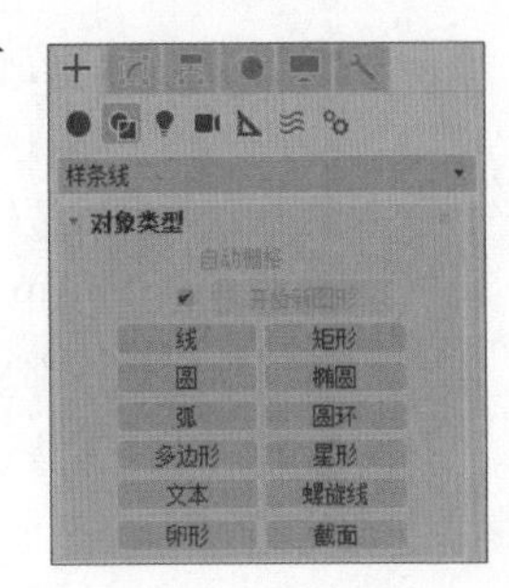

4.1.1 线

线在样条线中比较特殊，没有可编辑的参数，只能利用顶点、线段和样条线子层级进行编辑。

在创建命令面板中单击“线”按钮，如下左图所示。在视图区中依次单击鼠标左键，即可创建线，如下右图所示。

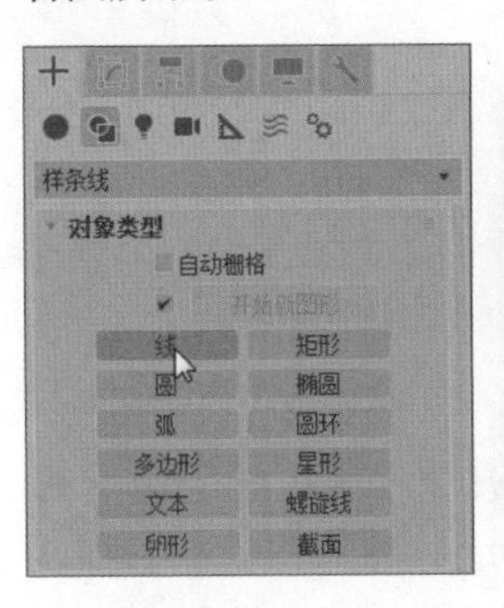

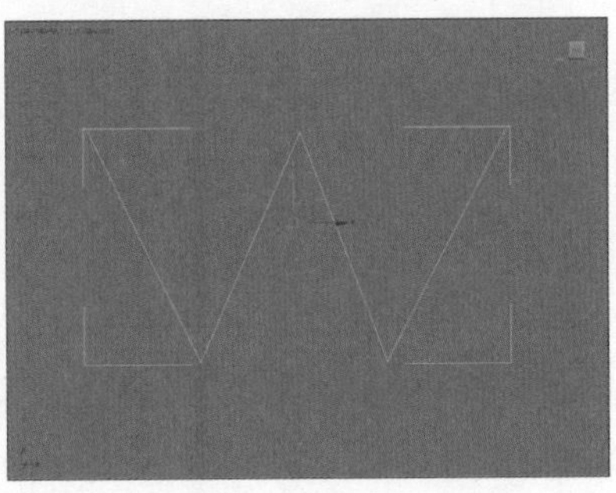

在“几何体”卷展栏中，由“角点”所定义的点形成的线是严格的折线，由“平滑”所定义的节点形成的线可以是圆滑相接的曲线。单击鼠标左键时若立即松开便形成折角，若继续拖动一段距离后再松开便形成圆滑的弯角。由Bezier（贝赛尔）所定义的节点形成的线是依照Bezier算法得出的曲线，通过移动一点的切线控制柄来调节经过该点的曲线形状，如下右图所示。下面将介绍“几何体”展卷栏中常用选项的含义。

- 创建线：单击该按钮，在此样条线的基础上再加线。
- 断开：单击该按钮，将一个顶点断开成两个。
- 附加：单击该按钮，将两条线转换为一条线。
- 优化：单击该按钮，可以在线条上任意加点。

- 焊接：单击该按钮，将断开的点焊接起来，“连接”按钮的作用和“焊接”相同，只不过“连接”必须是重合的两点。
- 插入：单击该按钮，不但可以插入点，还可以插入线。
- 熔合：单击该按钮，表示将两个点重合，但还是两个点。
- 圆角：用于设置直角的圆滑度。
- 切角：用于将直角切成一条直线。
- 隐藏：单击该按钮，把选中的点隐藏起来，但还是存在的。而单击“全部取消隐藏”按钮，则是把隐藏的点都显示出来。
- 删除：单击该按钮，删除不需要的点。

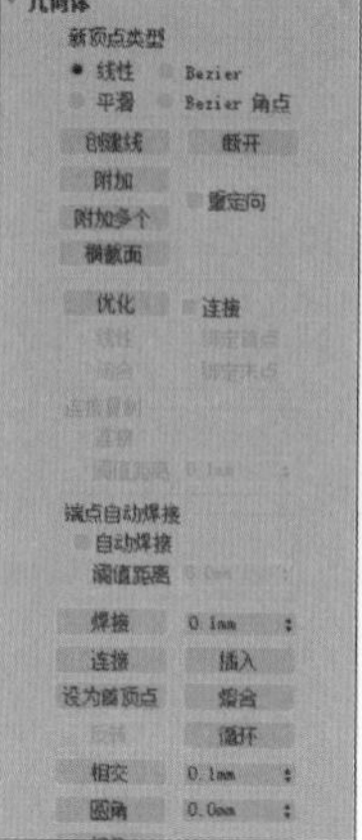

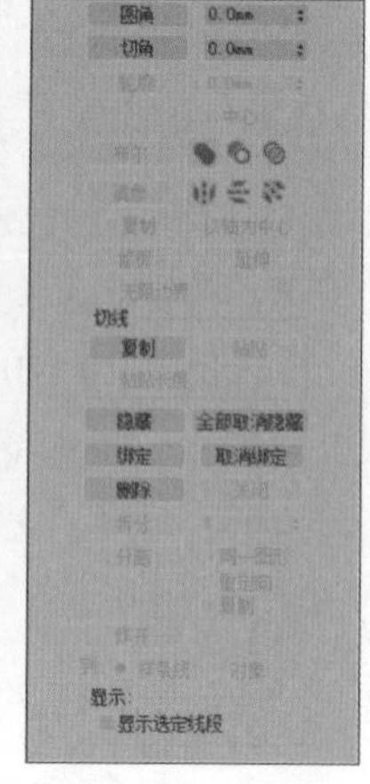

4.1.2 其他样条线

掌握线的创建操作后，其他样条线的创建就简单了很多，下面将对其进行介绍。

1. 矩形

“矩形”样条线常用于创建简单家具的拉伸原形。关键参数有“可渲染”、“步数”、“长度”、“宽度”和“角半径”等，创建矩形样条线的效果如下左图所示。其中常用选项的含义介绍如下。

- 长度：用于设置矩形的长度。
- 宽度：用于设置矩形的宽度。
- 角半径：用于设置角半径的大小。

2. 圆

“圆”样条线常用于创建室内家具中简单形状的拉伸造型，关键参数有“步数”、“可渲染”和“半径”等，创建圆样条线的效果如下右图所示。

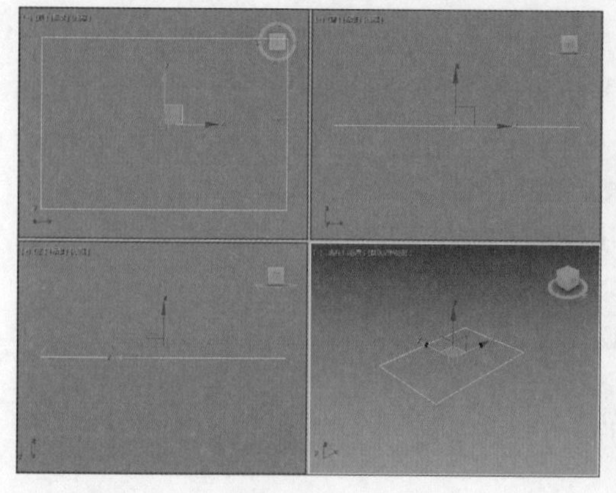

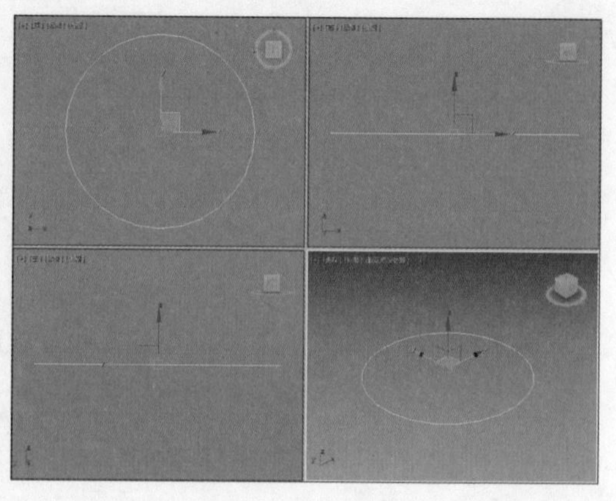

3. 椭圆

“椭圆”样条线常用于创建以圆形为基础的变形对象，关键参数有“可渲染”、“节数”、“长度”和“宽度”等，创建椭圆样条线的效果如下左图所示。

4. 弧

“弧”样条线的关键参数有“端点-端点-中央”、“中央-端点-端点”、“半径”、“从”、“到”、“饼形切片”和“反转”等，创建弧样条线的效果如下右图所示。其中，常用选项的含义介绍如下。

- 端点-端点-中央：设置“弧”样条线以端点-端点-中央的方式进行创建。
- 中央-端点-端点：设置“弧”样条线以中央-端点-端点的方式进行创建。
- 半径：设置弧形的半径。
- 从/到：设置弧形样条线的起始角度和终止角度。
- 饼形切片：勾选该复选框，创建的弧形样条线会更改成封闭的扇形。
- 反转：勾选该复选框，可反转弧形，生成弧形所属圆周另一半的弧形。

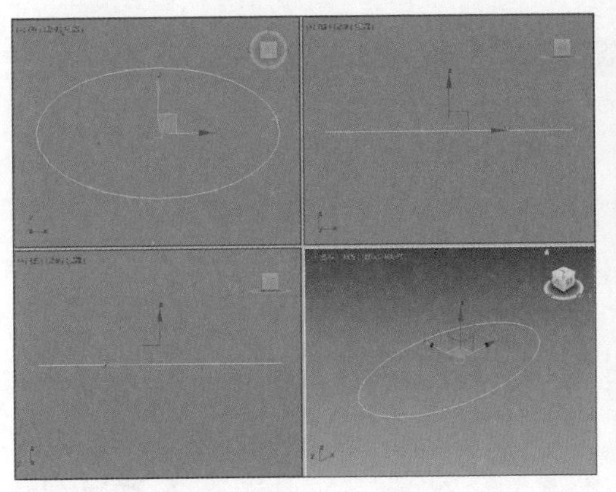
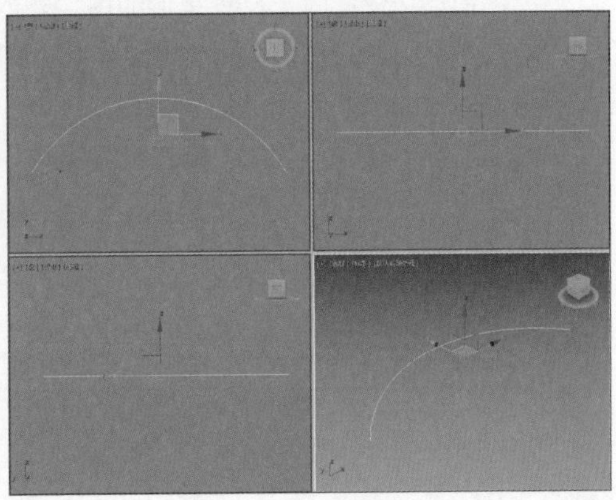

5. 圆环

“圆环”样条线的关键参数包括“可渲染”、“步数”、“半径1”和“半径2”等，创建圆环样条线的效果如下左图所示。

6. 多边形

“多边形”样条曲线的关键参数包括“半径”、“内接”、“外接”、“边数”、“角半径”和“圆形”等，创建多边形样条线的效果如下右图所示。其中常用选项的含义介绍如下。

- 半径：用于设置多边形半径的大小。
- 内接/外接：内接是指多边形的中心点到角点之间的距离为内切圆的半径，外接是指多边形的中心点到角点之间的距离为外切圆的半径。
- 边数：用于设置多边形边数。数值范围为3～100，默认边数为6。
- 角半径：用于设置圆角半径大小。
- 圆形：勾选该复选按钮，多变形将变成圆形。

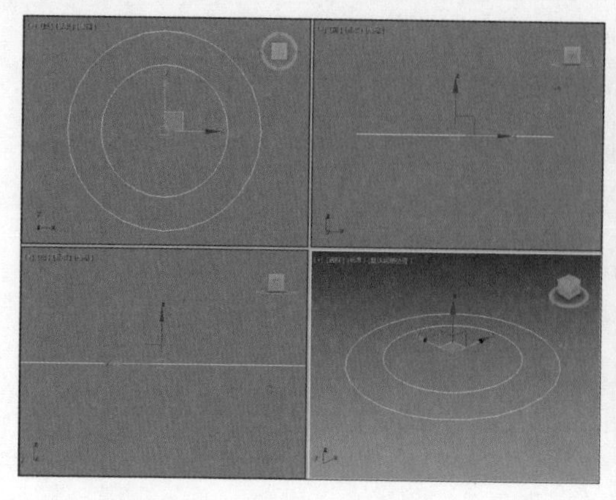

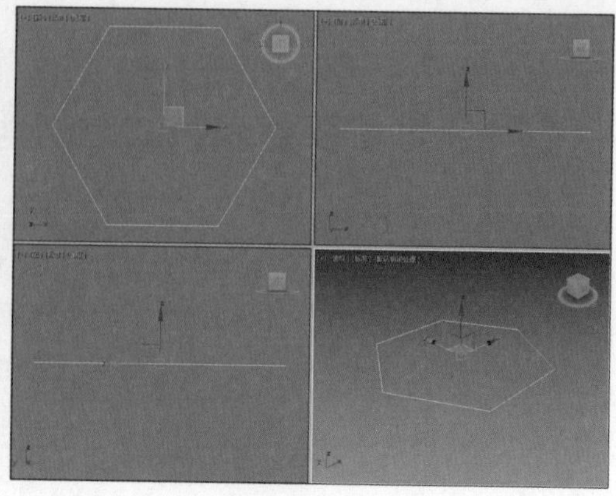

7. 星形

“星形”样条线的关键参数有“半径1”、“半径2”、“点”、“扭曲”、“圆角半径1”和“圆角半径2”等，创建星形样条线的效果如下左图所示。其中常用选项的含义介绍如下。

- 半径1/半径2：用于设置星形的内、外半径。
- 点：用于设置星形的顶点数目，默认情况下点数目为6。数值范围为3 ~ 100。
- 扭曲：用于设置星形的扭曲程度。
- 圆角半径1/圆角半径2：用于设置星形内、外圆环上的圆角半径大小。

8. 文本

“文本”样条线的关键参数有“大小”、“字间距”、“更新”和“手动更新”等，创建文本样条线的效果如下右图所示。

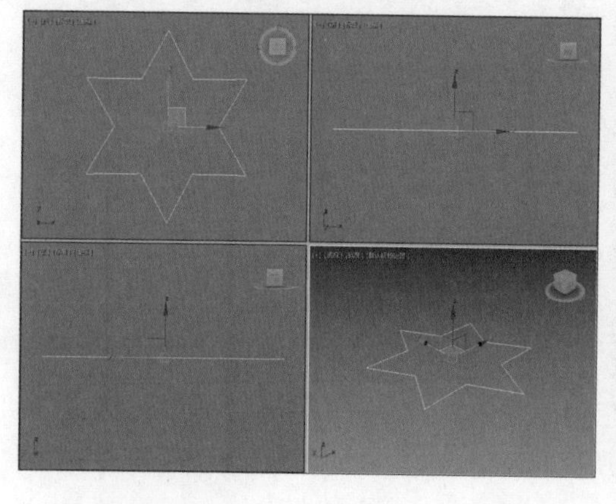

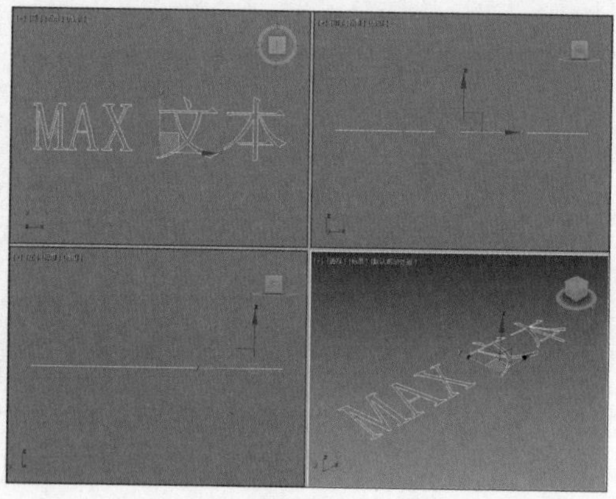

9. 螺旋线

“螺旋线”样条线的关键参数有“半径1”、“半径2”、“高度”、“圈数”、“偏移”、“顺时针”和“逆时针”等，创建螺旋线样条线的效果如下左图所示。其中，常用选项的含义介绍如下。

- 半径1/半径2：用于设置螺旋线的半径。
- 高度：用于设置螺旋线在起始圆环和结束圆之间的高度。

- 圈数：用于设置螺旋线的圈数。
- 偏移：用于设置螺旋线段偏移距离。
- 顺时针/逆时针：用于设置螺旋线的旋转方向。

10. 截面

使用该样条线，可以从已有的对象上取得剖面图形作为新的样条线。创建截面样条线的效果如下右图所示，可以看到在所需位置创建剖切平面。其关键参数有“创建图形”、“移动截面时”更新、“选择截面时”更新、“手动”更新、“无限”和“截面边界”等。

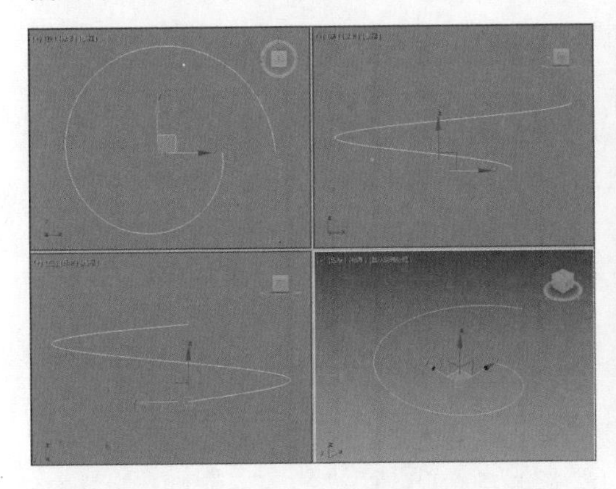

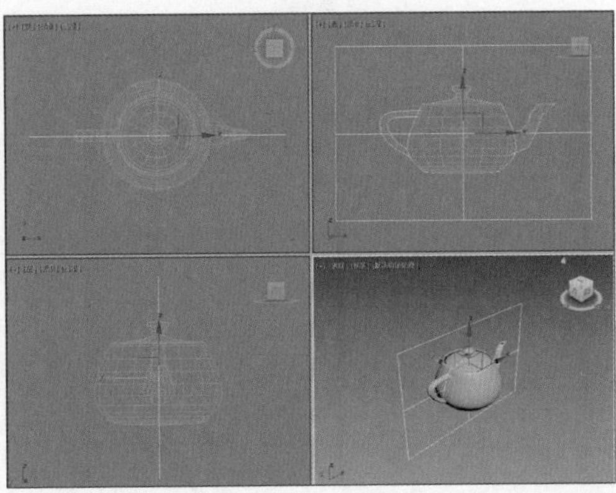

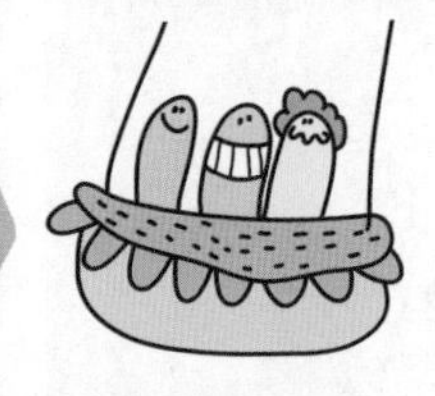

第2节 NURBS建模

在3ds Max中，使用NURBS曲面和曲线是常用的建模方式。NURBS表示非均匀有理数B样条线，特别适合为含有复杂曲线的曲面建模，因为这些对象很容易交互操纵，且创建它们的算法效率高，计算稳定性好。

4.2.1 NURBS对象

NURBS对象包含曲线和曲面两种，如下图所示，NURBS建模也就是创建NURBS曲线和NURBS曲面的过程，使用该建模方式可以使以前实体建模难以达到的圆滑曲面的构建变得简单方便。

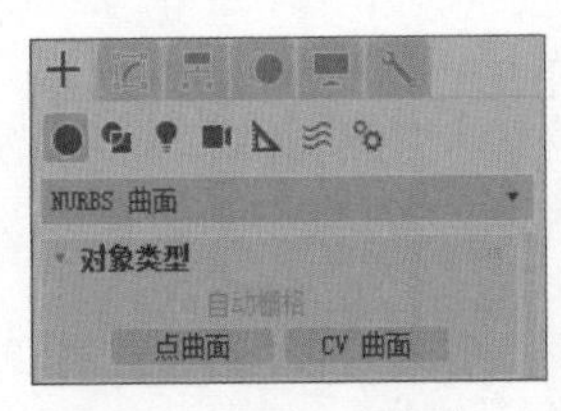

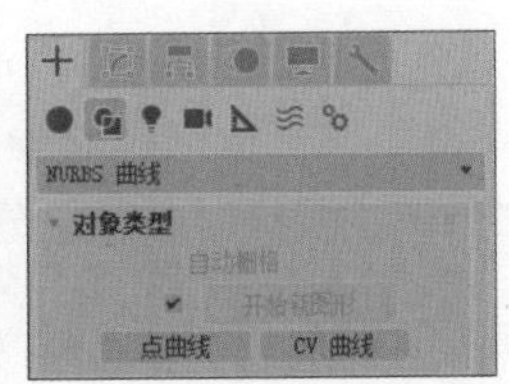

1. NURBS 曲面

运用NURBS曲面创建的藤艺灯饰模型如下左图所示。NURBS曲面包含点曲面和CV曲面两种，含义介绍如下。

- 点曲面：由点来控制模型的形状，每个点始终位于曲面的表面上。
- CV曲面：由控制顶点来控制模型的形状，CV形成围绕曲面的控制晶格，而不是位于曲面上。

2. NURBS 曲线

运用NURBS曲线创建的高脚杯模型如下右图所示。NURBS曲线包含点曲线和CV曲线两种，含义介绍如下。

- 点曲线：由点来控制曲线的形状，每个点始终位于曲线上。
- CV曲线：由控制顶点来控制曲线的形状，这些控制顶点不必位于曲线上。

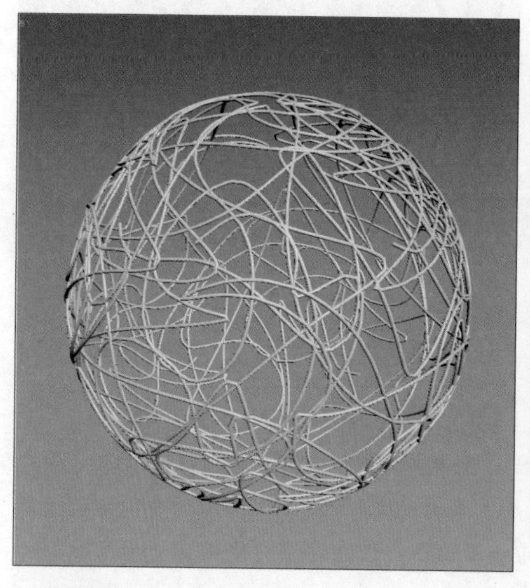

提示：NURBS造型系统

NURBS造型系统由点、曲线和曲面3种元素构成，曲线和曲面又分为标准和CV型，创建它们既可以在创建命令面板内完成，也可以在一个NURBS造型内部完成。

4.2.2 编辑NURBS对象

在NURBS对象的参数面板中共有7个卷展栏，分别是“常规”、“显示线参数”、“曲面近似”、“曲线近似”、“创建点”、“创建曲线”和“创建曲面”卷展栏，如下左图所示。而在选择“曲面”或者“点”子层级时，又会分别出现不同的参数卷展栏，如下中图和下右图所示。

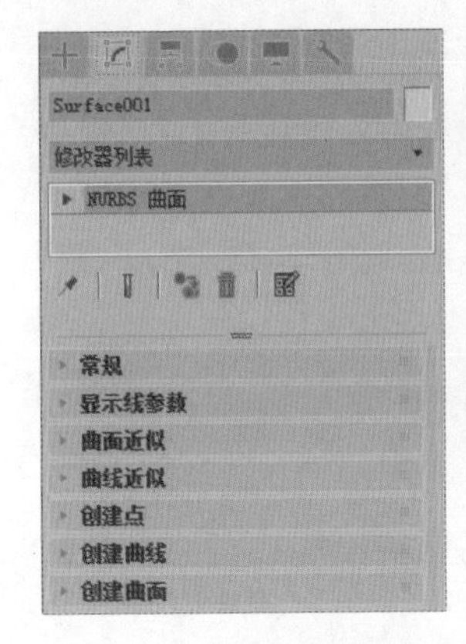

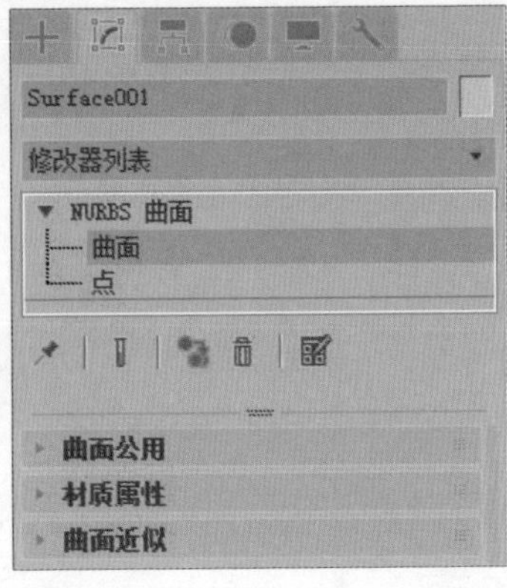

1. “常规”卷展栏

“常规”卷展栏中包含了附加、导入以及NURBD工具箱等，如右1图所示。单击“NURBS创建工具箱”按钮，即可打开NURBS工具箱，如右2图所示。

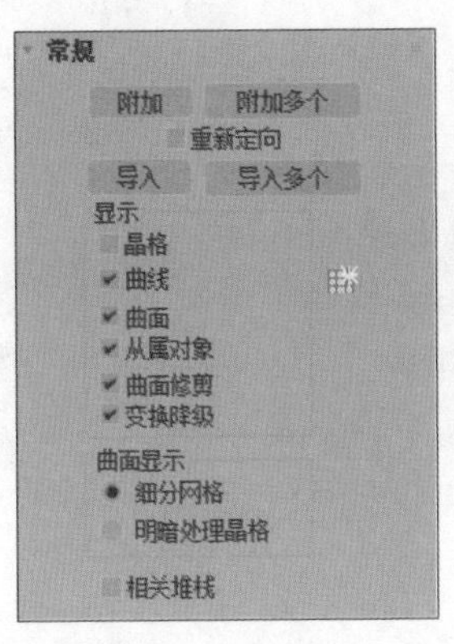

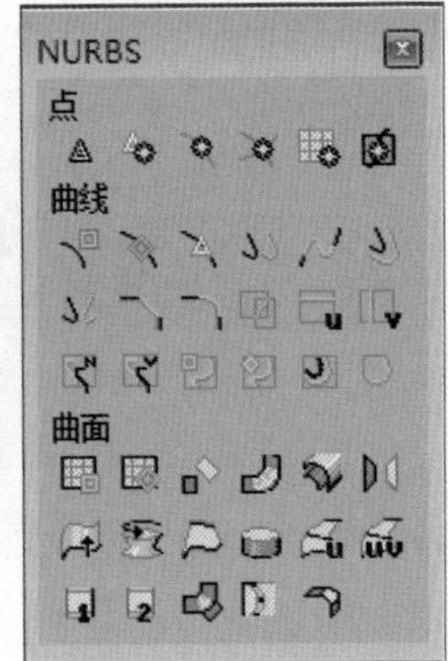

2. “曲面近似”卷展栏

为了渲染和显示视口，可以使用“曲面近似”卷展栏控制NURBS模型中的曲面子层级的近似值求解方式。参数面板如下右图所示。其中常用选项的含义介绍如下。

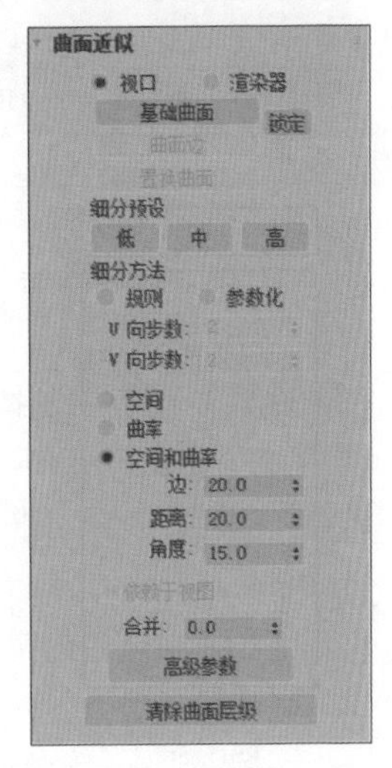

- 基础曲面：单击该按钮，可以设置影响选择集中的整个曲面。
- 曲面边：单击该按钮，可以设置影响由修剪曲线定义的曲面边的细分。
- 置换曲面：该按钮只有在选中“渲染器”单选按钮时才能启用。
- 细分预设：用于选择低、中、高质量层级的预设曲面近似值。
- 细分方法：如果已经选择视口，该选项组中的控件会影响NURBS曲面在视口中的显示。如果选择“渲染器”单选按钮，这些控件还会影响渲染器显示曲面的方式。
- 规则：根据U向步数和V向步数值，在整个曲面内生成固定的细化。
- 参数化：根据U向步数和V向步数值，生成自适应细化。
- 空间：单击该按钮，生成由三角形面组成的统一细化。
- 曲率：单击该按钮，根据曲面的曲率生成可变的细化。
- 空间和曲率：单击该按钮，通过设置“边”、“距离”、“角度”值，使空间方法和曲率方法完美结合。

3.“曲线近似”卷展栏

在模型级别上，近似空间影响模型中的所有曲线子对象。“曲线近似”卷展栏参数面板如右图所示。各参数含义介绍如下。

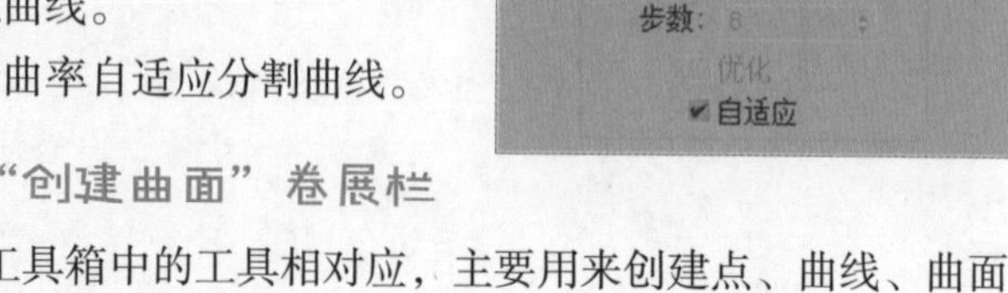

- 步数：用于设置近似每个曲线段的最大线段数。
- 优化：勾选该复选框，可以优化曲线。
- 自适应：勾选该复选框，将基于曲率自适应分割曲线。

4.“创建点”/“创建曲线”/“创建曲面”卷展栏

这三个卷展栏中的工具与NURBS工具箱中的工具相对应，主要用来创建点、曲线、曲面对象，如下图所示。

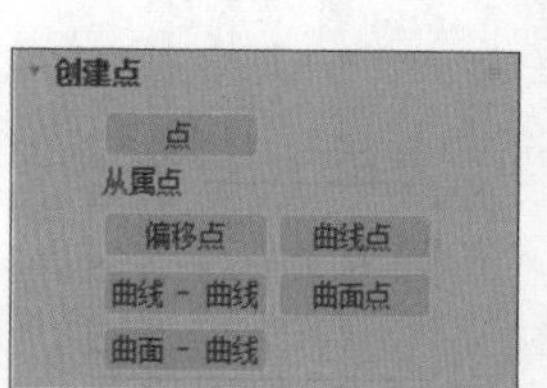

创建曲线
CV 曲线 点曲线
从属曲线
曲线拟合 曲面边
变换 混合
偏移 镜像
切角 圆角
曲面 x 曲面 曲面偏移
U向等参曲线 V向等参曲线
法向投影 向量投影
曲面上的 CV 曲面上的点

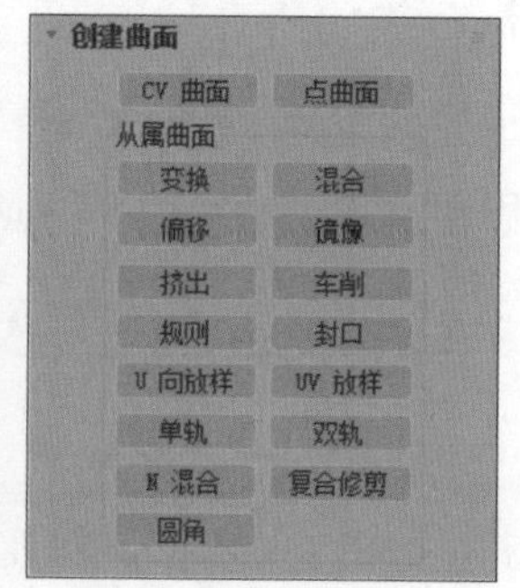

第3节 创建复合对象

所谓复合对象，就是指利用两种或者两种以上二维图形或三维模型复合成一种新的、比较复杂的三维造型。

在命令面板中选择“创建+”>“几何体●”>“复合对象”选项，即可看到所有对象类型，其中包括变形、散布、一致、连接、水滴网格、图形合并、布尔、地形、放样、网格化、ProBoolean、ProCutter，如右图所示。

复合对象
对象类型
自动栅格
变形 散布
一致 连接
水滴网格 布尔
图形合并 地形
放样 网格化
ProBoolean ProCutter
名称和颜色
Box001

下面将对这些创建命令的应用进行介绍。

- 变形：用于在两个具有相同顶点数的对象之间自动插入动画帧，使一个对象编程另外一个对象，完成变形动画的制作。
- 散布：用于在选定的分布对象上使离散对象随机地分布在对象的表面或体内。
- 连接：用于连接两个具有开放面的对象，因此两个对象都必须是网格对象或是可以转换为网格对象的模型，并且它们必须都有开放面。通常的做法，是将需要连接部分的面删除而生成开放面。

- 水滴网格：这是一个变形球建模系统，可以制作流体附着在物体表面的动画和黏稠的液体。
- 布尔：这是一个数学集合的概念，它对两个或两个以上具有重叠部分的对象进行布尔运算。运算方式包括：并集（相当于数学运算“+”）、差集（相当于数学运算“-”）、交集（取两个对象重叠的部分）、“合并”、“附加”和“插入”等。
- 放样：沿样条曲线放置横截面样条曲线。

4.3.1 布尔对象

布尔运算通过对两个或两个以上几何对象进行并集、差集、交集的运算，从而得到一种复合对象。每个参与结合的对象被称为运算对象，通常参与运算的两个布尔对象应该有相交的部分。单击“布尔”按钮后，将会打开“布尔参数”和“运算对象参数”卷展栏，如下图所示。

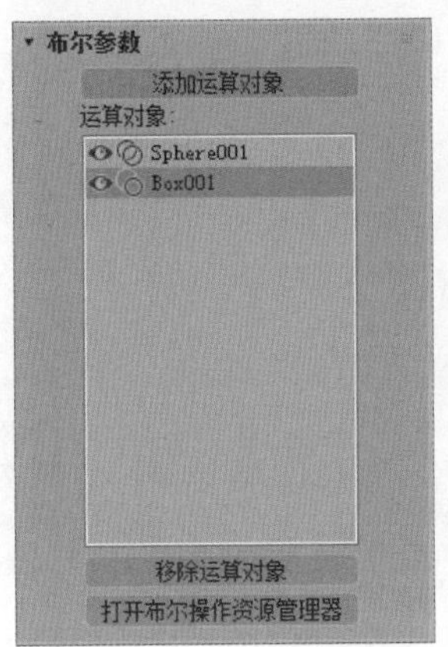

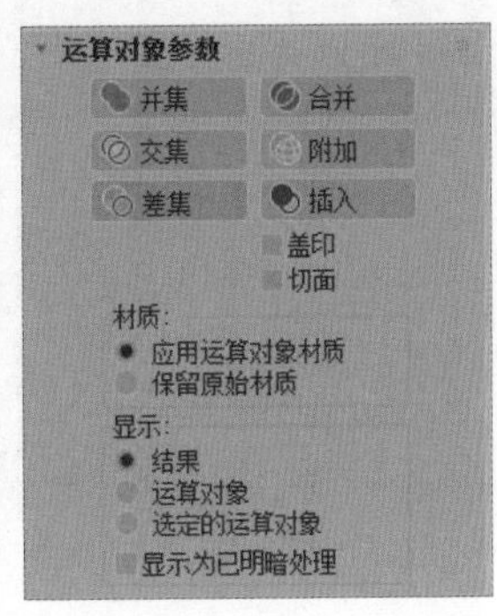

下面将对这两个卷展栏中常用选项的含义进行介绍。

- 添加运算对象：单击该按钮，在场景中选择另一个物体即可完成布尔合成。
- 移除运算对象：单击该按钮，删除场景中所选对象。
- 打开布尔操作资源管理器：单击该按钮，在打开的该对话框中可以查看布尔运算的历史记录。
- 并集/插入：用于将两个物体进行合并，相交的部分将被删除，运算完成后两个物体将成为一个整体。
- 差集：用于在A物体中减去与B物体重合的部分。
- 交集：用于将两个物体相交的部分保留下来，删除不相交的部分。
- 合并/附加：用于对两个物体进行合并，相交的部分被保留，运算完成后两个物体将成为一个整体。

1. 并集

任意选择一个模型，然后单击“并集”按钮，再选择需要并集的对象，下左图为并集前效果，下右图为并集后效果。

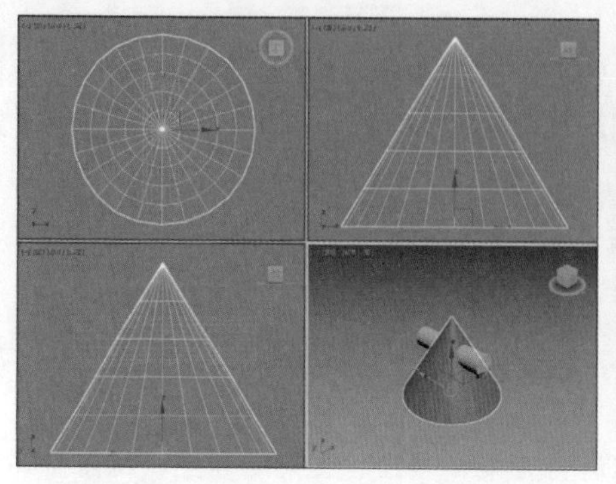
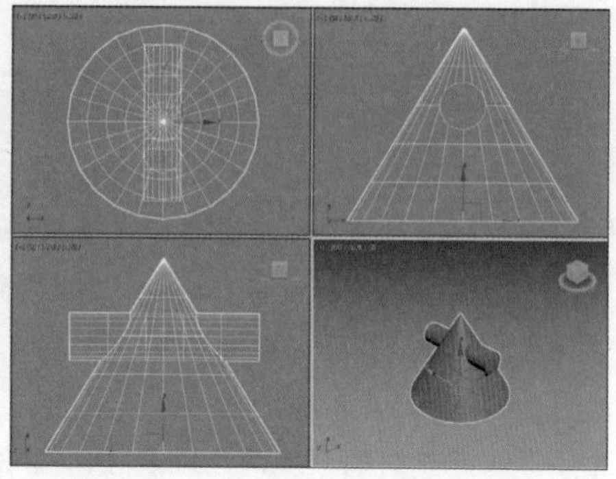

2. 交集

任意选择一个模型，然后单击“交集”按钮，再选择需要交集的对象，下左图为交集前效果，下右图为交集后效果。

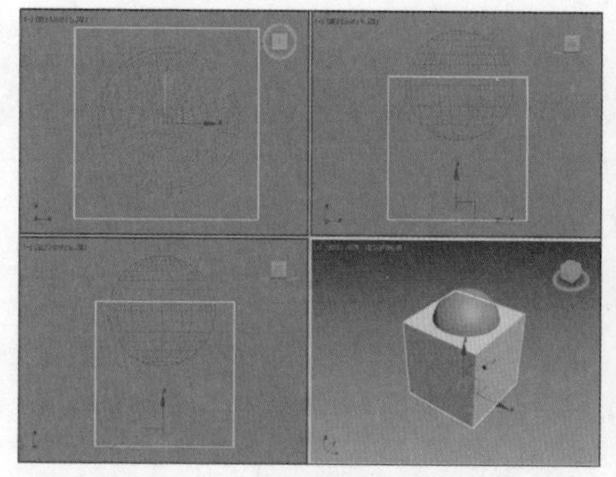
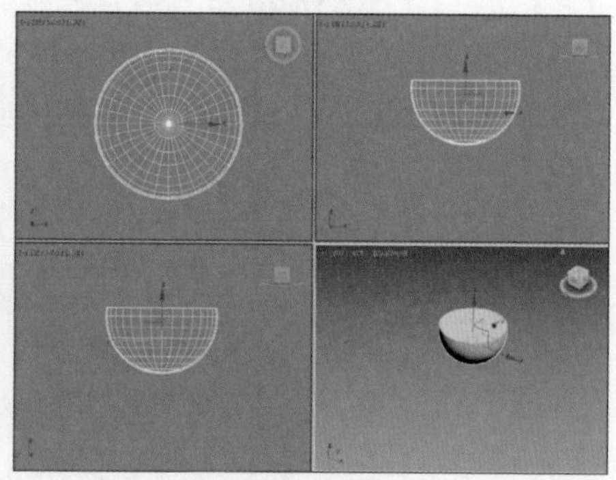

3. 差集

任意选择一个模型，然后单击“差集”按钮，再选择需要差集的对象，下左图为差集前效果，下右图为差集后效果。

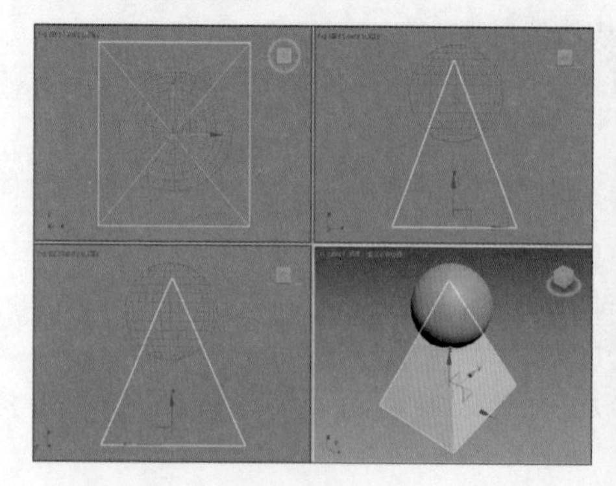
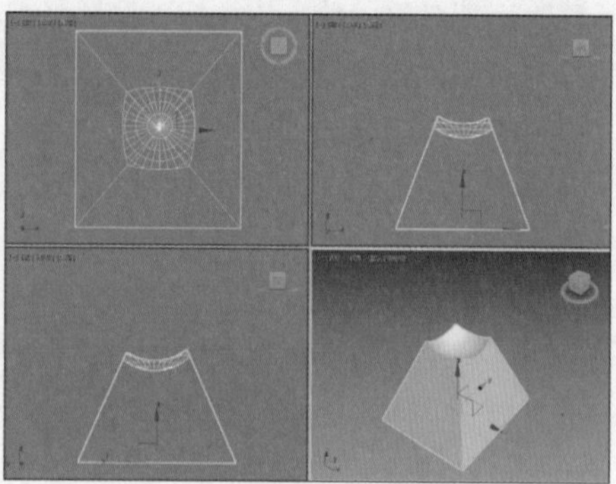

4.3.2 放样对象

放样是将一个二维形体对象作为沿某个路径的剖面，而形成的复杂三维对象。同一路径上可在不同的段给予不同的形体，用户可以利用放样来实现很多复杂模型的构建，相应的参数卷展栏如下图所示。

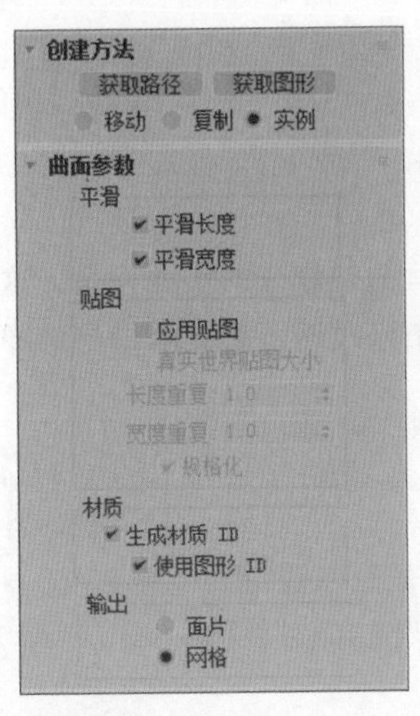

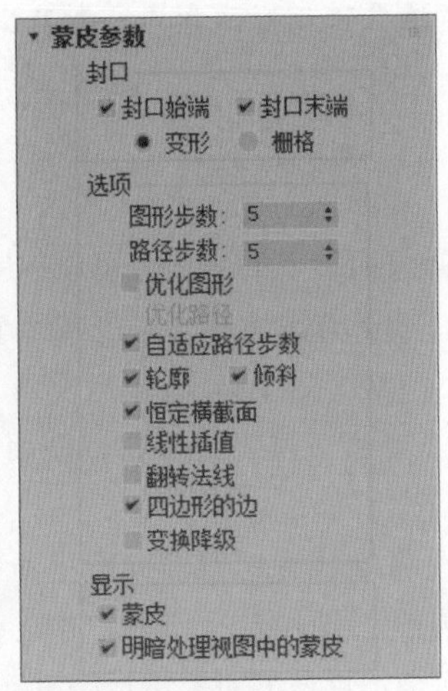

下面将对“蒙皮参数”卷展栏中常用选项的含义进行介绍。

- 图形步数：用于设置造型顶点之间的步数，加大该值会使造型外表更加光滑。
- 路径步数：用于设置路径顶点之间的步数，加大该值会使造型在路径上更加光滑。
- 优化图形：勾选该复选框，将对截面进行优化，可以减少造型的复杂程度。
- 优化路径：勾选该复选框，将对路径进行优化，可以减少造型的复杂程度。
- 自适应路径步数：勾选该复选框，可以确定是否对路径进行优化处理。
- 翻转法线：勾选该复选框，以使生成的面可见。

需要说明的是，放样操作可以选择物体的截面图形后获取路径放样物体，也可通过选择路径后获取图形的方法来放样物体。在制作放样物体前，首先要创建放样物体的二维路径与截面图形。下左图为放样前效果，下右图为放样后效果。

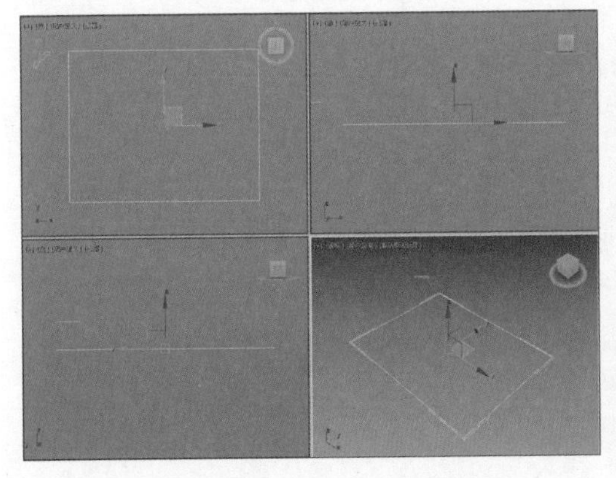

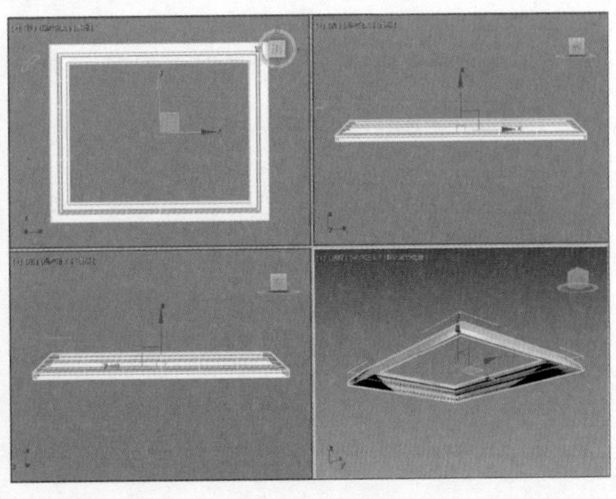

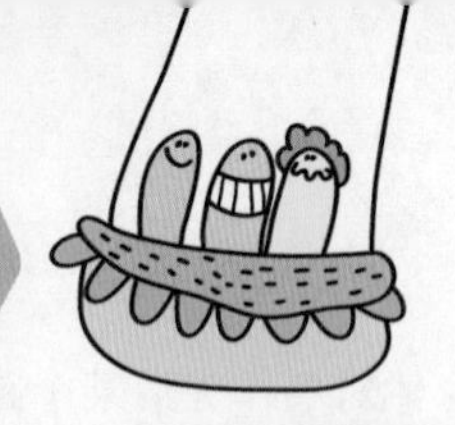

第4节 认识修改器

在3ds Max中，无论是建模还是动画制作，都需要利用修改器对模型进行修改。修改器可以让模型的外观产生很大的变化，例如扭曲的模型、弯曲的模型、晶格装的模型等都适合使用修改器进行制作。

4.4.1 修改器堆栈

修改器堆栈是修改面板上的列表，可以理解为是修改的历史记录，这里可以清楚地看到对物体修改的过程，如下右图所示。要进入哪个修改器，直接单击目录即可进入相关卷展栏进行参数的更改。

在修改器堆栈下方有一排工具按钮，使用它们可以管理堆栈。

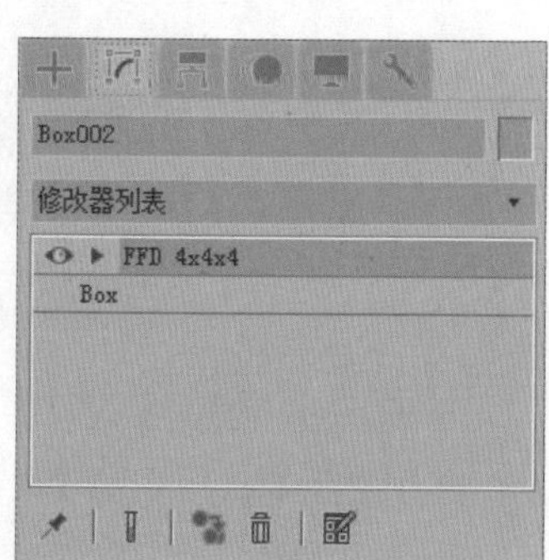

- 锁定堆栈：将堆栈和修改器面板上所有控件锁定到选定对象的堆栈。即使选择了视口中的另一个对象，也可以继续对锁定堆栈的对象进行编辑。
- 显示最终结果：单击该按钮后，会在选定的对象上显示整个堆栈的效果。不单击该按钮，仅会显示当前高亮修改器堆栈的效果。
- 使唯一：使实例化对象唯一，或者使实例化修改器对于选定的对象唯一。
- 从堆栈中移除修改器：从堆栈中删除当前的修改器，从而消除由该修改器引起的所有更改。
- 配置修改器集：单击该按钮，将显示一个弹出菜单，通过该菜单，用户可以配置如何在修改面板中显示和选择修改器。

4.4.2 二维图形常用修改器

下面将对二维图形中常用的几种修改器进行介绍，如“编辑样条线”、“车削”、“倒角”、“挤出”和“倒角剖面”等。

1.“挤出”修改器

“挤出”修改器可以为闭合的二维图形增加厚度，将其拉伸成三维的几何实体。其对应的对象是闭合的二维图形，对于没有闭合的二维图形，拉伸出来的是一个片面物体，其“参数”卷展栏如下左图所示。添加“挤出”修改器创建的模型效果，如下右图所示。

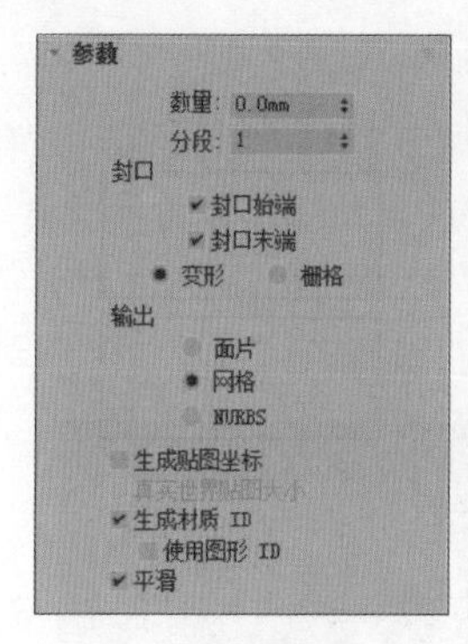

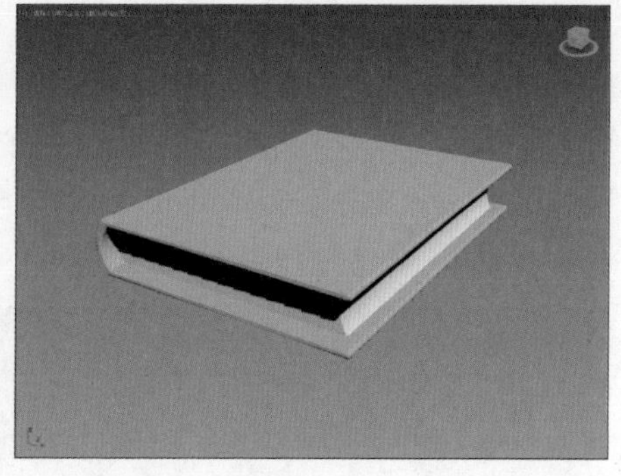

下面将对“挤出”修改器常用参数的含义进行介绍。

- 数量：用于设置挤出来的厚度。
- 分段：用于设置厚度方向上的分段数。
- 封口始端：勾选该复选框，指定顶面的显示与渲染。
- 封口末端：勾选该复选框，指定底面的显示与渲染。

2.“车削”修改器

“车削”修改器是通过旋转的方法将二维图形生成三维实体模型，常用来制作高度对称的物体。其“参数”卷展栏如下左图所示。添加“车削”修改器创建的模型效果，如下右图所示。

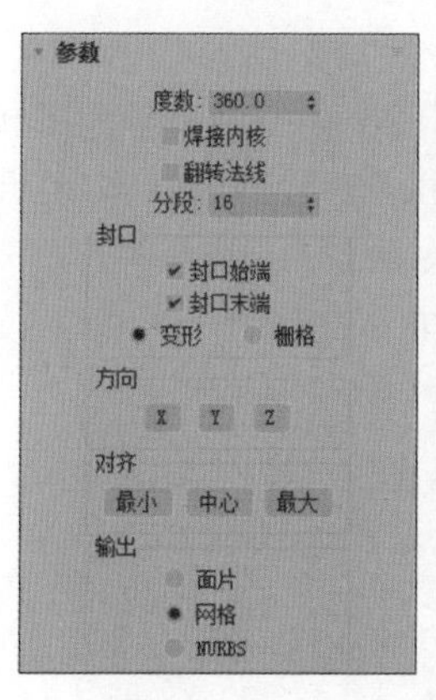

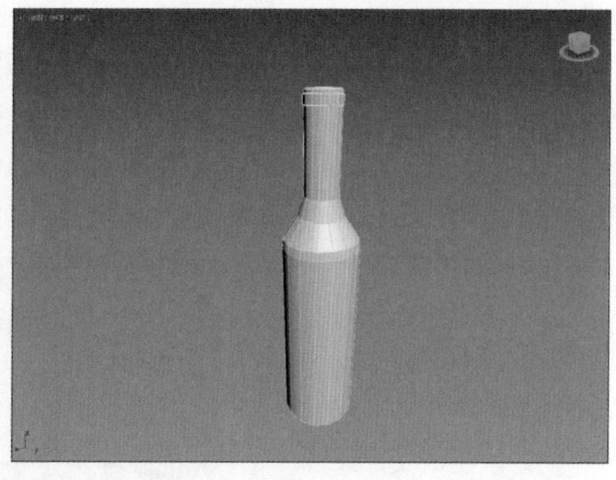

下面将对“车削”修改器常用参数的含义进行介绍。

- 度数：用于设置车削旋转的度数。
- 焊接内核：勾选该复选框，将对轴心重合的顶点进行焊接，旋转中心轴的地方将产生光滑的效果，得到平滑无缝的模型，简化网格面。
- 分段：用于设置车削出来的物体截面的分段数。
- 封口：在该选项组中设置旋转模型起止端是否具有端盖以及端盖的方式。
- 方向：在该选项组中设置用于车削的旋转轴。
- 对齐：在该选项组中设置旋转轴和对象顶点的对齐方式。

3.“倒角”修改器

“倒角”修改器用于对二维图形进行拉伸变形，并且在拉伸变形的同时，在边界上加入直形或圆形的倒角。“倒角”命令主要用于二维样条线的实体化操作，与“挤出”命令相似，但是又不同，“倒角”命令可以控制实体切角大小、方向以及挤出高度，“倒角值”卷展栏如下左图所示。添加“倒角”修改器创建的模型效果如下右图所示。

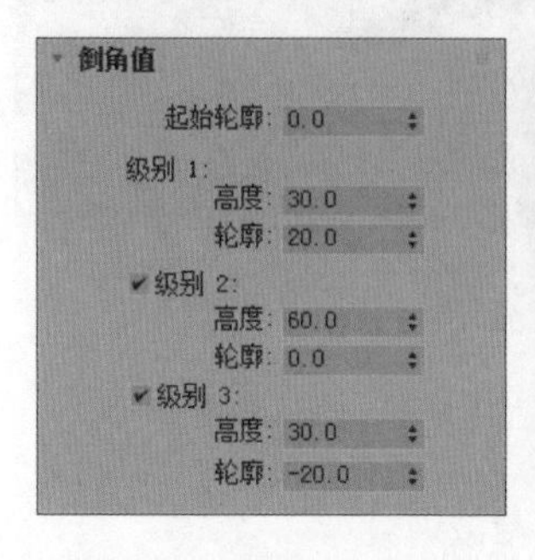

下面将对“倒角”修改器的常用参数的含义进行介绍。

- 起始轮廓：用于设置开始倒角的轮廓线。
- 级别：用于设置倒角的级别数。
    - 高度：用于设置挤出的高度。
    - 轮廓：用于设置截面的偏移量。

4.“弯曲”修改器

“弯曲”修改器可以对物体进行弯曲变形，用户可以根据需要设置弯曲角度和方向等，也可以修改现在指定的范围。该修改器常被用于管道变形和人体弯曲等操作。打开修改器列表框，选择“弯曲”选项，即可调用“弯曲”修改器，命令面板的下方将弹出“参数”卷展栏，如下左图所示。添加“弯曲”修改器创建的模型效果如下右图所示。

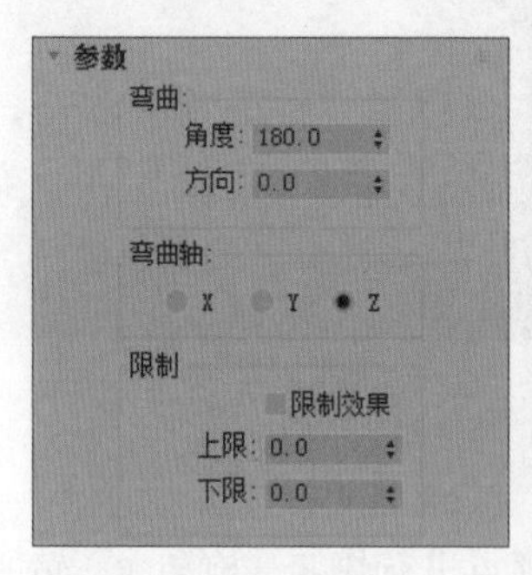

下面将对“弯曲”修改器的常用参数的含义进行介绍。

- 弯曲：控制实体的角度和方向值。
- 弯曲轴：控制弯曲的坐标轴向。
- 限制：限制实体弯曲的范围。勾选“限制效果”复选框，将激活“限制”命令，在“上限”和“下限”数值框中设置限制范围，即可完成限制操作。

绘图技能

用户可以在堆栈栏中展开BEND卷展栏，在弹出的列表中选择“中心”选项，返回视图区，向上或向下拖动鼠标，即可更改限制范围。

5. “UVW 贴图”修改器

“UVW贴图”修改器可以控制在对象曲面上如何显示贴图材质和程序材质。贴图坐标指定如何将位图投影到对象上，UVW坐标系与XYZ坐标系相似，位图的U和V轴对应X和Y轴，W轴对应Z轴，一般仅用于程序贴图，下左图为添加修改器前效果，下右图为添加修改器后的效果。

其“参数”卷展栏如下图所示，下面将对常用选项的含义进行介绍。

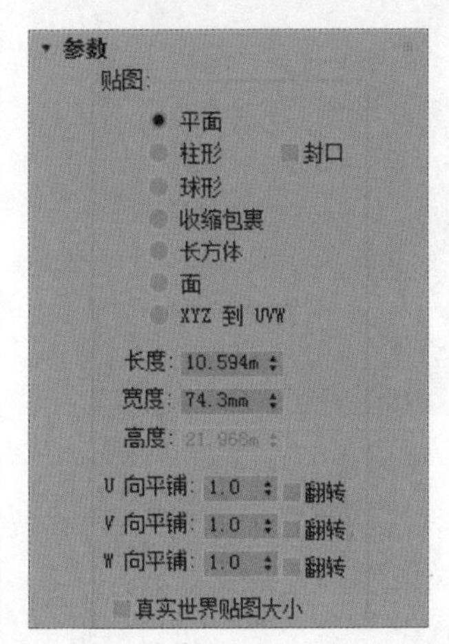

- 贴图：确定所使用的贴图坐标类型。通过贴图在几何上投影到对象上的方式以及投影与对象表面交互的方式，来区分不同种类的贴图。
- 长度/宽度/高度：指定“UVW贴图”Gizmo的尺寸。在应用修改器时，贴图图标的默认缩放由对象的最大尺寸定义。
- U向平铺/V向平铺/W向平铺：用于指定UVW贴图的尺寸，以便平铺图像。

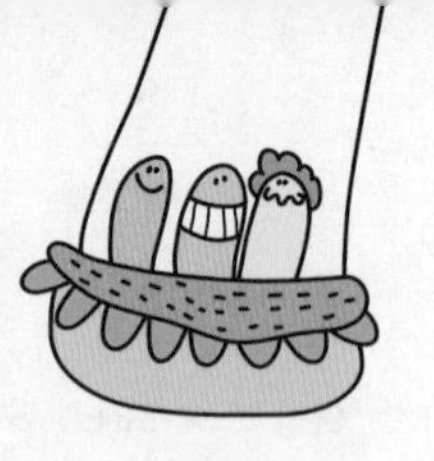

第5节 可编辑对象

可编辑对象包括“可编辑样条线”、“可编辑多边形”和“可编辑网格”，这些可编辑对象都包含于修改器之中。这些命令在建模中是必不可少的，用户必须熟练掌握，下面将对其进行介绍。

4.5.1 可编辑样条线

如果需要对创建样条线的节点、线段等进行修改，首先需要转换为可编辑样条线，才可以进行编辑操作。

选择样条线并单击鼠标右键，在快捷菜单中选择“转换为>转换为可编辑样条线”命令，如下左图所示。即可转换为可编辑样条线，在修改器堆伐栏中可以选择编辑样条线方式，如下右图所示。

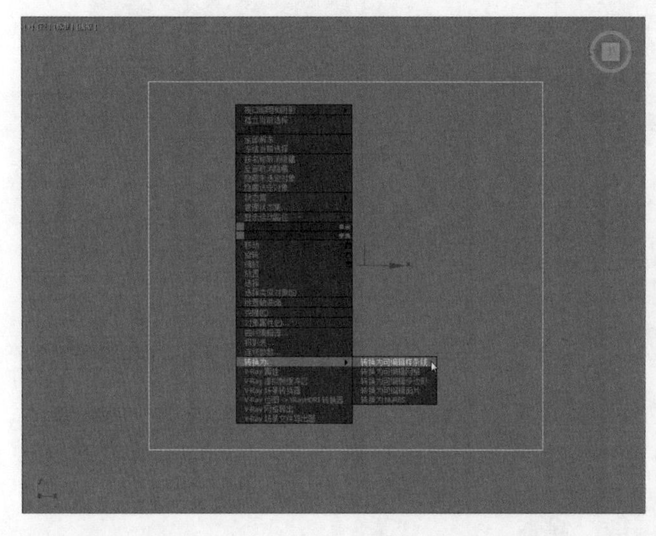

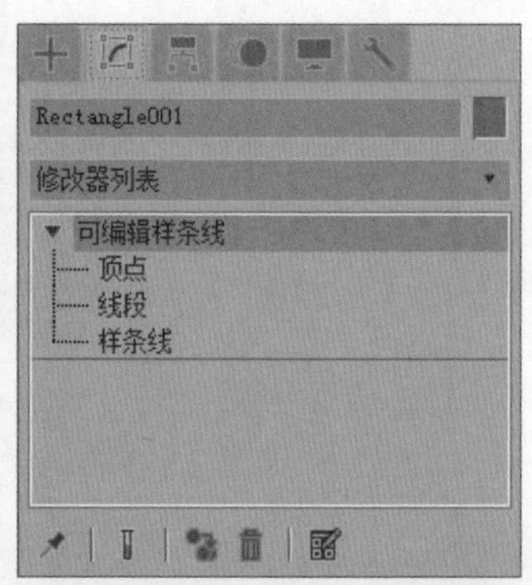

1. 顶点子层级

在顶点和线段之间创建的样条线，这些元素称为样条线子层级，将样条线转换为可编辑样条线之后，可以编辑顶点子层级、线段子层级和样条线子层级等。

在编辑顶点子层级之前，首先要把可编辑的样条线切换成顶点子层级，用户可以通过以下方式切换顶点子层级。

- 在可编辑样条线上单击鼠标右键，在弹出的快捷菜单中选择“顶点”命令，如右图所示。
- 在修改命令面板的修改器堆伐栏中展开“可编辑样条

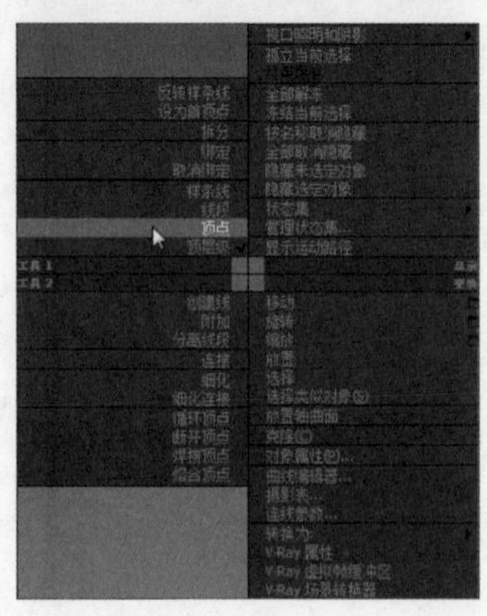

线”卷展栏，在弹出的列表中选择“顶点”选项，如右图所示。

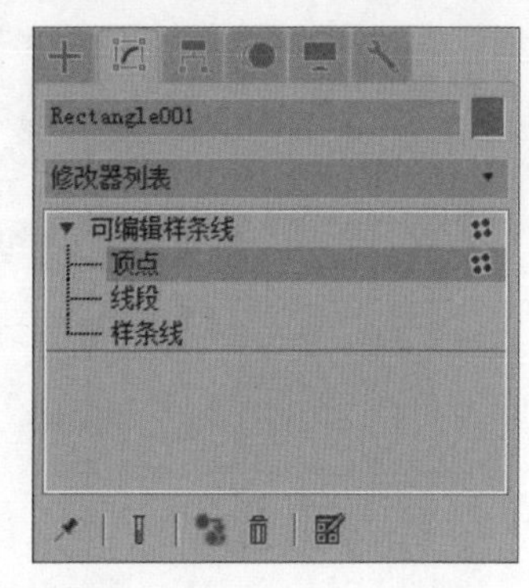

激活顶点子层级后，命令面板的下方会出现许多修改顶点子层级的选项，下面具体介绍各常用选项的含义。

- 优化：单击该按钮，在样条线上可以创建多个顶点。
- 切角：设置样条线切角。
- 删除：删除选定的样条线顶点。

2. 线段子层级

激活线段子层级，即可执行编辑线段子层级操作，和编辑顶点子层级相同，激活线段子层级后，在命令面板的下方将会出现编辑线段的常用选项，下面具体介绍编辑线段子层级中常用选项的含义。

- 附加：单击该按钮，选择附加线段，则附加过的线段将合并为一体。
- 附加多个：在打开的“附加多个”对话框中可以选择附加多个线段。
- 横截面：可以在合适的位置创建横截面。
- 优化：创建多个样条线顶点。
- 删除：删除指定的样条线段。
- 分离：将指定的线段与样条线分离。

3. 样条线子层级

将创建的样条线转换成可编辑样条线之后，激活样条线子层级，在命令面板的下方也会相应地显示编辑样条线子层级的常用选项，下面具体介绍编辑样条线子层级中常用选项的含义。

- 附加：单击该按钮，选择附加的样条线，则附加过的样条线合并为一体。
- 附加多个：在打开的“附加多个”对话框中可以选择附加多个样条线。
- 轮廓：在数值框中输入轮廓值，即可创建样条线轮廓。
- 布尔：单击“布尔值”按钮，然后再执行布尔运算，即可显示布尔操作后的状态。

4.5.2 可编辑多边形

可编辑多边形是后来发展起来的一种多边形建模技术，多边形建模是由点构成边，再由边构成多边形，通过多边形组合可以制作出用户所需要的造型。如果模型中所有的面都至少与其他3个面共享一条边，该模型就是闭合的。如果模型中包含不与其他面共享边的面，该模型是开放的。应用可编辑多边形创建的模型如下图所示。

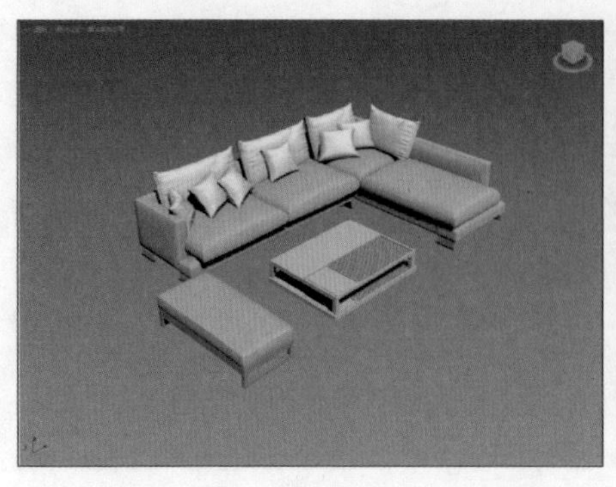

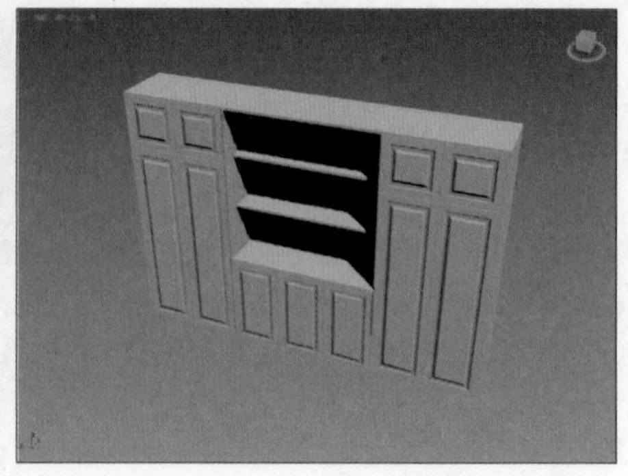

下面将对可编辑多边形的相关知识进行介绍。

（1）将对象转换为可编辑多边形的方法

- 选择多边形并单击鼠标右键，在快捷菜单中选择“转换为可编辑多边形”命令。
- 从修改器列表中添加“编辑多边形”修改器。

（2）子层级

- 顶点：最小的子层级单元，它的变动将直接影响与之相连的网格线，进而影响整个物体的表面形态。
- 边：三维物体关键位置上的边是很重要的子层级元素。
- 边界：是一些比较特殊的边，指独立非闭合曲面的边缘或删除多边形产生的孔洞边缘；边框总是由仅在一侧带有面的边组成，并总是为完整循环。
- 多边形：是由三条或多条首尾相连的边构成的最小单位的曲面。在“可编辑多边形”中多边形物体可以是三角网格、四边网格，也可是更多边的网格，这一点与“可编辑网格”不同。

（3）常用参数介绍

“选择”卷展栏是用来设置可编辑多边形的选择方式，如下图所示，下面将对常用选项的含义进行介绍。

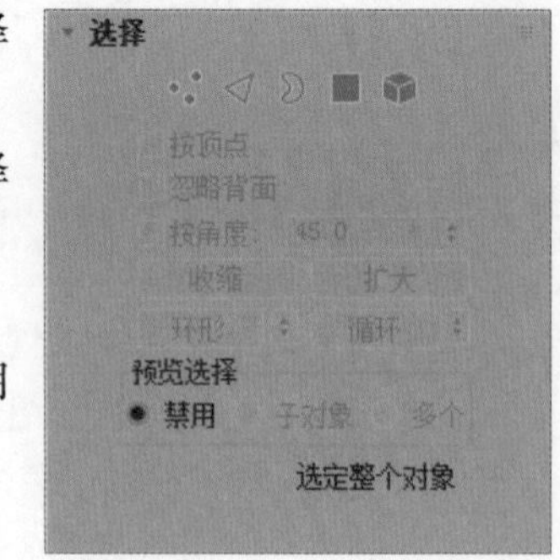

- 收缩：取消选择最外部的子层级，对当前子层级的选择集进行收缩以减小选择区域。
- 扩大：对当前子层级的选择集向外围扩展，以增大选择区域（对于此功能，边框被认为是边选择）。
- 环形：与选定边平行的所有边（仅适用边和边框）。
- 循环：选择与选定边方向一致且相连的所有边（仅适用边和边框，并只通过四个方向的交点传播）。

当子层级为“顶点”时，将会出现“编辑顶点”卷展栏，用于对选中的顶点进行编辑，如下右图所示。

下面将对常用选项的含义进行介绍。

- 移除：将所选择的节点去除（快捷键为Backspace）。
- 断开：在选择点的位置创建更多的顶点，每个多边形在选择点的位置有独立的顶点。

- 挤出：对选择的点进行挤出操作，移动鼠标时创建出新的多边形表面。
- 焊接：对“焊接”对话框中指定范围之内连续选中的顶点进行合并，所有边都会与产生的单个顶点连接。
- 目标焊接：选择一个顶点，将它焊接到目标顶点。
- 连接：在选中的顶点之间创建新的边。

子层级为“边”时，会出现“编辑边”卷展栏，如下左图所示，下面将对常用属性的含义进行介绍。

- 插入顶点：在可见边上插入点，对边进行细分。
- 移除：删除选定边并组合使用这些边的多边形。
- 分割：沿选择的边将网格分离。
- 目标焊接：用于选择边并将其焊接到目标边。
- 连接：在每对选定边之间创建新边。只能连接同一多边形上的边，不会让新的边交叉（如选择四边形四个边，连接，则只连接相邻边，生成菱形图案）。

子层级为“边界”时，会出现“编辑边界”卷展栏，如下中图所示，下面将对常用选项的含义进行介绍。

桥：使用多边形的“桥”连接对象的两个边界。

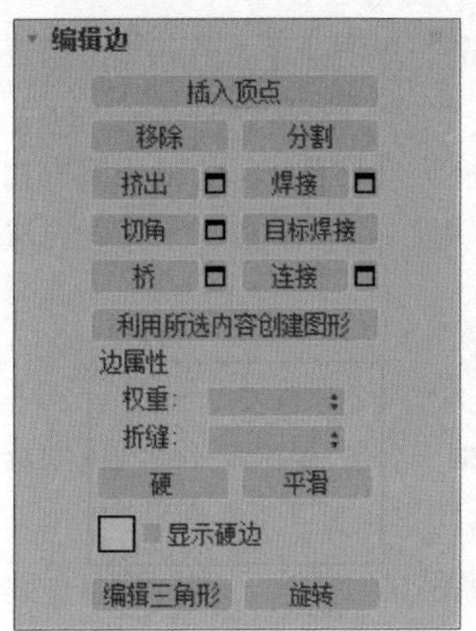

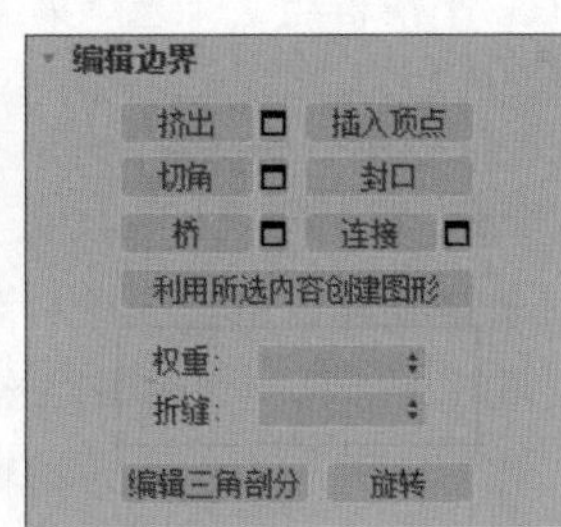

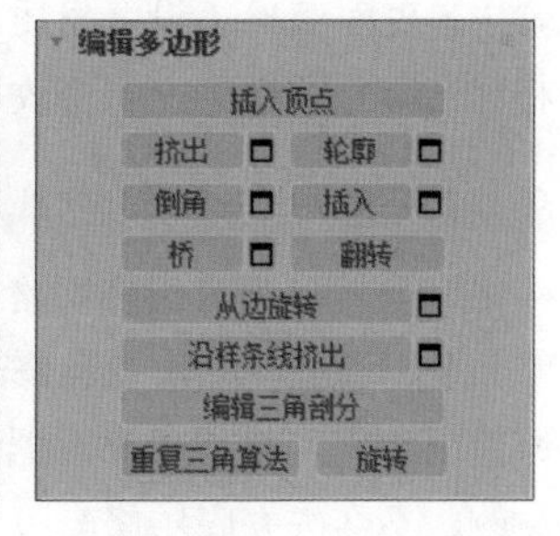

子层级为“多边形”时，会出现“编辑多边形”卷展栏，如上右图所示，下面将对常用选项的含义进行介绍。

- 挤出：适用于点、边、边框、多边形等子物体直接在视口中操作时，执行手动挤出操作；单击“挤出”后的按钮，可以精确设置挤出选定多个多边形时，如果拖动任何一个多边形，将会均匀地挤出所有的选定多边形。
- 轮廓：用于增加或减小选定多边形的外边。执行挤出或倒角操作，可用“轮廓”调整挤出面的大小。
- 倒角：对选择的多边形进行挤压或轮廓处理。
- 插入：拖动产生新的轮廓边并由此产生新的面。

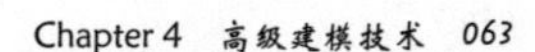

4.5.3 可编辑网格

“可编辑网格”与“可编辑多边形”相似，但是它具有很多“可编辑多边形”不具有的命令与功能。几何物体模型的结构是由点、线和面三要素构成的，点确定线、线组成面、面构成物体。要对物体进行编辑，必须将几何物体转换为由可编辑的点、线、面组成的网格物体。通过可编辑网格创建的模型效果如下图所示。

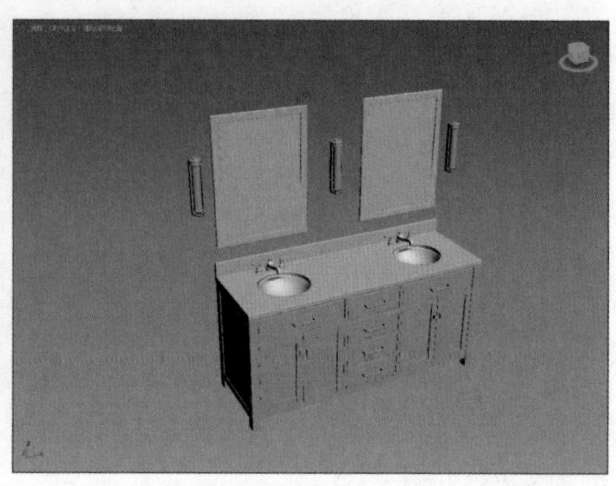

1. 认识可编辑网格

可编辑网格模型由点、线、面、元素等组成。“编辑网格”包括许多工具，可对物体的各组成部分进行修改。

可编辑网格的四种功能为转换（将其他类型的物体转换为网格体）、编辑（编辑物体的各元素）、表面编辑（设置材质ID、平滑群组）、选择集（将“编辑网格”工具设在选择集上、将次选择集传送到上层修改）。

2. 将模型转换为可编辑网格的方法

- 将对象转换为可编辑网格：选择物体，单击鼠标右键，选择“转换为可编辑网格体”命令，失去建立历史和修改堆栈，面板同“编辑网格”一样。
- 使用编辑网格编辑修改器：在修改列表中选择“编辑网格”选项，可进行各种物体修改，不会失去底层修改历史。

3. 修改模式

顶点：物体最基本的层级，移动时会影响它所在的面。

边：连接两个节点的可见或不可见的一条线，是面的基本层级，两个面可共享一条边。

面：由3条边构成的三角形面。

多边形：由4条边构成的面。

元素：网格物体中以组为单位的连续面构成元素，是一个物体内部的一组面，它的分割依据来源于是否有点或边相连。独立的一组面，即可作为元素。

新手练习：创建电视柜模型

下面将介绍应用可编辑多边形命令绘制电视柜的操作方法。在创建模型的过程中，可根据实际尺寸进行创建，也可以通过比例进行创建，具体操作介绍如下。

步骤01 视口切换为顶视图，在“几何体”命令面板中单击“切角长方体”按钮，设置长为450mm、宽为1820mm、高度为48mm、圆角为3mm，作为电视柜的桌面，如下左图所示。

步骤02 继续创建长为450mm、宽为40mm、高为330mm、圆角为3mm的切角长方体，并移动到合适位置，并将其进行实例复制，如下中图所示。

步骤03 在“几何体”命令面板中单击“长方体”按钮，创建长为440mm、宽为350mm、高为280mm的长方体，并将其转化为可编辑多边形，如下右图所示。

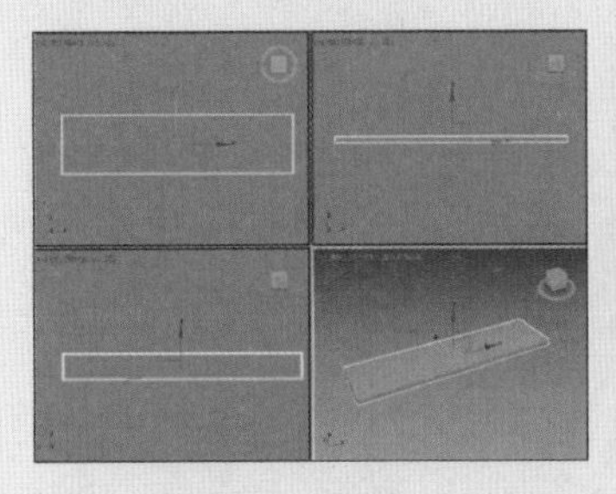

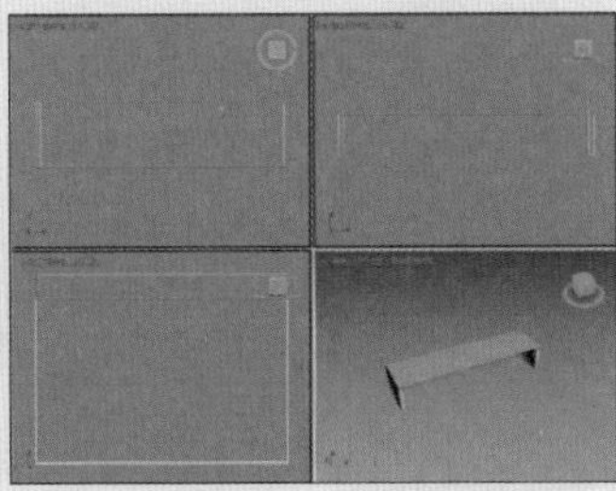

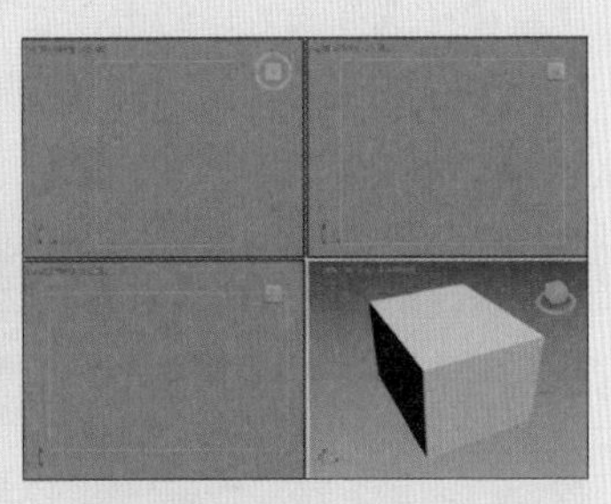

步骤04 在“修改”面板中展开“可编辑多边形”卷展栏，在弹出的列表中选择“多边形”选项，如右图所示。

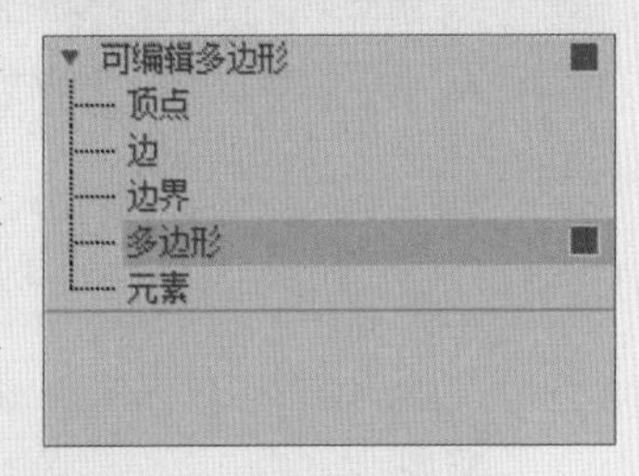

步骤05 在“编辑多边形”卷展栏中单击“倒角”按钮，设置倒角轮廓值为-10，并选择需要倒角的面，如下左图所示。

步骤06 单击“确定”按钮，完成倒角设置，效果如下右图所示。

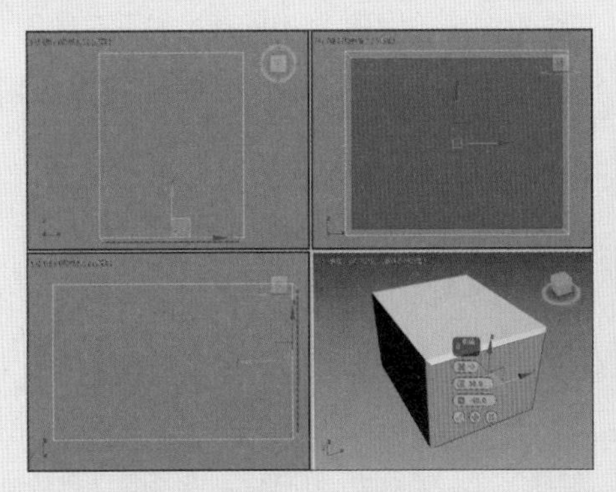

步骤07 将多边形移至合适位置，并对其执行复制操作，如下左图所示。

步骤08 继续创建长为440mm、宽为1120mm、高为140mm的长方体，并将其转化为可编辑多边形，如下右图所示。

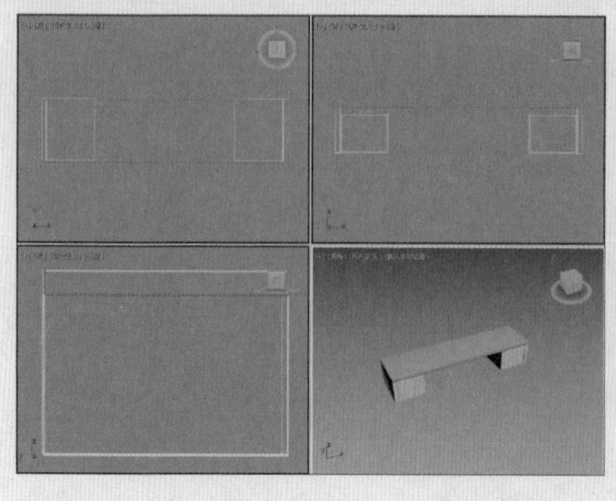
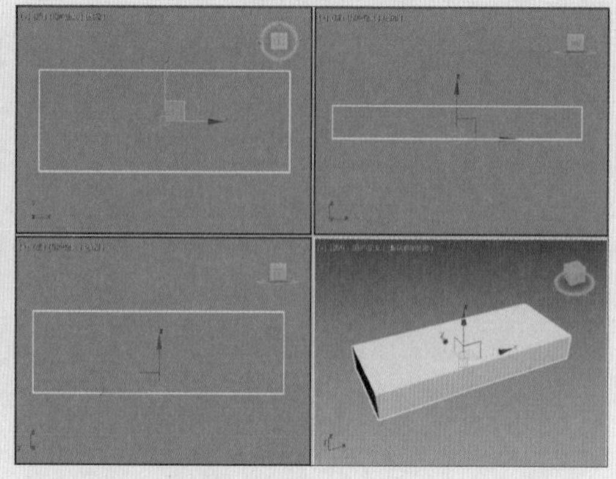

步骤09 在堆栈栏中展开“可编辑多边形”卷展栏，在弹出的列表中选择“边”选项，在顶视图中选择长方体的边，如下左图所示。

步骤10 在“编辑边”卷展栏中单击“连接”按钮，设置连接边分段，如下右图所示。

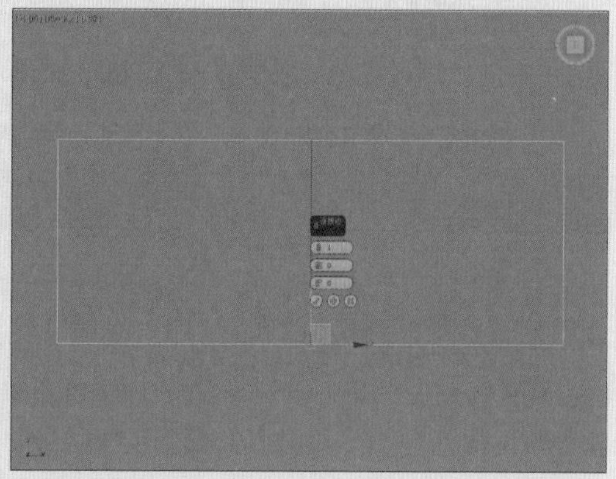

步骤11 单击“确定”按钮，新建边，如下左图所示。

步骤12 切换为“多边形”选项，选择面，并设置倒角轮廓值为-10mm，如下右图所示。

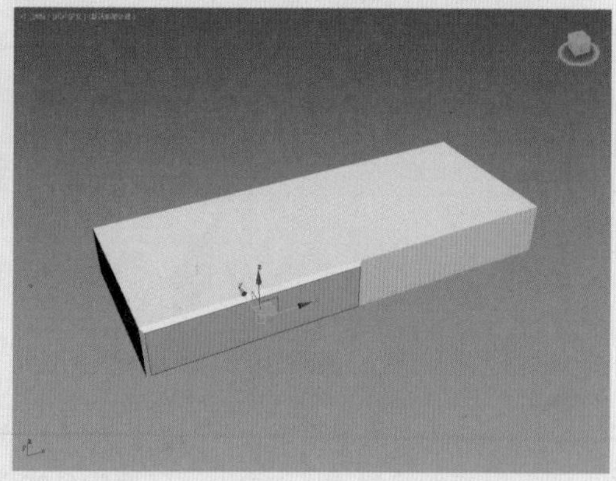

步骤13 继续执行当前操作，将另一个面进行倒角，然后将设置的图形移动到合适的位置，如下左图所示。

步骤14 切换为前视图，在“图形”命令面板中单击“线”按钮，绘制样条线，如下右图所示。

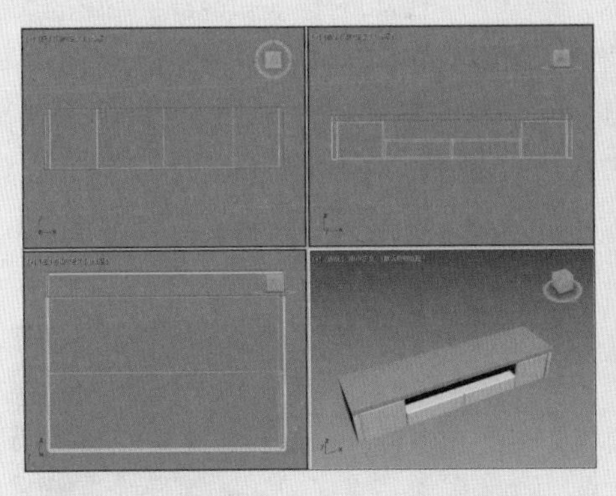

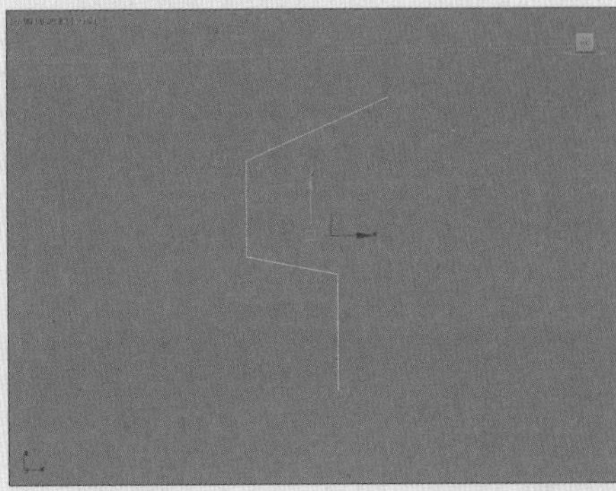

步骤15 在“修改”选项卡中单击“修改器列表”下拉按钮，在弹出的列表中选择“车削”选项，车削样条线，创建电视柜把手，如下左图所示。

步骤16 旋转门把手模型，将把手模型复制移动到合适的位置，如下右图所示。

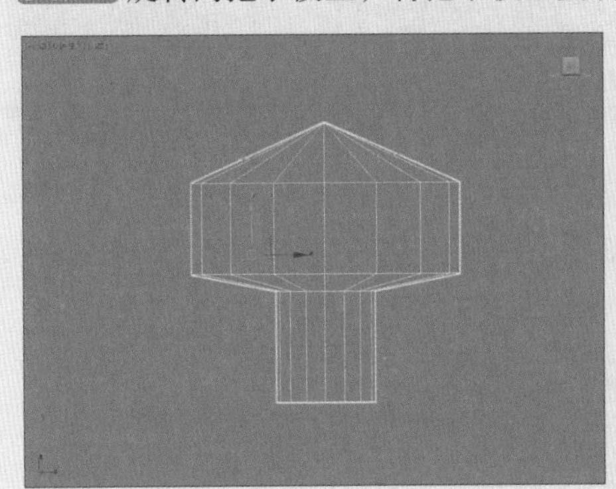

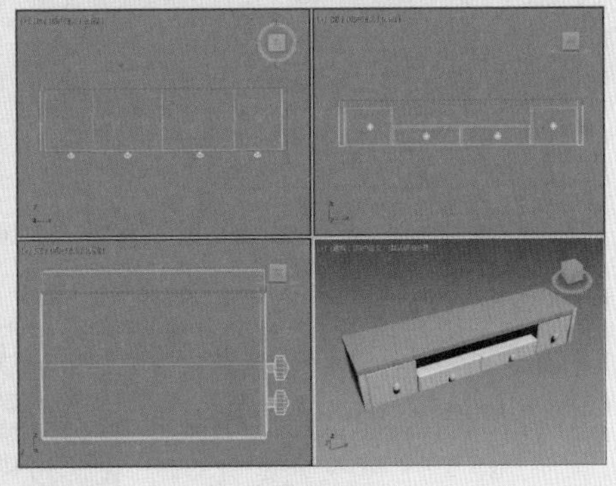

步骤17 为创建的电视柜模型添加材质并进行渲染，效果如下图所示。

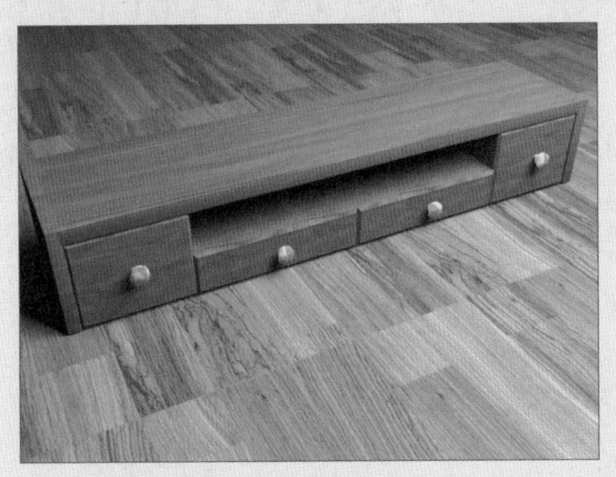

高手进阶：创建装饰品模型

通过本章的学习，读者对创建复合对象、修改器应用、可编辑对象等知识有了一定的认识。为了使读者更好地掌握本章所学知识，接下来将介绍创建装饰品模型的操作方法，具体如下。

步骤01 在“标准基本体”命令面板中单击“长方体”按钮，创建半径为300mm、高为750mm、高度分段为5、边数为60的圆柱体作为装饰架模型，如下左图所示。

步骤02 执行“复制”命令，向上复制圆柱体，并调整复制后圆柱体的高度为30mm，如下右图所示。

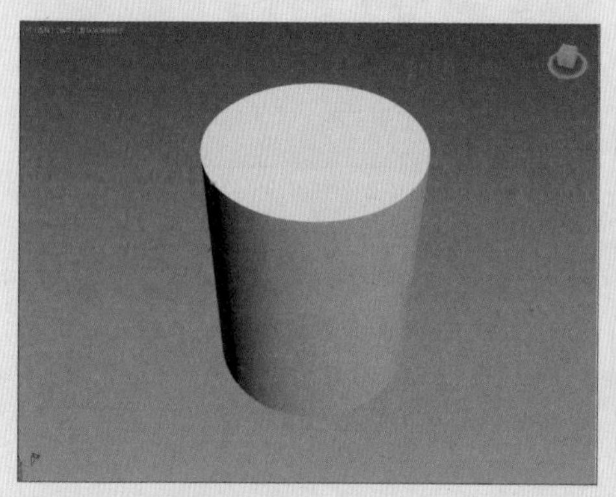

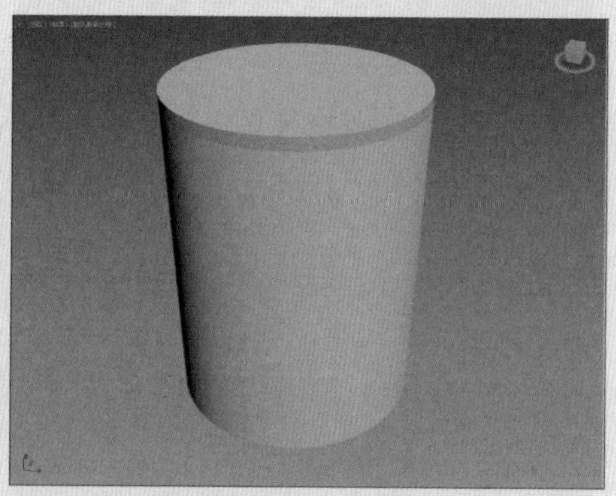

步骤03 对高度为750mm的圆柱体添加“晶格”修改器，勾选“仅来自边的支柱”、“末端封口”、“平滑”复选框，并设置半径为10mm，设置分段、边数为20，其余参数保持不变，如下左图所示。

步骤04 为圆柱体添加“晶格”修改器后的效果，如下右图所示。

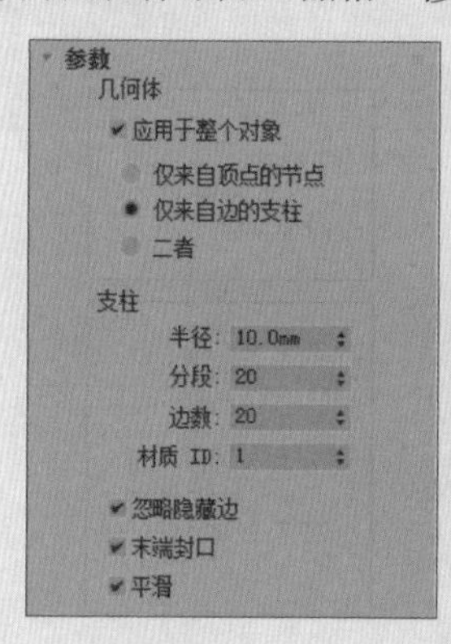

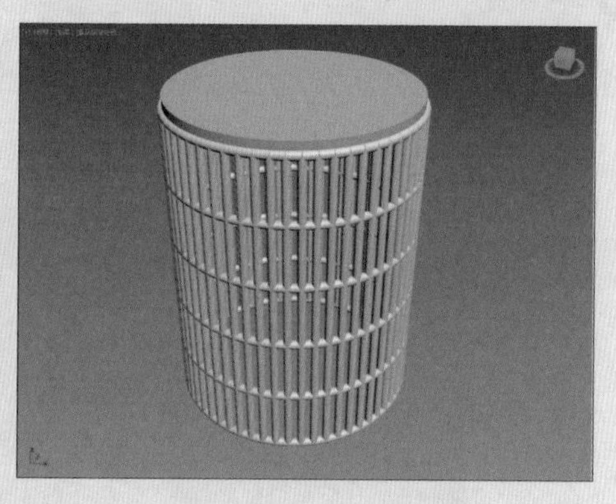

步骤05 再为圆柱体添加“FFD 3×3×3”修改器，进入控制点子层级，执行“缩放”命令，调整大小，即可创建好装饰架模型，效果如下左图所示。

步骤06 在“样条线”命令面板中单击“椭圆”按钮，创建长度为250mm、宽度为150mm的椭圆图形作为装饰模型，如下右图所示。

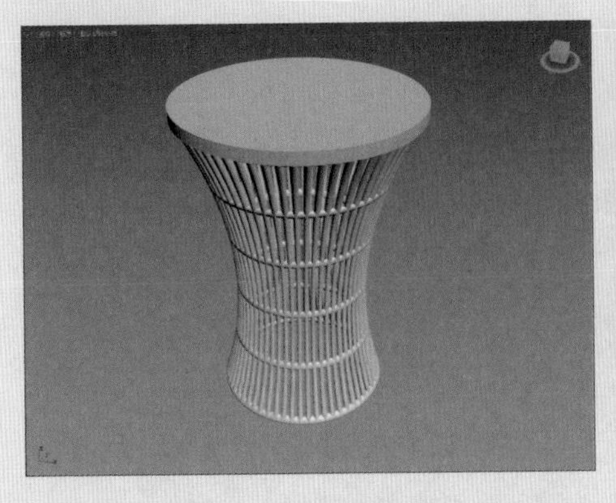

步骤07 将椭圆图形转换为可编辑样条线，进入“样条线”子层级，在“几何体”卷展栏中单击“轮廓”按钮，分别向内偏移20mm、45mm，效果如下左图所示。

步骤08 在“渲染”卷展栏中勾选“在渲染中启用”、“在视口中启用”复选框，并设置径向厚度为4mm，其余参数保持不变，如下右图所示。

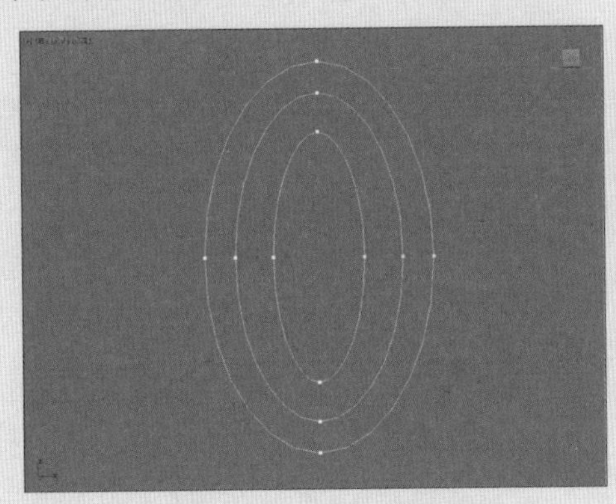

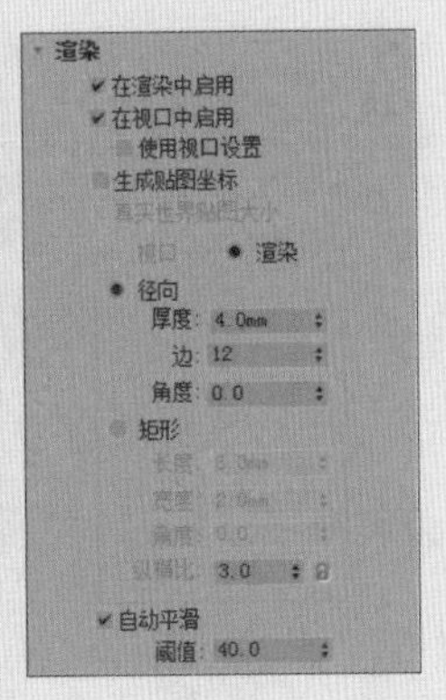

步骤09 修改后的椭圆图形如下左图所示。

步骤10 执行“复制”命令，复制椭圆图形，如下右图所示。

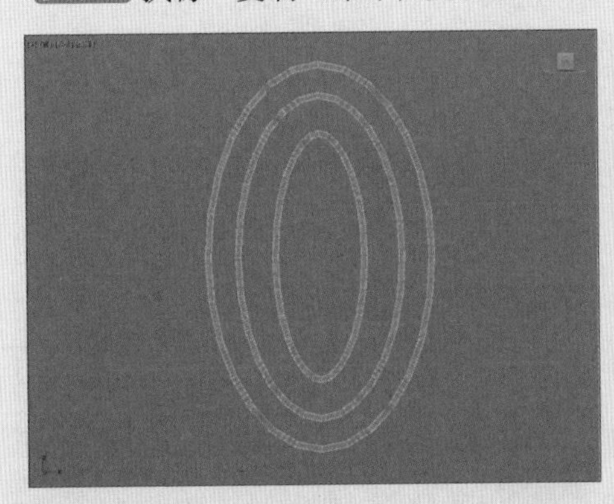

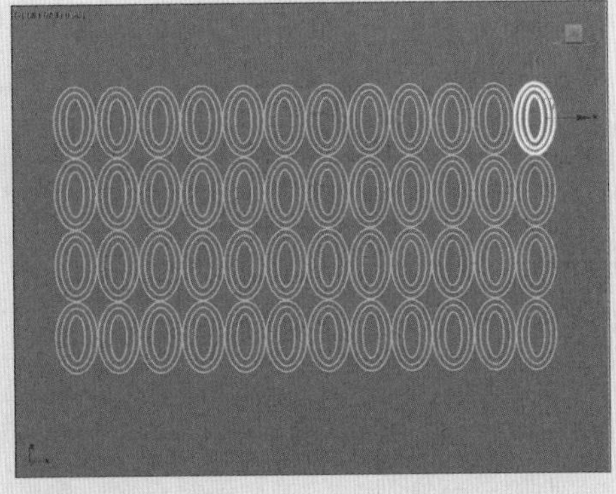

步骤11 任意选择一个椭圆图形，进入修改器命令面板，在“几何体”卷展栏中单击“附加多个”按钮，打开“附加多个”对话框，选择其余图形，如下左图所示。

步骤12 单击“附加”按钮，返回视图，可以看到所有椭圆图形附加为一个整体，如下右图所示。

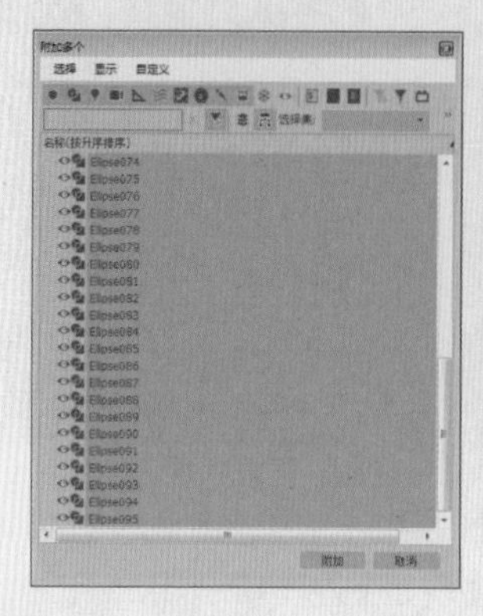

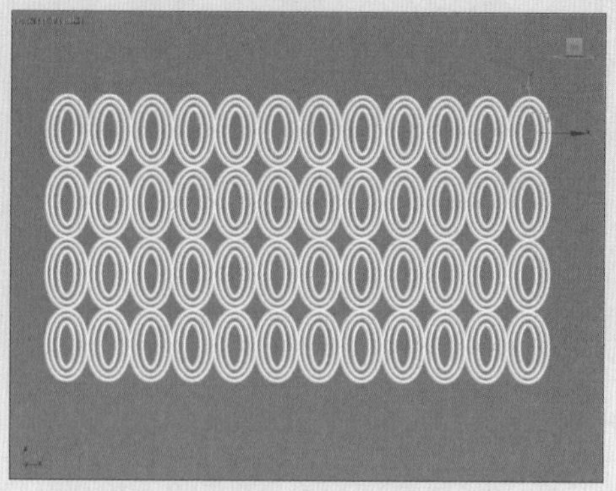

步骤13 然后为图形添加“弯曲”修改器，设置弯曲轴为X轴、弯曲角度为360，其余参数保持不变，如下左图所示。

步骤14 添加“弯曲”修改器后的效果如下右图所示。

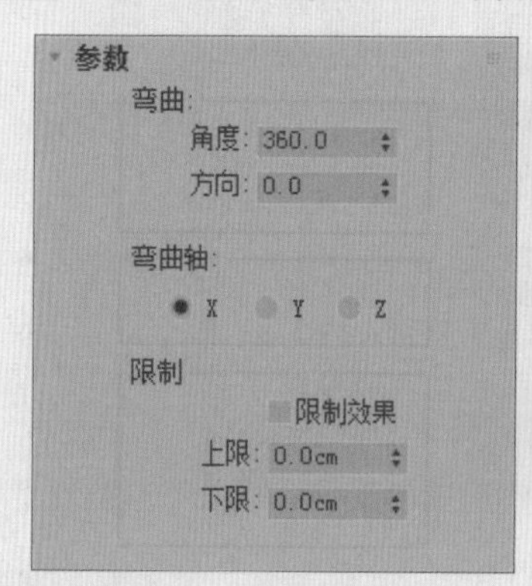

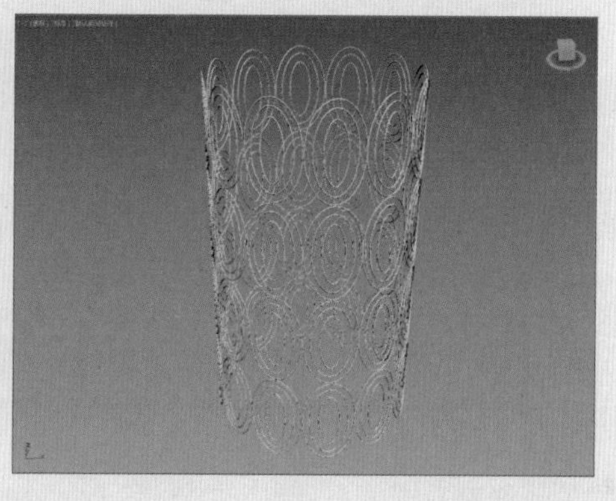

步骤15 为图形添加“FFD 3×3×3”修改器，进入“控制点”子层级，执行“缩放”命令，调整图形大小，并将其移动到合适位置，创建好装饰品模型，如下左图所示。

步骤16 赋予模型材质后进行渲染，效果如下右图所示。

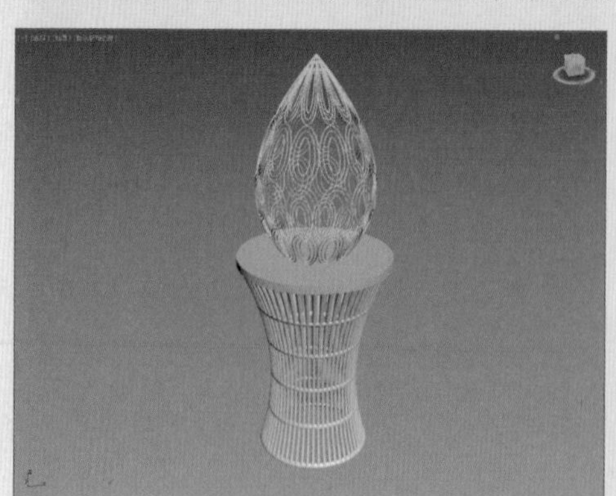

5 摄影机技术

Chapter

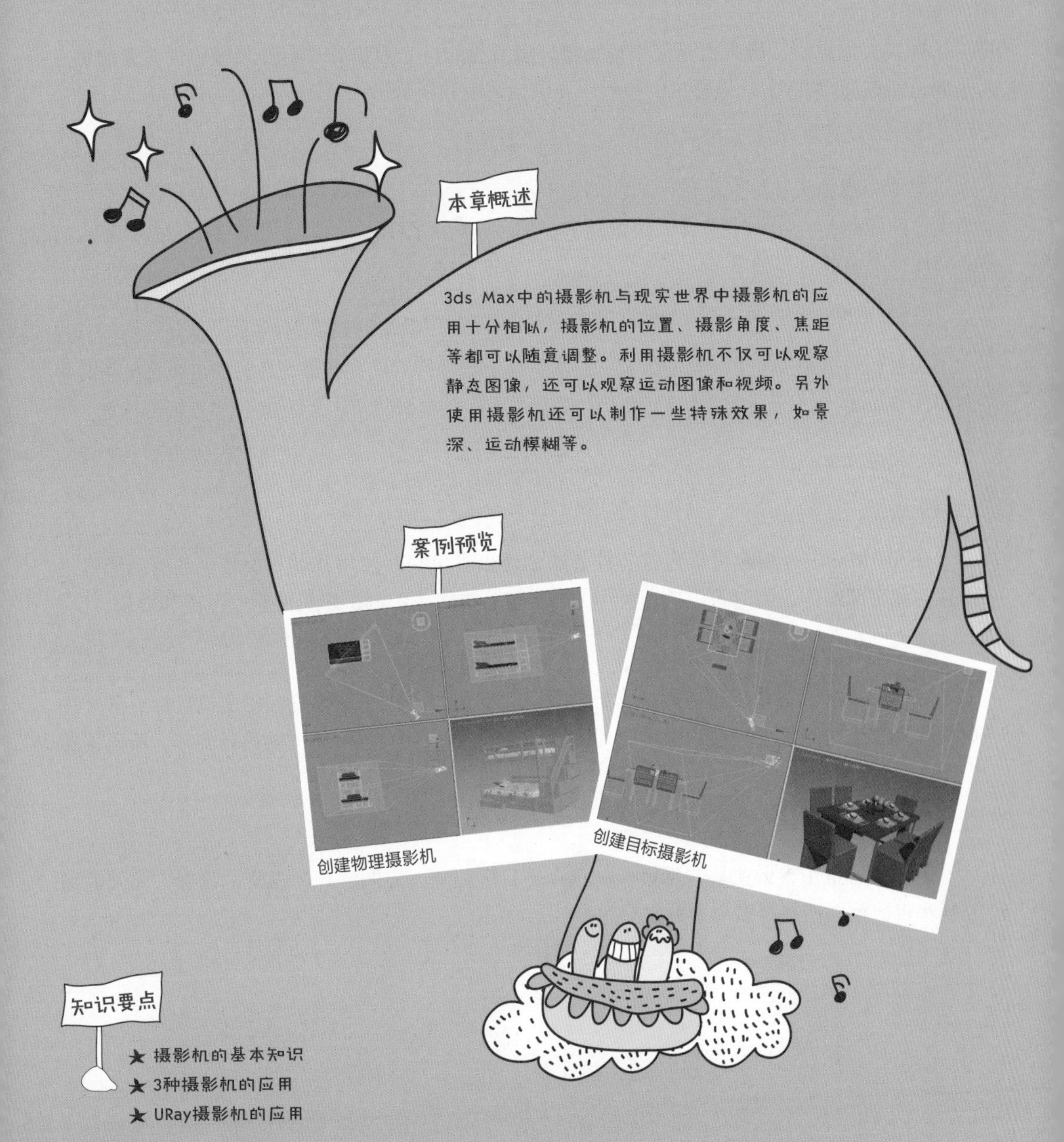

本章概述
3ds Max中的摄影机与现实世界中摄影机的应用十分相似，摄影机的位置、摄影角度、焦距等都可以随意调整。利用摄影机不仅可以观察静态图像，还可以观察运动图像和视频。另外使用摄影机还可以制作一些特殊效果，如景深、运动模糊等。
案例预览
创建物理摄影机
创建目标摄影机

知识要点

★ 摄影机的基本知识

★ 3种摄影机的应用

★ URay摄影机的应用

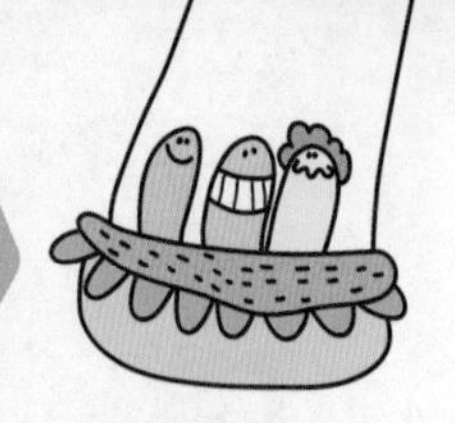

第1节 3ds Max摄影机

摄影机好比人的眼睛，在3ds Max中创建场景对象、布置灯光、调整材质所创作的效果图都要通过这双眼睛来观察。本节主要介绍摄影机应用的相关基本知识。

5.1.1 认识摄影机

在真实世界中，摄影机是使用镜头将环境反射的灯光聚焦到具有灯光敏感性曲面的焦点平面；而在3ds Max中，摄影机的参数主要包括焦距和视野。

1. 焦距

焦距是指镜头和灯光敏感性曲面的焦点平面间的距离。焦距影响成像对象在图片上的清晰度。焦距越小，图片中包含的场景越多；焦距越大，图片中包含的场景越少，但会显示远距离成像对象的更多细节。

2. 视野

视野控制摄影机可见场景的数量，以水平线度数进行测量。视野与镜头的焦距直接相关，例如，35mm的镜头显示水平线约为54°，焦距越大，则视野越窄；焦距越小，则视野越宽。

5.1.2 操作摄影机

在3ds Max中，用户可以通过多种方法创建摄影机，并使用移动和旋转工具对摄影机进行移动和定向操作，同时可以应用备用的各种镜头参数来控制摄影机的观察范围和效果。

1. 摄影机的创建与变换

对摄影机进行移动操作时，通常针对目标摄影机，可以对摄影机和摄影机目标点分别进行移动。由于目标摄影机被约束指向其目标，无法沿着其自身的X和Y轴进行旋转，所以旋转操作主要针对自由摄影机。

2. 摄影机常用参数

摄影机的常用参数主要包括镜头的选择、目标距离、光圈、焦距视野的设置、大气范围控制和裁剪范围控制等多个参数。

第2节 标准摄影机

摄影机可以从特定的观察点来表现场景，模拟真实世界中的静止图像、运动图像或视频，并能够制作一些特殊的效果。3ds Max 2018提供了物理摄影机、目标摄影机和自由摄影机3种摄影机类型，下面对其相关知识进行介绍。

5.2.1 物理摄影机

物理摄影机可模拟用户熟悉的真实摄影机设置，例如快门速度、光圈、景深和曝光。借助增强的控件和额外的视口内反馈，让创建逼真的图像和动画变得更加容易。下左图是为模型创建的物理摄影机。

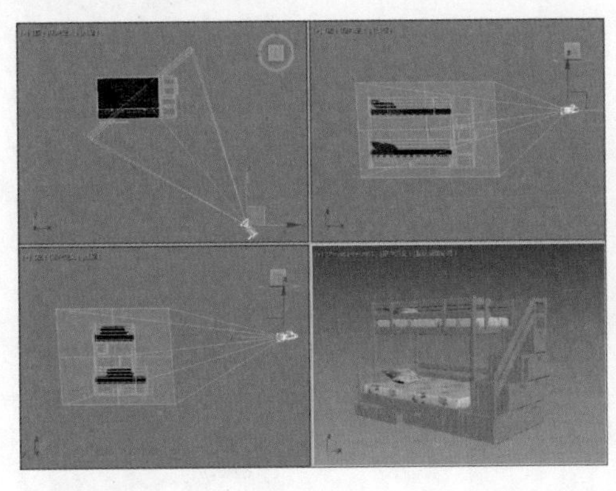

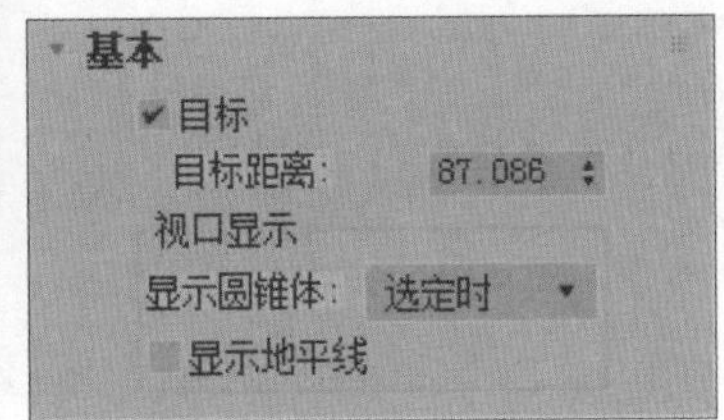

（1）基本参数

“基本”卷展栏如上右图所示。下面将对各参数的含义进行介绍。

- 目标：勾选该复选框后，摄影机包括目标对象，并与目标摄影机的行为相似。
- 目标距离：设置目标与焦平面之间的距离，会影响聚焦、景深等效果。
- 显示圆锥体：在显示摄影机圆锥体时选择“选定时”、“始终”或“从不”选项。
- 显示地平线：勾选该复选框后，地平线在摄影机视口中显示为水平线（假设摄影机帧包括地平线）。

（2）物理摄影机参数

“物理摄影机”卷展栏如下图所示，下面将对常用参数的含义进行介绍。

- 预设值：选择胶片模型或电荷耦合传感器。选项包括35mm（全画幅）胶片（默认设置），以及多种行业标准传奇设置，每个设置都有其默认宽度值。“自定义”选项用于选择任意宽度。
- 宽度：可以手动调整帧的宽度。
- 焦距：设置镜头的焦距，默认值为40mm。

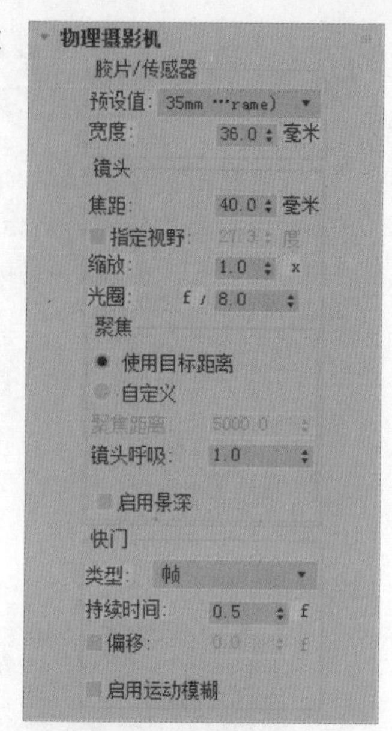

- 指定视野：勾选该复选框后，可以设置新的视野值。默认的视野值取决于所选的胶片/传感器预设值。
- 缩放：在不更改摄影机位置的情况下缩放镜头。
- 光圈：将光圈设置为光圈数或“F制光圈”。此值将影响曝光和景深，光圈值越低，光圈越大并且景深越窄。
- 镜头呼吸：通过将镜头向焦距方向移动或远离焦距方向来调整视野。镜头呼吸值为0.0表示禁用此效果，默认值为1.0。
- 启用景深：勾选该复选框后，摄影机在不等于焦距的距离上生成模糊效果。景深效果的强度基于光圈的设置。
- 类型：选择测量快门速度使用的单位。“帧”（默认设置），通常用于计算机图形；“分或分秒”，通常用于静态摄影；“或度”，通常用于电影摄影。
- 偏移：勾选该复选框后，指定相对于每帧的开始时间的快门打开时间，更改此值会影响运动模糊。
- 启用运动模糊：勾选该复选框后，摄影机可以生成运动模糊效果。

（3）曝光参数

“曝光”卷展栏如右图所示，下面将对常用参数的含义进行介绍。

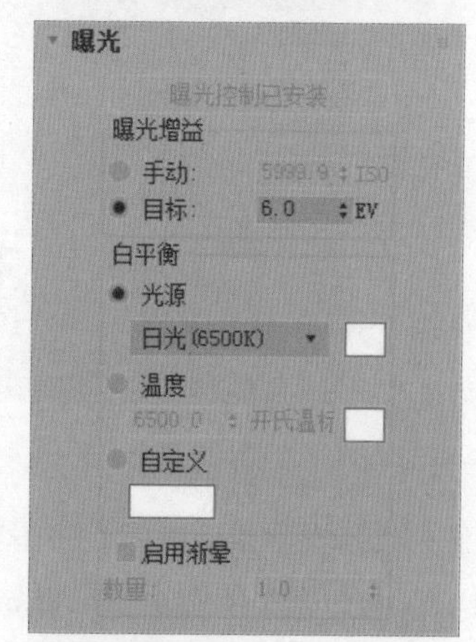

- 曝光控制已安装：单击该按钮以使物理摄影机曝光控制处于活动状态。
- 手动：通过ISO值设置曝光增益。当选中该单选按钮时，通过此值、快门速度和光圈设置计算曝光。该数值越高，曝光时间越长。
- 目标：设置与三个摄影曝光值的组合相对应的单个曝光值。每次增加或降低EV值，也会分别减少或增加有效的曝光。该值越高，生成的图像越暗；值越低，生成的图像越亮。该值默认为6.0。
- 光源：按照标准光源设置色彩平衡。
- 温度：以色温形式设置色彩平衡，以开尔文度表示。
- 启用渐晕：勾选该复选框后，渲染模拟出现在胶片平面边缘的变暗效果。

（4）散景（景深）参数

“散景（景深）”卷展栏如右图所示，下面将对常用参数的含义进行介绍。

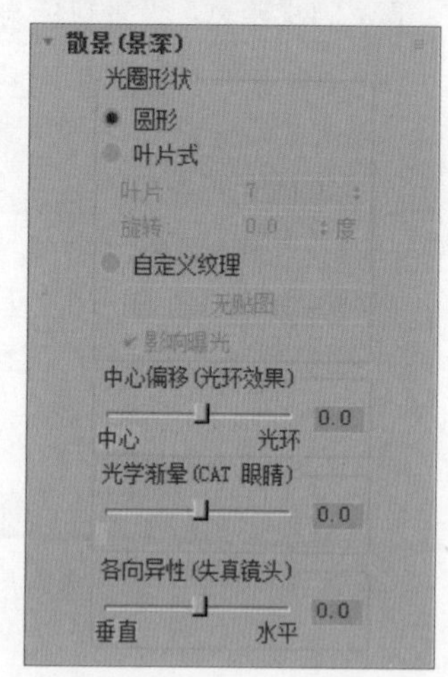

- 圆形：散景效果基于圆形光圈。

- 叶片式：散景效果使用带有边的光圈。“叶片”设置每个模糊圈的边数，“旋转”设置每个模糊圈旋转的角度。
- 自定义纹理：使用贴图来用图案替换每种模糊圈。
- 中心偏移（光环效果）：使光圈透明度向中心（负值）或边（正值）偏移。正值会增加焦区域的模糊量，而负值会减小模糊量。
- 光学渐晕（CAT眼睛）：通过模拟猫眼效果是帧呈现渐晕效果。

5.2.2 目标摄影机

目标摄影机用于观察目标点附近的场景内容，由摄影机和目标点两部分组成，可以很容易地单独进行控制调整，并分别设置动画。右图是为模型创建的目标摄影机。

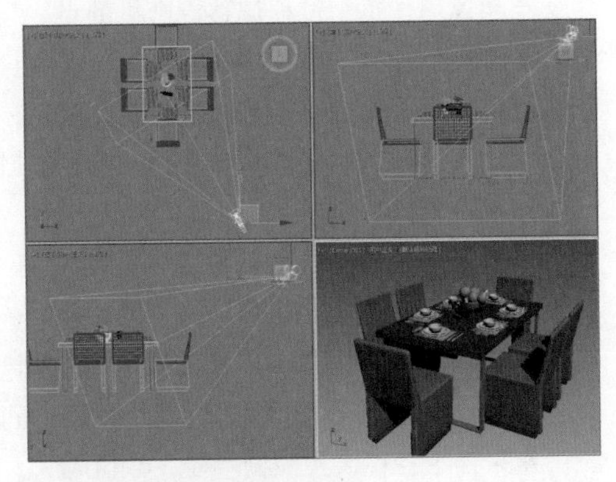

1. 常用参数

目标摄影机的常用参数主要包括镜头的选择、视野的设置、大气范围设置和裁剪范围控制等多个参数。下图为目标摄影机“参数”卷展栏。

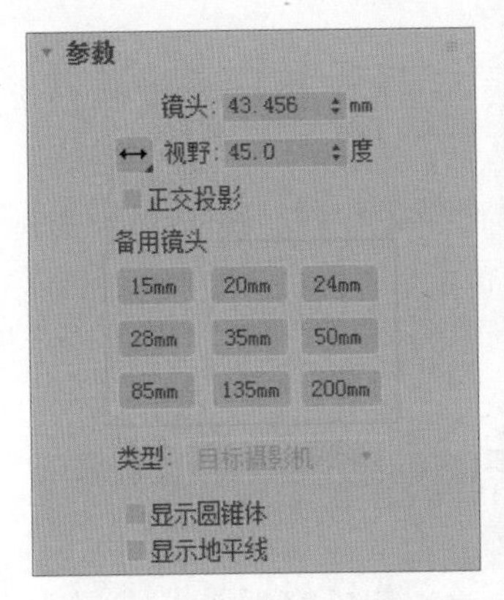

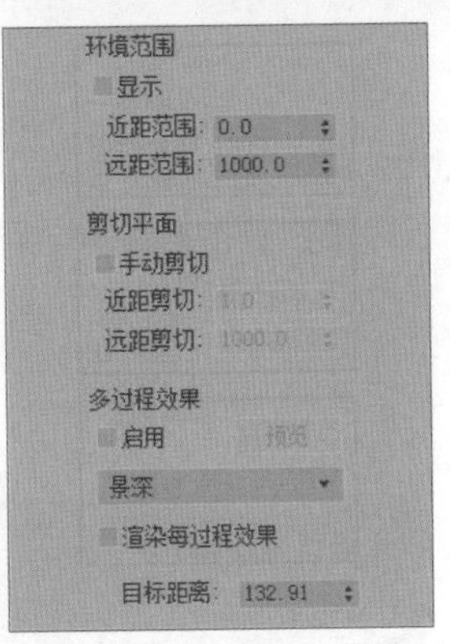

下面对“参数”卷展栏中常用参数的含义进行介绍。

- 镜头：以毫米为单位设置摄影机的焦距。
- 视野：用于决定摄影机查看区域的宽度，可以通过水平、垂直或对角线这3种方式测量应用。
- 备用镜头：在该选项组中选择各种常用预置镜头。
- 显示：显示出在摄影机锥形光线内的矩形。
- 近距/远距范围：设置大气效果的近距范围和远距范围。
- 手动剪切：勾选该复选框，可以定义剪切的平面。

- 近距/远距剪切：设置近距和远距平面。
- 目标距离：当使用目标摄影机时，通过该参数设置摄影机与其目标之间的距离。

2. 景深参数

景深是多重过滤效果，通过模糊到摄影机焦点某距离处帧的区域，使图像焦点之外的区域产生模糊效果。

景深的启用和控制，主要在摄影机参数面板的“多过程效果”选项组或“景深参数”卷展栏中进行设置，如右图所示。下面将对各参数的含义进行介绍。

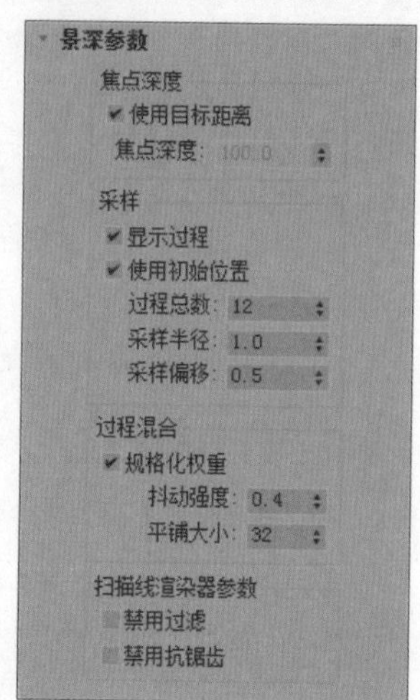

- 使用目标距离：勾选该复选框后，系统会将摄影机的目标距离用作每个过程偏移摄影机的点。
- 焦点深度：当取消勾选“使用目标距离”复选框，该选项可以用来设置摄影机的偏移深度。
- 显示过程：勾选该复选框后，“渲染帧窗口”对话框中将显示多个渲染通道。
- 使用初始位置：勾选该复选框后，第一个渲染过程将位于摄影机的初始位置。
- 过程总数：设置生成景深效果的过程数。增大该值可以提高效果的真实度，但是会增加渲染时间。
- 采样半径：设置模糊半径，数值越大，模糊越明显。

5.2.3 自由摄影机

自由摄影机用于在摄影机指向的方向查看区域，与目标摄影机非常相似，不同的是自由摄影机比目标摄影机少了一个目标点，自由摄影机由单个图标表示，可以更轻松地设置摄影机动画。下图是为模型创建的自由摄影机效果。其参数卷展栏与目标摄影机基本相同，这里便不再赘述。

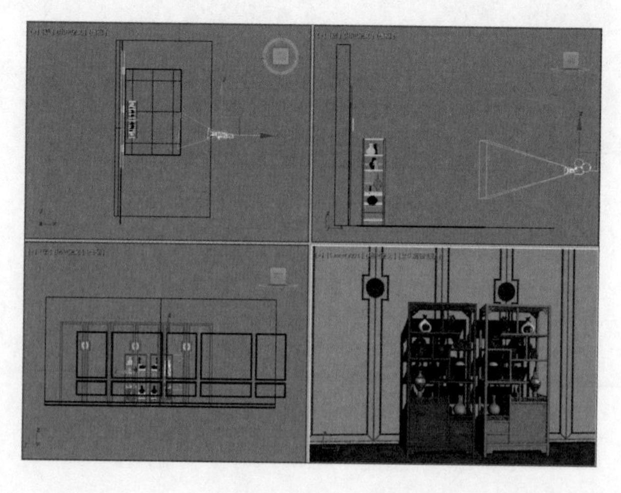

第3节 VRay摄影机

安装了VRay渲染器之后，在3ds Max软件中就增加了VRay-穹顶摄影机，和3ds Max自带的摄影机相比，VRay-穹顶摄影机主要用于渲染半球圆顶的效果，如下图所示。

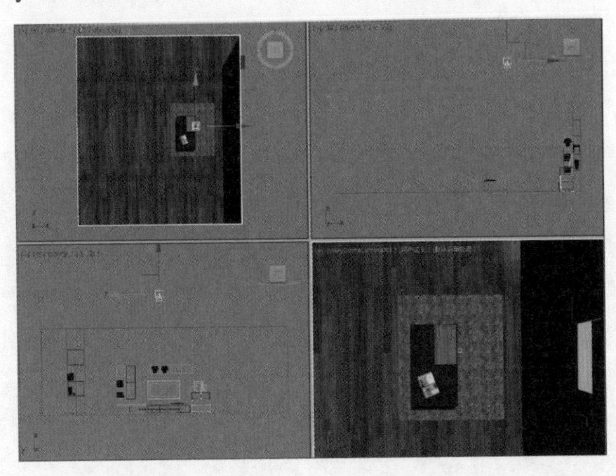

创建并确定摄影机为选中状态，打开“修改”选项卡，在命令面板的下方将弹出“参数”卷展栏，如下图所示。然后通过“翻转X”、“翻转Y”和FOV参数设置摄影机。

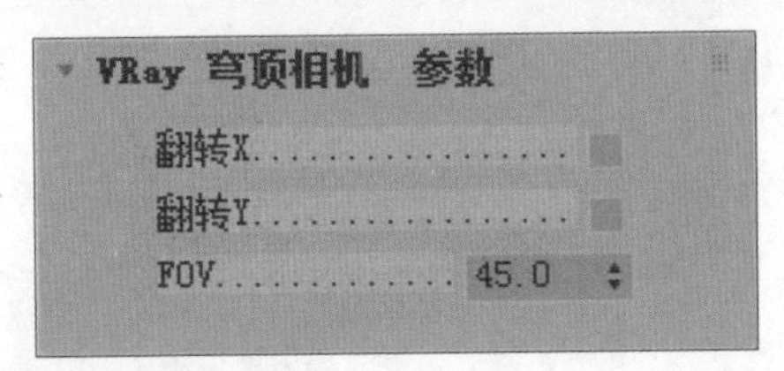

下面将对各参数的含义进行介绍。

- 翻转X：使渲染图像在X坐标轴上翻转。
- 翻转Y：使渲染图像在Y坐标轴上翻转。
- FOV：设置摄影机的视觉大小。

新手练习：为卧室场景创建摄影机

下面将根据本章所学知识，为卧室场景创建摄影机并调整参数。摄影机的创建要符合用眼睛直接观察到场景的角度与高度，角度与高度的改变都会影响场景的效果，具体操作介绍如下。

步骤 01 打开素材文件，如下左图所示。

步骤 02 打开标准摄影机创建命令面板，在顶视图创建一盏目标摄影机，如下右图所示。

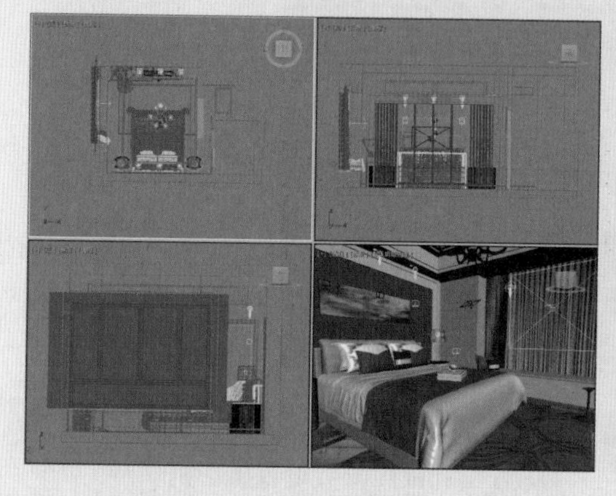

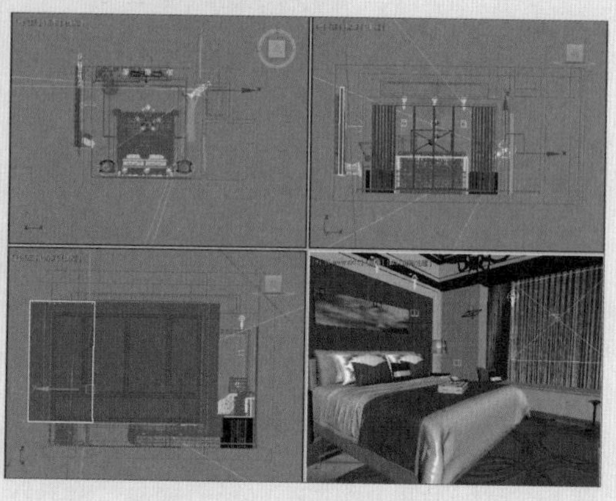

步骤 03 在“参数”卷展栏中设置“镜头”、“视野”参数，如下左图所示。

步骤 04 渲染摄影机视图，效果如下右图所示。

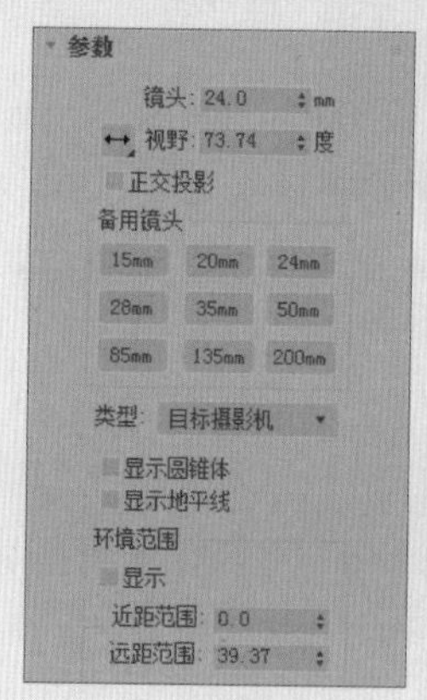

高手进阶：为场景创建景深效果

通过本章内容的学习，相信读者对摄影机的相关知识有了一定的了解。为了使读者更好地掌握本章所学知识，接下来将介绍为场景创建景深效果的操作方法，具体如下。

步骤01 打开已经创建好的客厅场景，此时场景已经将光源和材质设置完成，效果如下左图所示。

步骤02 打开标准摄影机创建命令面板，在顶视图创建一盏目标摄影机，设置镜头为28mm，并调整其角度和位置，如下右图所示。

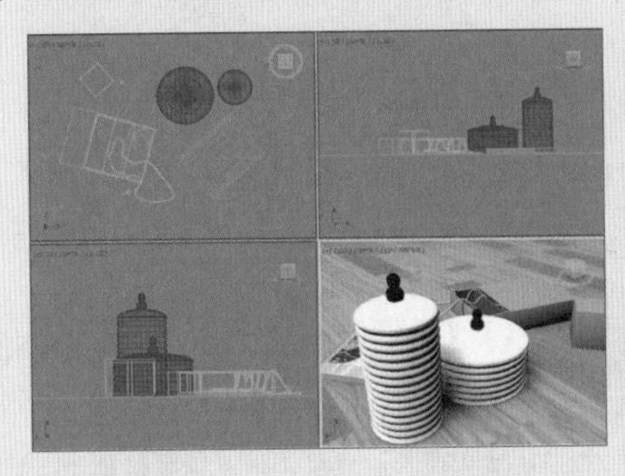

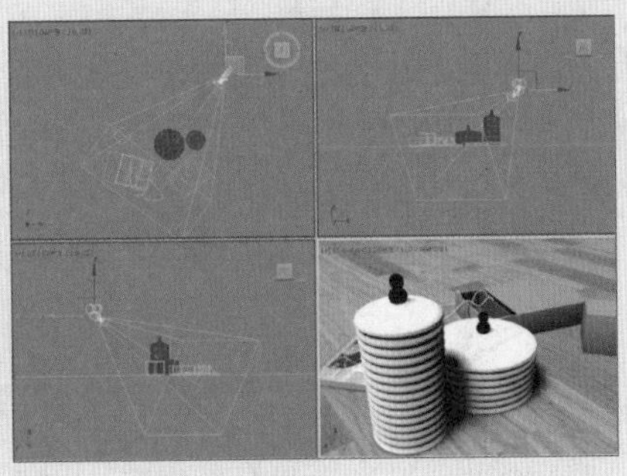

步骤03 渲染摄影机视图，渲染效果如下左图所示。

步骤04 按F10功能键打开“渲染设置”对话框，在“相机”卷展栏中勾选“景深”和“从摄影机获得焦点距离”复选框，设置光圈数为2.5、焦点距离为100，如下右图所示。

相机
类型 默认
鱼眼自动拟合
覆盖 FOV 45.0
鱼眼距离 2.0
圆柱形高 90.0
鱼眼曲线 1.0
运动模糊
相机运动模糊
持续时间(帧数) 0.5
快门效率 1.0
间隔中心 0.5
几何体采样 2
偏移 0.0
预通过采样 1
景深 (DOF)
从摄影机获得焦点距离
光圈 2.5mm
焦点距离 100.0mm
中心偏移 0.0
各向异性 0.0
边数 5
旋转 0.0

步骤05 渲染摄影机视图，效果如下图所示。

6 Chapter 材质与贴图应用

本章概述

材质可以描述对象如何反射或透射灯光的属性，并模拟真实纹理，通过设置材质可以将三维模型的质地、颜色等效果与现实生活的物体质感相对应，达到逼真的效果。本章将对材质编辑器、设置材质贴图等内容进行介绍。通过对本章内容的学习，能够让读者学会使用编辑器、熟悉材质的制作流程，并充分认识材质与贴图的联系以及重要性。

案例预览

位图贴图渲染效果

VR-边纹理贴图渲染效果

知识要点

★ 材质管理器的应用

★ 基本材质类型及VRay材质类型应用

★ 3ds Max贴图的应用

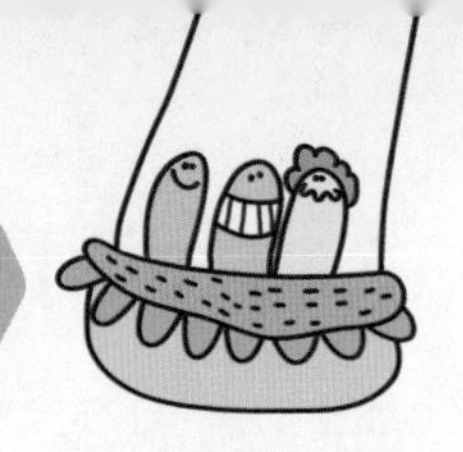

第1节 材质的应用

材质与贴图的创建和编辑，都需要利用材质编辑器完成，通过设置可以使物体表面显示出不同的质地、色彩以及纹理。本节将对材质编辑器的相关知识，以及材质在实际操作中的运用、管理等内容进行介绍。

6.1.1 设计材质

在3ds Max 2018中，材质的具体特性都可以进行手动控制，如漫反射、高光、不透明度、反射/折射以及自发光等，并允许用户使用预置的程序贴图或外部的位图贴图来模拟材质表面纹理或制作特殊效果。

（1）材质的基本知识

材质用于描述对象如何反射或透射灯光，其属性也与灯光属性相辅相成，最主要的属性为漫反射颜色、高光颜色、不透明度和反射/折射。

（2）应用材质编辑器

材质的设计制作是通过材质编辑器来完成的，在“材质编辑器”窗口中，用户可以为对象选择不同的着色类型和材质组件，还能使用贴图来增强材质，并通过灯光和环境使材质产生更逼真自然的效果。

“材质编辑器”提供创建和编辑材质、贴图的所有功能，通过“材质编辑器”可以将材质应用到3ds Max的场景对象。

（3）材质的着色类型

材质的着色类型是指对象曲面响应灯光的方式，只有特定的材质类型才可以选择不同的着色类型。

（4）材质类型组件

每种材质都属于一种类型，默认类型为“标准”，其他的材质类型都有特殊的用途。

（5）贴图

使用贴图可以将图像、图案、颜色调整等其他特殊效果应用到材质的漫反射或高光等任意位置。

（6）灯光对材质的影响

灯光和材质组合在一起使用，才能使对象表面产生真实的效果，灯光对材质的影响因素主要包括灯光强度、入射角度和距离。

（7）环境颜色

在制作材质时，只有当选择的颜色和其他属性看起来如同真实世界中的对象时，材质才能给场景增加更大的真实感，特别是在不同的灯光环境下。

6.1.2 材质编辑器

“材质编辑器”是一个独立的窗口，通过“材质编辑器”可以将材质赋予3ds Max的场景对象。“材质编辑器”窗口可以通过单击主工具栏中的按钮或“渲染”菜单中的命令打开，下左图为“材质编辑器”窗口。

（1）示例窗

通过示例窗可以预览材质和贴图效果，每个窗口可以预览单个材质或贴图。将材质从示例窗拖动到视口中的对象上，即可将材质赋予场景对象。

示例窗中样本材质的状态主要有3种，其中实心三角形表示已应用于场景对象且该对象被选中；空心三角形则表示应用于场景对象但对象未被选中；无三角形表示未被应用的材质，如下右图所示。

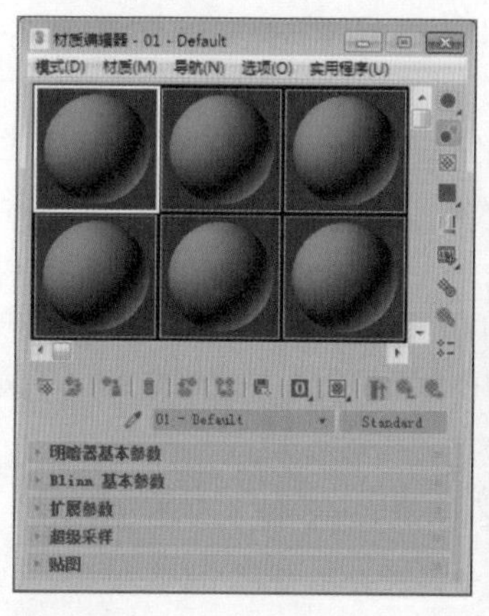

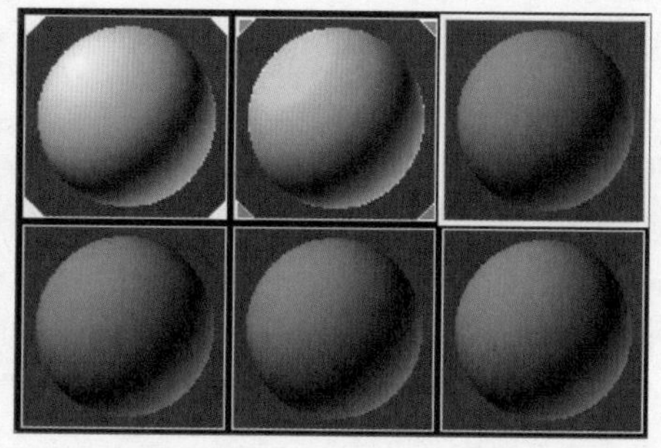

（2）工具

位于“材质编辑器”示例窗右侧和下方的是用于管理和更改贴图及材质的按钮和其他控件。其中右侧的工具主要用于对示例窗中的样本材质球进行控制，如显示背景或检查颜色等；下方的工具主要用于材质与场景对象的交互操作，如将材质指定给对象、显示贴图应用等。

（3）参数卷展栏

在示例窗的下方是材质参数卷展栏，不同的材质类型具有不同的参数卷展栏，如右图所示。在各种贴图层级中，也会出现相应的卷展栏，这些卷展栏可以调整顺序。

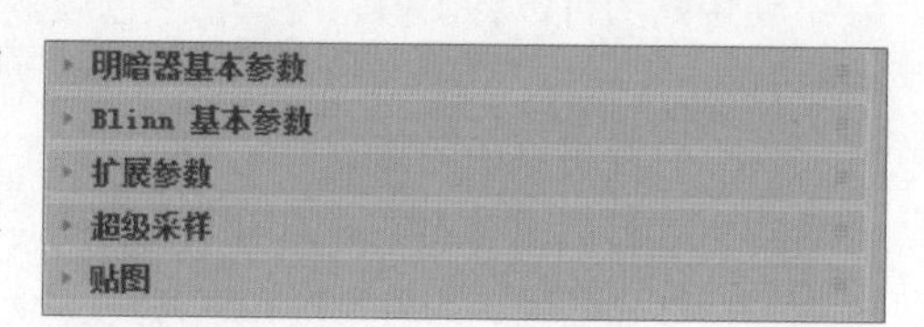

6.1.3 材质管理

材质的管理主要通过“材质/贴图浏览器”对话框实现，可以进行制作副本、存入库、按类别浏览等操作，下图为“材质/贴图浏览器”对话框。

下面将对该对话框中各选项的含义进行介绍。

- 文本框：在文本框中可以输入文本，便于快速查找材质或贴图。
- 示例窗：选择一个材质类型或贴图时，在示例窗中显示该材质或贴图的原始效果。
- 浏览自：该选项组提供的选项用于选择材质/贴图列表中显示的材质来源。
- 显示：可以过滤列表中的显示内容，如不显示材质或不显示贴图。
- 工具栏：第一部分按钮用于控制查看列表的方式，第二部分按钮用于控制材质库。
- 列表：在列表中将显示3ds Max预置的场景或库中的所有材质或贴图，并允许显示材质层级关系。

提示：“材质/贴图浏览器”对话框的应用

“材质/贴图浏览器”对话框无法显示“光线跟踪”或“位图”等需要环境或外部文件才有效果的材质或贴图。

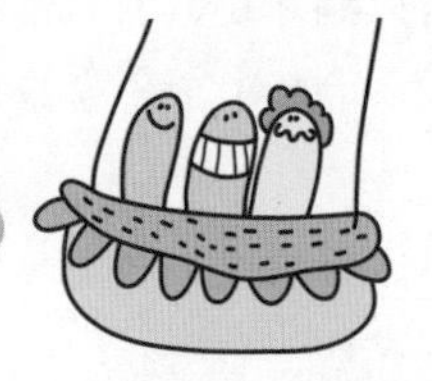

第2节 材质的类型

3ds Max 2018提供了11种材质类型，每一种材质都具有相应的功能，其中默认的“标准”材质可以表现大多数真实世界中的材质，如表现金属和玻璃的“光线跟踪”材质等，本节将对材质类型的相关知识进行详细介绍。

6.2.1 “标准”材质

“标准”材质是3ds Max 最常用的材质类型，可以模拟表面单一的颜色，为表面建模提供非常直观的方式。使用“标准”材质时，可以选择各种明暗器，为各种反射表面设置颜色或使用贴图通道等，这些都可以在卷展栏中进行设置，如右图所示。

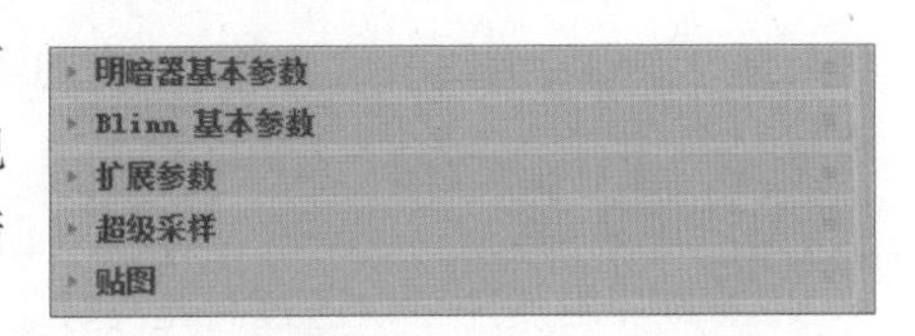

（1）明暗器

明暗器主要用于标准材质，可以选择不同的着色类型，以影响材质的显示方式，在“明暗器基本参数”卷展栏中可进行相关设置，下面将对各参数的含义进行介绍。

- 各向异性：可以产生带有非圆、具有方向的高光曲面，适用于制作头发、玻璃或金属等材质。

- Blinn：与Phong明暗器具有相同的功能，但它在计算上更精确，是标准材质的默认明暗器。
- 金属：有光泽的金属效果。
- 多层：通过层级两个各向异性高光，创建比各向异性更复杂的高光效果。
- Phong：与Blinn类似，能产生带有发光效果的平滑曲面，但不处理高光。
- 半透明：类似于Blinn明暗器，还可以用于指定半透明度，光线将在穿过材质时散射，可以使用半透明来模拟被霜覆盖和被侵蚀的玻璃。

（2）颜色

在真实世界中，对象的表面通常反射各种颜色，标准材质也使用4色模型来模拟这种现象，主要包括环境色、漫反射、高光颜色和过滤颜色。下面将对各参数的含义进行介绍。

- 环境光：是对象在阴影中的颜色。
- 漫反射：是对象在直接光照条件下的颜色。
- 高光：是发亮部分的颜色。
- 过滤：是光线透过对象所透射的颜色。

（3）扩展参数

“扩展参数”卷展栏中提供了透明度和反射相关的参数，通过该卷展栏可以制作更具有真实效果的透明材质，如右图所示。下面将对各参数的含义进行介绍。

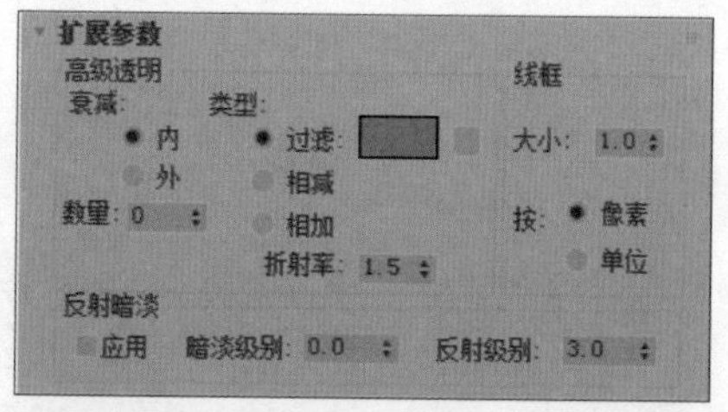

- 高级透明：该选项组中提供了影响透明材质的不透明度和衰减等效果的参数。
- 反射暗淡：该选项组提供的参数可使阴影中的反射贴图显得暗淡。
- 线框：该选项组中的参数用于控制线框的单位和大小。

（4）贴图

在“贴图”卷展栏中，可以访问材质的各个组件，部分组件还能使用贴图代替原有的颜色，如右图所示。

贴图

	数量	贴图类型
环境光颜色	100	无贴图
漫反射颜色	100	无贴图
高光颜色	100	无贴图
高光级别	100	无贴图
光泽度	100	无贴图
自发光	100	无贴图
不透明度	100	无贴图
过滤色	100	无贴图
凹凸	30	无贴图
反射	100	无贴图
折射	100	无贴图
置换	100	无贴图

（5）其他

“标准”材质还可以通过高光控件组控制表面接受高光的强度和范围，也可以通过其他选项组制作特殊的效果，如线框等。

6.2.2 “壳”材质

“壳”材质经常用于纹理烘焙，其参数卷展栏如下图所示。下面将对各参数的含义进行介绍。

- 原始材质：显示原始材质的名称。单击该按钮，可查看材质并调整设置。
- 烘焙材质：显示烘焙材质的名称。
- 视口：使用该选项可以选择在明暗处理视口中出现的材质。
- 渲染：使用该选项可以选择在渲染中出现的材质。

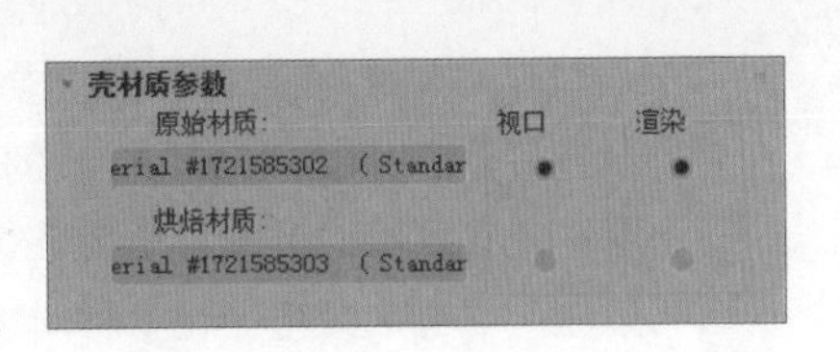

6.2.3 “双面”材质

使用“双面”材质可以为对象的前面和后面指定两个不同的材质，下左图为应用双面材质的效果。下右图为“双面”材质的参数卷展栏。

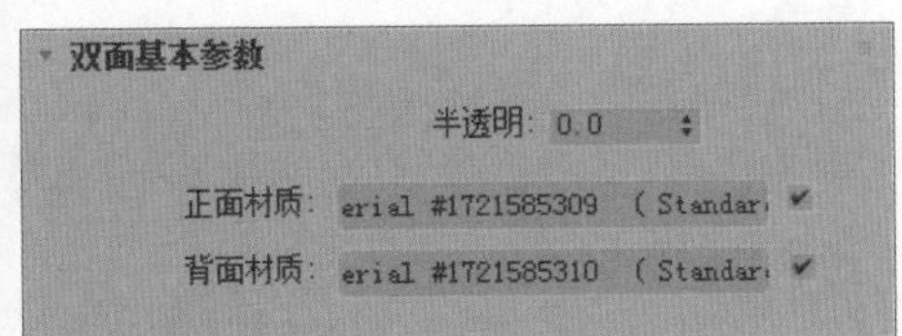

下面将对“双面基本参数”卷展栏中各参数的含义进行介绍。

- 半透明：用于设置一个材质通过其他材质显示的数量，范围为0%~100%。
- 正面材质：用于设置模型正面的材质。
- 背面材质：用于设置模型背面的材质。

6.2.4 “多维/子对象”材质

“多维/子对象”材质是将多个材质组合到一个材质当中，将物体设置不同的ID材质后，使材质根据对应的ID号赋予到指定物体区域上。该材质常被用于包含许多贴图的复杂物体上，下左图为应用多维/子材质的效果。使用多维/子对象后，其参数卷展栏如下右图所示。

多维/子对象基本参数

4 设置数量 添加 删除

ID	名称	子材质	启用/禁用
1		无	✔
2		无	✔
3		无	✔
4		无	✔

下面将对“多维/子对象”材质参数卷展栏中各参数的含义进行介绍。

- 设置数量：用于设置子材质的参数，单击该按钮，即可打开“设置材质数量”对话框，在其中可以设置材质的数量。
- 添加：单击该按钮，在子材质下方将默认添加一个标准材质。
- 删除：单击该按钮，将从下向上逐一删除子材质。

第3节 贴图的应用

3ds Max中包括40种贴图，根据使用方法、效果等分为2D贴图、3D贴图、合成器、颜色修改器和其他等六大类。贴图可以模拟纹理、反射、折射及其他特殊效果，可以在不增加材质复杂度的前提下，为材质添加细节，有效改善材质的外观和真实感。

6.3.1 2D贴图

2D贴图是二维图像，一般将其粘贴在几何体对象的表面或者和环境贴图一样用于创建场景的背景。3ds Max提供的2D贴图主要包括“位图”、“棋盘格”、“渐变”等多种类型，下面将对常见类型进行介绍。

1. 位图贴图

“位图”贴图就是将位图图像文件作为贴图使用，它可以支持各种类型的图像和动画格式，包括AVI、BMP、CIN、JPG、TIF、TGA等。位图贴图的使用范围广泛，通常用在漫反射贴图通道、凹凸贴图通道、反射贴图通道、折射贴图通道中。下左图为位图贴图的材质效果，下右图为“位图”贴图卷展栏。

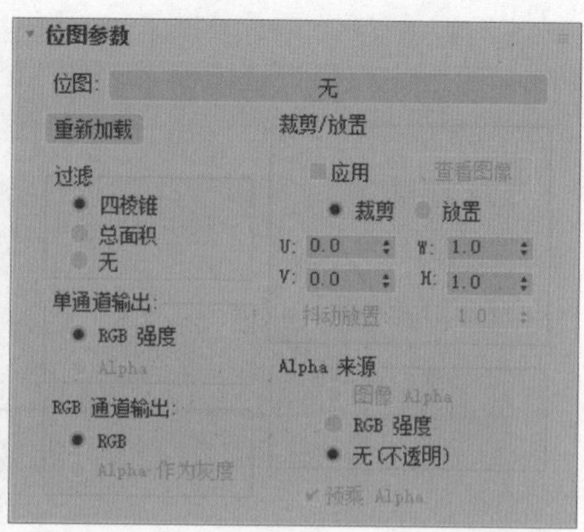

下面将对“位图”贴图参数卷展栏中各参数的含义进行介绍。

- 过滤：过滤选项组用于选择抗锯齿位图中平均使用的像素方法。
- 裁剪/放置：该选项组中的控件可以裁剪位图或减小其尺寸，用于自定义放置。
- 单通道输出：该选项组中的控件用于根据输入的位图确定输出单色通道的源。
- Alpha来源：该选项组中的控件根据输入的位图确定输出Alpha通道的来源。

2. 棋盘格贴图

“棋盘格”贴图可以产生类似棋盘的、由两种颜色组成的方格图案效果，并允许贴图替换颜色。下左图为应用棋盘格贴图的效果，下右图为“棋盘格参数”卷展栏。

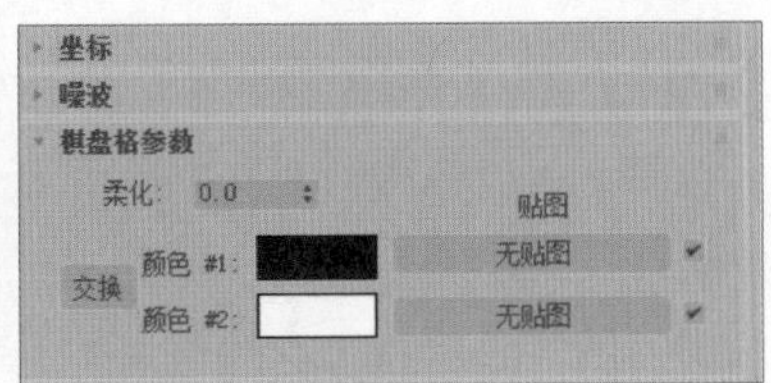

下面将对“棋盘格”贴图参数卷展栏中各参数的含义进行介绍。

- 柔化：模糊方格之间的边缘，很小的柔化值就能生成很明显的模糊效果。
- 交换：单击该按钮，可交换方格的颜色。
- 颜色：用于设置方格的颜色，允许使用贴图代替颜色。

3. 渐变贴图

“渐变”贴图是指从一种颜色到另一种颜色进行着色，可以创建3种颜色的线性或径向渐变效果。下左图为应用渐变贴图的效果，其参数卷展栏如下右图所示。

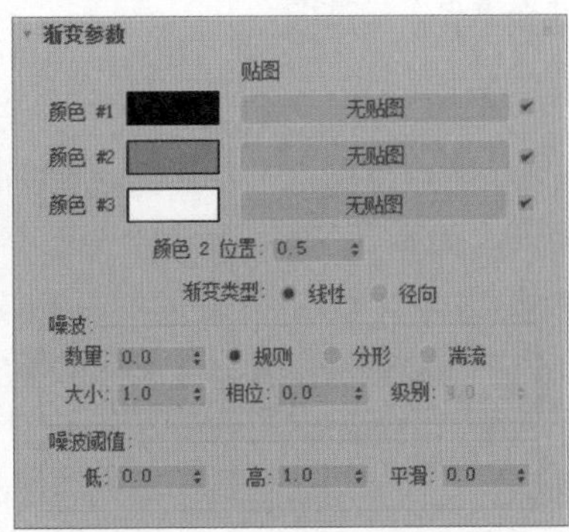

4. 旋涡贴图

“旋涡”贴图可以创建两种颜色或贴图的旋涡图案，其参数卷展栏如下左图所示。旋涡贴图生成的图案类似于两种冰激凌的外观。如同其他双色贴图一样，任何一种颜色都可用其他贴图替换，因此大理石与木材也可以生成旋涡。

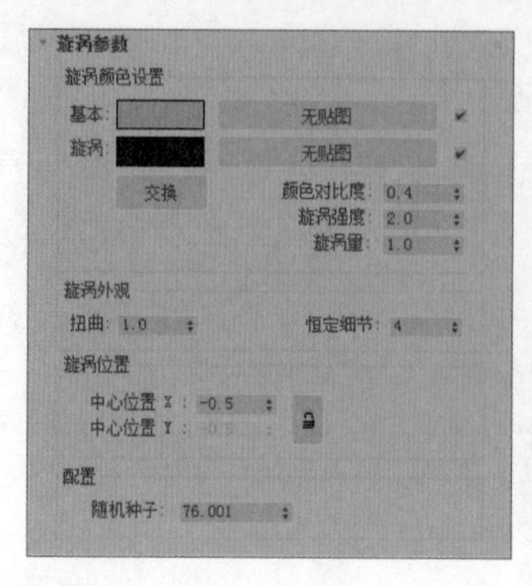

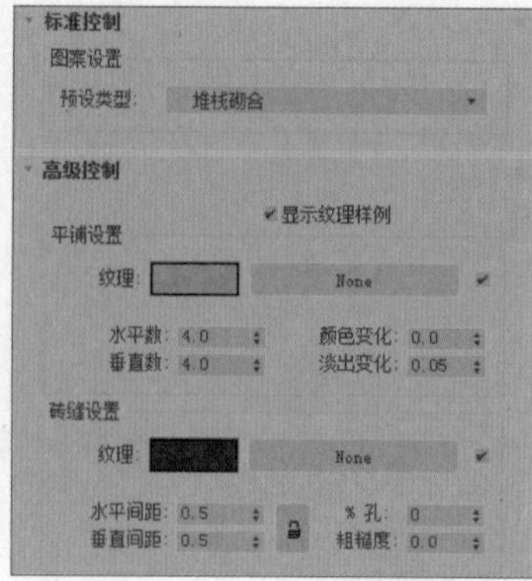

5. 平铺贴图

“平铺”贴图是专门用来制作砖块效果的，常用在漫反射通道中，有时也可以用在凹凸贴图通道中。右图为应用平铺贴图的效果。

在“标准控制”卷展栏中有的预设类型列表中列出了一些已定义的建筑砖图案，用户也可以自定义图案，设置砖块的颜色、尺寸以及砖缝的颜色、尺寸等，其参数卷展栏如上右图所示。

6.3.2 3D贴图

3D贴图是根据程序以三维方式生成的图案，具有连续性的特点，并且不会产生接缝效果。在3ds Max中包含“细胞”、“衰减”、“噪波”等十多种3D贴图类型。此外，3ds Max还支持安装插件提供更多的贴图。

1. 细胞贴图

“细胞”贴图可生成用于各种视觉效果的细胞图案，包括马赛克瓷砖、鹅卵石表面甚至海洋表面。需要说明的是，在“材质编辑器”示例窗中不能很清楚地展现细胞效果，将贴图指定给几何体并渲染场景会得到想要的效果。其参数卷展栏如右图所示。下面将对各参数的含义进行介绍。

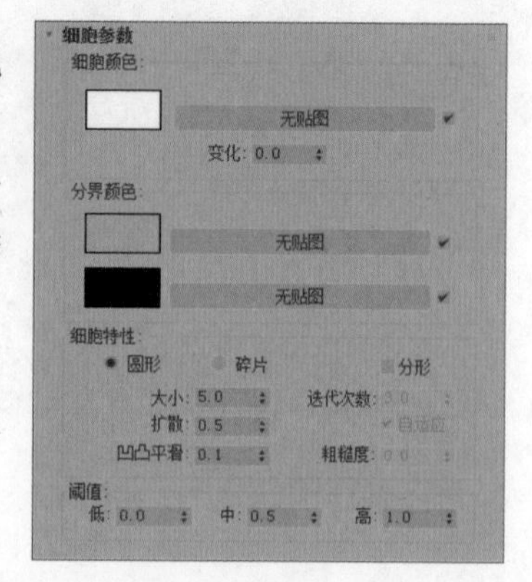

- 细胞颜色：用来设置细胞的颜色，单击色块，可以为细胞选择一种颜色；应用“变化”选项，可以通过随机改变RGB值来更改细胞的颜色。
- 分界颜色：设置细胞间的分界颜色。

- 细胞特性：用于设置细胞的一些特性属性。
- 阈值：用控制细胞和分界的相对大小。其中，“低”表示调整细胞的大小，默认值为0.0；“中”表示相对于第二分界颜色，调整最初分界颜色的大小；“高”表示调整分界的总体大小。

2. 衰减贴图

“衰减”贴图可以模拟对象表面由深到浅或者由浅到深的过渡效果，如下左图所示。在创建不透明的衰减效果时，衰减贴图提供了更大的灵活性，其参数卷展栏如下右图所示。

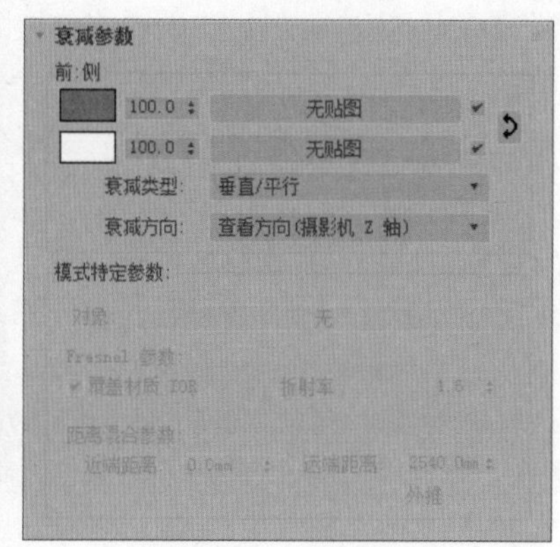

下面将对常用参数的含义进行介绍。

- 前/侧：用来设置衰减贴图的前和侧通道参数。
- 衰减类型：设置衰减的方式，包括垂直/平行、朝向/背离、Fresnel、阴影/灯光、距离混合5个选项。
- 衰减方向：设置衰减的方向。

3. 噪波贴图

“噪波”贴图一般在凹凸通道中使用，用户可以通过设置“噪波参数”卷展栏中的参数来制作出紊乱不平的表面，如下左图所示。“噪波”贴图是基于两种颜色或材质的交互创建曲面的随机扰动，是三维形式的湍流图案，其参数卷展栏如下右图所示。

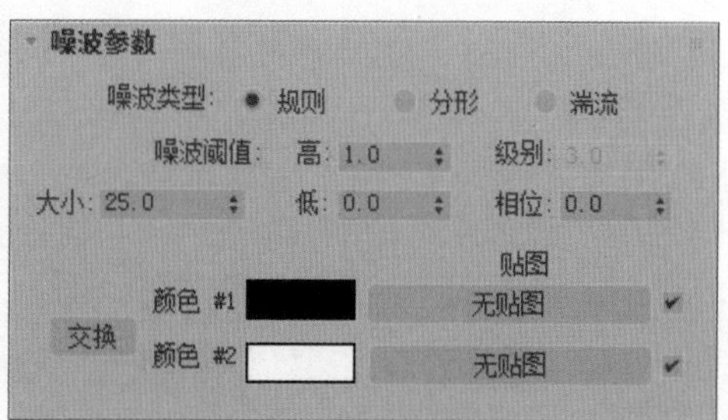

下面将对各参数的含义进行介绍。

- 噪波类型：共有3种类型，分别是“规则”、“分形”和“湍流”。
- 大小：以3ds Max单位设置噪波函数的比例。
- 噪波阈值：控制噪波的效果。
- 交换：切换两个颜色或贴图的位置。
- 颜色#1/颜色#2：从这两个噪波颜色中选择，通过所选的两种颜色来生成中间颜色值。

4. 泼溅贴图

“泼溅”贴图可生成类似于泼墨画的分形图案，对于漫反射贴图，可以创建类似泼溅的图案效果。其参数卷展栏如右图所示。下面将对各参数的含义进行介绍。

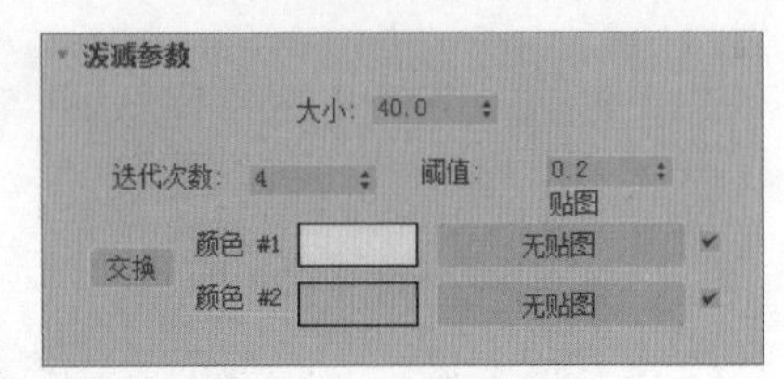

- 大小：调整泼溅的大小。
- 迭代次数：计算分形函数的次数。数值越大，次数越多，泼溅越详细，计算时间也会越长。
- 阈值：设置与颜色#2混合的颜色#1的位置。
- 颜色#1/颜色#2：表示背景和泼溅的颜色。
- 贴图：为颜色#1和颜色#2添加位图或程序贴图以覆盖颜色。

5. 烟雾贴图

“烟雾”贴图用于生成无序、基于分形的湍流图案，主要用于设置动画的不透明贴图，以模拟一束光线中的烟雾效果或其他云状流动贴图效果。其参数卷展栏如右图所示。下面将对各参数的含义进行介绍。

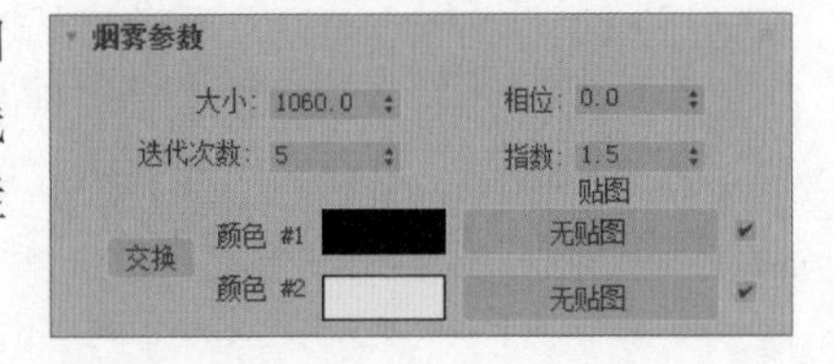

- 大小：更改烟雾团的比例。
- 迭代次数：用于控制烟雾的质量，参数越高，烟雾效果就越精细。
- 相位：转移烟雾图案中的湍流。
- 指数：使代表烟雾的颜色#2更加清晰、更加缭绕。
- 颜色#1/颜色#2：表示效果的无烟雾和烟雾部分。

6.3.3 其他贴图

3ds Max的其他类型贴图包括常用的多种反射、折射类贴图和每像素摄影机贴图、法线凹凸等程序贴图。

（1）平面镜贴图

“平面镜”贴图可应用于共面集合时生成反射环境对象的材质，通常应用于材质的反射贴图通道。

（2）光线跟踪贴图

“光线跟踪”贴图可以提供全部光线跟踪反射和折射效果，光线跟踪用于对渲染3ds Max

场景进行优化，并且通过将特定对象或效果排除于光线跟踪之外，可以进一步优化场景。

（3）反射/折射贴图

“反射/折射”贴图可生成反射或折射表面。要创建反射效果，将该贴图指定到反射通道；要创建折射效果，将该贴图指定到折射通道。

（4）薄壁折射贴图

“薄壁折射”贴图可模拟缓进或偏移效果，得到如同透过玻璃看到的图像。该贴图的速度更快，占用内存更少，并且提供的视觉效果要优于“反射/折射”贴图。

（5）每像素摄影机贴图

“每像素摄影机”贴图可以从特定的摄影机方向投射贴图，通常使用图像编辑应用程序调整渲染效果，然后将这个调整过的图像用作投射回3D几何体的虚拟对象。

（6）法线凹凸贴图

“法线凹凸”贴图可以指定给材质的凹凸组件、位移组件或两者，使用位移贴图可以更正看上去平滑失真的边缘，并会增加几何体的面。

第4节 VRay材质的应用

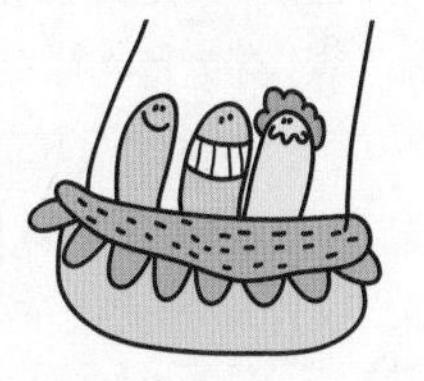

应用VRay材质可以得到较好的物理上的正确照明（能源分布）、较快的渲染速度和更方便的反射/折射参数。在VRay材质中可以运用不同的纹理贴图、控制反射/折射，增加凹凸和置换贴图、强制直接GI计算，为材质选择不同的BRDF类型。

6.4.1 VRay材质类型

VRay材质类型是专门配合VRay渲染器使用的材质，使用VRay渲染器的时候，该类型材质会比3ds Max的标准材质在渲染速度和质量上高很多。VRay的材质类型包括VRayMtl、灯光材质、覆盖材质、混合材质、车漆材质等19种。本小节将介绍几种比较常见的VRay材质类型的应用。

1. VRayMtl 材质

VRayMtl是最常用的一种材质，是专门配合VRay渲染器使用的材质，因此当使用VRay渲染器时，使用该材质会比3ds Max标准材质（Standard）在渲染速度和细节质量上高很多。其次，一个重要的区别是，3ds Max的标准材质（Standard）可以制作假高光（即没有反射现象而只有高光，但是这种现象在真实世界是不可能实现的），而VRay的高光则是和反射的强度息息相关的。在使用VRay渲染器时只有配合VRay的材质（VRayMtl材质或其他VRay材质）才可以产生焦散效果，如下左图所示。而在使用3ds Max的标准材质（Standard）时，这种效果是无法产生的，如下右图所示。

VRayMtl材质参数卷展栏如下图所示，下面将对各参数的含义进行介绍。

- 漫反射：是物体的固有色，可以是某种颜色也可以是某张贴图，贴图优先。
- 反射：可以用颜色控制反射，也可以用贴图控制，但都基于黑-灰-白，黑色代表没有反射，白色代表完全反射，灰色代表不同程度的反射。
- 高光光泽：高光并不是光，而是物体表面最亮的部分。高光不是必须具备的一个属性，通常只会在表面比较光滑的物体上出现，该值越高，高光越明显。

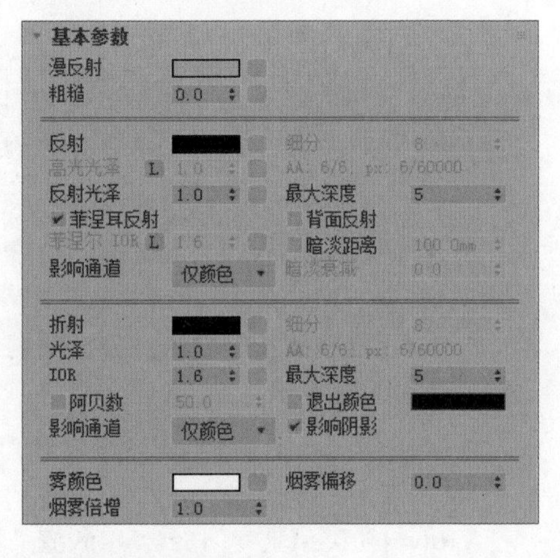

- 反射光泽：当“高光光泽”未被激活时，“反射光泽”就会自动承担起高光的作用，如果想消除高光，就激活“高光光泽”，并且设置值为1，这样高光就消失了。
- 菲涅尔反射：加入菲涅尔是为了增强反射物体的细节变化。
- 细分：提高该值，能有效降低反射时画面出现的噪点。
- 折射：可以由右侧的颜色条决定，黑色为不透明，白色为全透明；也可由贴图决定，贴图优先。
- 雾颜色：透明玻璃的颜色，非常敏感，改动一点就能产生很大变化。
- 烟雾倍增：控制“雾颜色”的强弱程度，该值越低，颜色越浅。
- 烟雾偏移：用来控制雾化偏移程度，一般默认即可。
- 光泽：控制折射表面光滑程度，值越高，表面越光滑；值越低，表面越粗糙。减低“光泽”的值可以模拟磨砂玻璃效果。
- 影响阴影：勾选该复选框阴影会随着烟雾颜色而改变，使透明物体阴影更加真实。

提示：设置反射细分值

在3ds Max 2018版本中，VRayMtl材质的反射细分值默认不能对其进行修改，用户可以打开“渲染设置”对话框，在“全局DMC”卷展栏中勾选“使用局部细分”复选框，就可以对反射细分值进行修改了。

2. VRay覆盖材质

VRay覆盖材质可以让用户更加广泛地控制场景的色彩融合、反射和折射等。主要包括5个材质通道，分别是“基本材质”、“GI材质”、“反射材质”、“折射材质”和“阴影材质”，其参数卷展栏如下图所示。下面将对各参数的含义进行介绍。

- 基本材质：该材质是物体的基本材质。
- GI材质：该材质是物体的全局光材质，当使用该参数时，灯光的反弹将依照该材质的灰度来进行控制，而不是基础材质。
- 反射材质：物体的反射材质，即在反射里看到的物体材质。
- 折射材质：物体的折射材质，即在折射里看到的物体材质。
- 阴影材质：基本材质的阴影若使用该参数中的材质来进行控制时，基本材质的阴影将无效。

3. VRay灯光材质

灯光材质是一种自发光的材质，通过设置不同的倍增值可以在场景中产生不同的明暗效果。该材质可以用来制作自发光的物件，比如灯带、电视机屏幕、灯箱等，如下左图所示。其参数卷展栏如下右图所示。

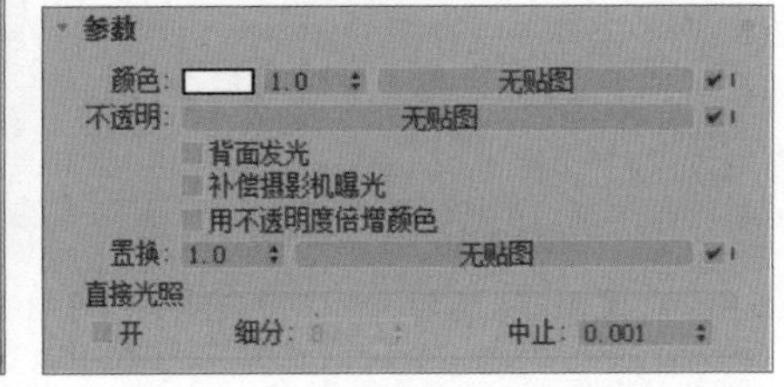

下面将对各参数的含义进行介绍。

- 颜色：用于设置自发光材质的颜色，如有贴图，则以贴图的颜色为准，此值无效。
- 背面发光：用于设置材质是否两面都产生自发光。
- 不透明：用于指定贴图作为自发光。

4. VRay双面材质

双面材质用于表现两面不一样的材质贴图效果，可以设置其双面相互渗透的透明度，其参数卷展栏如右图所示。

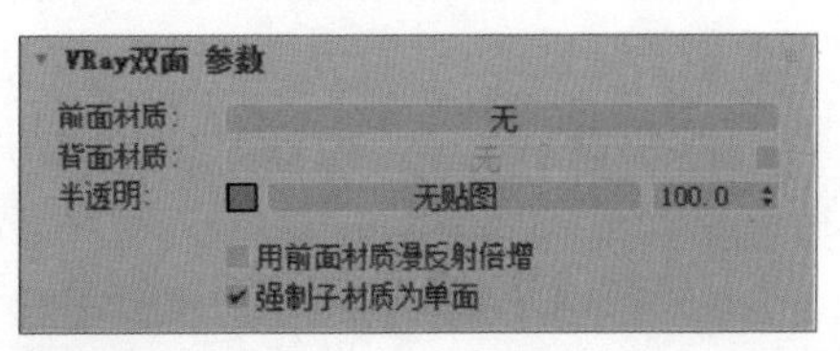

下面将对各参数的含义进行介绍。

- 前面材质：用于设置物体前面的材质为任意材质类型。
- 背面材质：用于设置物体背面的材质为任意材质类型。

- 半透明：用于设置两种材质的混合度。当颜色为黑色时，会完全显示正面的漫反射颜色；当颜色为白色时，会完全显示背面材质的漫反射颜色；也可以利用贴图通道来进行控制。

6.4.2 VRay程序贴图

VRay渲染器不仅有专用的材质，也有专用的贴图，包括VRay贴图、VRayHDRI、VRay边纹理、VRay合成纹理、VRay灰尘、VRay天光、VRay位图过滤器以及VRay颜色等，下面将介绍几种常用的VR贴图类型。

1. VRay 天空贴图

VRay天空贴图可以模拟浅蓝色渐变的天空效果，并且可以控制亮度，其参数卷展栏如下图所示。

VRay天空 参数

参数	值
指定太阳节点	✔
太阳灯光	无
太阳浊度	2.5
太阳臭氧	0.35
太阳强度倍增	1.0
太阳大小倍增	1.0
太阳过滤颜色	
太阳不可见	
天空模型	Hosek et al.
间接地平线照明	25000.0
地面反射	
混合角度	5.739
地平线位移	0.0

下面将对常用参数的含义进行介绍。

- 指定太阳节点：当取消勾选该复选框时，VRay天空的参数将从场景中VRay太阳的参数里自动匹配；当勾选该复选框时，用户可以从场景中选择不同的光源，这种情况下，VRay太阳将不再控制VRay天空的效果，VRay天空将用自身的参数来改变天光效果。
- 太阳灯光：单击该按钮选择太阳光源。
- 太阳浊度：该参数控制太阳的浑浊度。
- 太阳臭氧：该参数控制臭氧层的厚度。
- 太阳强度倍增：该参数控制太阳亮点。
- 太阳大小倍增：控制太阳阴影柔和度。
- 太阳过滤颜色：该参数控制太阳颜色。
- 太阳不可见：控制太阳本身是否可见。

- 天空模型：在下拉列表中选择天空模型类型。
- 间接地平线照明：该参数间接控制水平照明的强度。

2. VRayHDRI 贴图

HDRI是High Dynamic Range Image（高动态范围贴图）的简写，它是一种特殊的图形文件格式。它的每一个像素除了含有普通的RGB信息以外，还包含有该点的实际亮度信息，所以在作为环境贴图的同时，还能照亮场景，为真实再现场景所处的环境奠定了基础。

其参数卷展栏如右图所示，下面将对各选项的含义进行介绍。

- HDR贴图：单击“浏览”按钮选取所需的贴图。
- 水平旋转：控制贴图的水平方向上的旋转。
- 水平翻转：将贴图沿着水平方向翻转。
- 垂直旋转：控制贴图沿着垂直方向旋转。
- 垂直翻转：将贴图沿着垂直方向翻转。
- 贴图类型：选择贴图的坐标方式。
- 反向伽玛：设置HDR贴图的伽玛值。

3.VRay 边纹理贴图

该贴图类型可以使对象产生类似于3ds Max默认线框材质的效果，效果如下左图所示。其参数卷展栏如下右图所示。

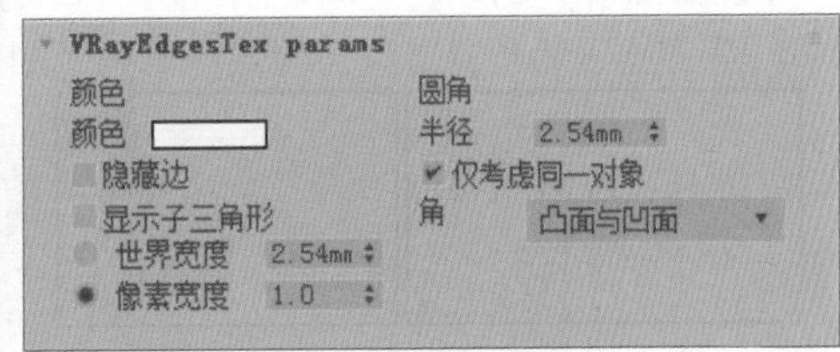

下面将对各参数的含义进行介绍。

- 颜色：设置线框的颜色。
- 隐藏边：勾选该复选框后，可以渲染隐藏的边。
- 世界宽度：使用世界单位设置线框的宽度。
- 像素宽度：使用像素单位设置线框的宽度。

新手练习：为沙发模型创建材质

下面将根据本章所学知识，为沙发模型创建材质。该模型为布料材质，具有一定的凹凸感和粗糙度，所以在创建材质过程中，需要对凹凸感和粗糙度进行设置，具体操作介绍如下。

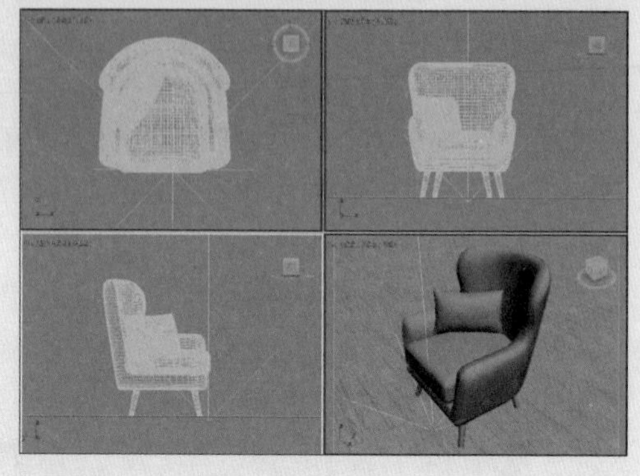

步骤01 打开素材文件，如右图所示。

步骤02 按M键打开“材质编辑器”，选择一个未使用的材质球，并将其转换为VRayMtl材质，为漫反射通道添加衰减贴图，其余参数保持不变，来创建沙发材质，如下左上图所示。

步骤03 在“衰减参数”卷展栏中为颜色1通道添加位图贴图，并设置衰减类型，如下左下图所示。

步骤04 为颜色1通道添加位图贴图，如下右图所示。

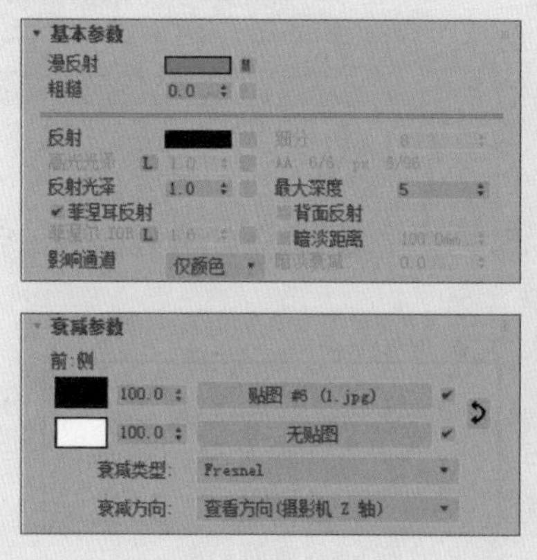

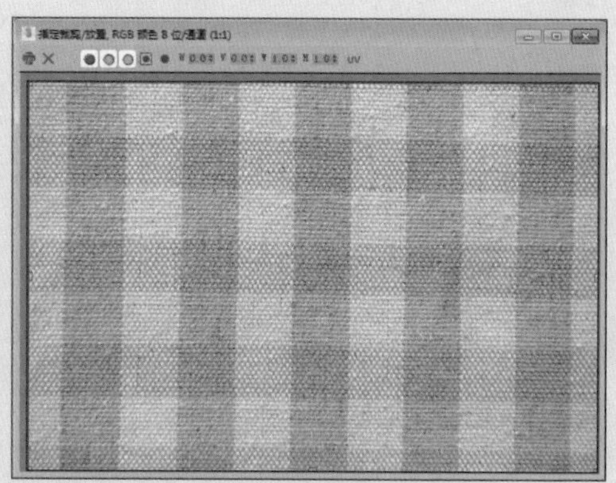

步骤05 在“贴图”卷展栏中为凹凸通道添加位图贴图，如下左图所示。

步骤06 为凹凸通道添加的位图贴图，如下右图所示。

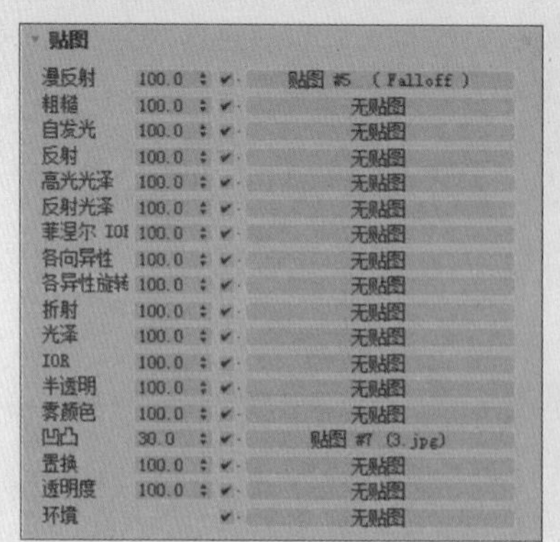

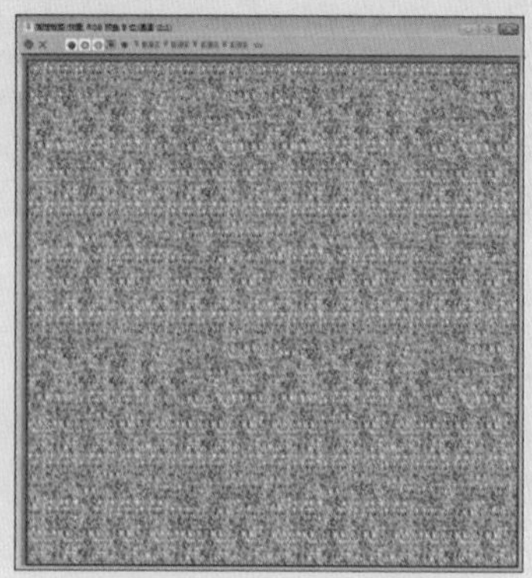

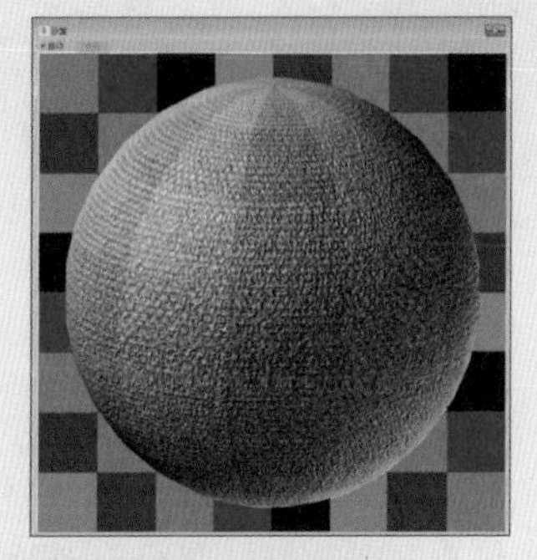

步骤07 创建好的沙发材质球效果，如右图所示。

步骤08 选择一个未使用的材质球，并将其转换为VRayMtl材质，设置高光光泽和反射光泽的值，取消勾选“菲涅尔反射”复选框，来创建沙发腿材质，如下左图所示。

步骤09 为漫反射通道添加位图贴图，如下右图所示。

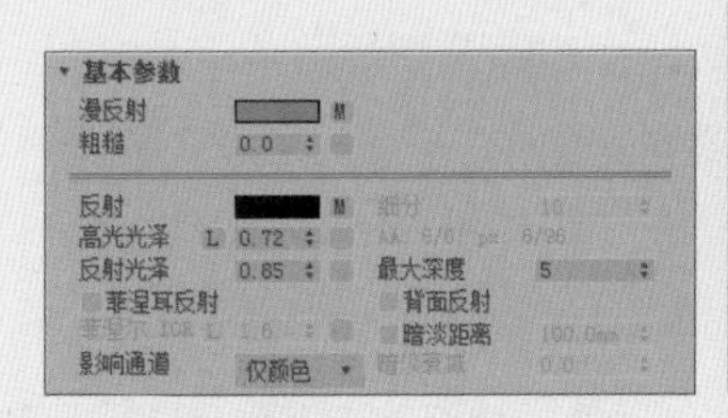

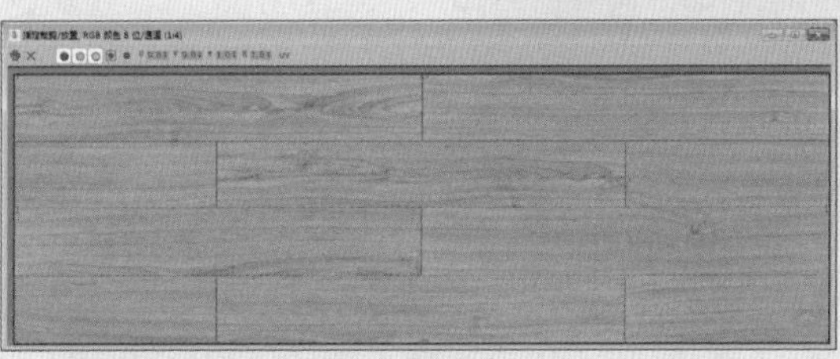

步骤10 为反射通道添加衰减贴图，设置衰减类型，并设置颜色2的颜色参数，如下左图所示。

步骤11 设置颜色2的颜色参数，如下右图所示。

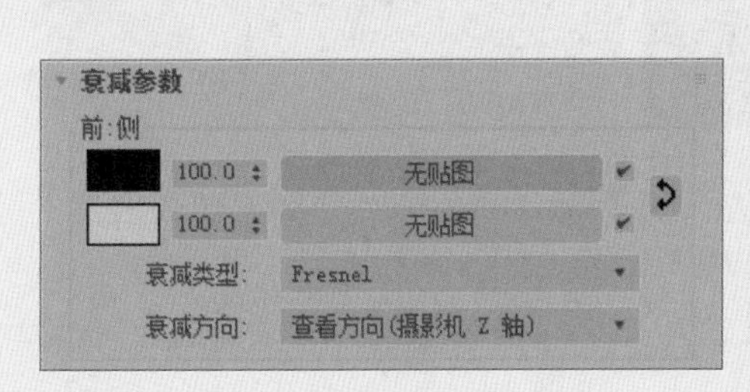

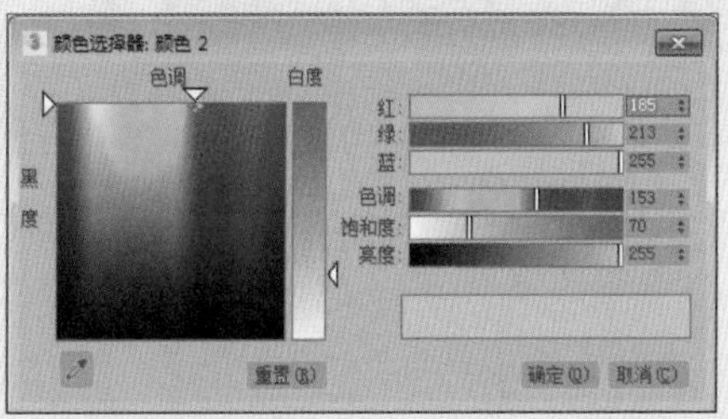

步骤12 在“贴图”卷展栏中将漫反射通道上的贴图复制到凹凸通道上，并设置凹凸值，如下左图所示。

步骤13 创建好的沙发腿材质球效果如下中图所示。

步骤14 将材质赋予模型并进行渲染，效果如下右图所示。

贴图

通道	数值		贴图
漫反射	100.0	✔	贴图 #9 (木地板.jpeg)
粗糙	100.0	✔	无贴图
自发光	100.0	✔	无贴图
反射	100.0	✔	贴图 #11 (Falloff)
高光光泽	100.0	✔	无贴图
反射光泽	100.0	✔	无贴图
菲涅尔 IOR	100.0	✔	无贴图
各向异性	100.0	✔	无贴图
各异性旋转	100.0	✔	无贴图
折射	100.0	✔	无贴图
光泽	100.0	✔	无贴图
IOR	100.0	✔	无贴图
半透明	100.0	✔	无贴图
雾颜色	100.0	✔	无贴图
凹凸	8.0	✔	贴图 #10 (木地板.jpeg)
置换	100.0	✔	无贴图
透明度	100.0	✔	无贴图
环境		✔	无贴图

高手进阶：为绿植盆栽添加材质

通过本章内容的学习，相信读者对材质与贴图的相关应用有了一定的了解。下面通过为摆件模型添加材质来巩固本章所学知识，具体操作介绍如下。

步骤01 打开素材文件，如下左图所示。

步骤02 按M键打开“材质编辑器”，选择一个未使用的材质球，并将其转换为VRayMtl材质，设置漫反射颜色为255.255.255，设置反射颜色为15.15.15，设置高光光泽和反射光泽的值，并取消勾选“菲涅耳反射”复选框，来创建花瓶材质，如下右图所示。

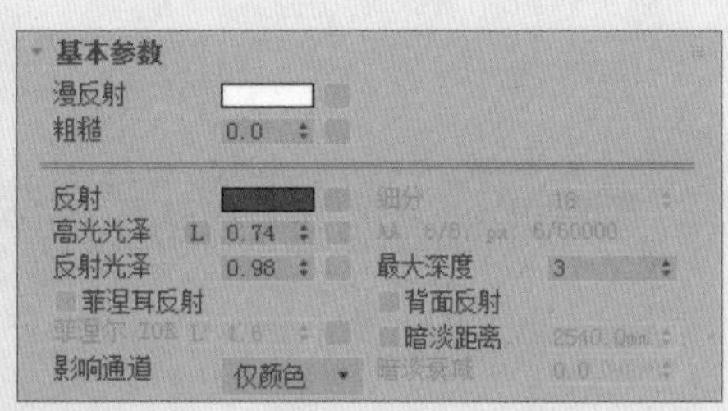

步骤03 创建好的花瓶材质球效果，如下左图所示。

步骤04 选择一个未使用的材质球，并将其转换为VRayMtl材质，设置反射颜色为10.10.10，设置反射光泽的值为0.6，为漫反射通道添加位图贴图，并取消勾选“菲涅耳反射”复选框，来创建绿植材质，如下右图所示。

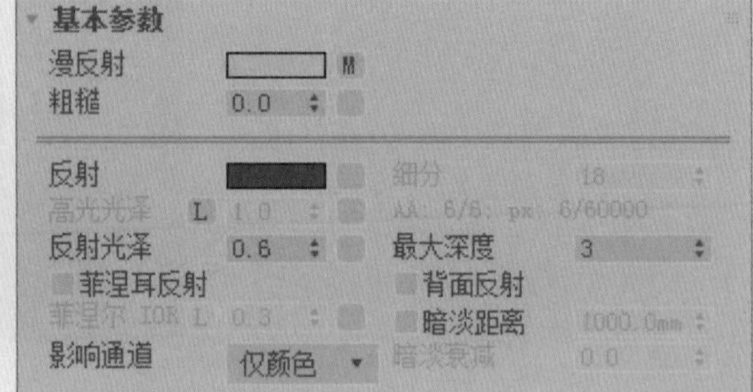

步骤05 为漫反射通道添加位图贴图，如下左图所示。

步骤06 在“贴图”卷展栏中为凹凸通道添加位图贴图，并设置凹凸值，如下右图所示。

贴图

漫反射	100.0	✔	ip #2 (20160120014130121319.jp
粗糙	100.0	✔	无贴图
自发光	100.0	✔	无贴图
反射	100.0	✔	无贴图
高光光泽	100.0	✔	无贴图
反射光泽	100.0	✔	无贴图
菲涅尔 IOR	100.0	✔	无贴图
各向异性	100.0	✔	无贴图
各异性旋转	100.0	✔	无贴图
折射	100.0	✔	无贴图
光泽	100.0	✔	无贴图
IOR	100.0	✔	无贴图
半透明	100.0	✔	无贴图
雾颜色	100.0	✔	无贴图
凹凸	80.0	✔	ip #3 (20160120014130121150.jp
置换	100.0	✔	无贴图
透明度	100.0	✔	无贴图
环境		✔	无贴图

步骤07 为凹凸通道所添加的位图贴图，如下左图所示。

步骤08 创建好的绿植材质球效果，如下右图所示。

步骤09 选择一个未使用的材质球，并将其转换为VRayMtl材质，设置漫反射和反射颜色，设置高光光泽和反射光泽的值，并取消勾选“菲涅耳反射”复选框，来创建书本材质，如下左图所示。

步骤10 其中，设置反射颜色为5.5.5，如下右图所示。

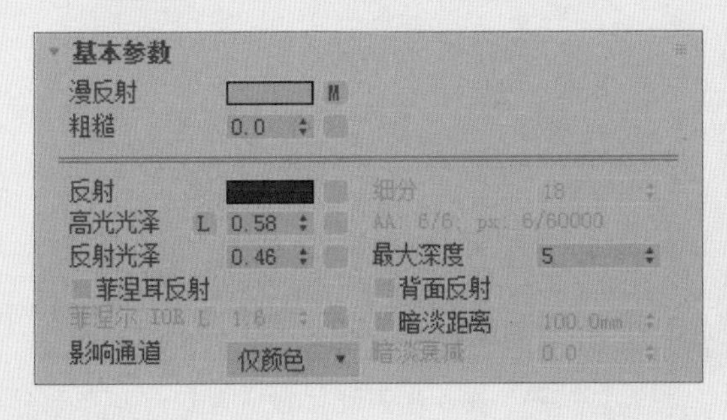

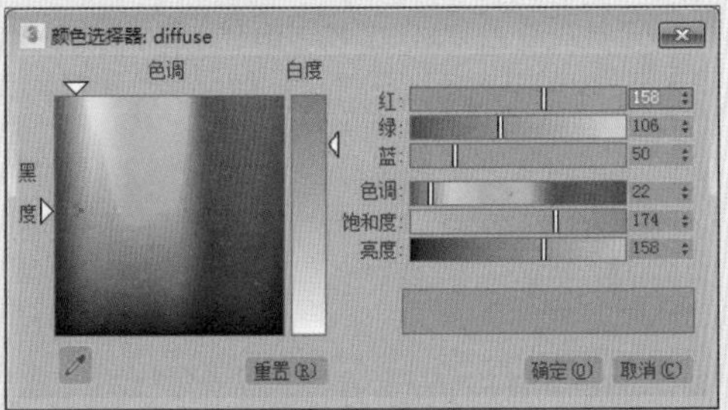

步骤11 为漫反射通道添加位图贴图，如下左图所示。

步骤12 创建好的书本材质球效果，如下右图所示。

步骤13 按照相同的方法创建其余书本材质，如下左图所示。

步骤14 将创建好的材质赋予模型并进行渲染，效果如下右图所示。

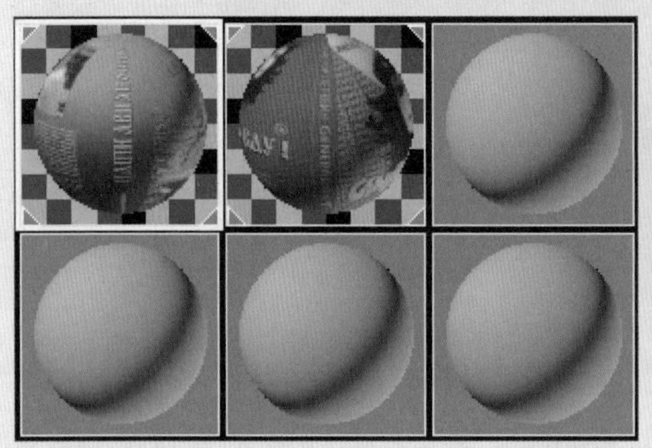

7 灯光技术

Chapter

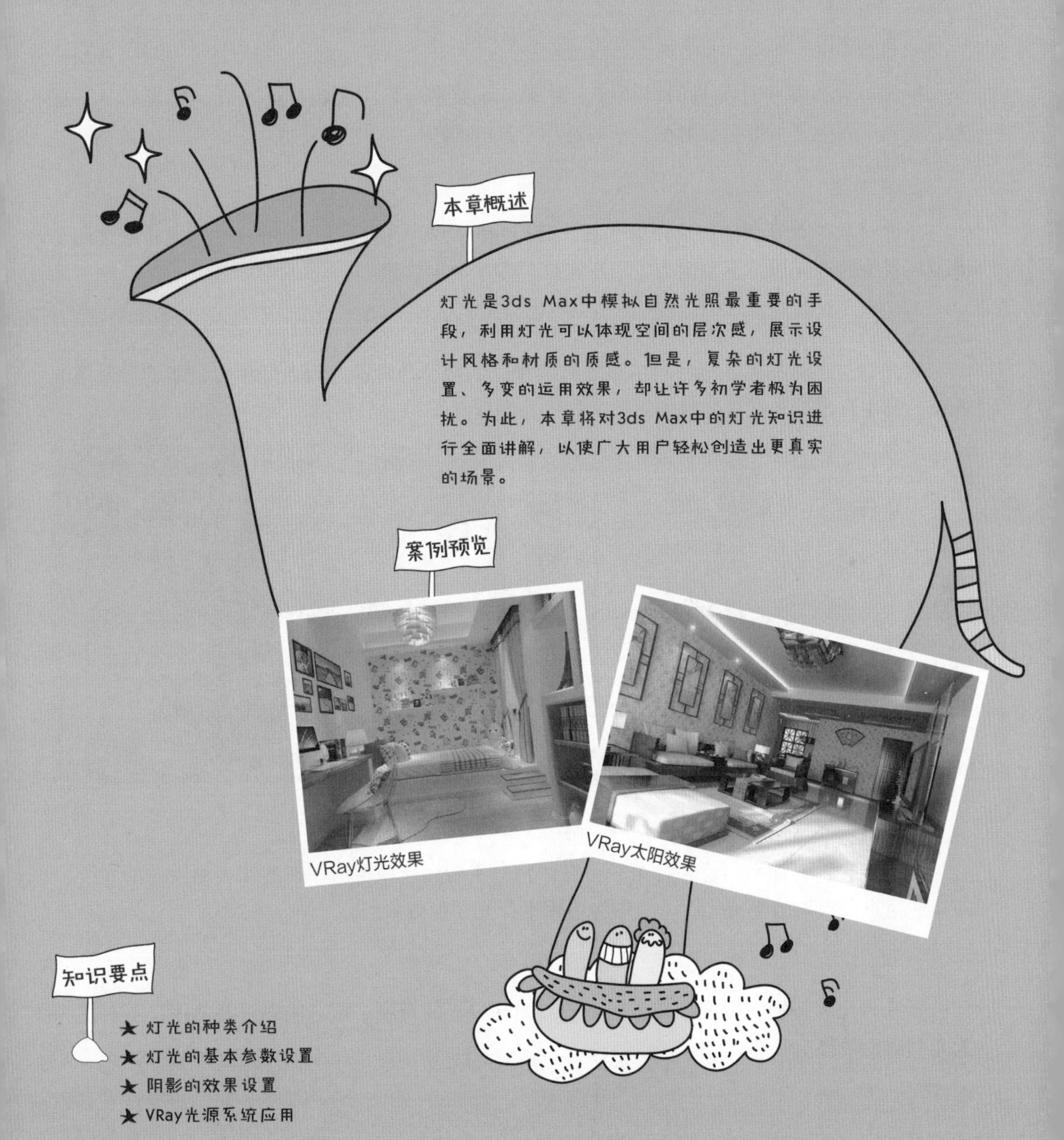

灯光是3ds Max中模拟自然光照最重要的手段，利用灯光可以体现空间的层次感，展示设计风格和材质的质感。但是，复杂的灯光设置、多变的运用效果，却让许多初学者极为困扰。为此，本章将对3ds Max中的灯光知识进行全面讲解，以使广大用户轻松创造出更真实的场景。

VRay灯光效果

VRay太阳效果

知识要点

- 灯光的种类介绍
- 灯光的基本参数设置
- 阴影的效果设置
- VRay光源系统应用

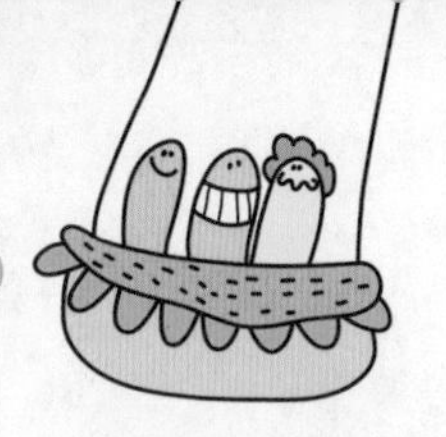

第1节 灯光的种类

3ds Max中的灯光可以模拟真实世界中的发光效果，如各种人工照明设备或太阳，也为场景中的几何体提供照明。3ds Max中的灯光可以分为标准灯光和光度学灯光两类。

7.1.1 标准灯光

标准灯光是基于计算机的模拟灯光对象，该类型灯光主要包括泛光灯、聚光灯、平行光、天光。因为其不带有辐射性，一般适用于3D动画中。

1. 泛光灯

泛光灯从单个光源向四周投射光线，其照明原理与室内白炽灯泡等一样，因此通常用于模拟场景中的点光源，下左图为应用泛光灯的基本照射效果。

2. 聚光灯

聚光灯包括目标聚光灯和自由聚光灯两种，但照明原理都与闪光灯相似，即投射聚集的光束。其中自由聚光灯没有目标对象，如下右图所示。

3. 平行光

平行光包括目标平行灯和自由平行灯两种，主要用于模拟太阳在地球表面投射的光线，即以一个方向投射的平行光，下左图为应用平行光照射效果。

4. 天光

天光是比较特别的标准灯光类型，可以建立日光的模型，配合光跟踪器使用，下右图为天光的应用效果。

7.1.2 光度学灯光

光度学灯光是一种使用光度学数值进行计算的灯光，通过使用光度学（光能）值，可以更精确地定义和控制灯光，用户可以通过光度学灯光创建具有真实世界中灯光规格的照明对象，而且可以导入照明制造商提供的特定光度学文件。利用光度学灯光，结合光域网的应用，通过光能传递渲染器的渲染，可以达到较为逼真的室内光影效果，这是室内效果图常用的一种表现灯光。

1. 目标灯光

3ds Max 2018将光度学灯光进行整合，将所有的目标光度学灯光合为一个对象，可以在该对象的卷展栏中选择不同的模板和类型，下左图为所有类型的目标灯光。下右图为目标灯光照射的效果。

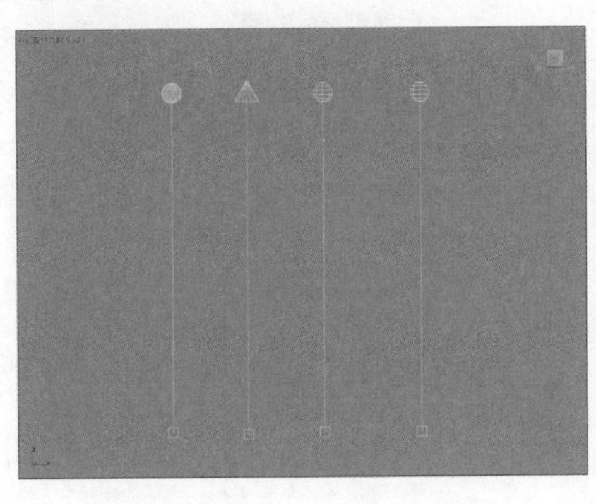

2. 自由灯光

自由灯光与目标灯光参数完全相同，只是没有目标点，如下左图所示。

3. 太阳定位器

太阳定位器是3ds Max 2018版本增加的一个灯光类型。通过设置太阳的距离、日期和时间、气候等参数模拟现实生活中真实的太阳光照，下右图为太阳定位器类型。

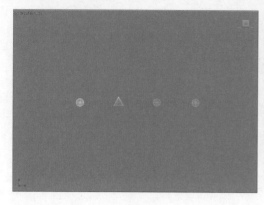

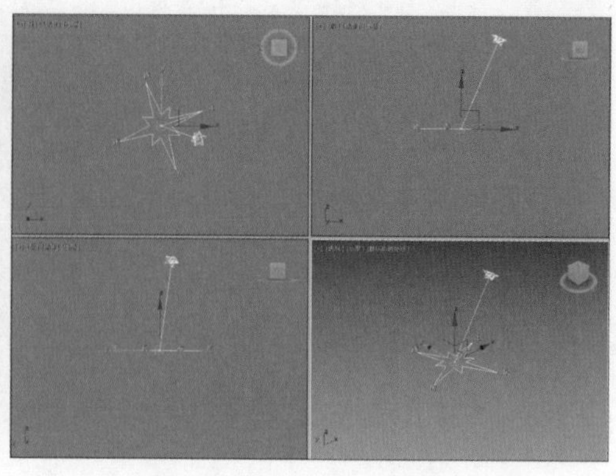

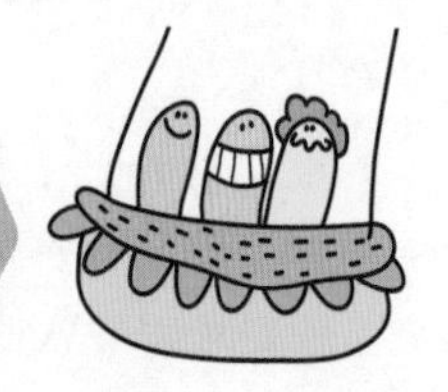

第2节 标准灯光的基本参数

当光线到达对象的表面时，对象表面将反射这些光线，这就是对象可见的基本原理。对象的外观取决于到达它的光线、对象材质的属性，以及灯光的强度、颜色、色温等属性，这些因素都会对对象的表面产生影响。

7.2.1 强度/颜色/衰减

在标准灯光的“强度/颜色/衰减”卷展栏中，可以对灯光的基本属性进行设置，右图为参数卷展栏。下面将对常用参数的含义进行介绍。

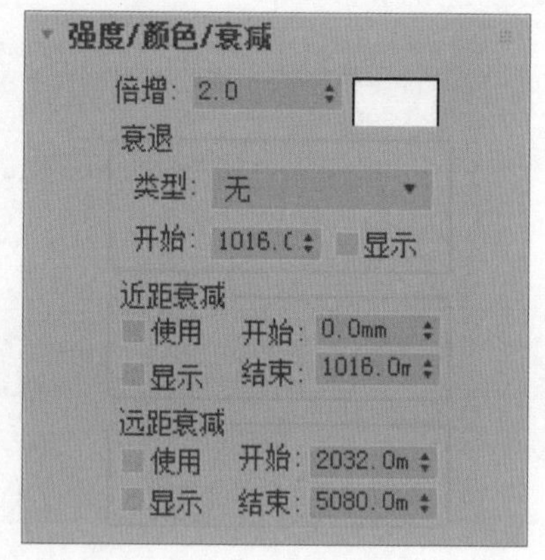

- 倍增：该参数可以将灯光功率放大一个正或负的量。单击右侧的色块，可以设置灯光发射光线的颜色。
- 衰退：该选项组提供了使远处灯光强度减小的方法，包括倒数和平方反比两种方法。
- 近距衰减：该选项组中提供了控制灯光强度淡入的参数。
- 远距衰减：该选项组中提供了控制灯光强度淡出的参数。

提示：解决灯光衰减的方法

设置灯光衰减时，距离灯光较近的对象可能过亮，距离灯光较远的对象表面可能过暗，这种情况可以通过不同的曝光方式解决。

7.2.2 区域阴影

所有类型的灯光都可以设置“区域阴影”的参数。创建区域阴影，需要设置“虚设”区域阴影的虚拟灯光尺寸。使用“区域阴影”后，会出现“区域阴影”参数卷展栏，在该参数卷展栏中可以选择产生阴影的灯光类型并设置阴影参数，如右图所示。

下面将对常用参数的含义进行介绍。

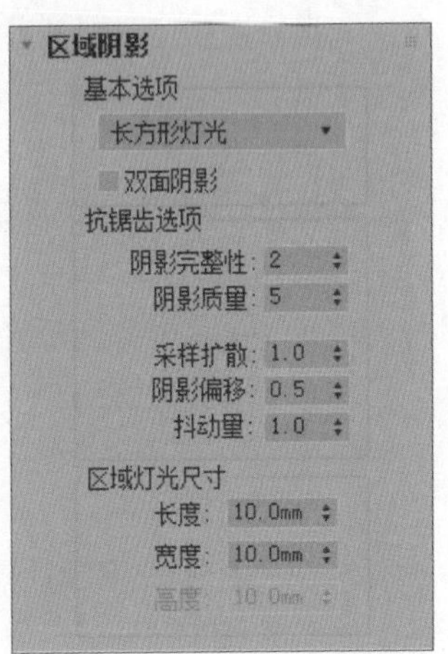

- 基本选项：在该选项组中可以选择生成区域阴影的方式，包括简单、矩形灯光、圆形灯光、长方形灯光、球形灯光等多种方式。
- 阴影完整性：用于设置在初始光束投射中的光线数。
- 阴影质量：用于设置在半影（柔化区域）区域中投射的光线总数。
- 采样扩散：设置模糊抗锯齿边缘的半径。
- 抖动量：用于向光线位置添加随机性。
- 区域灯光尺寸：该选项组中提供尺寸参数来计算区域阴影，该组参数并不影响实际的灯光对象。

7.2.3 阴影贴图

阴影贴图是最常用的阴影生成方式，能产生柔和的阴影，并且渲染速度快。不足之处是会占用大量的内存，并且不支持使用透明度或不透明度贴图的对象。

使用阴影贴图，灯光参数面板中会出现“阴影贴图参数”卷展栏，如下图所示。

下面将对常用参数的含义进行介绍。

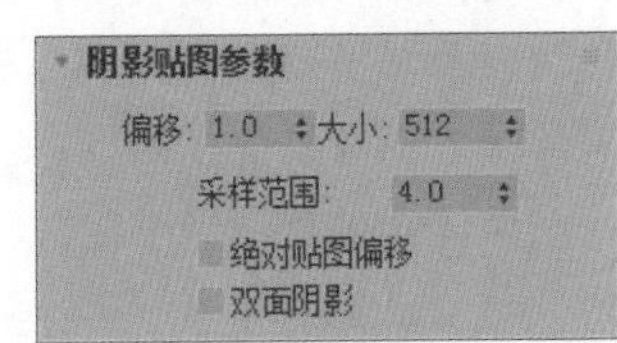

- 偏移：设置位图偏移面向或背离阴影投射对象移动阴影。
- 大小：设置用于计算灯光的阴影贴图大小。
- 采样范围：该参数影响柔和阴影边缘的程度，范围为0.01～50.0。
- 绝对贴图偏移：勾选该复选框，阴影贴图的偏移未标准化，以绝对方式计算阴影贴图偏移量。
- 双面阴影：勾选该复选框，计算阴影时背面将不被忽略。

7.2.4 VRay阴影

安装VRay渲染器插件以后，不仅增加了VRay自带的灯光，而且还增加了一个阴影类型，即VRayShadows。如果使用VRay渲染器，通常都会采用VRayShadows，它有很多的优点，不仅支持模糊（或面积）阴影，也可以正确地表现来自VRay的置换物体或者透明物体的阴影。

VRay阴影参数卷展栏如右图所示，下面对常用参数的含义进行介绍。

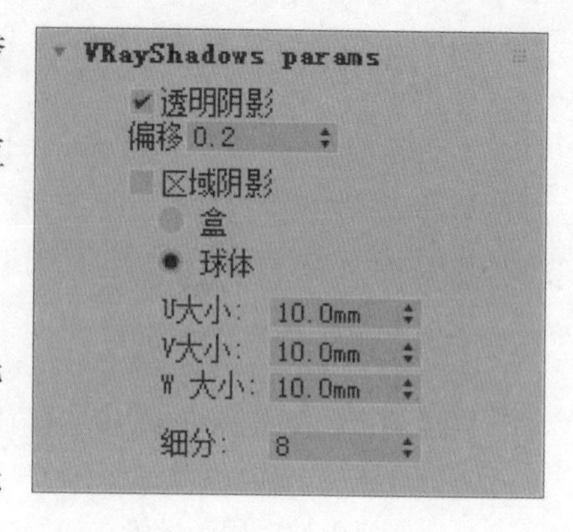

- 偏移：控制阴影向左或向右进行移动，偏移值越大，越影响到阴影的真实性。通常情况下，不修改该值。
- 区域阴影：控制是否作为区域阴影类型。
- 盒：当VRay计算阴影时，将其视作方体状的光源投射。
- 球体：当VRay计算阴影时，将其视作球状的光源投射。
- U大小：当VRay计算面积阴影时，表示VRay获得的光源的U向的尺寸（光源为球状则表示球的半径）。
- V大小：当VRay计算面积阴影时，表示VRay获得的光源V的尺寸（如果光源为球状则没有效果）。
- W大小：当VRay计算面积阴影时，表示VRay获得的光源W的尺寸（如果光源为球状则没有效果）。
- 细分：设置在某个特定点计算面积阴影效果时使用的样本数量，较高的取值将产生平滑的效果，但是会耗费更多的渲染时间。

7.2.5 光线跟踪阴影

使用“光线跟踪阴影”功能可以支持透明度和不透明度贴图，产生清晰的阴影，但该阴影类型渲染计算速度较慢，而且不支持柔和的阴影效果。

选择“光线跟踪阴影”选项后，参数面板中会出现相应的卷展栏，如下图所示。其中，常用参数的含义介绍如下。

- 光线偏移：用于设置光线跟踪偏移面向或背离阴影投射对象移动阴影的多少。
- 双面阴影：勾选该复选框，计算阴影时其背面将不被忽略。
- 最大四元树深度：该参数可调整四元树的深度。增大四元树深度值可以缩短光线跟踪时间，却要占用大量的内存空间。四元树是一种用于计算光线跟踪阴影的数据结构。

光线跟踪阴影参数
光线偏移: 0.2
双面阴影
最大四元树深度: 7

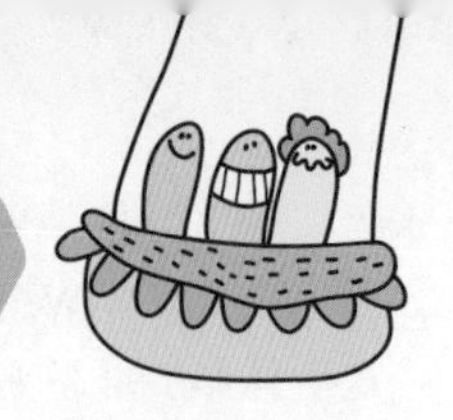

第3节 光度学灯光的基本参数

光度学灯光与标准灯光一样，强度、颜色等是最基本的属性，但光度学灯光还具有物理方面的参数，如灯光的分布、形状以及色温等。

7.3.1 灯光的分布方式

光度学灯光提供了4种不同的分布方式，用于描述光源发射光线方向。在“常规参数”卷展栏中可以选择不同的分布方式，如下左图所示。

（1）统一球形

“统一球形”分布可以在各个方向上均等地分布光线，下右图为等向分布的原理图。

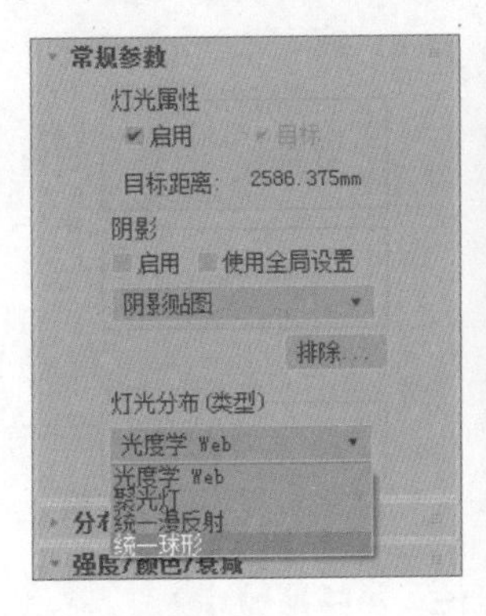

（2）统一漫反射

“统一漫反射”分布从曲面发射光线，以正确的角度保持曲面上的灯光强度最大。倾斜角越大，发射灯光的强度越弱，下左图为漫反射分布的原理图。

（3）聚光灯

“聚光灯”分布像闪光灯一样投影聚焦的光束，就像在剧院舞台或桅灯下的聚光区。灯光的光束角度控制光束的主强度，区域角度控制光在主光束之外的“散落”，下右图为聚光灯分布的原理图。

（4）光度学Web

“光度学Web”分布是以3D的形式表示灯光的强度，通过该方式可以调用光域网文件，产生异形的灯光强度分布效果，下左图为该模式原理图。

当选择“光度学Web”分布方式时，在相应的卷展栏中可以选择光域网文件并预览灯光的强度分布图，如下右图所示。

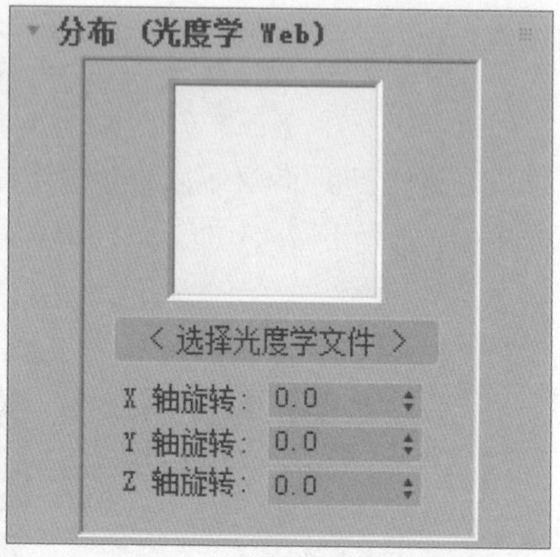

提示：了解光域网

光域网是灯光分布的三维表示，它将测角图表延伸至三维，以便同时检查垂直和水平角度上的发光强度。光域网以原点为中心的球体并等向分布的表示方式。图表中的所有点与中心是等距的，因此灯光在所有方向上都可均等地发光。

7.3.2 灯光的强度和颜色

在光度学灯光的“强度/颜色/衰减”卷展栏中，用户可以设置灯光的强度和颜色等基本参数，如右图所示。

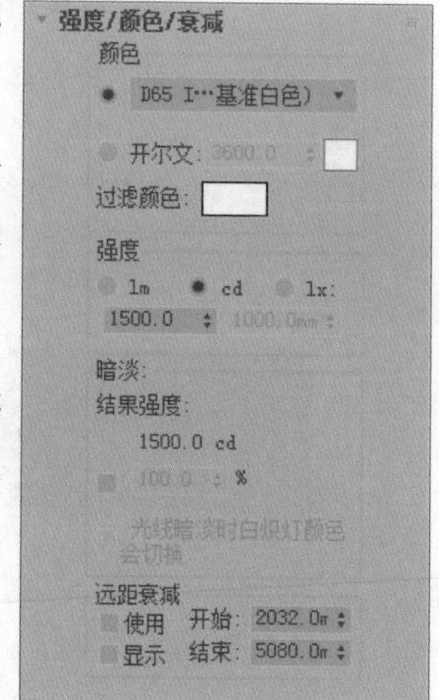

下面将对常用参数的含义进行介绍。

- 颜色：该选项组中提供了用于确定灯光的不同方式，可以使用过滤颜色，选择下拉列表中提供的灯具规格或通过色温控制灯光颜色。
- 强度：该选项组中提供了3个选项来控制灯光的强度。
- 暗淡：在保持强度的前提下，以百分比的方式控制灯光的强度。

7.3.3 灯光的形状

由于3ds Max将光度学灯光整合为目标灯光和自由灯光两种类型，光度学灯光的开关可以在任何目标灯光或自由灯光中进行自由切换。下图为“图形/区域阴影”卷展栏。

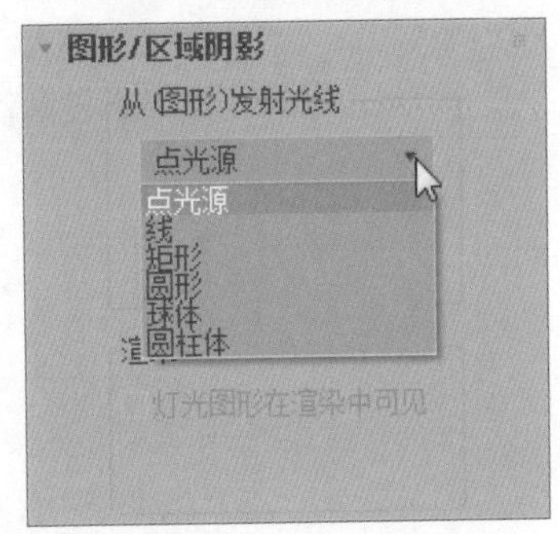

下面将对常用参数的含义进行介绍。

- 点光源：选择该形状，灯光像标准的泛光灯一样从几何体点发射光线。
- 线：灯光从直线发射光线，像荧光灯管一样。
- 矩形：灯光像天光一样从矩形区域发射光线。
- 圆形：灯光从类似圆盘状的对象表面发射光线。
- 球体：灯光从半径大小的球体表面发射光线。
- 圆柱体：灯光从柱体形状的表面发射光线。

第4节 VRay光源系统

VRay灯光是在安装了VRay渲染器以后才可以使用的灯光类型。VRay灯光区别于标准灯光，其操作更为简单、效果更加逼真，常用于效果图的制作，可以模拟出逼真的灯光效果。本节将对VRay灯光系统的应用进行详细介绍。

7.4.1 VRay灯光

VRay灯光是VRay渲染器自带的灯光之一，它的使用频率比较高。下左图是为场景模型创建VRay灯光，下右图是为VRay灯光渲染的效果。

在VRay灯光创建命令面板中，单击对应按钮并选择VRay灯光，即可进入参数卷展栏，如下图所示。下面将对常用参数的含义进行介绍。

- 类型：VRay提供平面、穹顶、球体、网格体4种灯光类型供用户选择。
- 倍增器：设置灯光颜色的倍增值。
- 颜色：设置灯光的颜色。
- 半长/半高：灯光长度和高度的一半。
- 双面：用来控制灯光的双面都产生照明效果（当灯光类型为片光时有效，其他灯光类型无效）。
- 不可见：该参数设置在最后的渲染效果中VRay的光源形状是否可见，如果取消勾选该复选框，光源将会被使用当前灯光颜色来渲染，否则是不可见的。
- 不衰减：在真实世界中，光线亮度会按照与光源的距离的平方的倒数的方式进行衰减。
- 天光入口：勾选该复选框，前面设置的颜色和倍增值都将被VRay忽略，代之以环境的相关参数设置。
- 存储发光图：当勾选该复选框时，如果计算GI的方式使用的是发光贴图方式，系统将会计算VRay灯光的光照效果，并将计算结果保存在发光贴图中。
- 影响漫反射：该选项决定灯光是否影响物体材质属性的漫反射。
- 影响镜面：该选项决定灯光是否影响物体材质属性的高光。
- 影响反射：该选项决定灯光是否影响物体材质属性的反射。

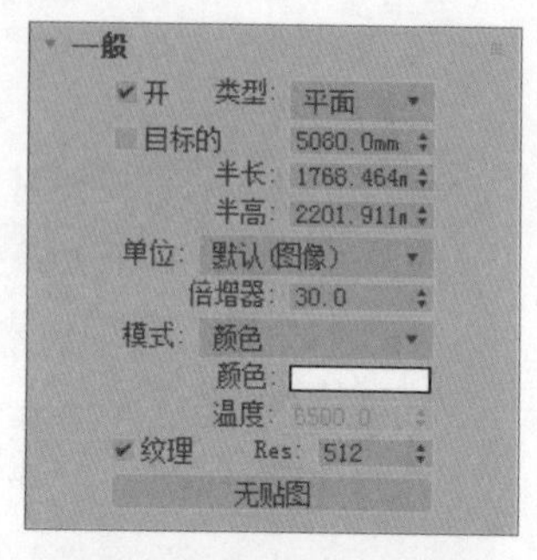

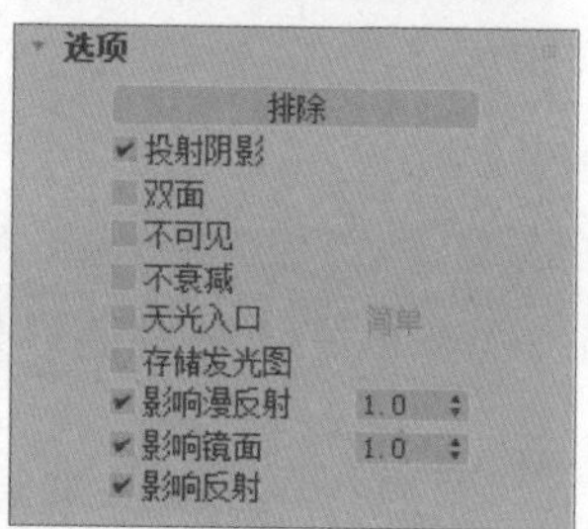

7.4.2 VRay太阳

VRay太阳主要用来模拟室外的太阳光照明，如下左图所示。在渲染室外建筑效果图时，在VRay里太阳光就像日常生活里光照一样，也有影子、反射。VRay太阳参数卷展栏如下中、右图所示。

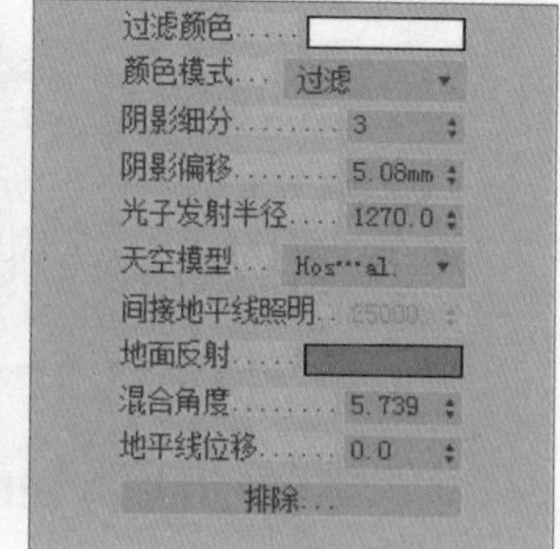

下面将对VRay太阳常用参数的含义进行介绍。

- 浑浊：主要控制大气的浑浊度，光线穿过浑浊的空气时，空气中的悬浮颗粒会使光线发生衍射。浑浊度越高表示大气中的悬浮颗粒越多，光线的传播就会减弱。
- 臭氧：模拟大气中的臭氧成分，它可以控制光线到达地面的数量，值越小表示臭氧越少，光线到达地面的数量越多。
- 强度倍增：可以控制太阳光的强度，数值越大表示阳光越强烈。
- 大小倍增：主要用来控制太阳的大小，该参数会对物体的阴影产生影响，较小的取值可以得到比较锐利的阴影效果。
- 阴影细分：主要用来控制阴影的采样质量，较小的取值会得到噪点比较多的阴影效果，数值越高阴影质量越好，但是会增加渲染的时间。
- 阴影偏移：主要用来控制对象和阴影之间的距离，值为1时表示不产生偏移，大于1时远离对象，小于1时接近对象。
- 光子发射半径：和“光子贴图”计算引擎有关。

7.4.3 VRayIES

VRayIES是一个V形射线光源的特定插件，效果如下图所示。它的灯光特性类似于光度学灯光，可以加载IES灯光，能使光的分布更加逼真，常用来模拟现实灯光的均匀分布。VRayIES参数卷展栏如右下图所示。

VRayIES 参数
启用
启用视口着色
显示分布
目标的
IES文件 无
旋转X 0.0
旋转Y 0.0
旋转Z 0.0
截止 0.001
阴影偏移 5.08mm
产生阴影
影响漫反射
漫反射参考 1.0
影响镜面
镜面参考 1.0
使用灯光形状 仅阴影
覆盖形状
形状
高度
宽度
长度
直径
形状细分 8
颜色模式 颜色
颜色
色温
强度类型 功率(lm)
强度值 1700.0
区域镜面
视口线框颜色
图标文本
排除...

下面将对常用参数的含义进行介绍。

- 启用视口着色：控制空气的清澈程度，其值设置为0-20，代表清晨到傍晚时候的太阳，10代表正午的太阳。
- 截止：控制灯光影响的结束值，当灯光由于衰减亮度低于设定的数字时，灯光效果将被忽略。
- 阴影偏移：控制物体与阴影的偏移距离，值越大，阴影越偏向光源。
- 产生阴影：用于控制灯光是否产生阴影投射效果。
- 使用灯光形状：用于控制阴影效果的处理，使阴影边缘虚化或者清晰。
- 形状细分：用于控制灯光及投影的效果品质。
- 颜色：利用“颜色”和“温度”设置灯光的颜色。
- 强度值：用于调整灯光的强度。

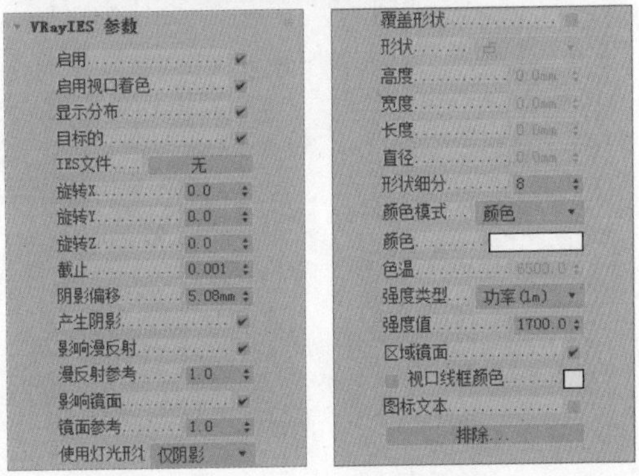

新手练习：为书房场景创建灯光

下面将根据本章所学知识，为书房场景创建灯光。在创建灯光时，需要考虑室外光源对室内环境的影响，协调光源，创建出更加真实的光源效果，具体操作介绍如下。

步骤01 打开素材文件，可以看到已经创建好模型、材质并打好摄影机，如下左图所示。

步骤02 在灯光创建命令面板中单击“VRay灯光”按钮，创建VRay灯光以创建书房灯带光源，如下右图所示。

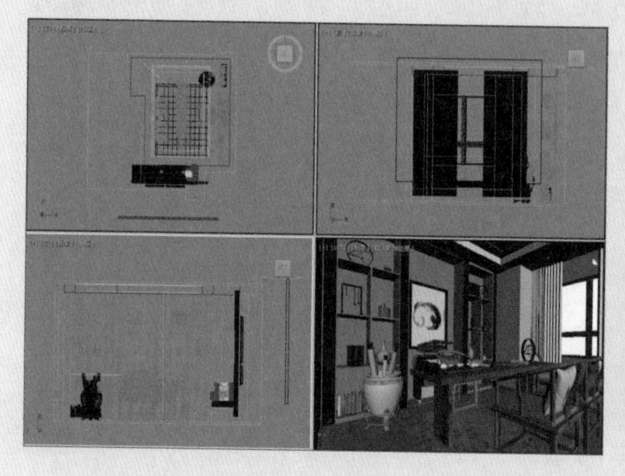

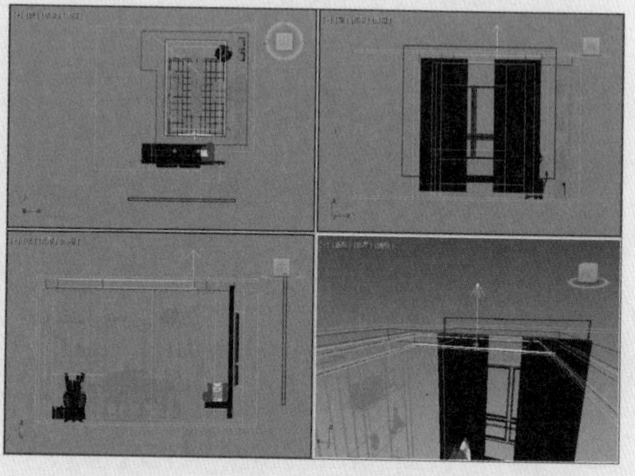

步骤03 设置VRay灯光的半长、半高的值以及倍增器和颜色等参数，如下左图所示。

步骤04 设置颜色参数，如下右图所示。

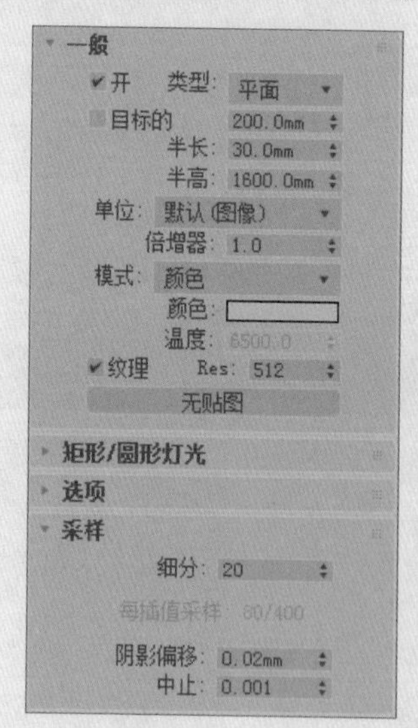

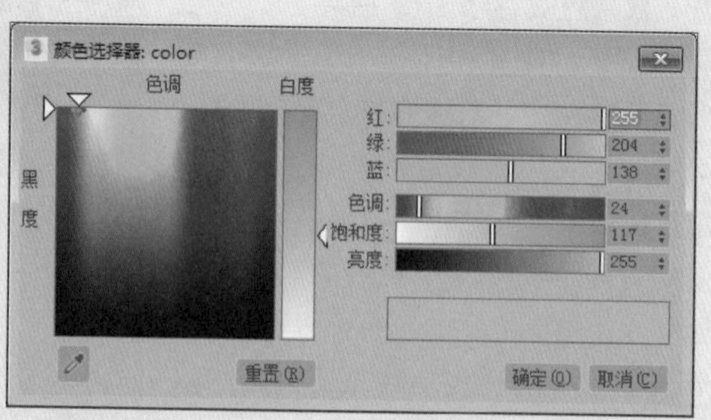

步骤05 将创建好的VRay灯光进行复制，并放在书房合适位置，如下左图所示。

步骤06 在灯光创建命令面板中单击“目标灯光”按钮，通过目标灯光创建射灯光源，如下右图所示。

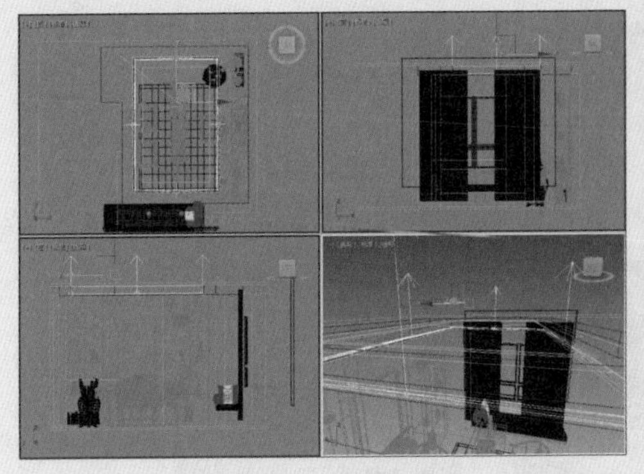

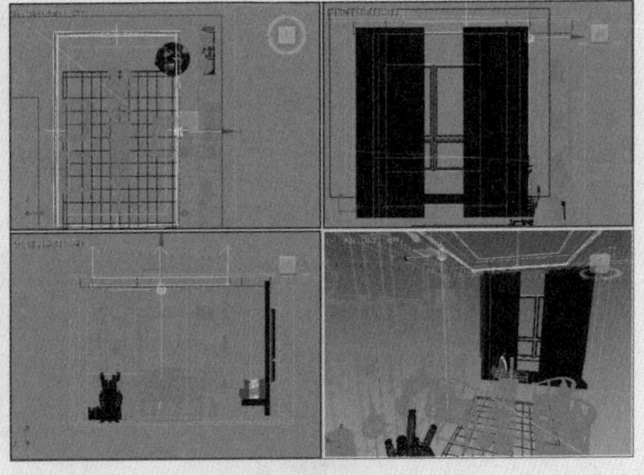

步骤07 设置阴影类型为VRay阴影，设置灯光分布类型为“光度学Web”，如下左图所示。

步骤08 在“强度/颜色/衰减”卷展栏中设置过滤颜色和强度等参数，如下右图所示。

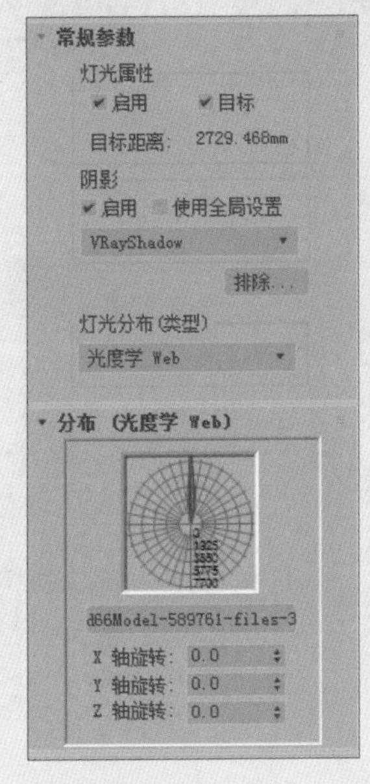

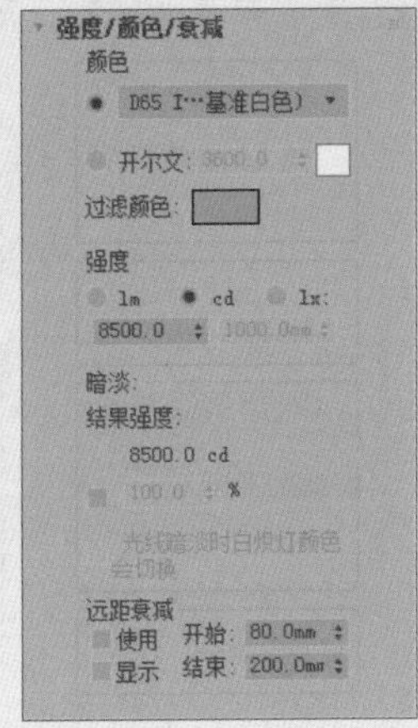

步骤09 设置好的过滤颜色参数，如下左图所示。

步骤10 将创建好的射灯光源进行复制，如下右图所示。

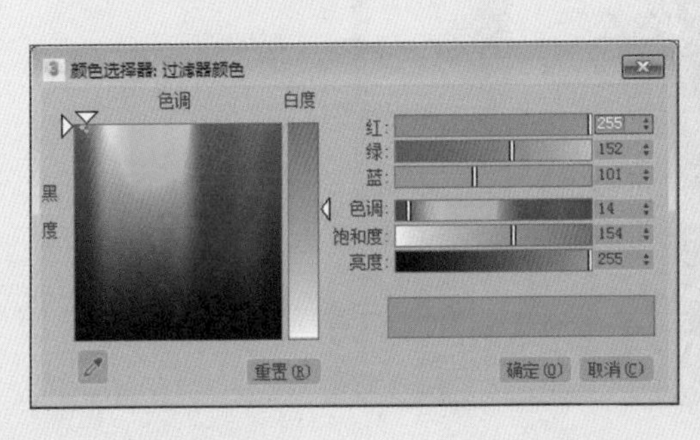

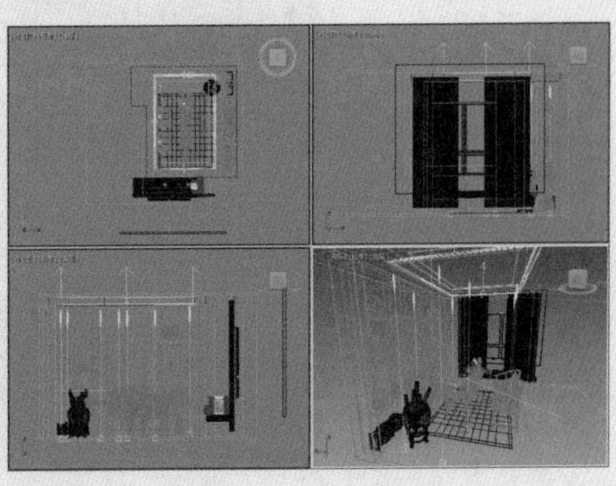

步骤11 单击“VRay灯光”按钮，创建VRay灯光作为辅助光源，如下左图所示。

步骤12 设置半长、半高的值以及倍增器和颜色等参数，如下右图所示。

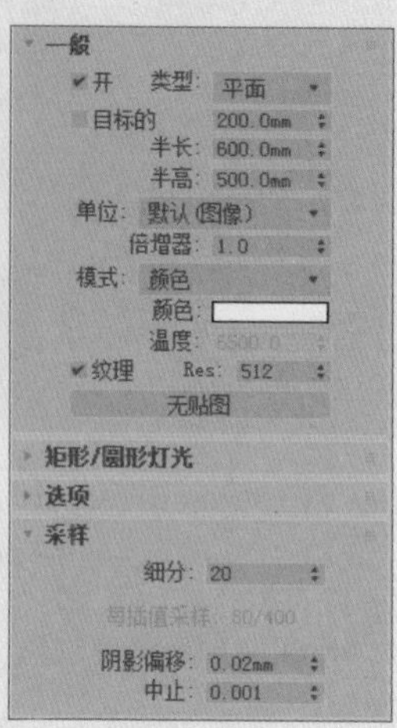

步骤13 设置的颜色参数，如下左图所示。

步骤14 按照相同的方法创建其他辅助光源，如下右图所示。

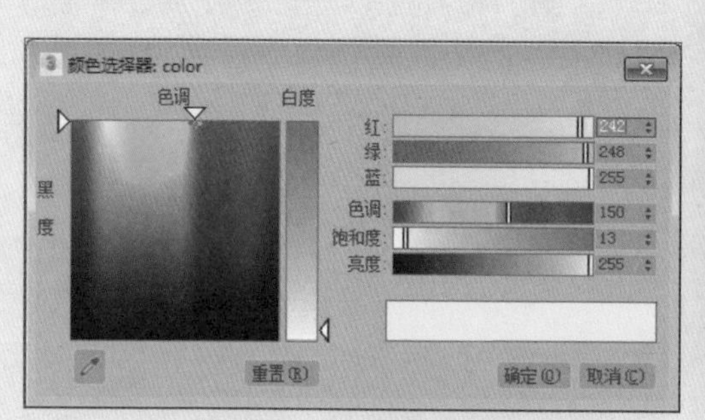

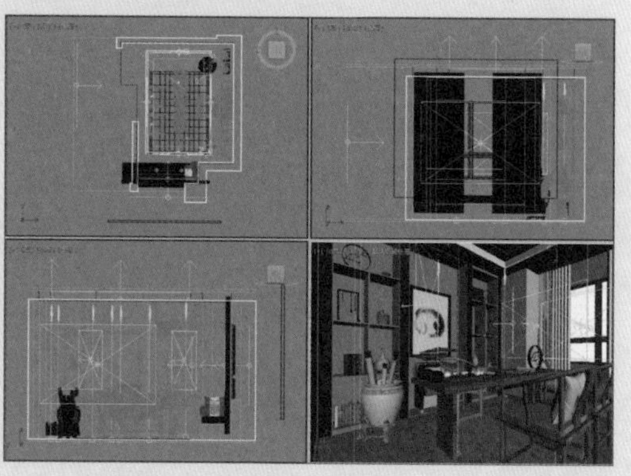

步骤15 对场景进行渲染，效果如下图所示。

高手进阶：为客厅场景创建灯光

通过本章内容的学习，相信读者对灯光的相关知识有了一定的了解。为了使读者更好地掌握本章所学知识，接下来将介绍如何为客厅场景创建灯光，具体操作介绍如下。

步骤01 打开图形文件，可以看到已经创建好模型、材质并打好摄影机，如下左图所示。

步骤02 在灯光创建命令面板中单击“VRay灯光”按钮，创建VRay灯光以创建客厅灯带光源，如下右图所示。

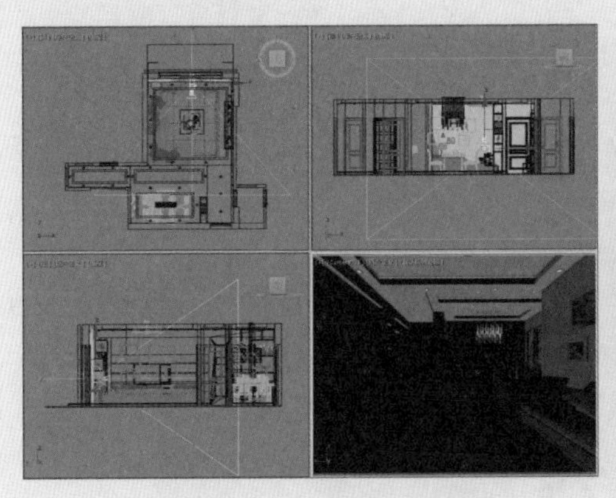

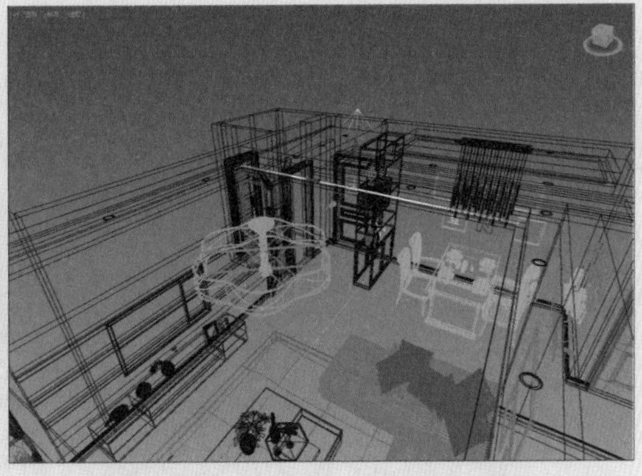

步骤03 设置VRay灯光的半长、半高的值以及倍增器和颜色等参数，如下左图所示。

步骤04 设置颜色的参数，如下右图所示。

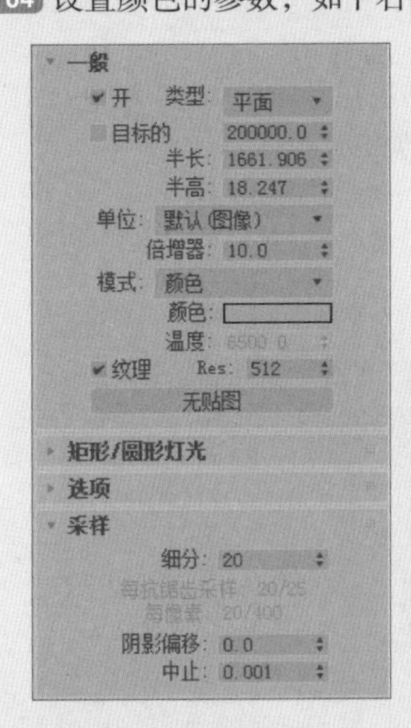

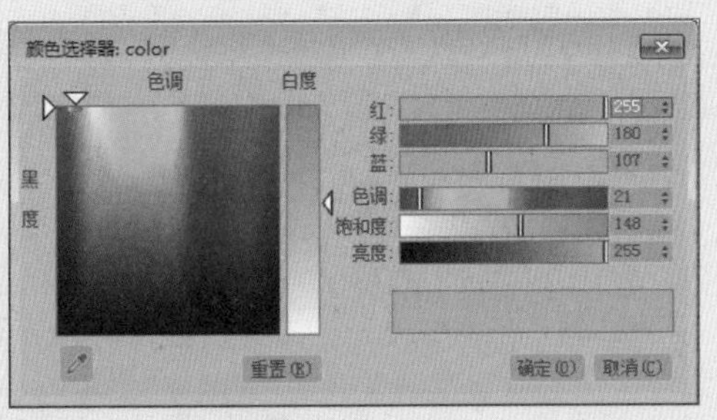

步骤05 将创建好的VRay灯光进行实例复制，并放在客厅合适位置，如下左图所示。

步骤06 复制灯带光源，放在走廊和餐厅合适位置，并调整半长和半高的值，其余参数保持不变，如下右图所示。

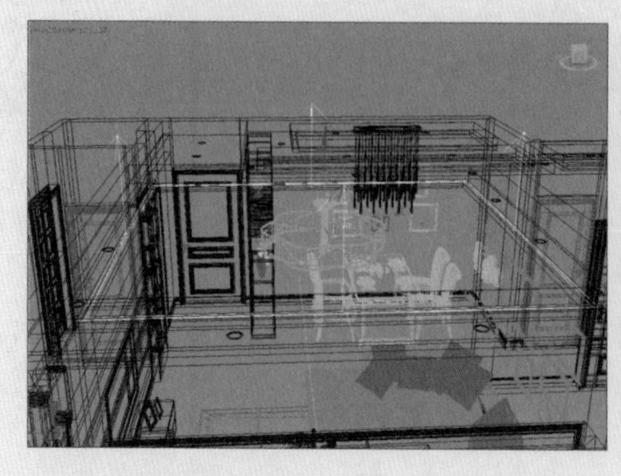

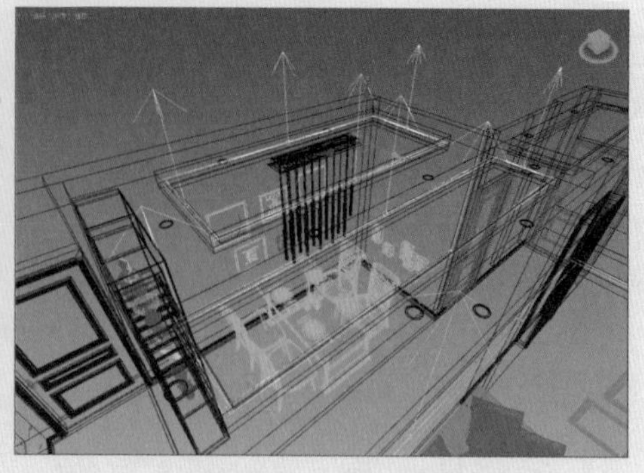

步骤07 在灯光创建命令面板中单击“自由灯光”按钮，创建自由光源，放在射灯的正下方，如下左图所示。

步骤08 设置阴影类型为VRay阴影，设置灯光分布类型为“光度学Web”，如下右图所示。

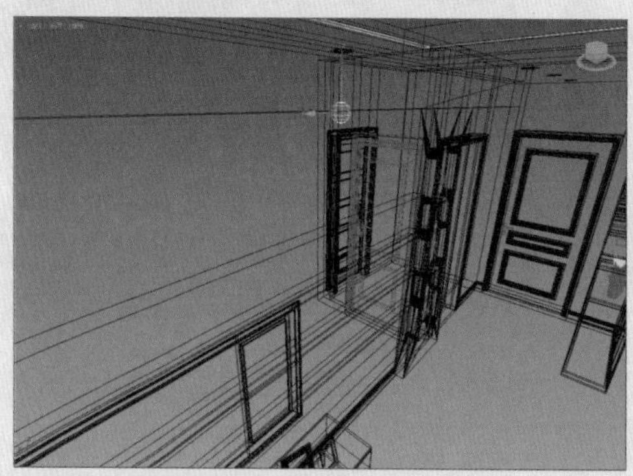

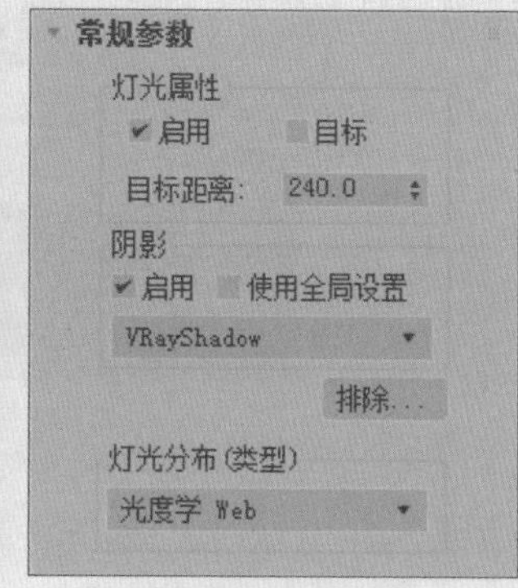

步骤09 在“分布（光度学Web）”卷展栏中单击“选择光度学文件”按钮，打开“打开光域Web文件”对话框，从中选择需要的光域网文件，如下左图所示。

步骤10 单击“打开”按钮，加载光域网文件，在“强度/颜色/衰减”卷展栏中设置过滤颜色和cd的强度值，如下右图所示。

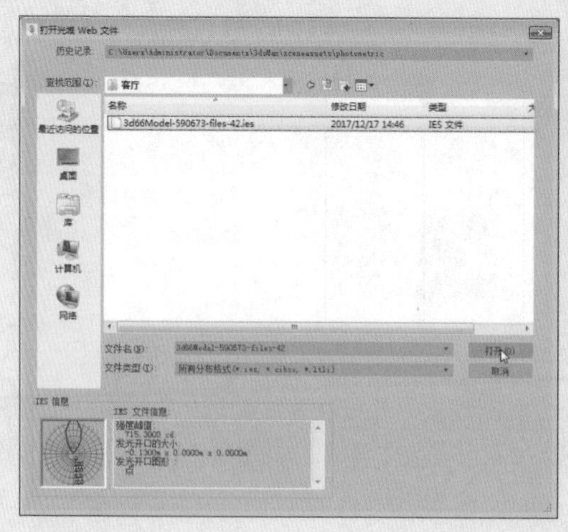

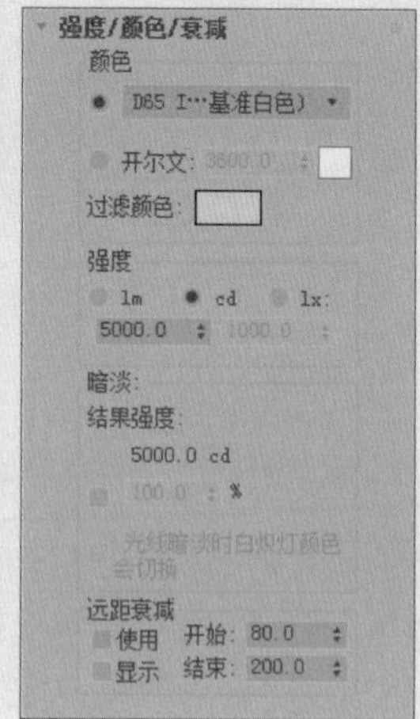

步骤 11 设置过滤颜色的参数，如下左图所示。

步骤 12 将创建好的射灯光源进行实例复制，如下右图所示。

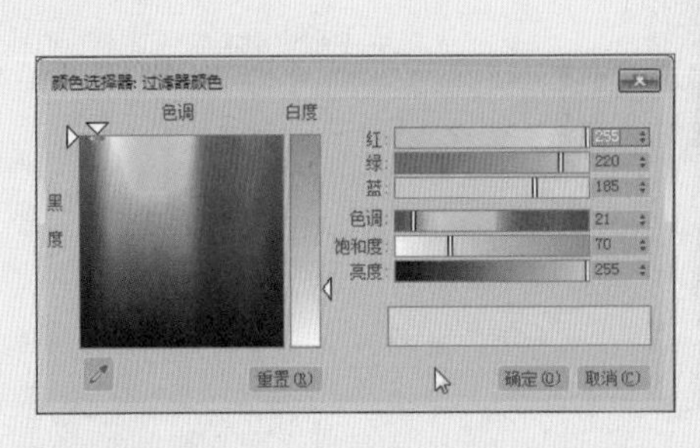

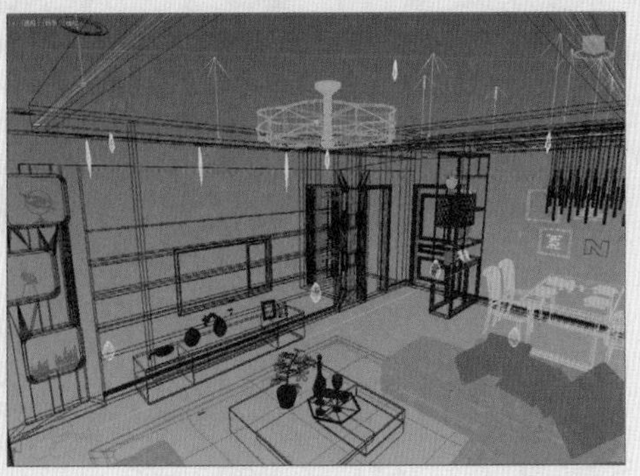

步骤 13 在客厅吊顶的正下方创建VRay平面灯光，如下左图所示。

步骤 14 设置半长、半高的值、倍增器和颜色等参数，如下中图所示。

步骤 15 设置颜色参数，如下右图所示。

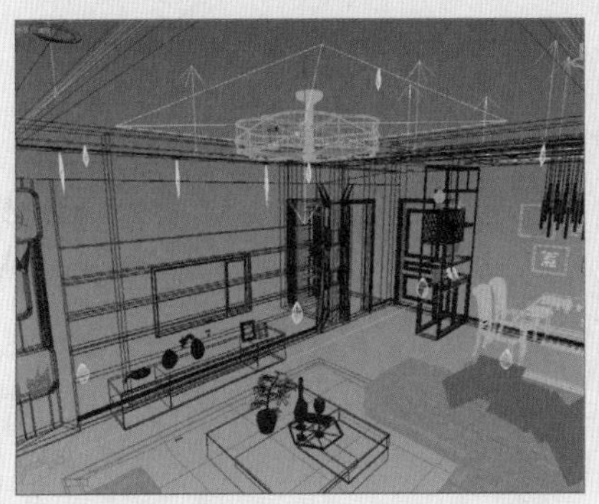

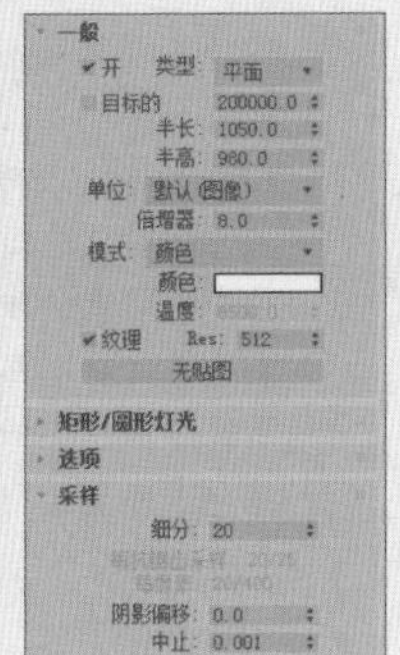

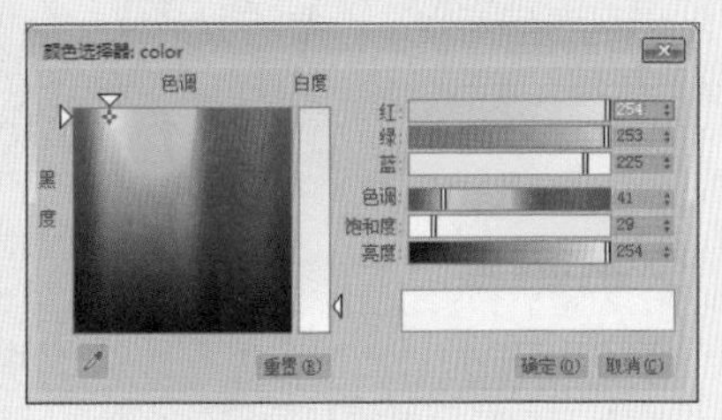

步骤 16 将创建好的客厅补灯光源进行复制，调整复制后的光源半长和半高的值，并放在走廊和餐厅合适位置，如下左图所示。

步骤 17 对场景进行渲染，效果如下右图所示。

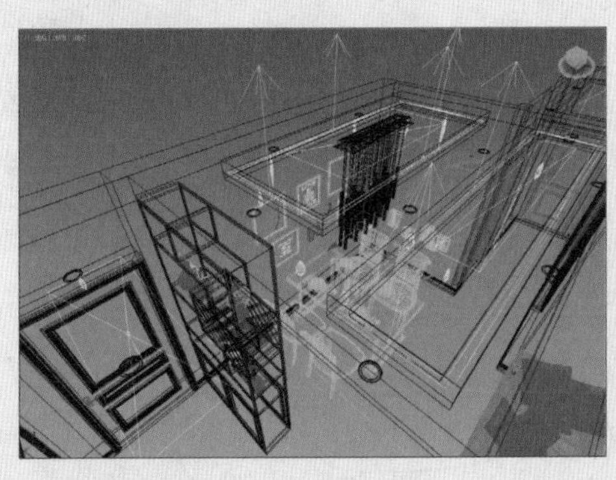

8 Chapter VRay渲染器的应用

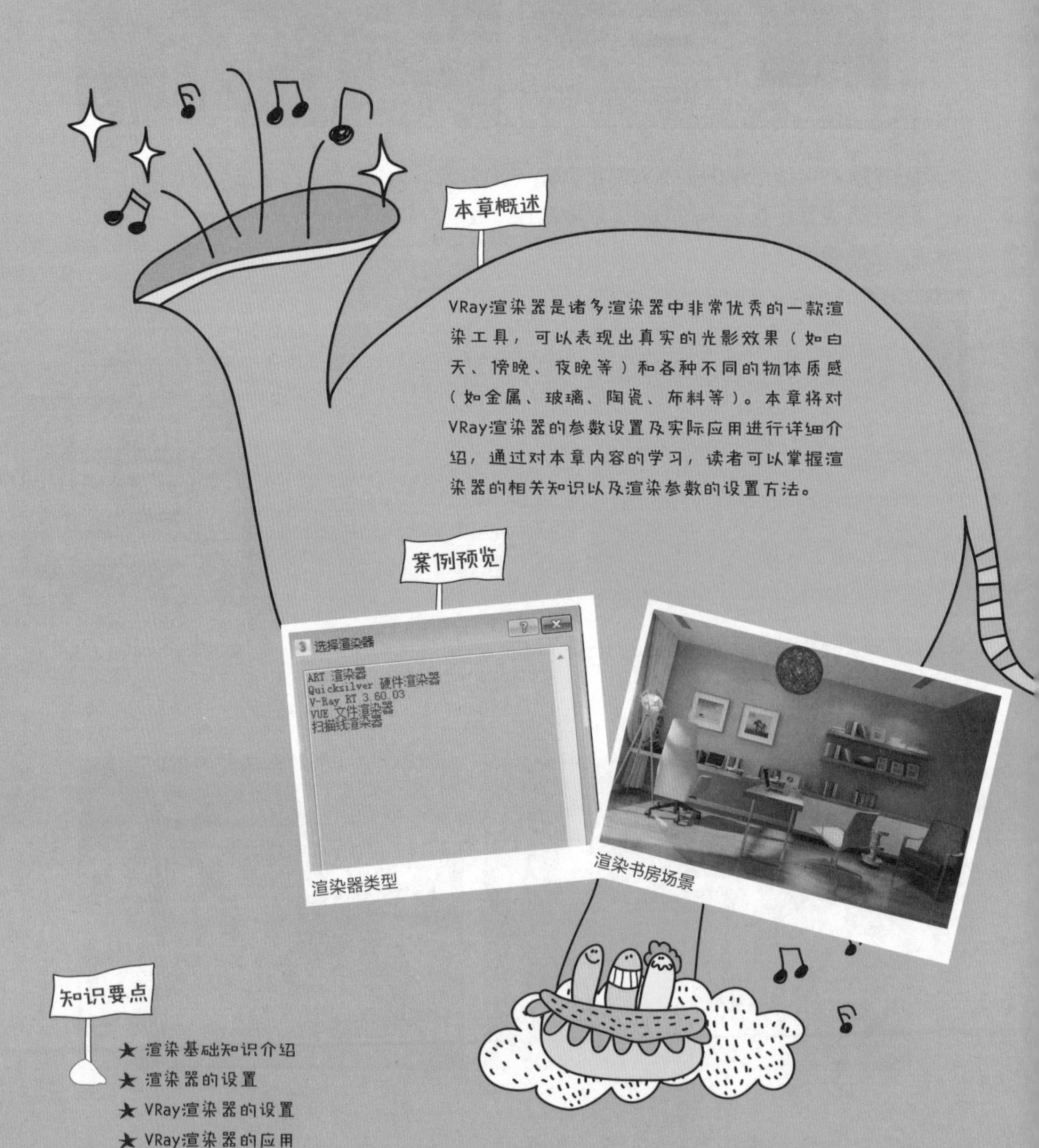

本章概述

VRay渲染器是诸多渲染器中非常优秀的一款渲染工具，可以表现出真实的光影效果（如白天、傍晚、夜晚等）和各种不同的物体质感（如金属、玻璃、陶瓷、布料等）。本章将对VRay渲染器的参数设置及实际应用进行详细介绍，通过对本章内容的学习，读者可以掌握渲染器的相关知识以及渲染参数的设置方法。

案例预览

渲染器类型

渲染书房场景

知识要点

★ 渲染基础知识介绍
★ 渲染器的设置
★ VRay渲染器的设置
★ VRay渲染器的应用

第1节 渲染基础知识

由于3ds Max三维设计软件对系统要求较高，无法实时预览，因此需要先进行渲染才能看到最终效果。可以说，渲染是效果图创建过程中最为重要的一个环节，下面将对渲染的相关基础知识进行介绍。

8.1.1 渲染器的类型

渲染器的类型很多，3ds Max 2018自带了4种渲染器，分别是ART渲染器、Qui cksilver硬件渲染器、VUE文件渲染器、默认扫描线渲染器，如下图所示。此外，用户还可以使用外置的渲染器插件，比如VRay渲染器等。下面将对各渲染器进行简单介绍。

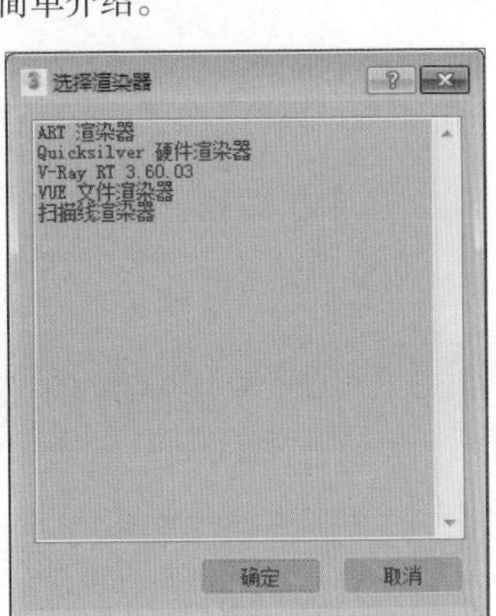

（1）ART渲染器

ART渲染器可以为任意的三维空间工程提供真实的基于硬件的灯光现实仿真技术，各部分独立，互不影响，实时预览功能强大，支持尺寸和dpi格式。

（2）Qui cksilver硬件渲染器

Qui cksilver硬件渲染器使用图形硬件生成渲染。Qui cksilver硬件渲染器的一个优点是它的速度。默认设置提供快速渲染。

（3）VUE文件渲染器

VUE文件渲染器可以创建VUE（.vue）文件。VUE文件使用可编辑ASCII格式。

（4）扫描线渲染器

扫描线渲染器是默认的渲染器，默认情况下，通过“渲染场景”对话框或者Video Post渲染场景时，可以使用扫描线渲染器。扫描线渲染器是一种多功能渲染器，可以将场景渲染为从上到下生成的一系列扫描线。默认扫描线渲染器的渲染速度是最快的，但是真实度一般。

（5）VRay渲染器

VRay渲染器是渲染效果相对比较优质的渲染器，将在本章的第2节重点讲解。

8.1.2 渲染器的设置

在默认情况下，执行渲染操作可渲染当前激活视口。若需要渲染场景中的某一部分，则可以使用3ds Max提供的各种渲染类型来实现。3ds Max 2018将渲染类型整合到了渲染场景对话框中，如右图所示。下面将对各渲染区域的含义进行介绍。

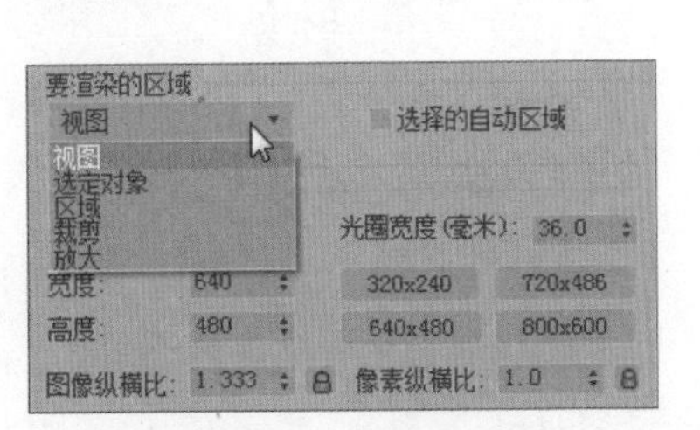

（1）视图

“视图”为默认的渲染类型，执行“渲染 > 渲染”命令，或单击工具栏上的“渲染产品”按钮，即可渲染当前激活视口。

（2）选定对象

在“要渲染的区域”选项组中，选择“选定对象”选项进行渲染，将仅渲染场景中被选择的几何体，渲染帧窗口的其他对象将保持完好。

（3）范围

选择“区域”选项，在渲染时，会在视口或渲染帧窗口上出现范围框，此时会仅渲染范围框内的场景对象。

（4）裁剪

选择“裁剪”选项，可通过调整范围框，将范围框内的场景对象渲染输出为指定的图像大小。

（5）放大

选择“放大”选项，可渲染活动视口内的区域并将其放大以填充渲染输出窗口。

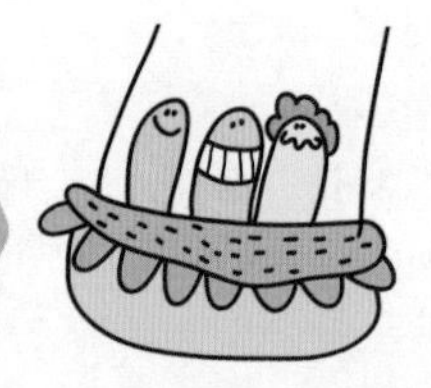

第2节 VRay渲染器

在使用VRay渲染器之前，我们需要按下3ds Max默认F10功能键来打开渲染参数卷展栏，在“指定渲染器”卷展栏中指定需要的渲染器，这里我们选择的是V-Ray Adv 3.60.03，单击“保存为默认设置”按钮将其保存为默认渲染器，如下图所示。

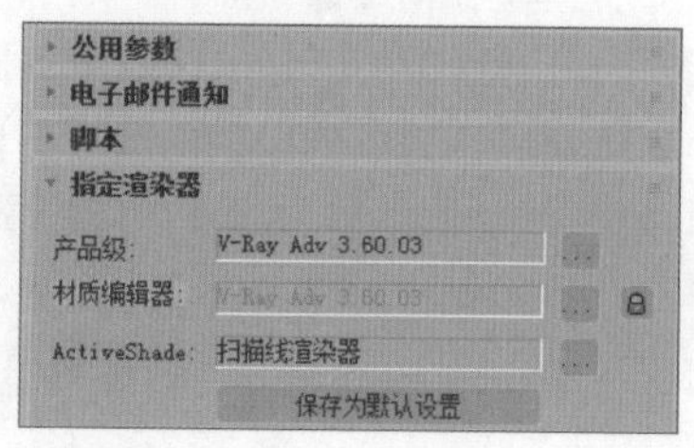

VRay渲染器参数包括公用、V-Ray、GI、设置和Render Elements（渲染元素）5个选项卡。下面将对这些参数选项进行介绍。VRay渲染器参数较多，用户应多加练习，为渲染奠定良好的基础。

8.2.1 “公用”选项卡

“公用”选项卡包含“公用参数”卷展栏、“电子邮件通知”卷展栏、“脚本”卷展栏以及“指定渲染器”卷展栏。下面将主要介绍“公用参数”卷展栏和“指定渲染器”卷展栏。

1. 公用参数

“公用参数”卷展栏用于设置所有渲染器的公用参数，其参数卷展栏如下图所示。下面将对常用参数的含义进行介绍。

- 单帧：仅当前帧。
- 要渲染的区域：包含视图、选定对象、区域、裁剪、放大。
- 选择的自动区域：该选项控制选择的自动渲染区域。
- 输出大小：在该下拉列表中可以选择标准的电影和视频分辨率以及纵横比。
- 光圈宽度（毫米）：指定用于创建渲染输出的摄影机光圈宽度。
- 宽度和高度：以像素为单位指定图像的宽度和高度。
- 预设分辨率按钮（320×240、640×480等）：单击对应的按钮选择预设分辨率。
- 图像纵横比：设置图像的纵横比。
- 像素纵横比：设置显示在其他设备上的像素纵横比。
- 大气、效果：勾选复选框后，渲染任何应用的大气效果，如体积雾。
- 效果：勾选复选框后，渲染任何应用的渲染效果，如模糊。
- 保存文件：启用此选项后，渲染时3ds Max会将渲染后的图像或动画保存到磁盘。

2. 指定渲染器

对于每个渲染类别，该卷展栏显示当前指定的渲染器名称和可以更改该指定的按钮。其参数卷展栏如下图所示，下面将对常用参数的含义进行介绍。

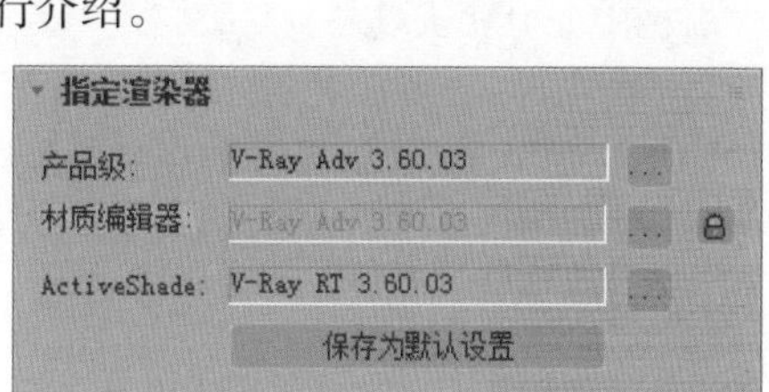

- 启用：启用该选项之后，启用脚本。
- 选择渲染器按钮：单击带有省略号的按钮，可更改渲染器指定。
- 产品级：选择渲染图形输出的渲染器。
- 材质编辑器：选择用于渲染“材质编辑器”中示例的渲染器。
- 锁定按钮：默认情况下，示例窗渲染器被锁定为与产品级渲染器相同的渲染器。
- ActiveShade：选择用于预览场景中照明和材质更改效果的ActiveShade渲染器。
- 保存为默认设置：单击该按钮，可将当前渲染器指定保存为默认设置，以便下次重新启动3ds Max时它们处于活动状态。

8.2.2 V-Ray选项卡

该选项卡包含了VRay的渲染参数，如帧缓冲、全局开关、图像采样（抗锯齿）、块图像采样器、环境、颜色贴图等，下面将介绍几个常用的卷展栏。

1. 帧缓冲

“帧缓冲”卷展栏下的参数可以代替3ds Max自身的帧缓冲窗口。这里可以设置渲染图像的大小，以及保存渲染图像等，其参数卷展栏，如下图所示。

下面将对常用参数的含义进行介绍。

- 启用内置帧缓冲区：可以使用VRay自身的渲染窗口。
- 内存帧缓冲区：勾选该复选框，可将图像渲染到内存，再由帧缓冲区窗口显示出来，可以方便用户观察渲染过程。
- 从MAX获取分辨率：当勾选该复选框时，将从3ds Max的“渲染设置”对话框的公用选项卡的“输出大小”选项组中获取渲染尺寸。
- 图像纵横比：控制渲染图像的长宽比。
- 宽度/高度：设置像素的宽度/高度。
- V-Ray Raw图像文件：控制是否将渲染后的文件保存到所指定的路径中。
- 保存RGB/Alpha：控制是否保存RGB色彩/Alpha通道。
- 按钮：单击该按钮，可以保存RGB和Alpha文件。

2. 全局开关

“全局开关”展卷栏的参数主要用来对场景中的灯光、材质、置换等进行全局设置，比如是否使用默认灯光、是否开启阴影、是否开启模糊等。3ds Max 2018版中的“全局开关”卷展栏中分为默认模式、高级模式、专家模式三种，默认为高级模式，如下图所示。

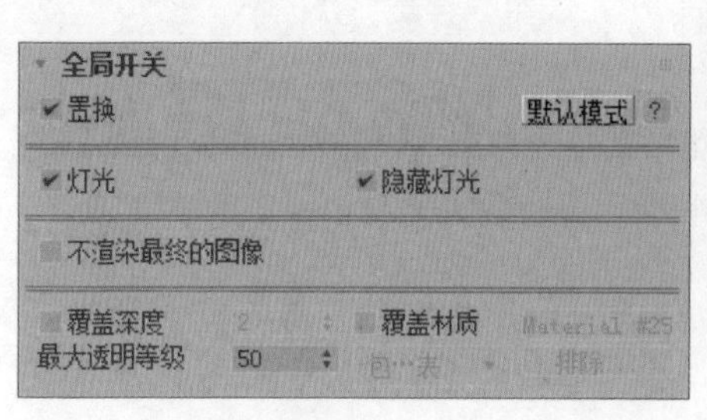

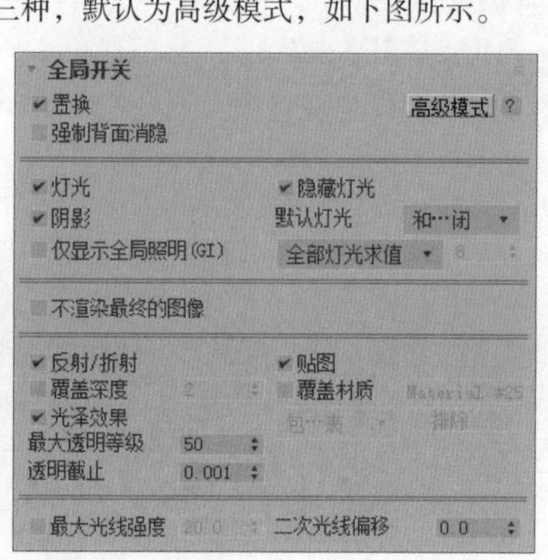

而专家模式面板是最全面的，如下图所示，下面将对常用参数的含义进行介绍。

- 置换：控制是否开启场景中的置换效果。
- 灯光：控制是否开启场景中的光照效果。当取消勾选该复选框时，场景中放置的灯光将不起作用。

- 隐藏灯光：控制场景是否让隐藏的灯光产生光照，对于调节场景中的光照非常方便。
- 阴影：控制场景是否产生阴影。
- 仅显示全局照明：当勾选该复选框时，场景渲染结果只显示全局照明的光照效果。
- 不渲染最终的图像：控制是否渲染最终图像。
- 反射/折射：控制是否开启场景中的材质的反射和折射效果。
- 光泽效果：是否开启反射或折射模糊效果。
- 最大透明等级：控制透明材质被光线追踪的最大深度。值越高，被光线追踪的深度越深，效果越好，但渲染速度会变慢。

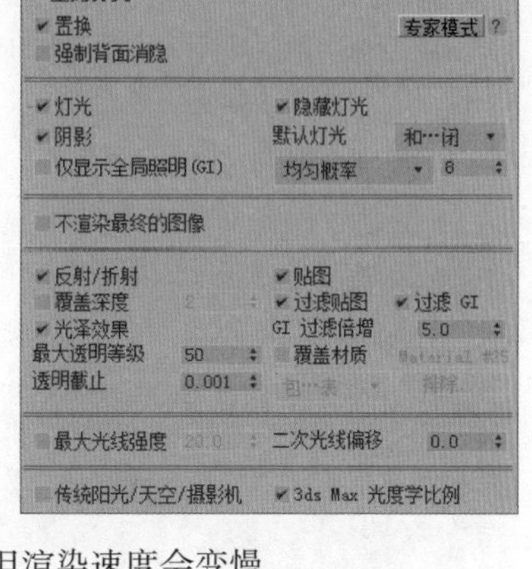

- 透明截止：控制VRay渲染器对透明材质的追踪终止值。
- 覆盖材质：当在后面的通道中设置了一个材质后，那么场景中所有的物体都将使用该材质进行渲染，这在测试阳光的方向时非常有用。

3. 块图像采样器

块图像采样器是一种高级抗锯齿采样器，其卷展栏如下图所示，下面将对常用参数的含义进行介绍。

- 最小细分：定义每个像素使用样本的最小数量。
- 最大细分：定义每个像素使用样本的最大数量。
- 噪波阈值：图像的最小判断值，当图像的判断达到设定的值以后，就停止对图像的判断。
- 渲染块宽度/高度：表示宽度/高度方向的渲染块的尺寸。

4. 环境

“环境”卷展栏分为GI环境、反射/折射环境、折射环境和二次无光环境4个选项组，如下左图所示。

（1）GI环境

- 开启：控制是否开启VRay的天光。
- 颜色：设置天光的颜色。
- 倍增：设置天光亮度的倍增，值越高，天光的亮度越高。

（2）反射/折射环境

- 开启：当勾选该复选框后，当前场景中的反射环境将由它来控制。
- 颜色：设置反射环境的颜色。
- 倍增：设置反射环境亮度的倍增，值越高，反射环境的亮度越高。

（3）折射环境

- 开启：当勾选该复选框后，当前场景中的折射环境由它来控制。

- 颜色：设置折射环境的颜色。
- 倍增：设置折射环境亮度的倍增，值越高，折射环境的亮度越高。

（4）二次无光环境

- 开启：当勾选该复选框后，当前场景中的无光对象的颜色和纹理由它来控制。
- 颜色：设置反射/折射中可见的无光对象的环境颜色。
- 倍增：设置反射/折射中可见的无光对象环境的亮度，值越高，反射/折射环境的亮度越高。

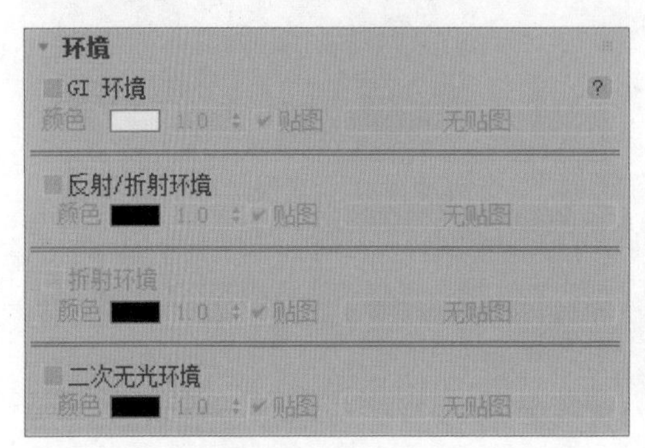

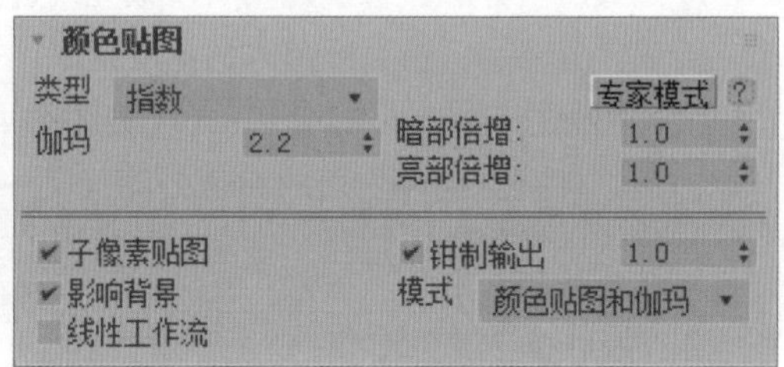

5. 颜色贴图

“颜色贴图”卷展栏的参数用来控制整个场景的色彩和曝光方式，下面仅以专家模式卷展栏进行介绍，其参数卷展栏如上右图所示。

下面将对常用选项的含义进行介绍。

- 类型：包括线性叠加、指数、HSV指数、强度指数、Gamma纠正、强度伽马、莱因哈德7种模式。
- 线性叠加：这种模式将基于最终色彩亮度来进行线性的叠加，容易产生曝光效果，不建议使用。
- 指数：这种曝光采用指数模式，可以降低靠近光源处表面的曝光效果，产生柔和效果。
- 强度指数：这种方式是对上面两种指数曝光的结合，既抑制曝光效果，又保持物体的饱和度。
- Gamma纠正：采用伽玛来修正场景中的灯光衰减和贴图色彩，其效果和线性倍增曝光模式类似。
- 莱因哈德：这种曝光方式可以把线性倍增和指数曝光混合起来。
- 子像素贴图：勾选该复选框后，物体的高光区与非高光区的界限处不会有明显的黑边。
- 影响背景：控制是否让曝光模式影响背景。当取消勾选该复选框时，背景不受曝光模式的影响。
- 线性工作流：该选项就是一种通过调整图像的灰度值，来使得图像得到线性化显示的技术流程。

8.2.3 GI选项卡

GI在VRay渲染器中被理解为间接光照，包括全局光照、发光贴图、灯光缓存、焦散4个卷展栏，下面对常用的卷展栏进行介绍。

1. 全局光照

在修改VRay渲染器时，首先要开启全局照明，这样才能出现真实的渲染效果。开启GI后，光线会在物体与物体间互相反弹，因此光线计算的会更准确，图像也更加真实，其卷展栏如右图所示。下面将对常用参数的含义进行介绍。

- 启用GI：勾选该复选框后，将开启GI效果。
- 首次引擎/二次引擎：VRay计算的光的方法是真实的，光线发射出来然后进行反弹，再进行反弹。
- 倍增：控制首次引擎和二次引擎光的倍增值。
- 饱和度：可以用来控制色溢，降低该数值可以降低色溢效果。
- 对比度：控制色彩的对比度。
- 对比度基数：控制饱和度和对比度的基数。
- 环境光吸收：该选项可以控制AO贴图的效果。
- 半径：控制环境阻光（AO）的半径。
- 细分：控制环境阻光（AO）的细分。

2. 发光贴图

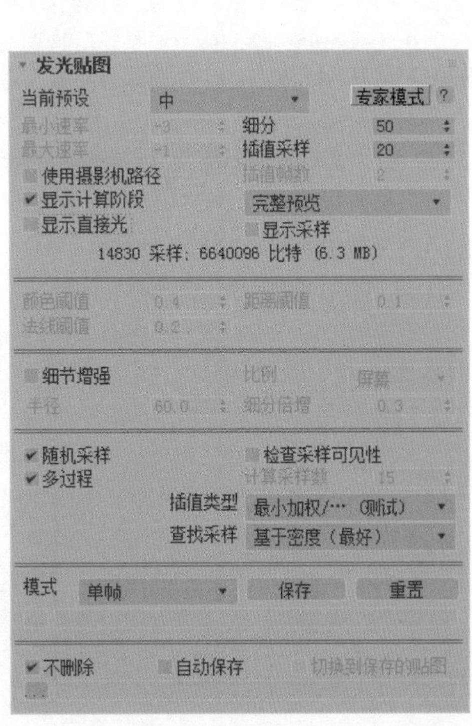

在VRay渲染器中，发光贴图是计算场景中物体的漫反射表面发光的时候采取的一种有效的方法。因此在计算GI的时候，并不是场景的每一个部分都需要同样的细节表现，它会自动判断在重要的部分进行更加准确地计算，而在不重要的部分进行粗略地计算。发光贴图是计算3D空间点的集合的GI光。发光图是一种常用的全局照明引擎，它只存在于首次反弹引擎中，其参数卷展栏，如右图所示。下面将对常用参数的含义进行介绍。

（1）基本参数

该选项组主要用来选择当前预设的类型及控制样本的数量、采样的分布等。

- 当前预设：设置发光图的预设类型，共有以下8种。
  - 非常低：这是一种非常低的精度模式，主要用于测试阶段。
  - 低：一种比较低的精度模式。
  - 中：是一种中级品质的预设模式
  - 中-动画：用于渲染动画效果，可以解决动画闪烁的问题。
  - 高：一种高精度模式，一般用在光子贴图中。
  - 高-动画：比中等品质效果更好的一种动画渲染预设模式。
  - 非常高：是预设模式中精度最高的一种，可以用来渲染高品质的效果图。
  - 最小/最大速率：主要控制场景中比较平坦面积比较大/细节比较多弯曲较大的面的质量受光。
- 细分：该数值越高，表现光线越多，精度也就越高，渲染的品质也越好。
- 插值采样：这个参数是对样本进行模糊处理，数值越大渲染越精细。
- 插值帧数：该数值控制插补的帧数。
- 使用摄影机路径：勾选该复选框将会使用相机的路径。
- 显示计算阶段：勾选复选框后，可看到渲染帧里的GI预计算过程，建议勾选。
- 显示采样：显示采样的分布以及分布的密度，帮助用户分析GI的精度够不够。

（2）选项

该选项组中的参数主要用于控制渲染过程的显示方式和样本是否可见。

- 颜色阈值：这个值主要是让渲染器分辨哪些是平坦区域，哪些不是平坦区域，它是按照颜色的灰度来区分的。值越小，对灰度的敏感度越高，区分能力越强。
- 法线阈值：这个值主要是让渲染器分辨哪些是交叉区域，哪些不是交叉区域，它是按照法线的方向来区分的。值越小，对法线方向的敏感度越高，区分能力越强。
- 距离阈值：这个值主要是让渲染器分辨哪些是弯曲表面区域，哪些不是弯曲表面区域，它是按照表面距离和表面弧度的比较来区分的。值越高，表示弯曲表面的样本越多，区分能力越强。

（3）细节增强

细节增强是使用高蒙特卡洛积分计算方式来单独计算场景物体的边线、角落等细节地方。这样就可以在平坦区域不需要很高的GI，总体上来说节约了渲染时间，并且提高了图像的品质。

- 细节增强：是否开启细部增强功能，勾选后细节非常精细，但是渲染速度非常慢。
- 比例：细分半径的单位依据，有屏幕和世界两个单位选项。屏幕是指用渲染图的最后尺寸来作为单位；世界是用3ds Max系统中的单位来定义的。
- 半径：半径值越大，使用细部增强功能的区域也就越大，渲染时间也越慢。
- 细分倍增：控制细部的细分，但是这个值和发光图里的细分有关系。值越低，细部就会产生杂点，渲染速度比较快；值越高，细部就可以避免产生杂点，同时渲染速度会变慢。

（4）高级选项

该选项组下的参数主要是对样本的相似点进行插值、查找。

- 随机采样：控制发光图的样本是否随机分配。
- 多过程：当勾选该复选框时，VRay会根据最大比率和最小比率进行多次计算。
- 检查采样可见性：在灯光通过比较薄的物体时，很有可能会产生漏光现象，勾选该复选框可以解决这个问题。
- 插值类型：VRay提供了4种样本插补方式，为发光图的样本的相似点进行插补。
- 查找采样：它主要控制哪些位置的采样点是适合用来作为基础插补的采样点。

（5）模式

该选项组中的参数主要是提供发光图的使用模式。

- 模式：一共有以下8种模式。
  - 单帧：一般用来渲染静帧图像。
  - 从文件：当渲染完光子以后，可以将其保存起来，这个选项就是调用保存的光子图进行动画计算。
  - 添加到当前贴图：当渲染完一个角度的时候，可以把摄影机转一个角度再全新计算新角度的光子，最后把这两次的光子叠加起来，这样的光子信息更丰富、更准确，同时也可以进行多次叠加。
  - 增量添加到当前贴图：这个模式和添加到当前贴图相似，只不过它不是全新计算新角度的光子，而是只对没有计算过的区域进行新的计算。
  - 动画（预处理）：适合动画预览，使用这种模式要预先保存好光子贴图。
  - 动画（渲染）：适合最终动画渲染，这种模式要预先保存好光子贴图。
  - 保存：单击该按钮将光子图保存到硬盘。
  - 重置：单击该按钮将光子图从内存中清除。
- 文件：设置光子图所保存的路径。
- 按钮：从硬盘中调用需要的光子图进行渲染。

（6）渲染结束时光子图处理

该选项组中的参数主要用于控制光子图在渲染完以后如何处理。

- 不删除：当光子渲染完以后，不把光子从内存中删掉。
- 自动保存：当光子渲染完以后，自动保存在硬盘中，单击按钮就可以选择保存位置。

3. 灯光缓存

灯光缓存与发光贴图比较相似，都是将最后的光发散到摄影机后得到最终图像。灯光缓存与发光贴图的光线路径是相反的，发光贴图的光线追踪方向是从光源发射到场景的模型中，最后再反弹到摄影机，而灯光缓存是从摄影机开始追踪光线到光源，摄影机追踪光线的数量就是灯光缓存的最后精度。其参数卷展栏如下图所示。下面将对常用参数的含义进行介绍。

（1）计算参数

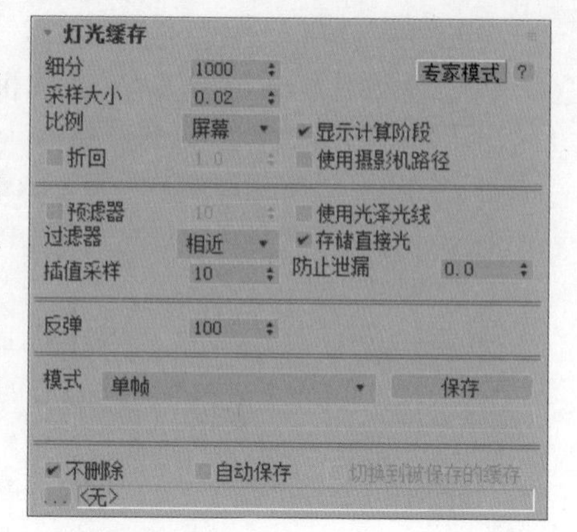

该选项组用于设置灯光缓存的基本参数，比如细分、采样大小、单位依据等。

- 细分：用来决定灯光缓存的样本数量。值越高，样本总量越多，渲染效果越好，渲染速度越慢。
- 采样大小：控制灯光缓存的样本大小，小的样本可以得到更多的细节，但是需要更多的样本。
- 比例：在效果图中使用“屏幕”选项，在动画中使用“世界”选项。
- 使用摄影机路径：勾选改复选框后将使用摄影机作为计算的路径。

（2）重建参数

该选项组主要是对灯光缓存样本以不同的方式进行模糊处理。

- 预滤器：当勾选该复选框后，可以对灯光缓存样本进行提前过滤，它主要是查找样本边界，然后对其进行模糊处理。该值越高，对样本进行模糊处理的程度越深。
- 使用光泽光线：是否使用平滑的灯光缓存，开启该功能后会使渲染效果更加平滑，但会影响到细节效果。
- 存储直接光：勾选该选项以后，灯光缓存将储存直接光照信息。当场景中有很多灯光时，使用这个选项会提高渲染速度。因为它已经把直接光照信息保存到灯光缓存中，在渲染出图的时候，不需要对直接光照再进行采样计算。
- 过滤器：该选项是在渲染最后成图时，对样本进行过滤，其下拉列表中共包含3个选项。
- 插值采样：这个参数是对样本进行模糊处理，较大的值可以得到比较模糊的效果，较小的值可以得到比较锐利的效果。

（3）反弹参数

该选项组可以控制反弹、自适应跟踪、仅使用方向的参数。

- 反弹：控制反弹的数量。

（4）模式

该选项组发光图中的光子图使用模式基本一致。

- 模式：设置光子图的使用模式，共有以下几种。
- 单帧：一般用来渲染静帧图像。
- 穿行：这个模式用在动画方面，它把第1帧到最后1帧的所有样本都融合在一起。
- 从文件：使用这种模式，VRay要导入一个预先渲染好的光子贴图，该功能只渲染光影追踪。
- 保存：将保存在内存中的光子贴图再次进行保存。
- ...按钮：从硬盘中浏览保存好的光子图。

(5) 在渲染结束后

该选项组主要用来控制光子图在渲染完以后如何处理。

- 不删除：当光子渲染完以后，不把光子从内存中删掉。
- 自动保存：当光子渲染完以后，自动保存在硬盘中，单击 浏览 按钮可以选择保存位置。
- 切换到被保存的缓存：当勾选该复选框后，系统会自动使用最新渲染的光子图来进行大图渲染。

8.2.4 “设置”选项卡

“设置”选项卡主要包括“默认置换”和“系统”两个卷展栏，下面对“系统”卷展栏下的主要参数进行介绍。该卷展栏下的参数不仅对渲染速度有影响，而且还会影响渲染的显示和提示功能，同时还可以完成联机渲染，其参数卷展栏，如下图所示。下面将对常用参数的含义进行介绍。

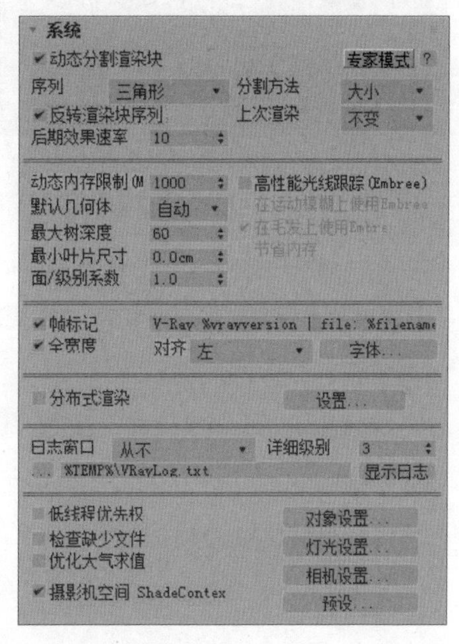

- 序列：控制渲染块的渲染顺序，包含以下6种方式，分别是从顶->底、左->右、棋盘、螺旋、三角形、稀耳伯特曲线。
- 分割方法：控制分割的方法。
- 动态内存限制：控制动态内存的总量。
- 默认几何体：控制内存的使用方式。
- 最大树深度：控制根节点的最大分支数量。较高的值会加快渲染速度，同时会占用较多的内存。
- 最小叶片尺寸：控制叶节点的最小尺寸，当达到叶节点尺寸以后，系统停止计算场景。
- 面/级别系数：控制一个节点中的最大三角面数量，当未超过临近点时计算速度快。
- 高性能光线跟踪：控制是否使用高性能光线跟踪。
- 帧标记：当勾选该复选框后，就可以显示水印。
- 全宽度：水印的最大宽度。当勾选该复选框后，它的宽度和渲染图像的宽度相当。
- 对齐：控制水印里的字体排列位置，包括左、中、右3个选项。

新手练习：渲染厨房模型

下面将根据本章所学知识，渲染厨房模型，具体操作介绍如下。

步骤01 打开模型文件，此时灯光、材质、摄影机等已经创建完毕，如下左图所示。

步骤02 在未设置渲染器的情况下渲染摄影机视口，效果如下右图所示。

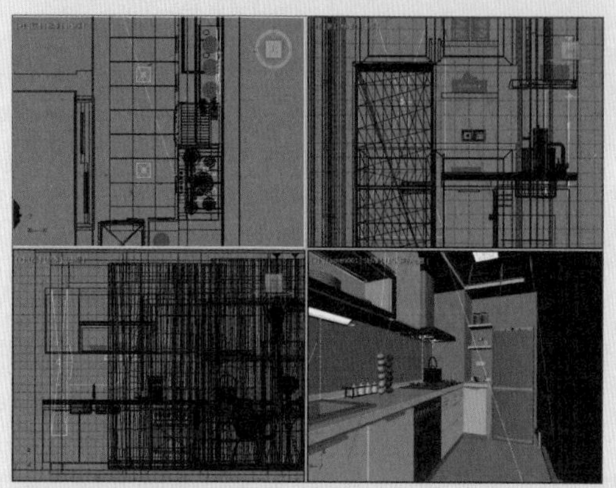

步骤03 执行“渲染>渲染设置”命令，打开“渲染设置”对话框，在V-Ray选项卡中打开“帧缓冲”卷展栏，取消勾选“启用内置帧缓冲区”复选框，如下左图所示。

步骤04 在“图像采样（抗锯齿）”卷展栏中设置抗锯齿类型为“块”；在“图像过滤”卷展栏中取消勾选“图像过滤器”复选框，如下右图所示。

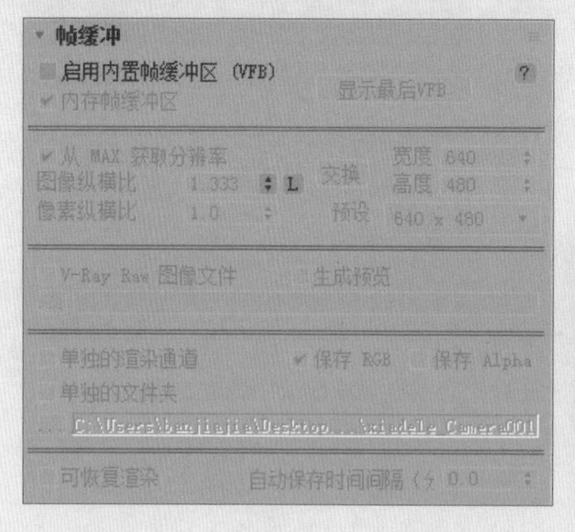

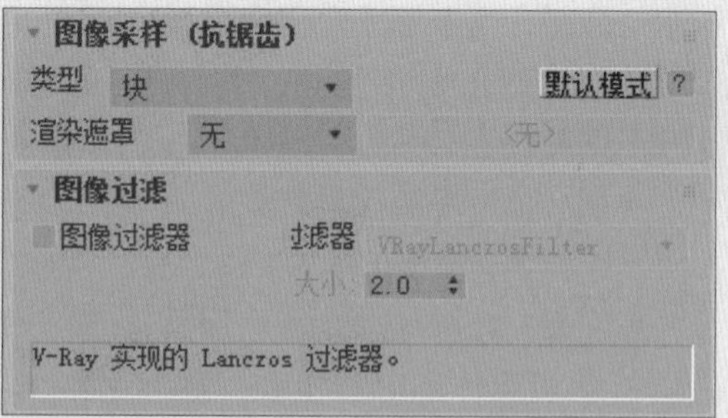

步骤05 在“颜色贴图”卷展栏中设置类型为“指数”，如下左图所示。

步骤06 在“全局光照”卷展栏中设置首次引擎为“发光贴图”；在“发光贴图”卷展栏中设置当前预设为“非常低”，设置细分值为20，如下右图所示。

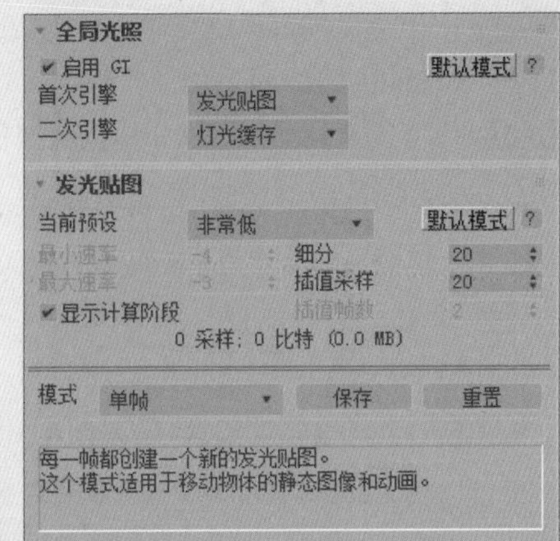

步骤07 在“灯光缓存”卷展栏中设置细分值为200，如下左图所示。

步骤08 渲染摄影机视图，效果如下右图所示。

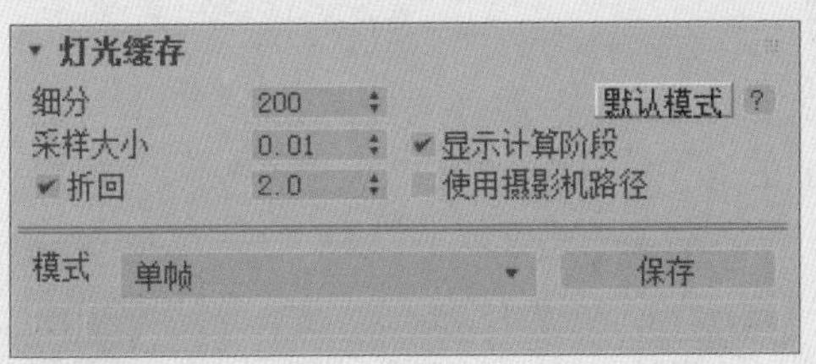

步骤09 在“公用参数”卷展栏中设置出图大小，如下左图所示。

步骤10 在“图像采样（抗锯齿）”卷展栏中设置抗锯齿类型为“渐进”，在“图像过滤”卷展栏中勾选“图像过滤器”复选框，设置过滤器类型，如下右图所示。

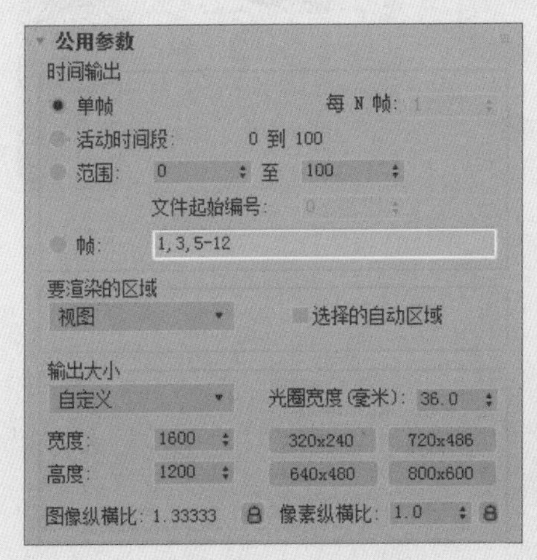

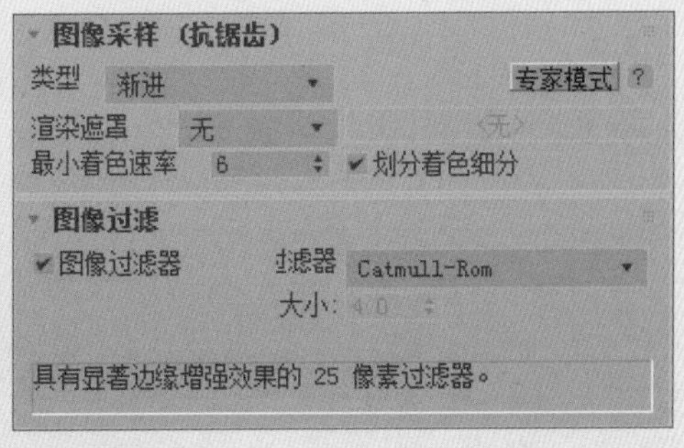

步骤11 在“全局DMC”卷展栏的高级模式中勾选“使用局部细分”复选框，设置自适应数量为0.75，如下左图所示。

步骤12 在“发光贴图”卷展栏中设置当前预设为“高”、细分和插值采样值均为50；在“灯光缓存”卷展栏中设置细分值为1200，如下右图所示。

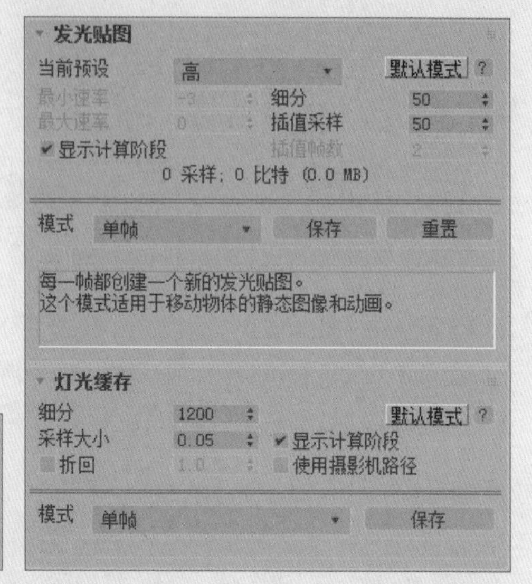

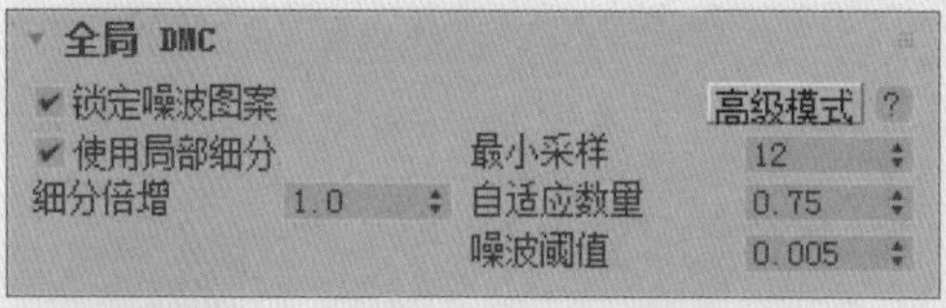

步骤13 在“系统”卷展栏中设置序列方式为“顶->底”，如下左图所示。

步骤14 渲染摄影机视图，效果如下右图所示。

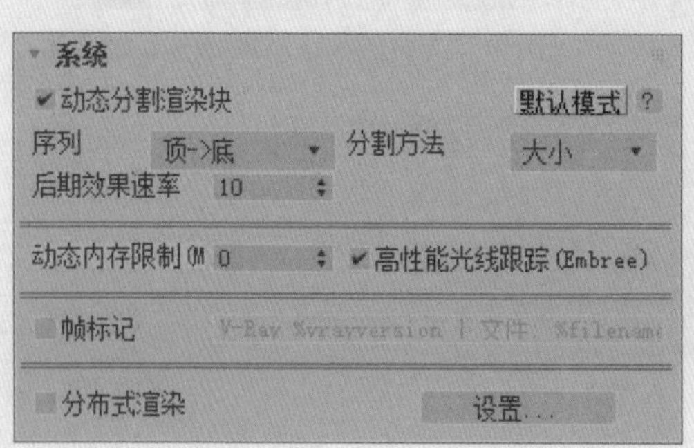

高手进阶：渲染书房模型

本章中概念和理论方面的知识较多，读者可以通过案例多加练习，将理论和实际联系起来，真正掌握参数的含义。这里以书房场景为例介绍渲染器的使用，具体操作介绍如下。

步骤 01 打开模型文件，在此灯光、材质、摄影机等已经创建完毕，如下左图所示。

步骤 02 在未设置渲染器的情况下渲染摄影机视口，效果如下右图所示。

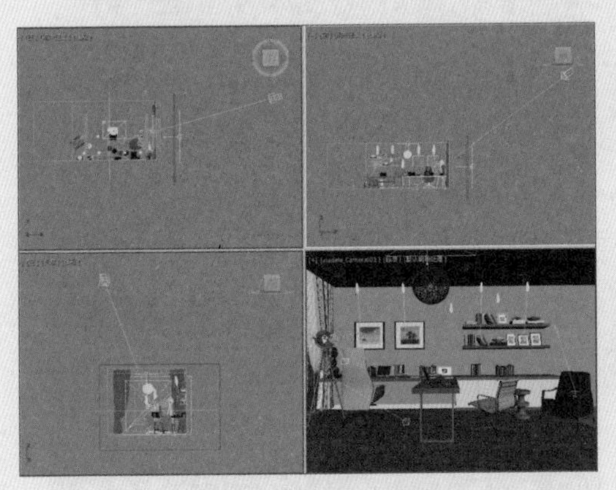

步骤 03 执行“渲染>渲染设置”命令，打开“渲染设置”对话框，在V-Ray选项卡中打开“帧缓冲”卷展栏，取消勾选“启用内置帧缓冲区”复选框，如下左图所示。

步骤 04 在“图像采样（抗锯齿）”卷展栏中设置抗锯齿类型为“块”；在“图像过滤”卷展栏中取消勾选“图像过滤器”复选框，如下右图所示。

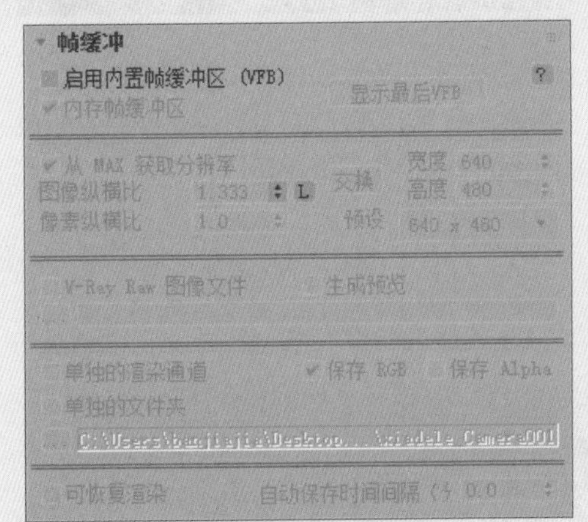

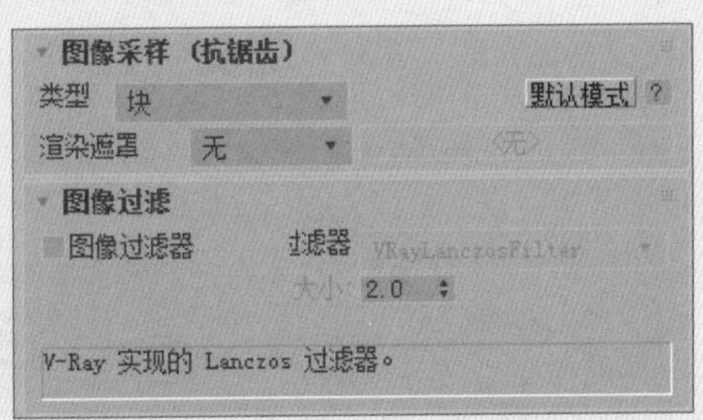

步骤 05 在“颜色贴图”卷展栏中设置类型为“指数”，如下左图所示。

步骤 06 在“全局光照”卷展栏中设置首次引擎为“发光贴图”；在“发光贴图”卷展栏中设置当前预设为“非常低”，设置细分值为20，如下右图所示。

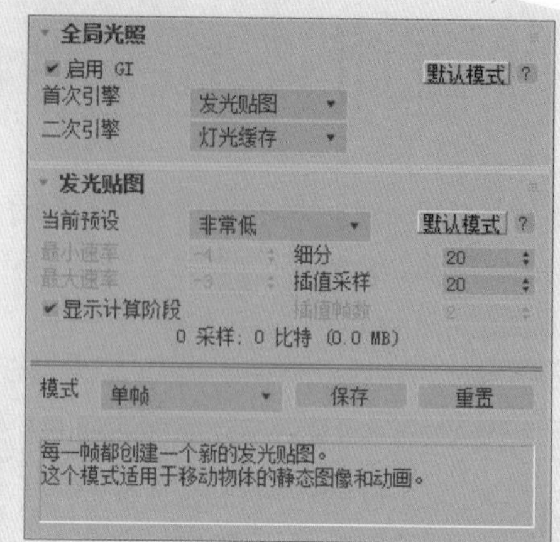

步骤07 在“灯光缓存”卷展栏中设置细分值为200，如下左图所示。

步骤08 渲染摄影机视图，效果如下右图所示。

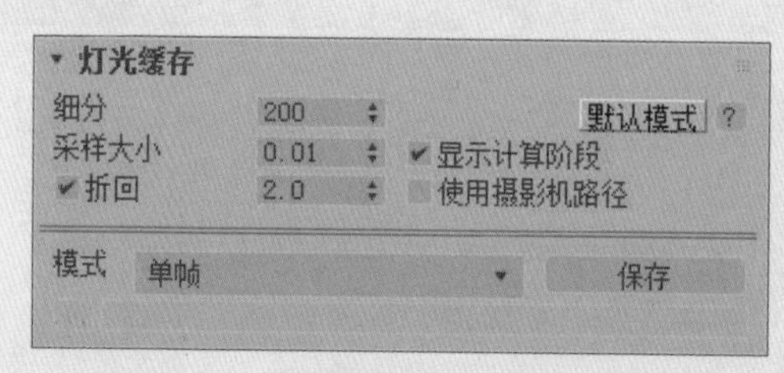

步骤09 在“公用参数”卷展栏中设置出图大小，如下左图所示。

步骤10 在“图像采样（抗锯齿）”卷展栏中设置抗锯齿类型为“渐进”，在“图像过滤”卷展栏中勾选“图像过滤器”复选框，设置过滤器类型，如下右图所示。

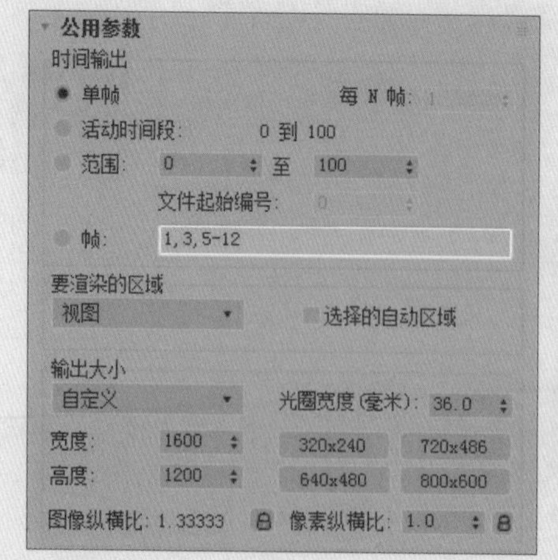

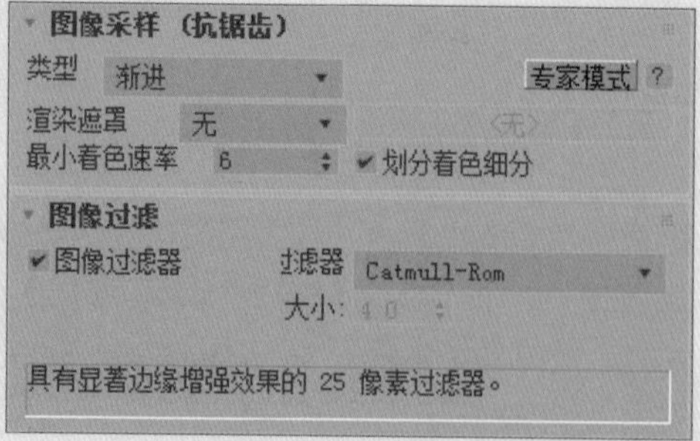

步骤11 在“全局DMC”卷展栏的高级模式中勾选“使用局部细分”复选框，设置自适应数量为0.75，如下左图所示。

步骤12 在“发光贴图”卷展栏中设置当前预设为“高”，细分和插值采样值均为50；在“灯光缓存”卷展栏中设置细分值为1200，如下右图所示。

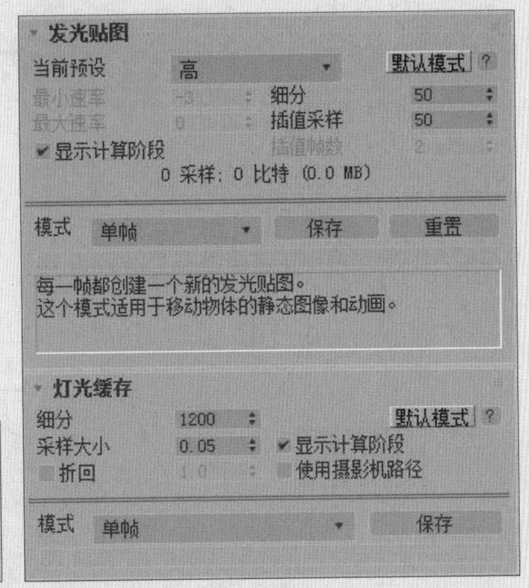

全局 DMC
锁定噪波图案 高级模式 ?
使用局部细分 最小采样 12
细分倍增 1.0 自适应数量 0.75
噪波阈值 0.005

步骤13 在“系统”卷展栏中设置序列方式为“顶->底”，如下左图所示。

步骤14 渲染摄影机视图，效果如下右图所示。

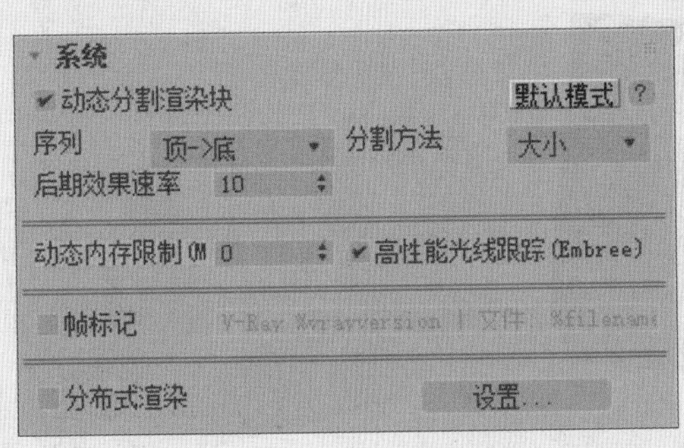

9 Chapter 客厅场景的表现

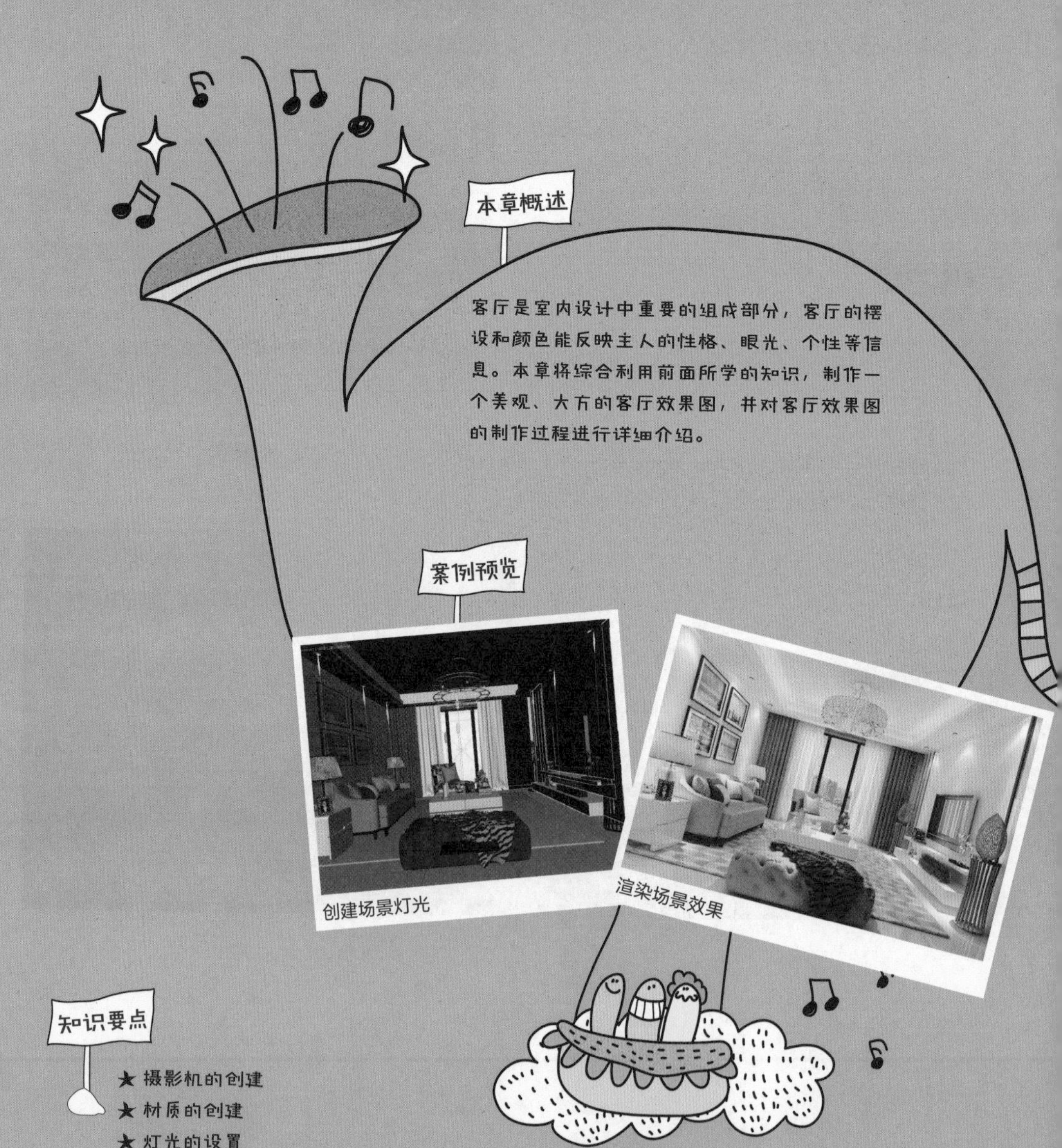

本章概述
客厅是室内设计中重要的组成部分，客厅的摆设和颜色能反映主人的性格、眼光、个性等信息。本章将综合利用前面所学的知识，制作一个美观、大方的客厅效果图，并对客厅效果图的制作过程进行详细介绍。
案例预览
创建场景灯光
渲染场景效果

知识要点

★ 摄影机的创建
★ 材质的创建
★ 灯光的设置
★ 效果图的后期处理

第1节 检测模型

下面将介绍如何创建摄影机、确定观察场景的角度以及测试渲染的设置，具体操作步骤介绍如下。

步骤01 打开素材文件，如下左图所示。

步骤02 在摄影机创建命令面板中单击“目标”按钮，在顶视图中创建一架摄影机，调整摄影机的高度和角度，如下右图所示。

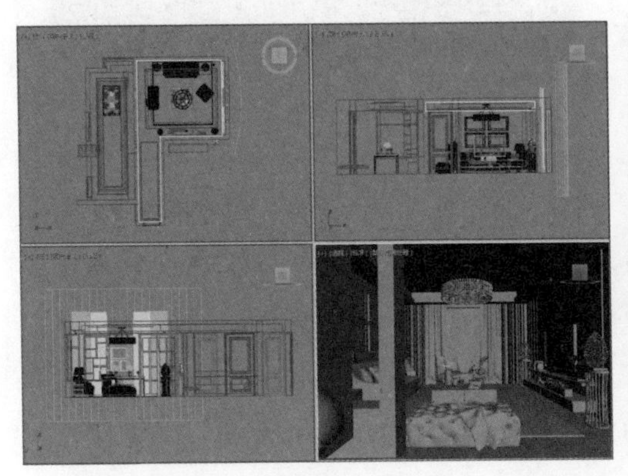

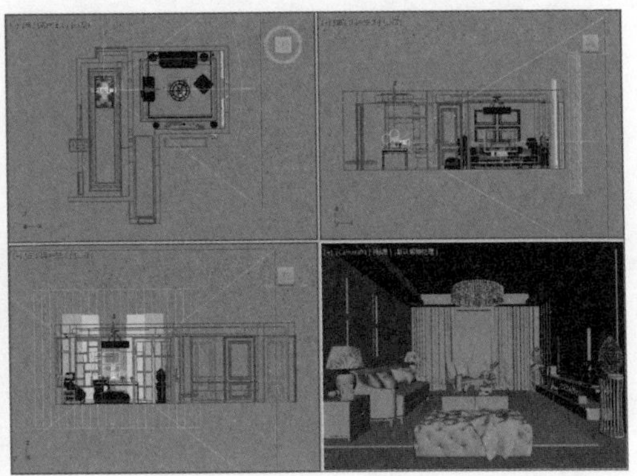

步骤03 按F10功能键打开“渲染设置”对话框，在“全局开关”卷展栏中勾选“覆盖材质”复选框，并为该通道添加标准材质，如下左图所示。

步骤04 将添加的材质拖动到“材质编辑器”对话框中，进行实例复制，如下右图所示。

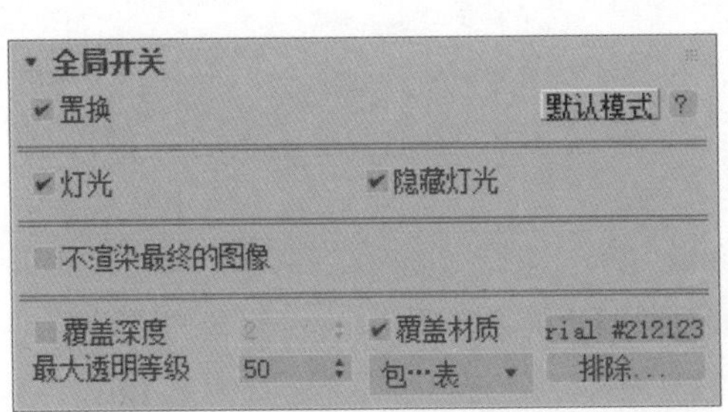

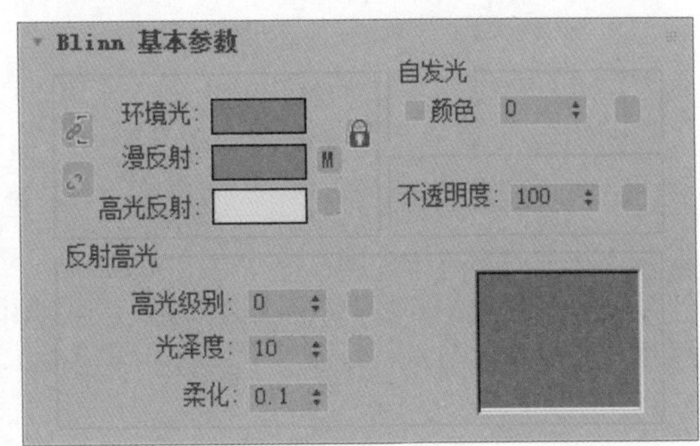

步骤05 为漫反射通道添加边纹理贴图，在VRayEdgesTexParams”卷展栏中设置像素宽度为0.3，如下左图所示。

步骤06 赋予模型材质，按F9功能键进行渲染，效果如下右图所示，检测模型是否有破面等问题，以便于进行调整。

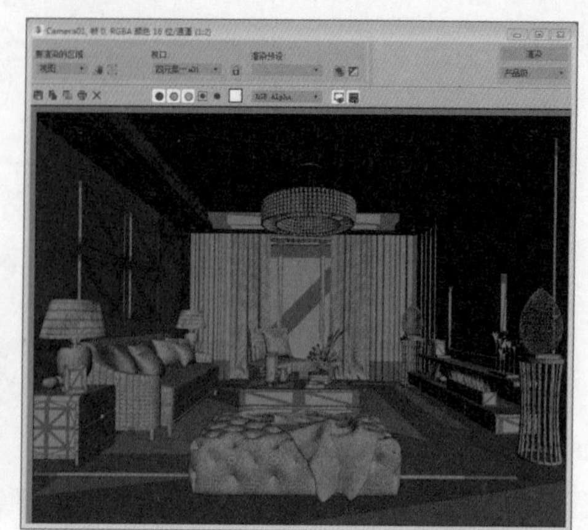

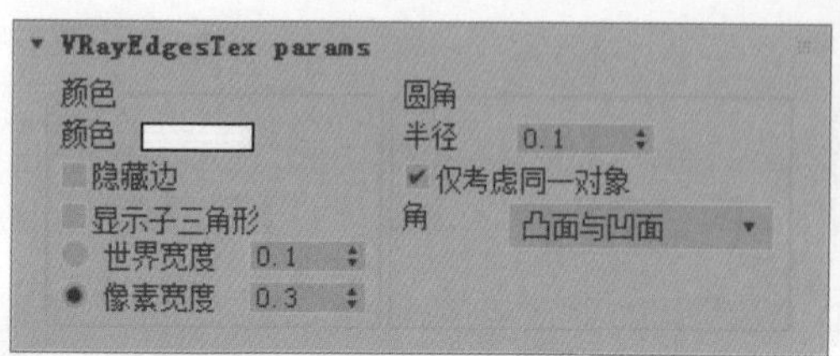

第2节 为客厅场景创建材质

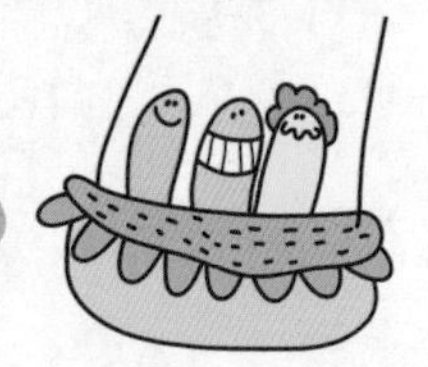

本节主要讲述为客厅场景中的对象分别赋予材质的操作方法。材质的设置是制作效果图的关键之一，只有材质设置到位，才能表现出场景的真实性，具体操作步骤介绍如下。

9.2.1 为建筑主体创建材质

本场景中建筑主体主要包括墙顶面乳胶漆材质和地面瓷砖材质，下面将对这些材质的创建方法进行介绍。

步骤01 按M键打开“材质编辑器”对话框，在材质球示例框中选择一个未使用的材质球，设置材质类型为VRayMtl，设置漫反射颜色为255.255.255，取消勾选“菲涅耳反射”复选框，其余参数保持不变，如下左图所示。

步骤02 在BRDF卷展栏中选择函数类型为Blinn；在“选项”卷展栏中取消勾选“光泽菲涅耳”和“雾系统单位比例”复选框，设置中止值为0.01，如下右图所示。

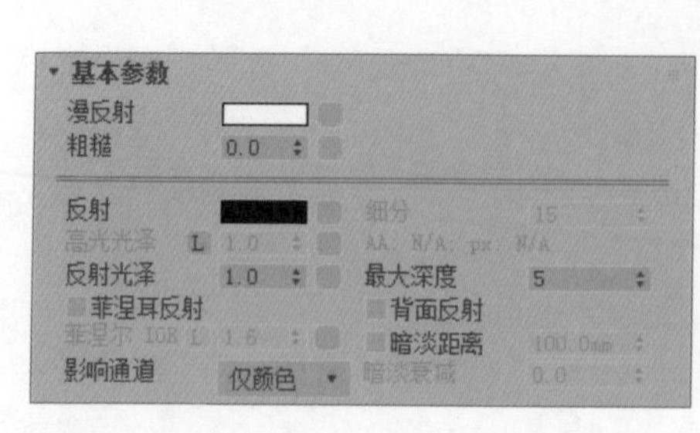

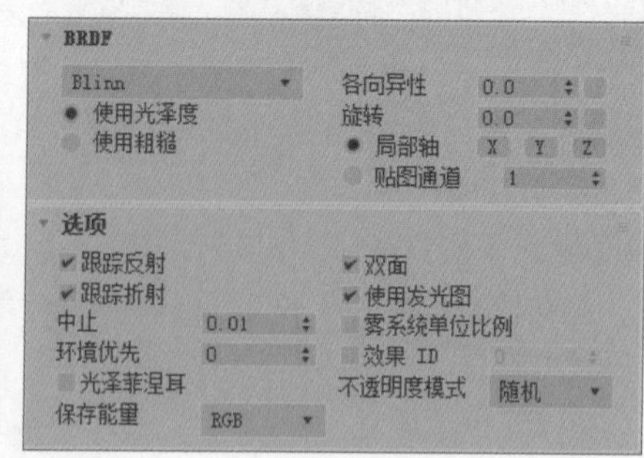

步骤03 创建好的乳胶漆材质球效果，如下左图所示。

步骤04 选择一个未使用的材质球，设置材质类型为VRayMtl，设置漫反射颜色、高光光泽、反射光泽和细分等参数，并取消勾选“菲涅耳反射”复选框，如下右图所示。

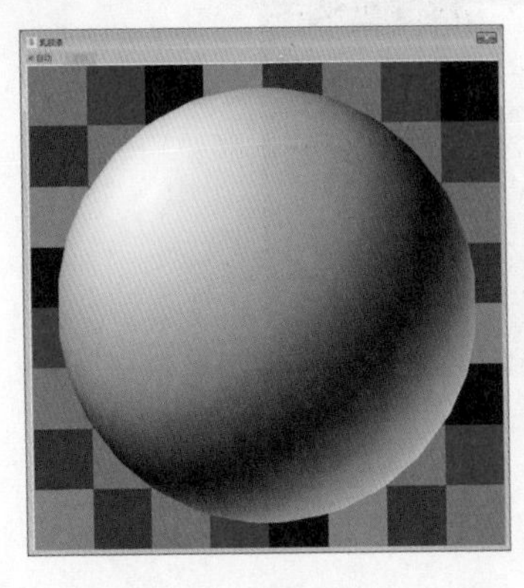

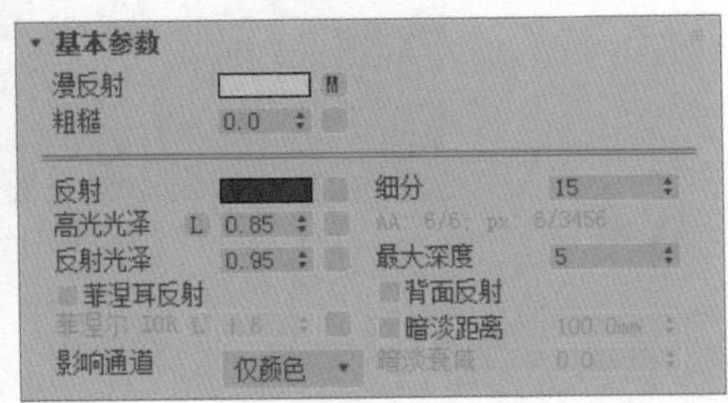

步骤05 漫反射颜色参数如下左图所示。

步骤06 为漫反射通道添加的位图贴图，如下右图所示。

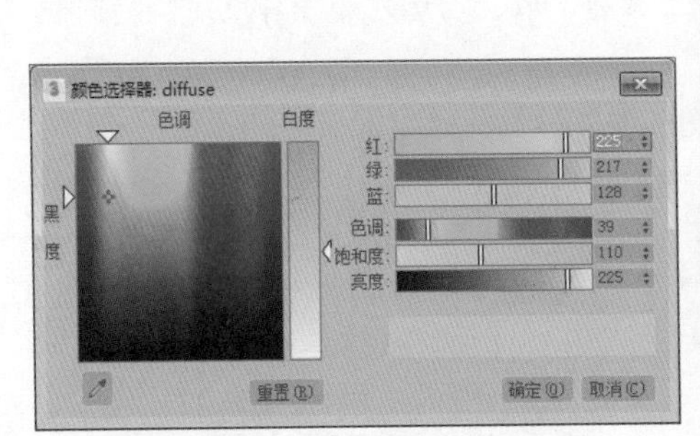

步骤07 在BRDF卷展栏中选择函数类型为Blinn；在“选项”卷展栏中取消勾选“光泽菲涅耳”和“雾系统单位比例”复选框，设置中止值为0.01，如下左图所示。

步骤08 创建好的瓷砖材质球效果，如下右图所示。

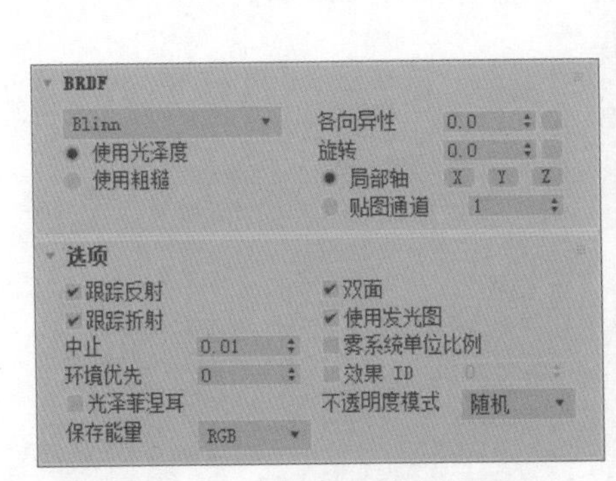

步骤 09 将创建好的材质赋予模型，效果如下图所示。

9.2.2 为沙发和背景墙创建材质

场景中的沙发组合包括皮革、抱枕、玻璃、不锈钢等材质，下面将对这些材质的创建方法进行介绍。

步骤 01 选择一个未使用的材质球，设置材质类型为VRayMtl，设置反射颜色为55.55.55，并设置高光光泽、反射光泽等参数，取消勾选“菲涅耳反射”复选框，如下左图所示。

步骤 02 为漫反射通道添加衰减贴图，如下右图所示。

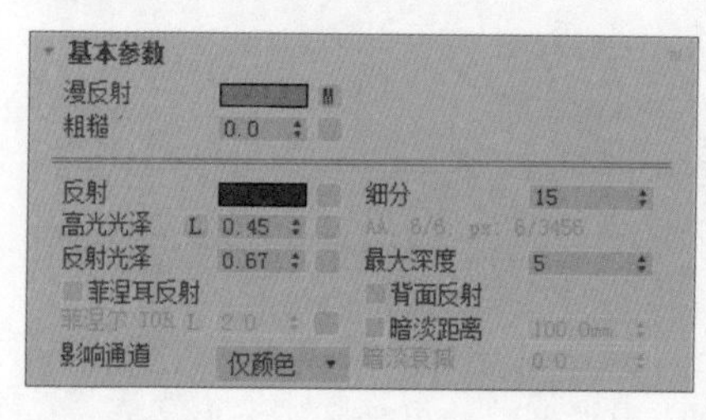

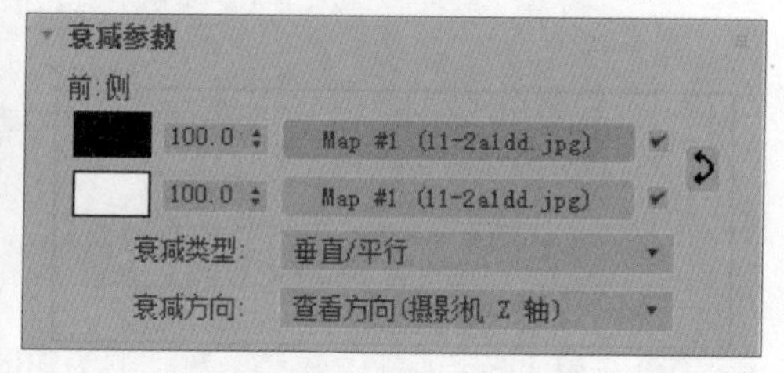

步骤 03 为颜色1和2通道添加相同的位图贴图，如下左图所示。

步骤 04 在BRDF卷展栏中选择函数类型为Blinn；在“选项”卷展栏中取消勾选“光泽菲涅耳”和“雾系统单位比例”复选框，设置中止值为0.01，如下右图所示。

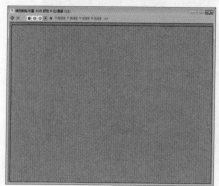

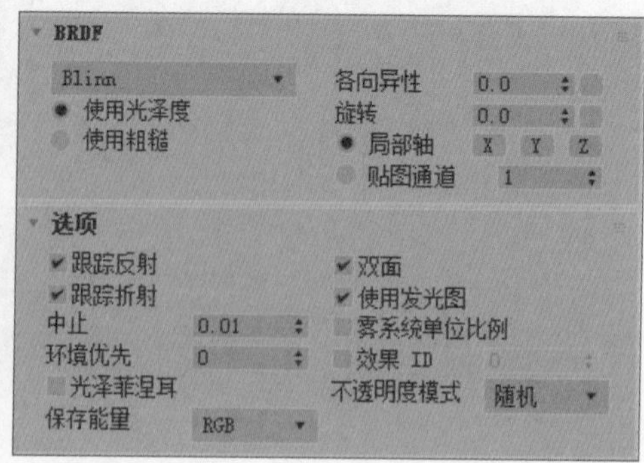

步骤05 创建好的沙发材质球效果，如下左图所示。

步骤06 选择一个未使用的材质球，设置材质类型为VRayMtl，设置漫反射颜色为8.8.8，设置反射光泽为1，并取消勾选“菲涅耳反射”复选框，如下右图所示。

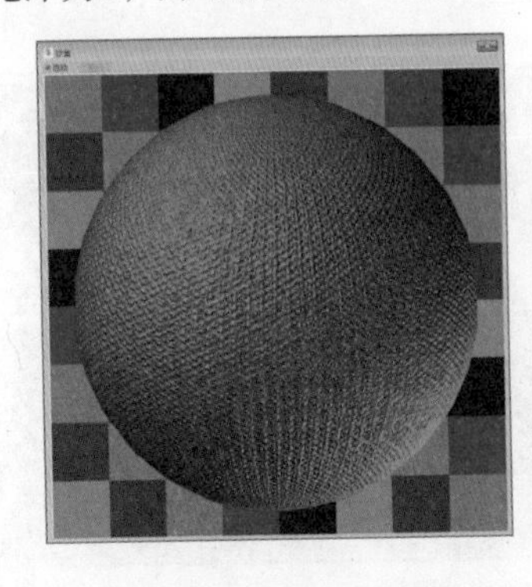

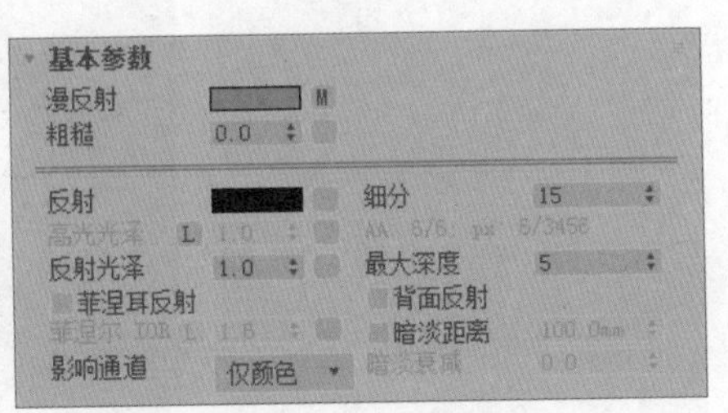

步骤07 为漫反射通道添加的位图贴图，如下左图所示。

步骤08 在“贴图”卷展栏中为凹凸通道添加位图贴图，并设置凹凸值，如下右图所示。

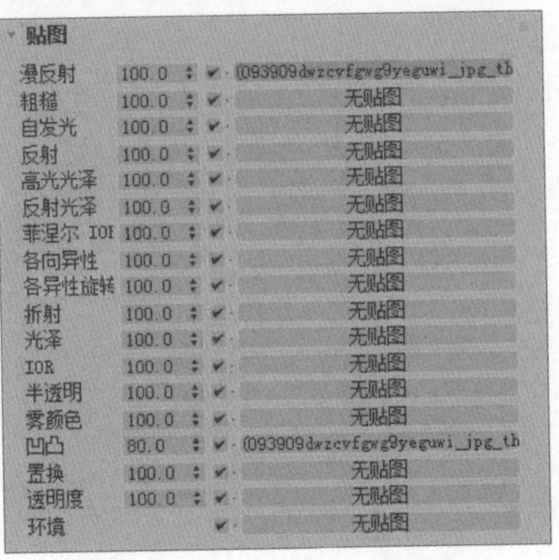

步骤09 为凹凸通道所添加的位图贴图，如下左图所示。

步骤10 在BRDF卷展栏中选择函数类型为Blinn；在“选项”卷展栏中取消勾选“光泽菲涅耳”复选框，设置中止值为0.01，如下右图所示。

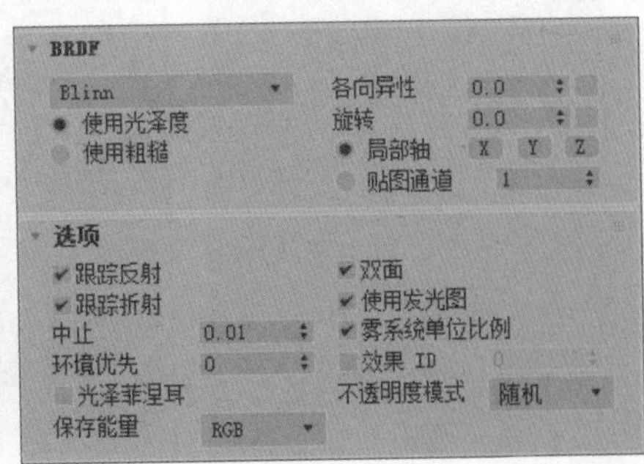

步骤11 创建好的沙发抱枕材质球效果，如下左图所示。

步骤12 继续创建其余抱枕材质，如下右图所示。

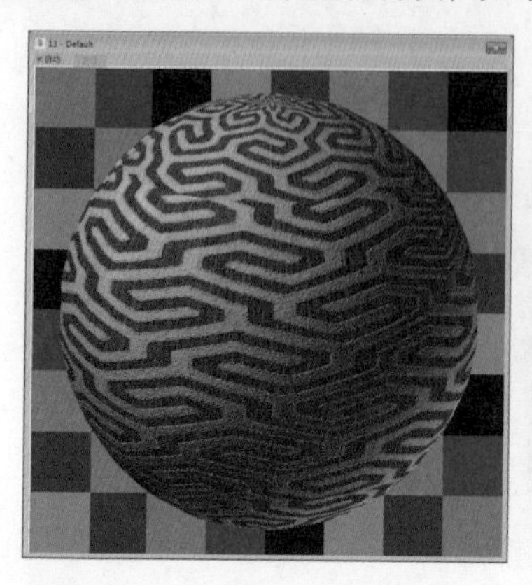

步骤13 选择一个未使用的材质球，设置材质类型为VRayMtl，设置漫反射颜色为5.5.5，设置反射颜色为32.32.32，并设置高光光泽和细分等参数，取消勾选“菲涅耳反射”复选框，如下左图所示。

步骤14 在BRDF卷展栏中选择函数类型为Blinn；在“选项”卷展栏中取消勾选“光泽菲涅耳”和“雾系统单位比例”复选框，设置中止值为0.01，如下右图所示。

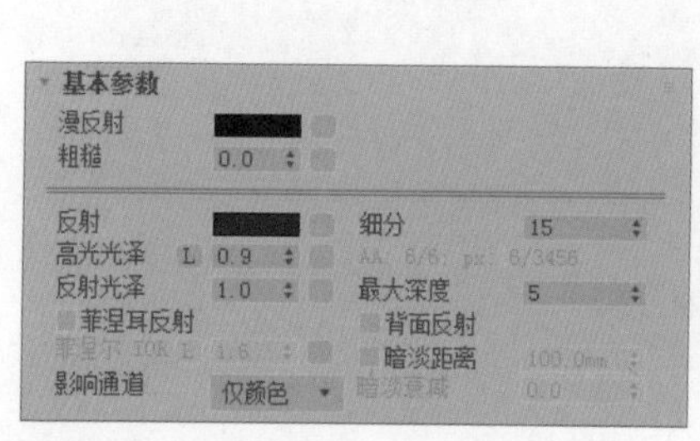

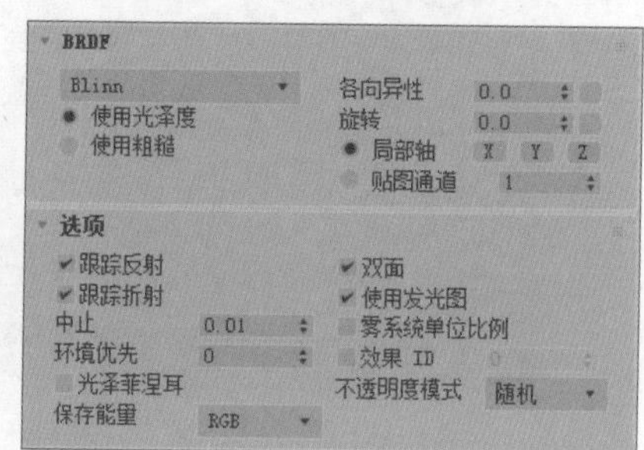

步骤15 创建好的画框材质球效果，如下左图所示。

步骤16 继续创建装饰画材质，如下右图所示。

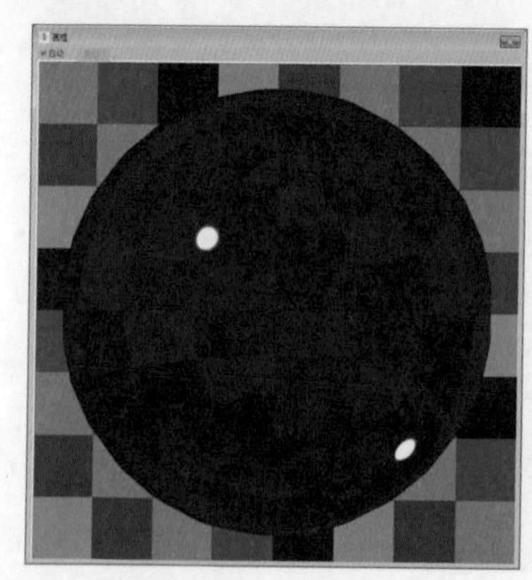

步骤 17 选择一个未使用的材质球，设置材质类型为VRayMtl，设置漫反射颜色为255.255.255，设置反射颜色为39.39.39，设置细分、高光光泽和反射光泽等参数，取消勾选“菲涅耳反射”复选框，如下左图所示。

步骤 18 在BRDF卷展栏中选择函数类型为Blinn；在“选项”卷展栏中取消勾选“光泽菲涅耳”和“雾系统单位比例”复选框，设置中止值为0.01，如下右图所示。

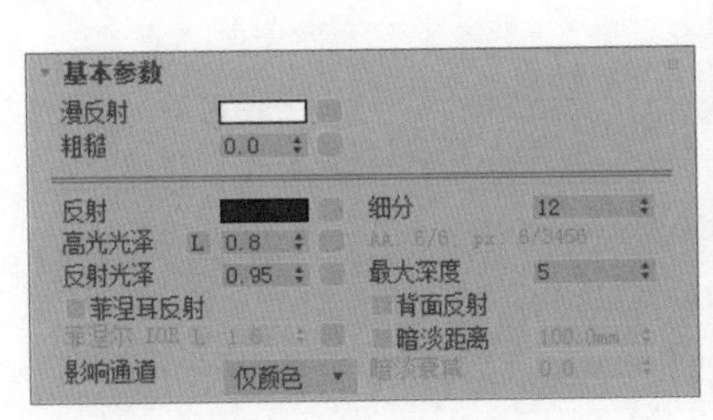

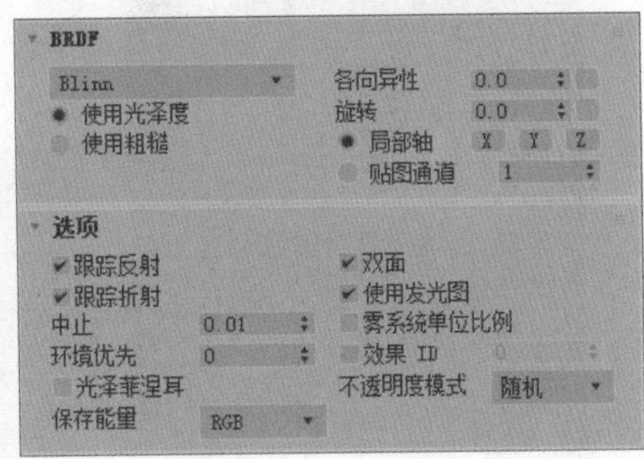

步骤 19 创建好的沙发柜材质球效果，如下左图所示。

步骤 20 选择一个未使用的材质球，设置材质类型为VRayMtl，设置漫反射颜色，设置反射颜色为70.70.70，设置折射颜色为220.220.220，设置高光光泽和反射光泽等参数，并取消勾选“菲涅耳反射”复选框，如下右图所示。

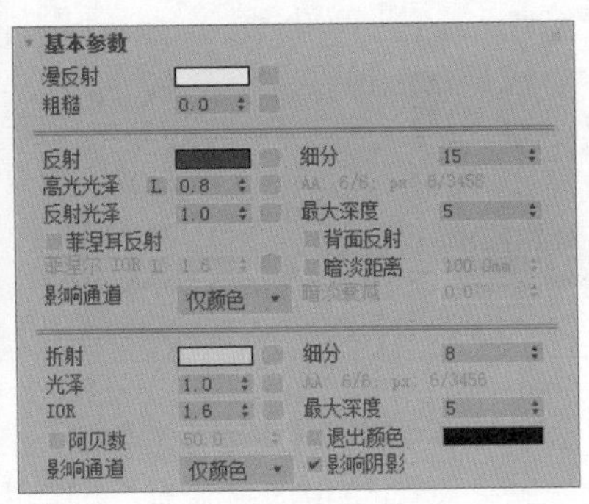

步骤 21 设置漫反射颜色参数，如下左图所示。

步骤 22 在BRDF卷展栏中选择函数类型为Blinn；在“选项”卷展栏中取消勾选“光泽菲涅耳”复选框，设置中止值为0.01，如下右图所示。

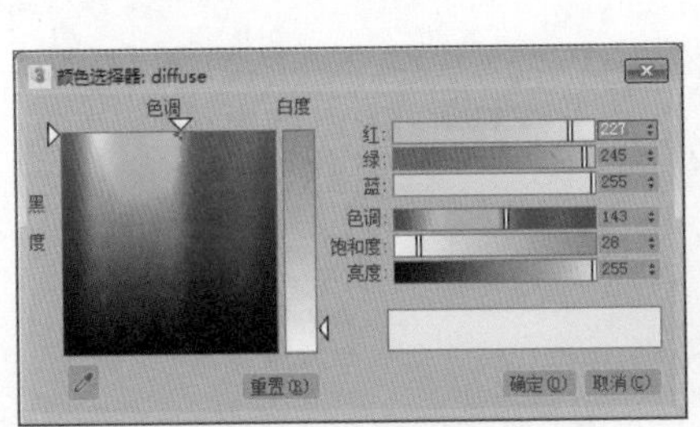

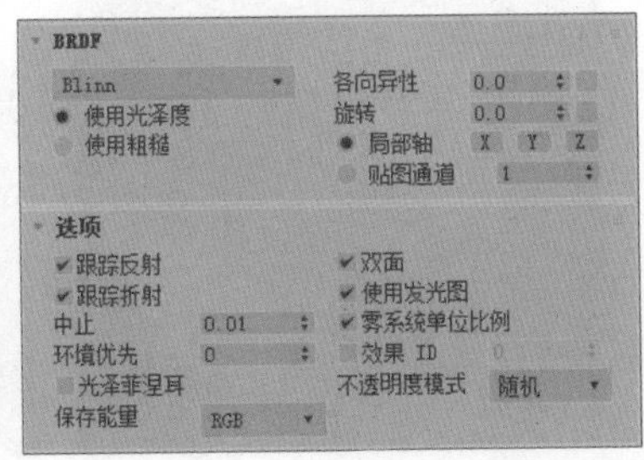

步骤 23 创建好的玻璃底座材质球效果，如下左图所示。

步骤 24 选择一个未使用的材质球，设置材质类型为VRayMtl，设置漫反射颜色，设置反射颜色为200.200.200，设置高光光泽、反射光泽和细分等参数，取消勾选“菲涅耳反射”复选框，如下右图所示。

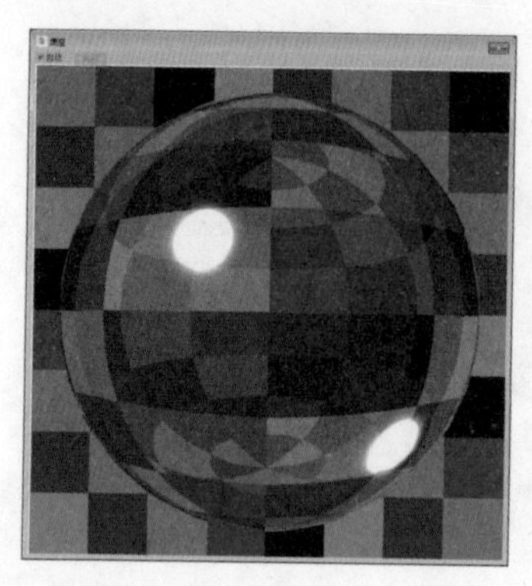

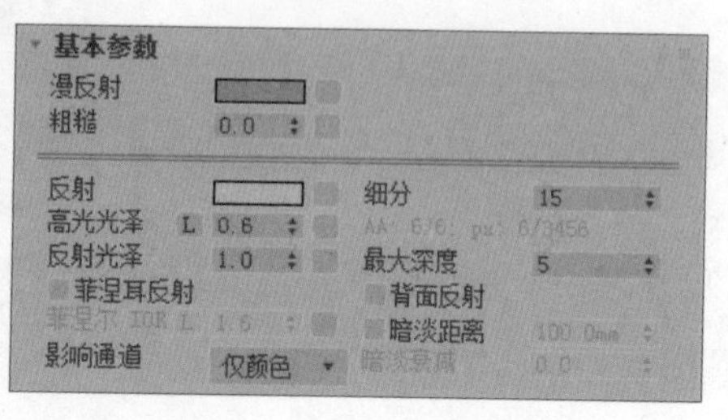

步骤 25 设置漫反射颜色参数，如下左图所示。

步骤 26 在BRDF卷展栏中选择函数类型为Blinn；在“选项”卷展栏中取消勾选“光泽菲涅耳”和“雾系统单位比例”复选框，设置中止值为0.01，如下右图所示。

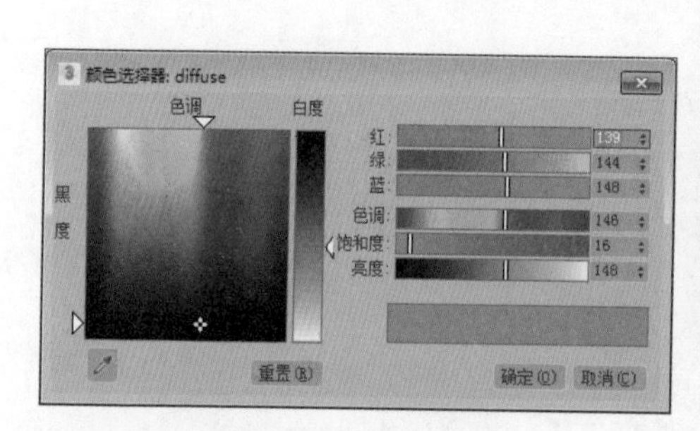

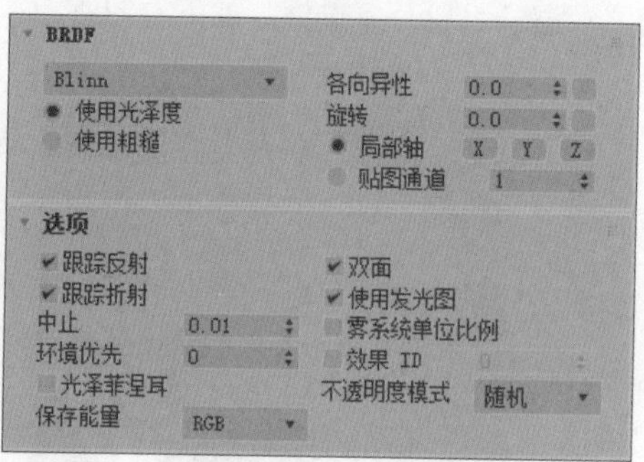

步骤 27 创建好的不锈钢材质球效果，如下左图所示。

步骤 28 选择一个未使用的材质球，设置材质类型为VRayMtl，设置漫反射颜色为55.55.55，设置细分为20，取消勾选“菲涅耳反射”复选框，如下右图所示。

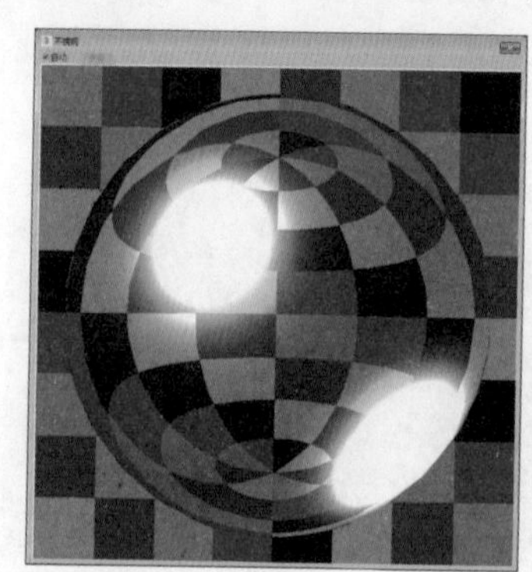

步骤 29 为漫反射通道和反射通道添加位图贴图，如下左图所示。

步骤 30 在“贴图”卷展栏中设置反射和凹凸值，并为凹凸通道添加位图贴图，如下右图所示。

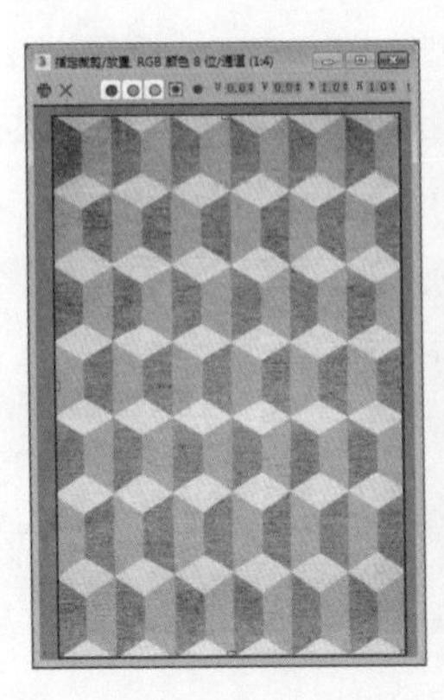

▼ 贴图

通道	数值	贴图
漫反射	100.0	22778026 (3d66Model-488545-1-(
粗糙	100.0	无贴图
自发光	100.0	无贴图
反射	0.0	#4 (3d66Model-488545-1-66.j
高光光泽	100.0	无贴图
反射光泽	100.0	无贴图
菲涅尔 IOR	100.0	无贴图
各向异性	100.0	无贴图
各异性旋转	100.0	无贴图
折射	100.0	无贴图
光泽	100.0	无贴图
IOR	100.0	无贴图
半透明	100.0	无贴图
雾颜色	100.0	无贴图
凹凸	4.0	p #8 (3d66Model-488545-3-66.jp
置换	100.0	无贴图
透明度	100.0	无贴图
环境		无贴图

步骤 31 为凹凸通道所添加的位图贴图，如下左图所示。

步骤 32 在BRDF卷展栏中选择函数类型为Blinn；在“选项”卷展栏中取消勾选“光泽菲涅耳”复选框，设置中止值为0.005，如下右图所示。

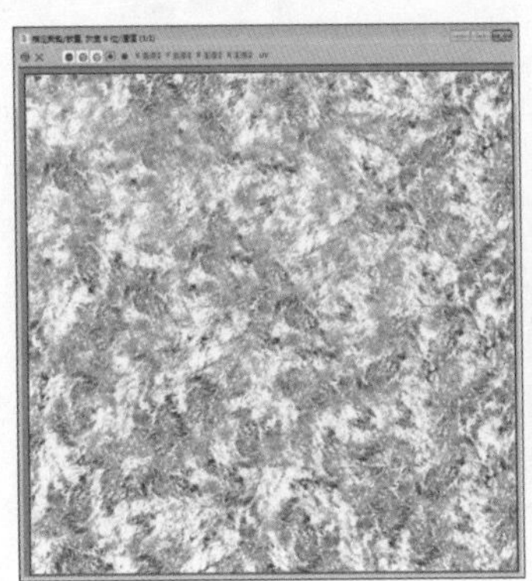

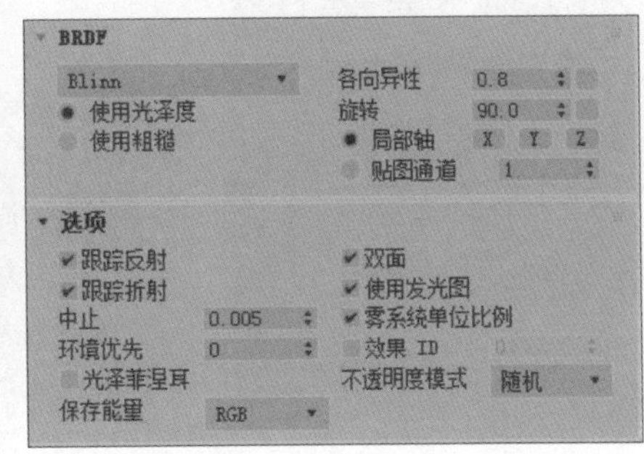

步骤 33 创建好的地毯材质球效果，如下左图所示。

步骤 34 将创建好的材质球赋予到场景模型中并进行渲染，效果如下右图所示。

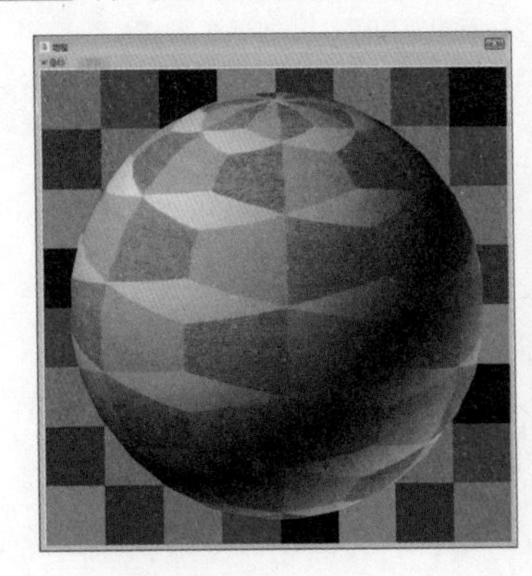

9.2.3 为沙发凳创建材质

沙发凳包含皮革和毛发材质，下面将对这些材质的创建方法进行介绍。

步骤 01 选择一个未使用的材质球，设置材质类型为VRayMtl，设置漫反射颜色为8.8.8，设置反射光泽和细分等参数，并取消勾选“菲涅耳反射”复选框，如下左图所示。

步骤 02 为漫反射通道添加衰减贴图，如下右图所示。

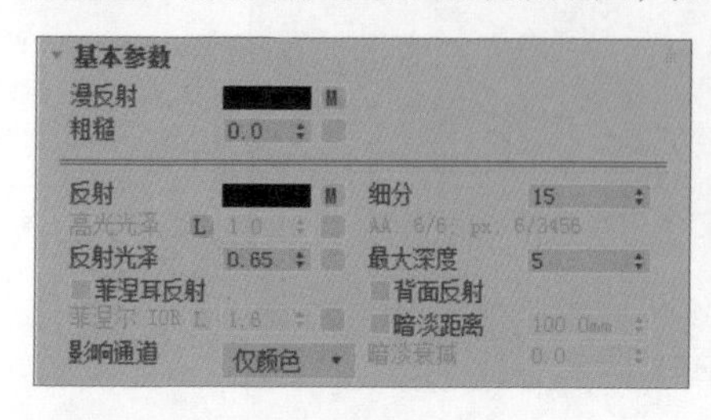

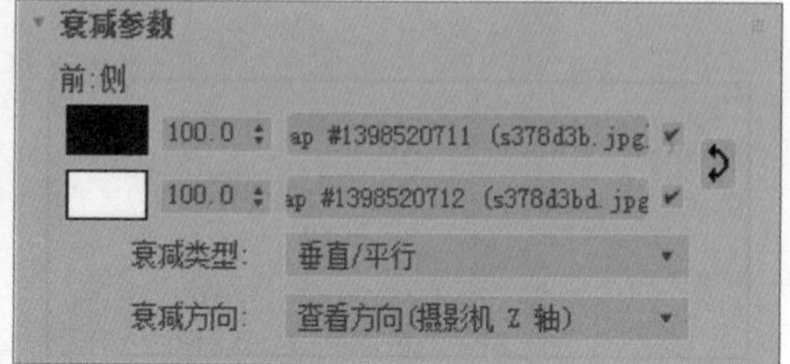

步骤 03 为颜色1和2通道添加相同的位图贴图，如下左图所示。

步骤 04 为反射通道添加衰减贴图，“衰减参数”卷展栏设置如下右图所示。

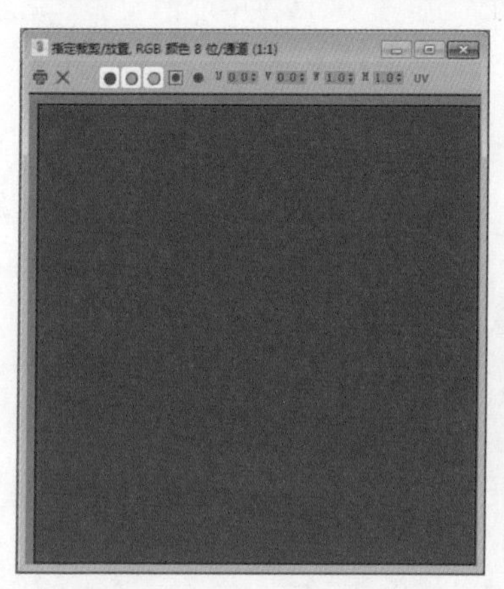

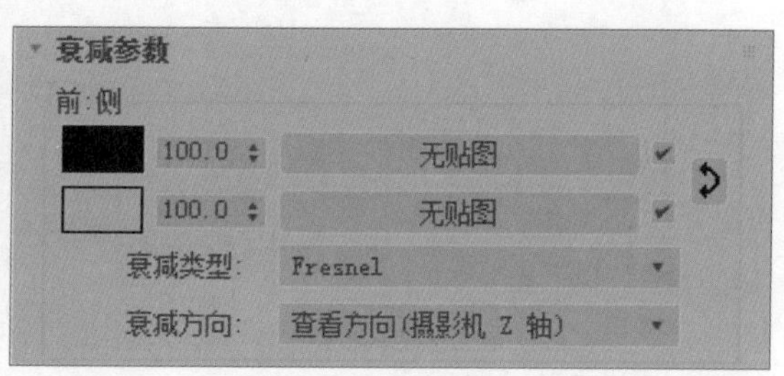

步骤 05 设置颜色2的参数，如下左图所示。

步骤 06 在“贴图”卷展栏中为凹凸通道添加位图贴图，并设置凹凸值，如下右图所示。

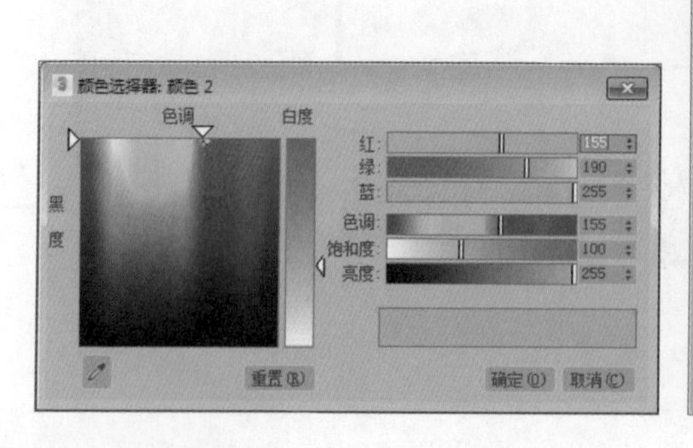

贴图			
漫反射	100.0	✔	Map #1398520710 (Falloff)
粗糙	100.0	✔	无贴图
自发光	100.0	✔	无贴图
反射	100.0	✔	Map #8 (Falloff)
高光光泽	100.0	✔	无贴图
反射光泽	100.0	✔	无贴图
菲涅尔 IOR	100.0	✔	无贴图
各向异性	100.0	✔	无贴图
各异性旋转	100.0	✔	无贴图
折射	100.0	✔	无贴图
光泽	100.0	✔	无贴图
IOR	100.0	✔	无贴图
半透明	100.0	✔	无贴图
雾颜色	100.0	✔	无贴图
凹凸	20.0	✔	Map #9 (2209-02at.jpg)
置换	100.0	✔	无贴图
透明度	100.0	✔	无贴图
环境		✔	无贴图

步骤07 为凹凸通道添加的位图贴图，如下左图所示。

步骤08 在BRDF卷展栏中选择函数类型为Blinn；在“选项”卷展栏中取消勾选“光泽菲涅耳”和“雾系统单位比例”复选框，设置中止值为0.01，如下右图所示。

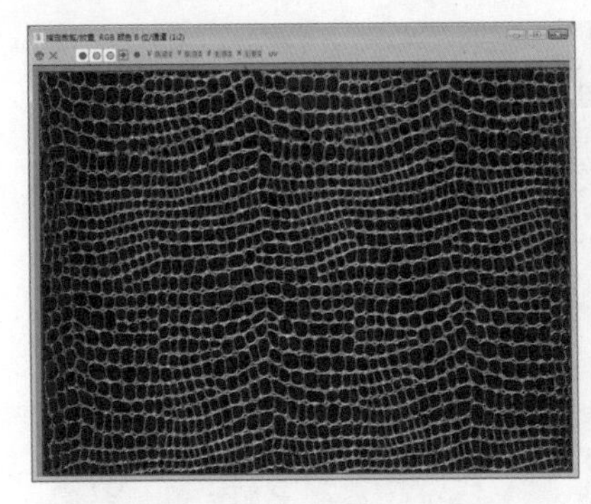

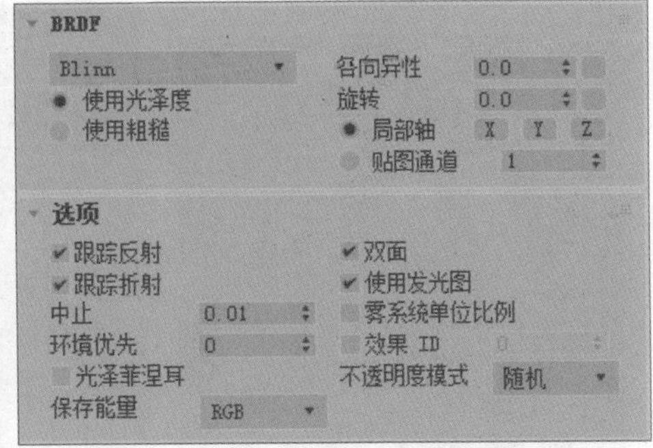

步骤09 创建好的沙发凳材质球效果，如下左图所示。

步骤10 选择一个未使用的材质球，设置材质类型为VRayMtl，设置漫反射颜色为237.237.237，设置细分为15，并取消勾选“菲涅耳反射”复选框，如下右图所示。

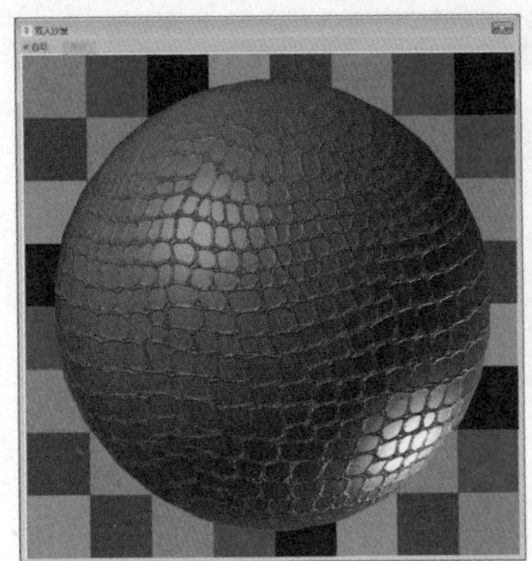

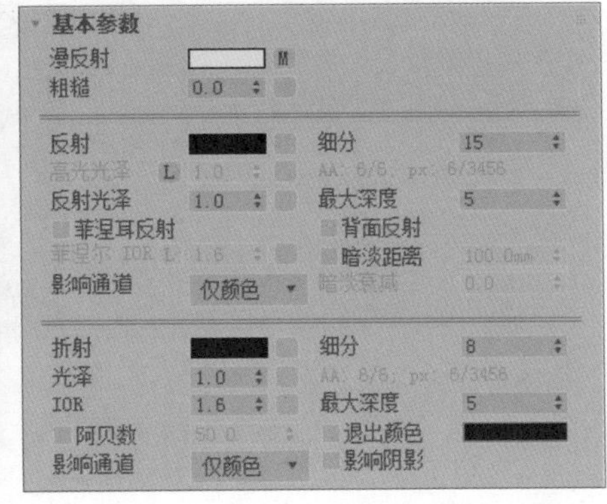

步骤11 为漫反射通道添加位图贴图，如下左图所示。

步骤12 在BRDF卷展栏中选择函数类型为Blinn；在“选项”卷展栏中取消勾选“光泽菲涅耳”和“雾系统单位比例”复选框，设置中止值为0.01，如下右图所示。

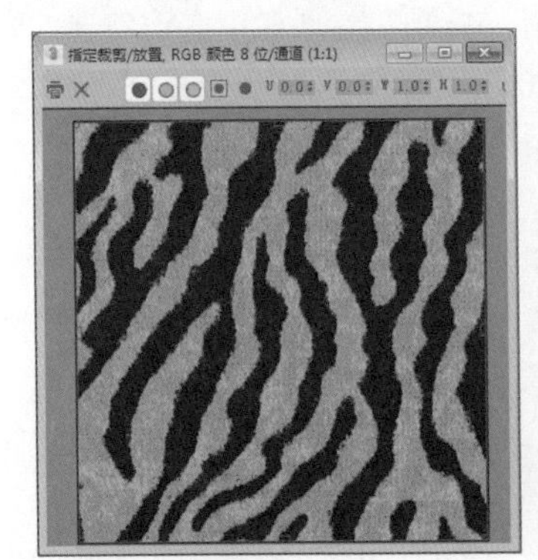

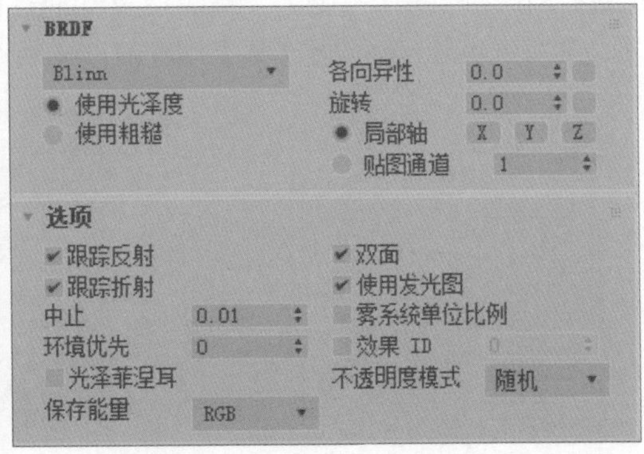

步骤13 创建好的毛毯材质球效果，如下左图所示。

步骤14 选择毛毯材质，在“几何体”创建命令面板单击“VRay毛发”按钮，创建VRay毛发并放在毛毯合适位置，如下右图所示。

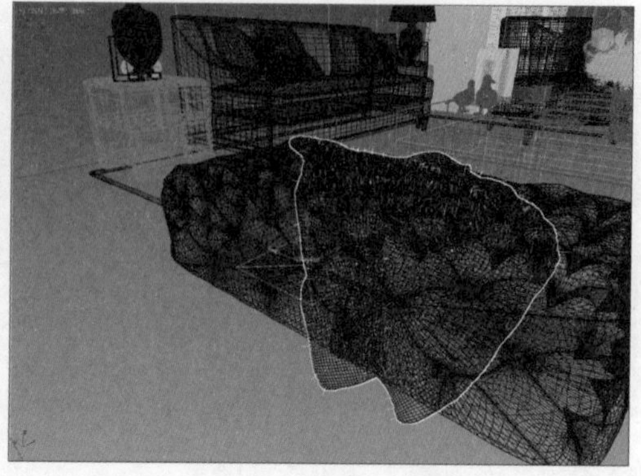

步骤15 在“VRay-毛发参数”卷展栏中设置长度、厚度和重力等参数，如下左图所示。

步骤16 将创建好的材质赋予模型并进行渲染，效果如下右图所示。

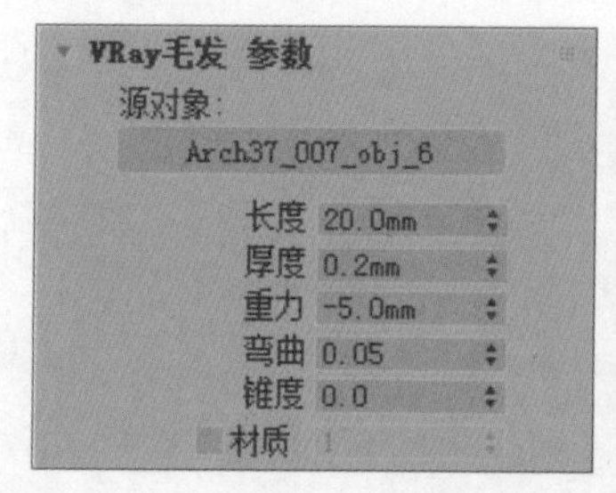

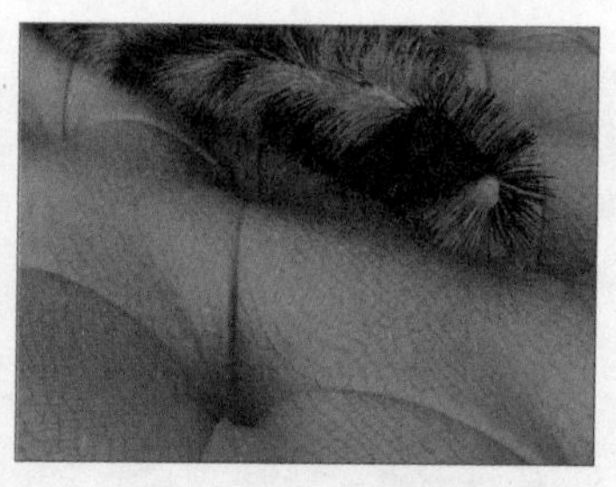

9.2.4 为茶几创建材质

茶几包括白瓷、玻璃和书籍等材质，下面将对这些材质的创建方法进行介绍。

步骤01 选择一个未使用的材质球，设置材质类型为VRayMtl，设置漫反射和反射颜色为255.255.255，并设置反射光泽和细分的值，如下左图所示。

步骤02 在BRDF卷展栏中选择函数类型为Blinn；在“选项”卷展栏中取消勾选“光泽菲涅耳”和“雾系统单位比例”复选框，设置中止值为0.01，如下右图所示。

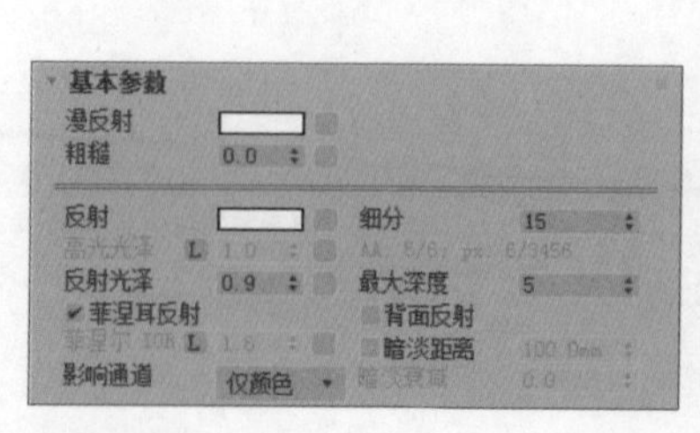

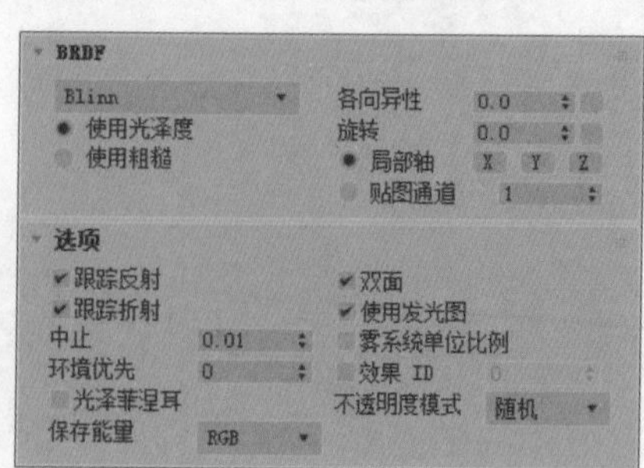

步骤03 创建好的茶杯材质球效果，如下左图所示。

步骤04 继续创建书籍、饰品等材质，如下右图所示。

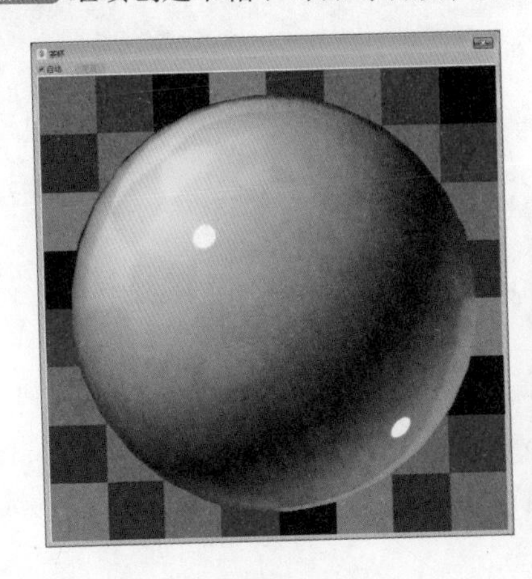

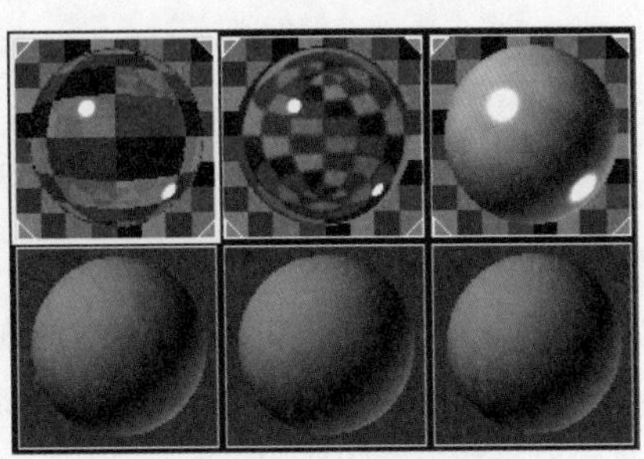

步骤05 将创建好的模型赋予材质并进行渲染，效果如下图所示。

9.2.5 为电视背景墙创建材质

电视背景墙包括电视机和装饰品等材质，下面对这些材质的创建方法进行介绍。

步骤01 选择一个未使用的材质球，设置材质类型为VRayMtl，设置漫反射颜色为32.32.32，设置反射颜色为92.92.92，取消勾选“菲涅耳反射”复选框，如下左图所示。

步骤02 在BRDF卷展栏中选择函数类型为Blinn；在“选项”卷展栏中取消勾选“光泽菲涅耳”和“雾系统单位比例”复选框，设置中止值为0.01，如下右图所示。

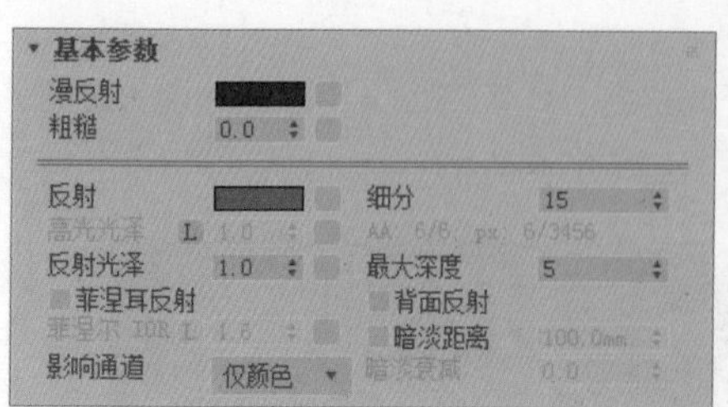

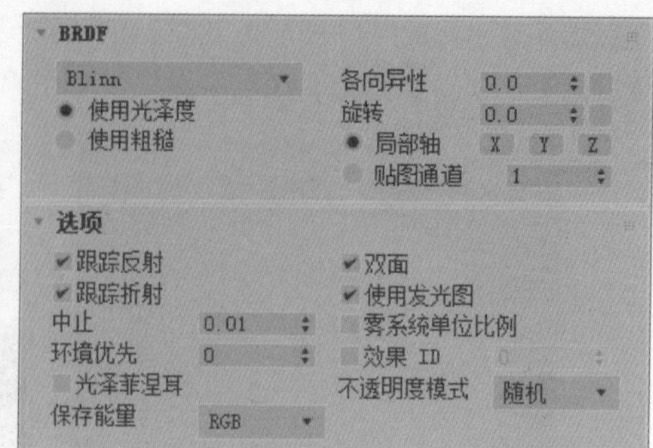

步骤03 创建好的电视机显示屏材质球，效果如下左图所示。

步骤04 选择一个未使用的材质球，设置材质类型为VRayMtl，设置漫反射颜色为133.133.133，设置反射颜色为166.166.166，设置高光光泽和反射光泽的值，取消勾选“菲涅耳反射”复选框，如下右图所示。

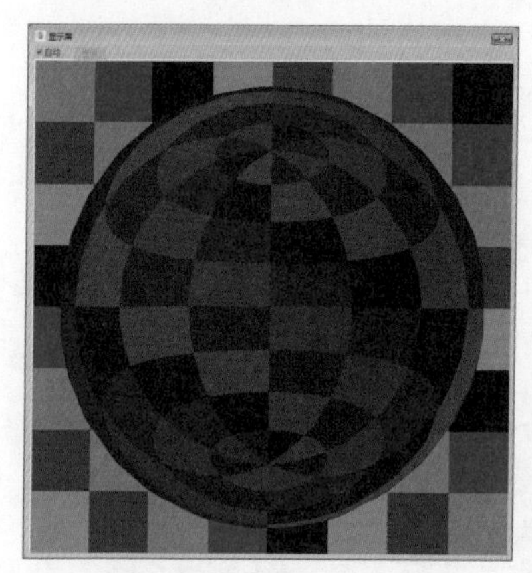

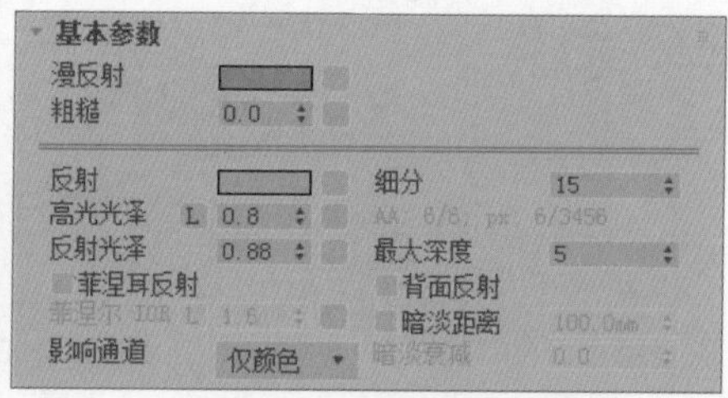

步骤05 在BRDF卷展栏中选择函数类型为Blinn；在“选项”卷展栏中取消勾选“光泽菲涅耳”和“雾系统单位比例”复选框，设置中止值为0.01，如下左图所示。

步骤06 创建好的电视机框材质球效果，如下右图所示。

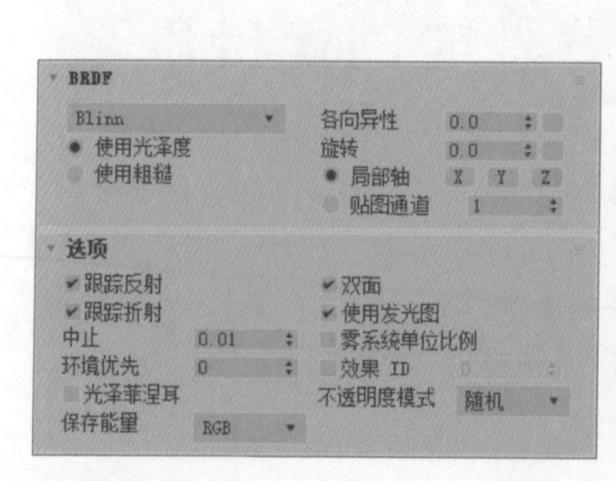

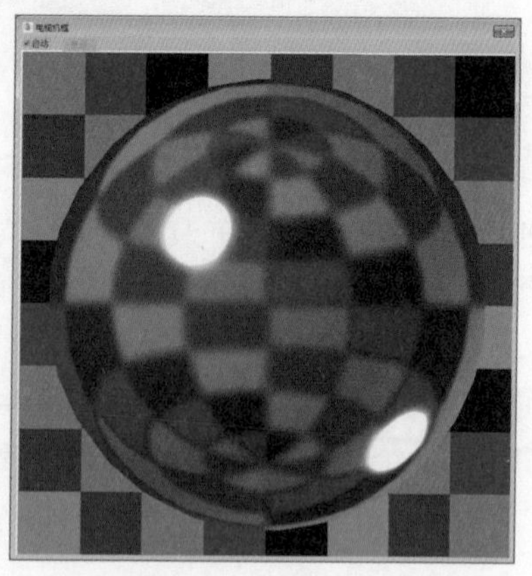

步骤07 继续创建其他装饰品材质，如下左图所示。

步骤08 选择一个未使用的材质球，设置材质类型为VRayMtl，设置漫发射颜色为0.0.0，设置反射颜色、高光光泽、细分等参数，取消勾选“菲涅耳反射”复选框，如下右图所示。

步骤09 设置反射颜色参数，如下左图所示。

步骤10 在BRDF卷展栏中选择函数类型为Blinn；在“选项”卷展栏中取消勾选“光泽菲涅耳”复选框，设置中止值为0.01，如下右图所示。

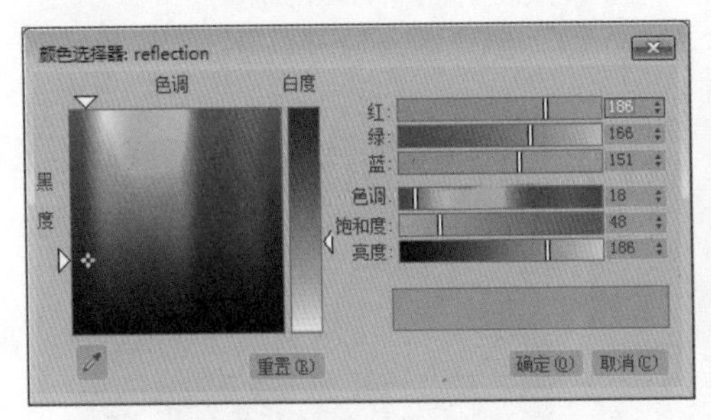

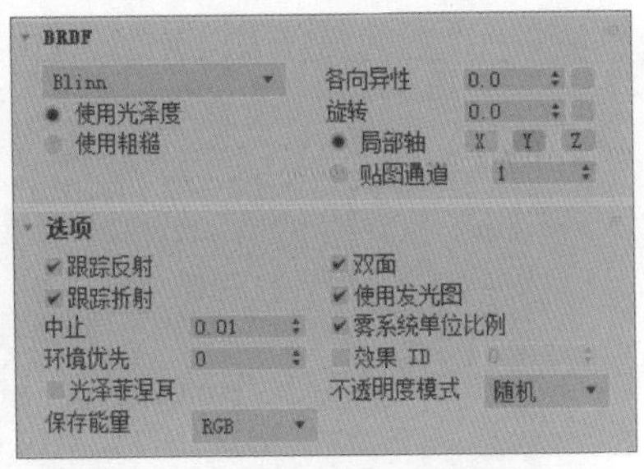

步骤11 创建好的艺术摆件材质球效果，如下左图所示。

步骤12 将创建好的材质赋予模型并进行渲染，效果如下右图所示。

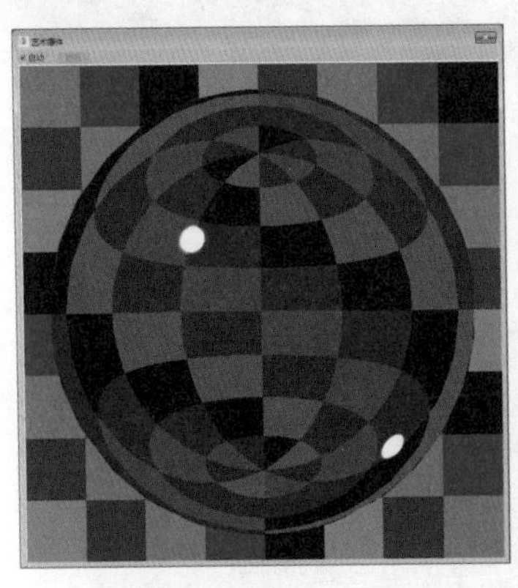

9.2.6 为其他装饰品创建材质

在其他为赋予材质的模型中，有一些物品的材质是创建好的，这里分别将其指定给相应的对象，如窗帘等。另外还有窗帘等材质未创建，下面将对其创建过程进行详细介绍。

步骤 01 选择一个未使用的材质球，设置材质类型为VRayMtl，设置漫反射颜色为255.255.255，取消勾选“菲涅耳反射”复选框，如下左图所示。

步骤 02 为折射通道添加衰减贴图，参数设置如下右图所示。

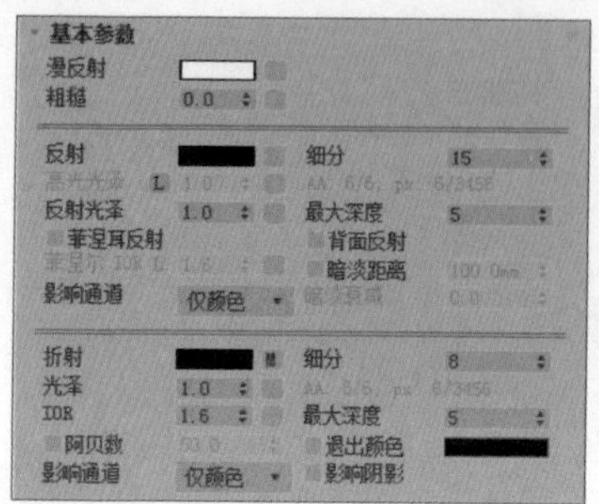

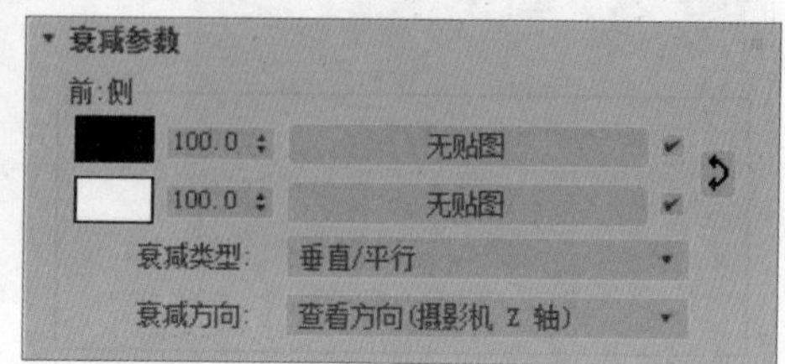

步骤 03 在BRDF卷展栏中选择函数类型为Blinn；在“选项”卷展栏中取消勾选“光泽菲涅耳”和“雾系统单位比例”复选框，设置中止值为0.01，如下左图所示。

步骤 04 创建好的透光窗帘效果，如下右图所示。

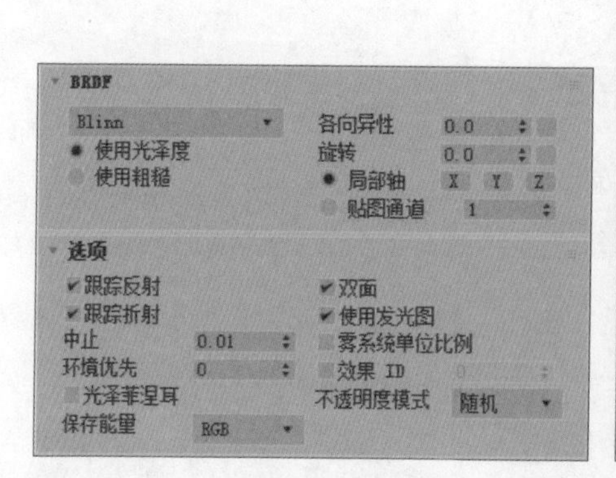

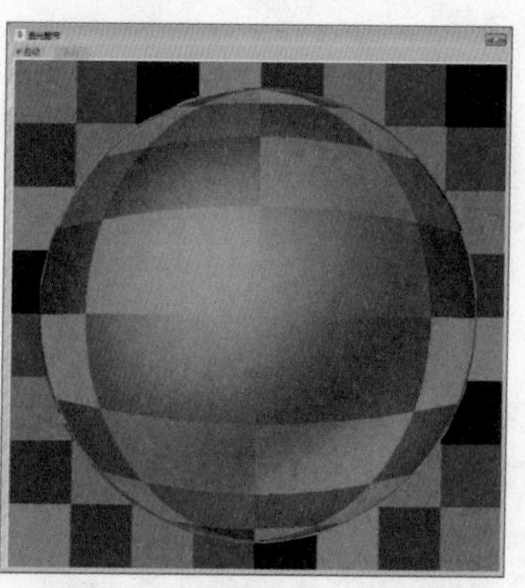

步骤 05 选择一个未使用的材质球，设置材质类型为VRayMtl，设置折射颜色为29.29.29，设置反射光泽度和IOR值，并取消勾选“菲涅耳反射”复选框，如下左图所示。

步骤 06 为漫反射通道添加位图贴图，如下右图所示。

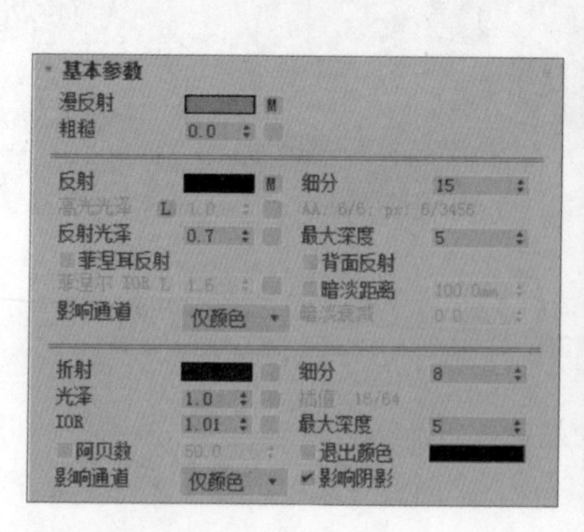

步骤07 为反射通道添加衰减贴图，并设置颜色2的色值为0.0.0，如下左图所示。

步骤08 在“贴图”卷展栏中为凹凸通道添加位图贴图，并设置凹凸值，如下右图所示。

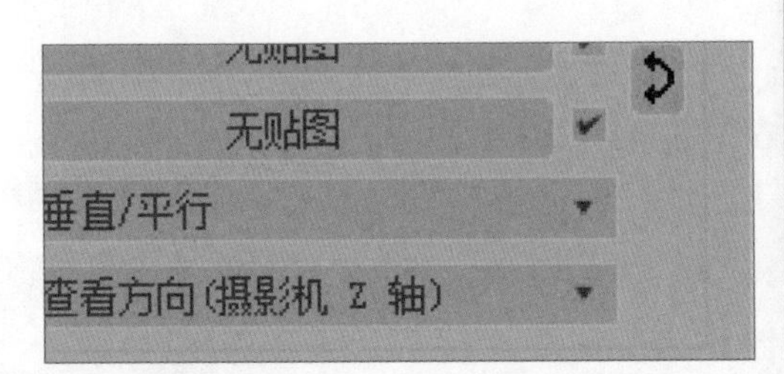

步骤09 在BRDF卷展栏中选择函数类型为Blinn；在“选项”卷展栏中取消勾选“光泽菲涅耳”和“雾系统单位比例”复选框，设置中止值为0.01，如下左图所示。

步骤10 创建好的不透光窗帘材质球效果，如下右图所示。

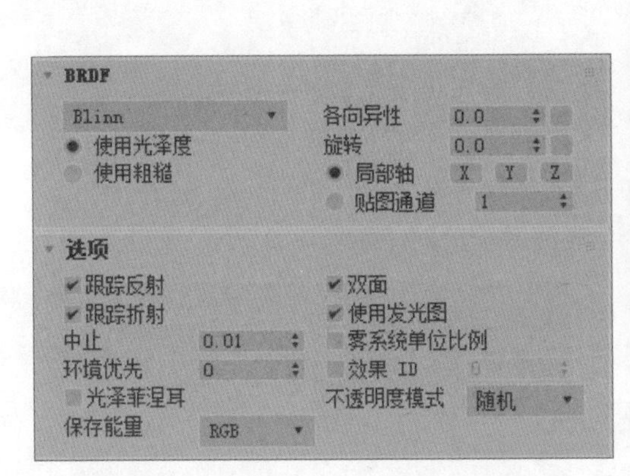

步骤11 继续创建吊灯、射灯等其他装饰品材质，如下左图所示。

步骤12 将创建好的材质赋予模型并进行渲染，效果如下右图所示。

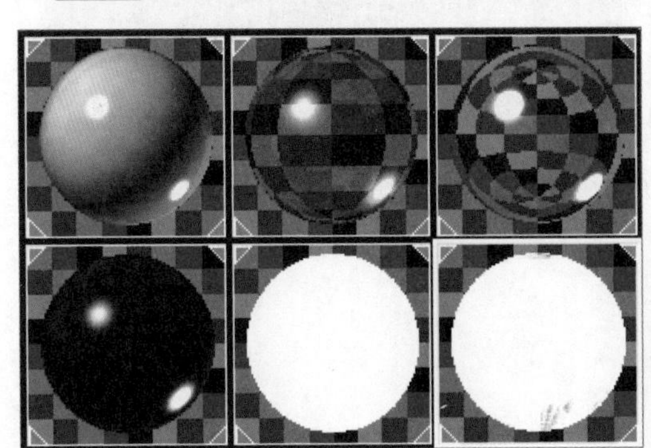

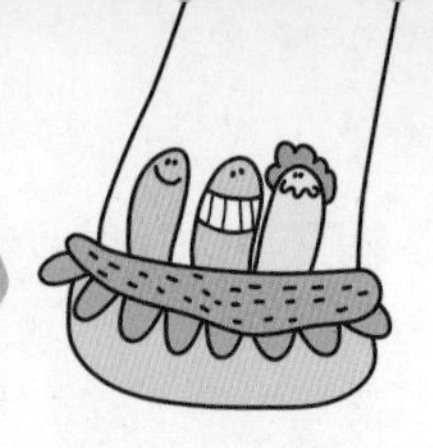

第3节 为客厅场景创建灯光

场景中的灯光以室内光源为主，包括吊灯、射灯、灯带、台灯光源等。用户可以根据需要添加室外辅助光源，具体操作步骤介绍如下。

步骤 01 在灯光命令面板单击“VRay-灯光”按钮，创建平面光源，将其进行旋转，放在客厅的合适位置以创建灯带光源，如下左图所示。

步骤 02 在修改命令面板修改VRay-灯光的半长、半高、倍增、颜色等参数，如下右图所示。

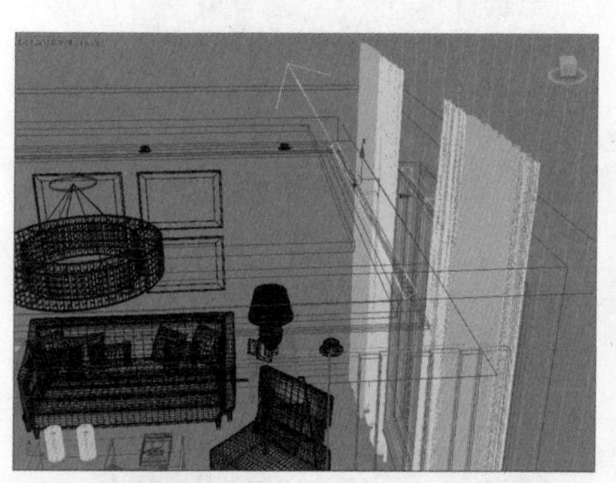

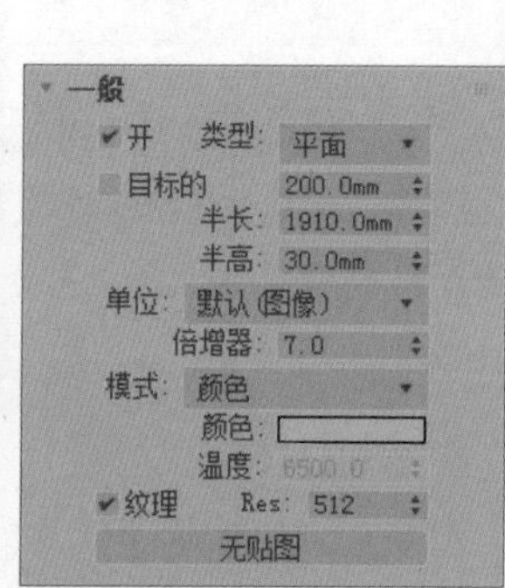

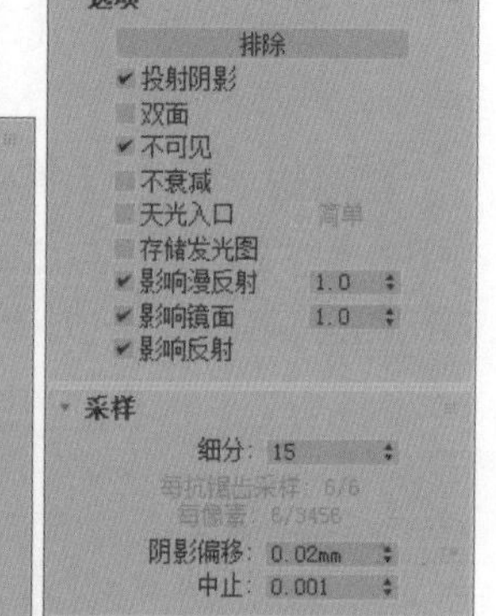

步骤 03 设置灯带的灯光颜色参数，如下左图所示。

步骤 04 执行“复制”和“旋转”命令，复制并旋转创建好的平面光源，如下右图所示。

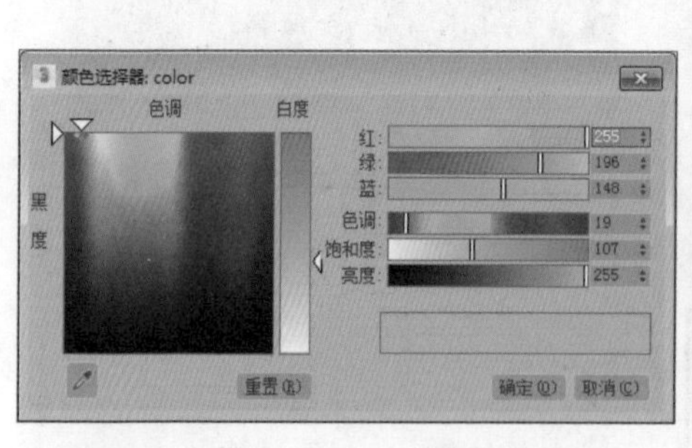

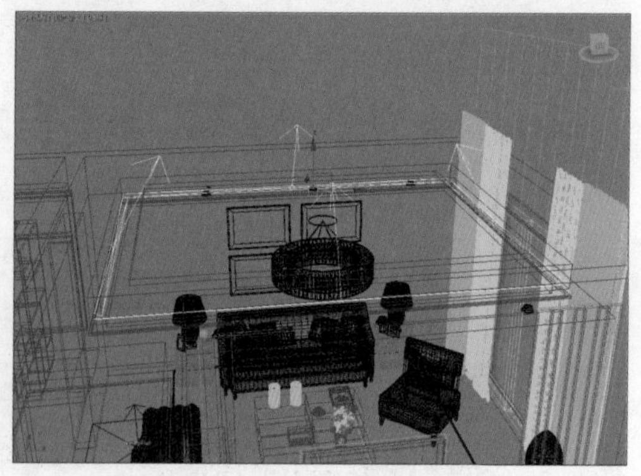

步骤 05 单击“VRay-灯光”按钮，创建球体光源，放在吊灯的正下方，如下左图所示。

步骤 06 然后修改命令面板参数，设置半径、倍增、颜色、细分等参数，如下右图所示。

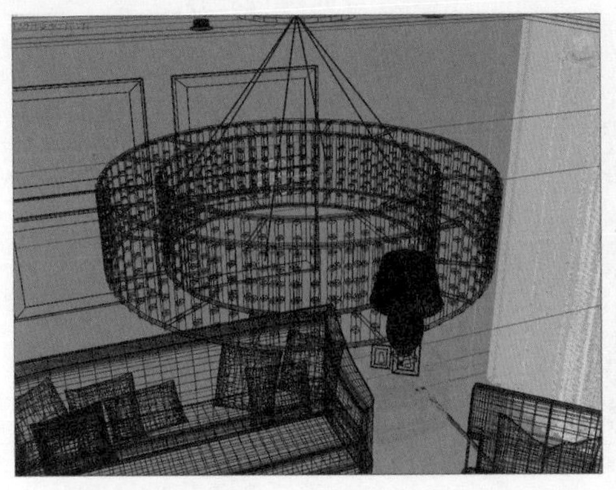

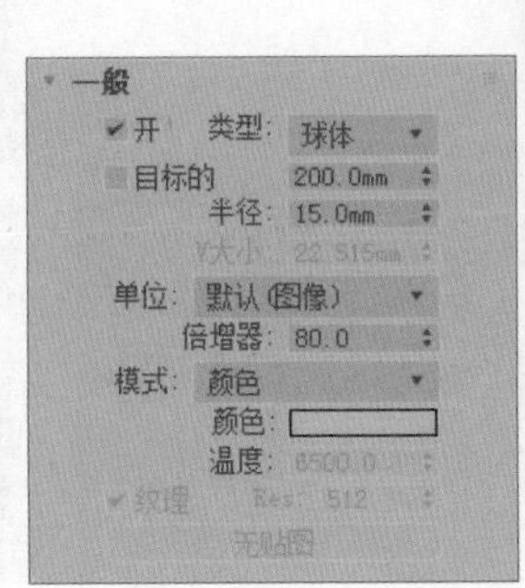

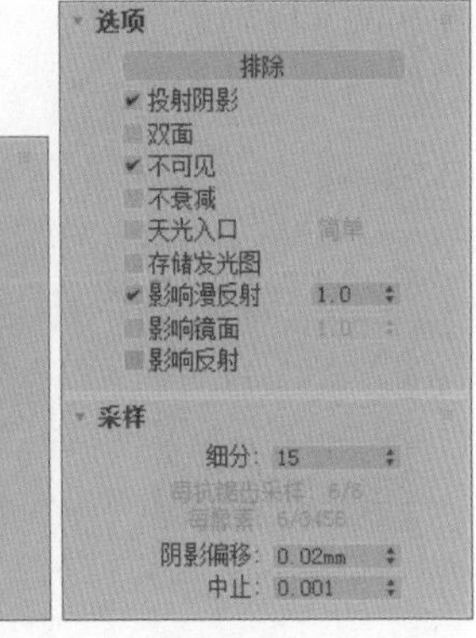

步骤07 设置吊灯的灯光颜色参数，如下左图所示。

步骤08 执行“复制”命令，复制实例放在合适位置即可创建球体灯光，如下右图所示。

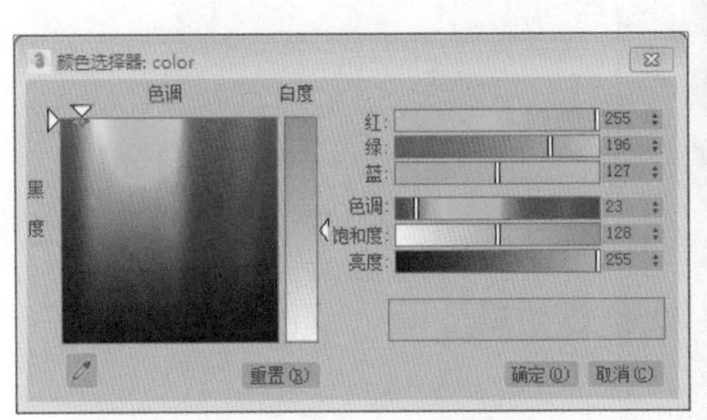

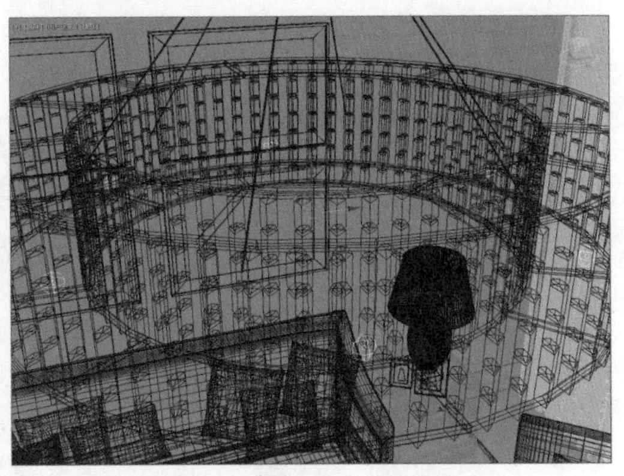

步骤09 继续创建球体灯光，放在台灯合适位置，如下左图所示。

步骤10 在修改命令面板中修改球体灯光的半径、倍增、颜色等参数，如下右图所示。

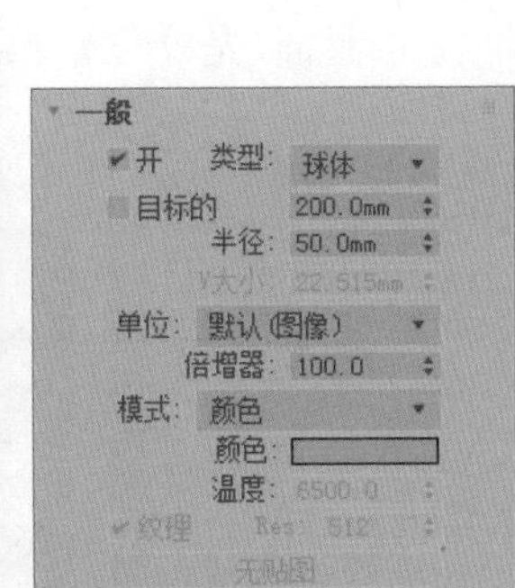

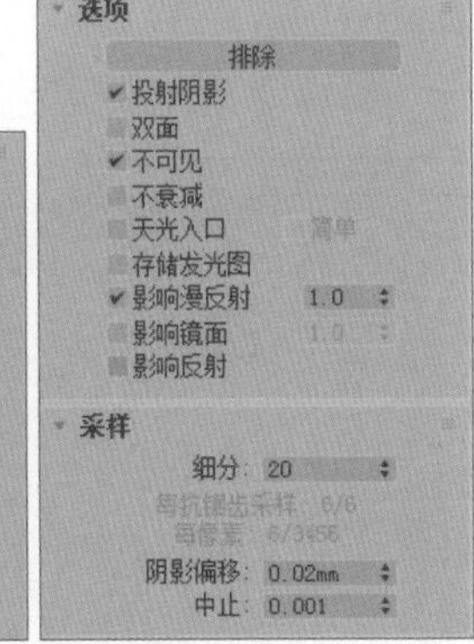

步骤11 设置台灯的灯光颜色参数，如下左图所示。

步骤12 执行“复制”命令，复制台灯光源到另一个台灯，如下右图所示。

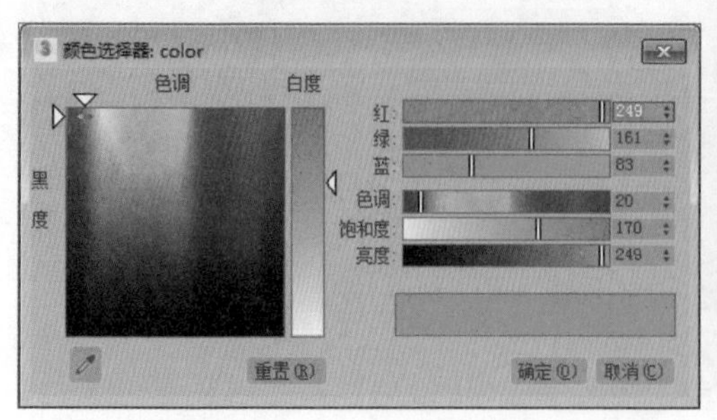

步骤13 单击“目标灯光”按钮，创建射灯光源，然后放在射灯模型的正下方，如下左图所示。

步骤14 在修改命令面板的“常规参数”卷展栏中设置阴影类型为VRayShadow（VRay-阴影），选择灯光分布类型为“光度学Web”，如下右图所示。

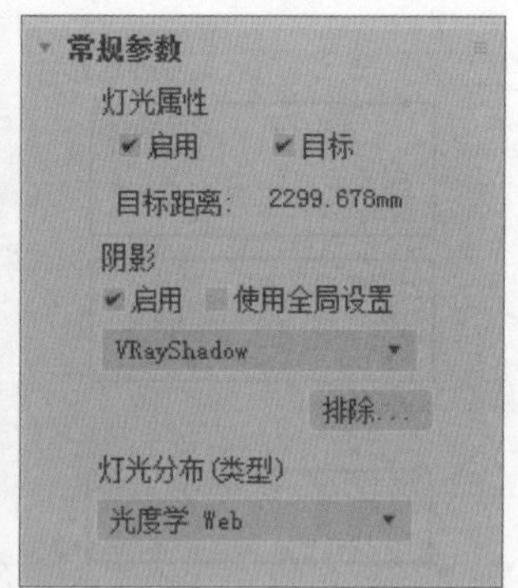

步骤15 在“分布（光度学Web）”卷展栏中单击“选择光度学文件”通道，打开“打开光域Web文件”对话框，从中选择需要的光域网文件，如下左图所示。

步骤16 单击“打开”按钮，加载光域网文件，如下右图所示。

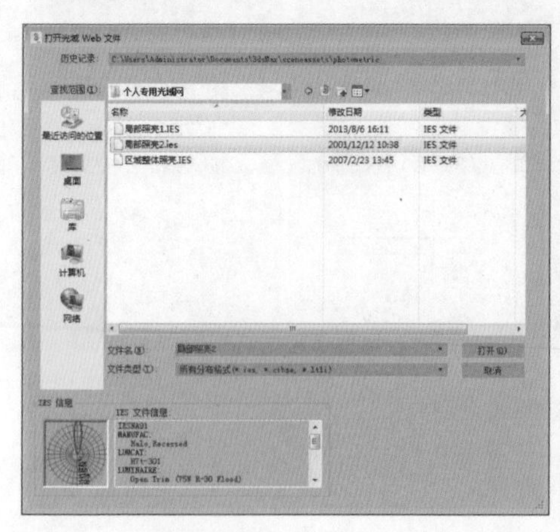

步骤 17 在"强度/颜色/衰减"卷展栏中设置过滤颜色和强度值，如下左图所示。

步骤 18 设置好的过滤颜色参数，如下右图所示。

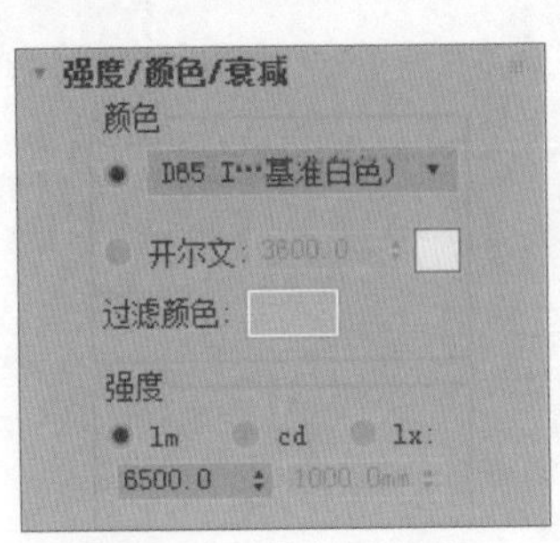

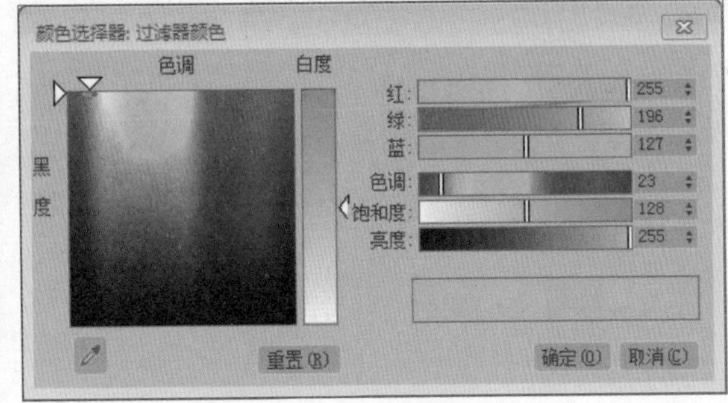

步骤 19 执行"复制"命令，实例复制射灯光源，如下左图所示。

步骤 20 创建VRay-平面灯光，放在窗帘内侧作为补光光源，如下右图所示。

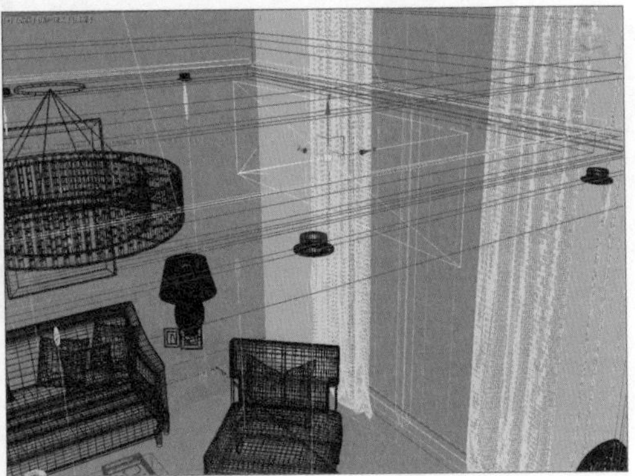

步骤 21 在修改命令面板中设置半长、半高、倍增、颜色等参数，如下左图所示。

步骤 22 设置光源灯光颜色，如下右图所示。

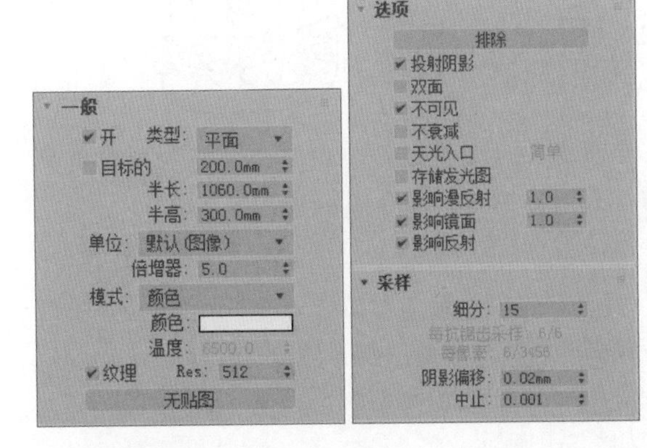

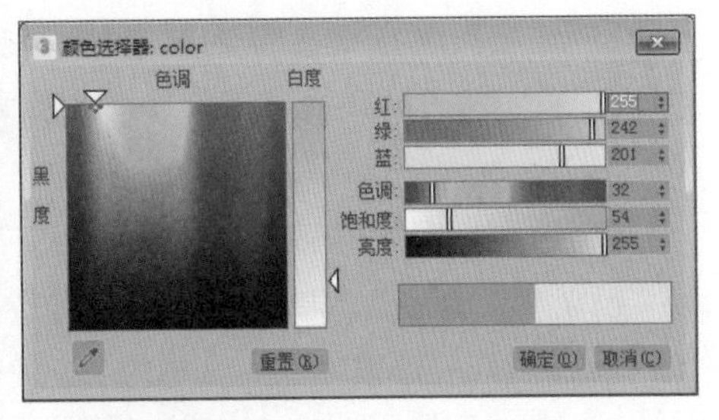

步骤 23 继续创建室外补光，放在窗户的外侧，如下左图所示。

步骤 24 在修改命令面板中设置半长、半高、倍增、颜色等参数，如下右图所示。

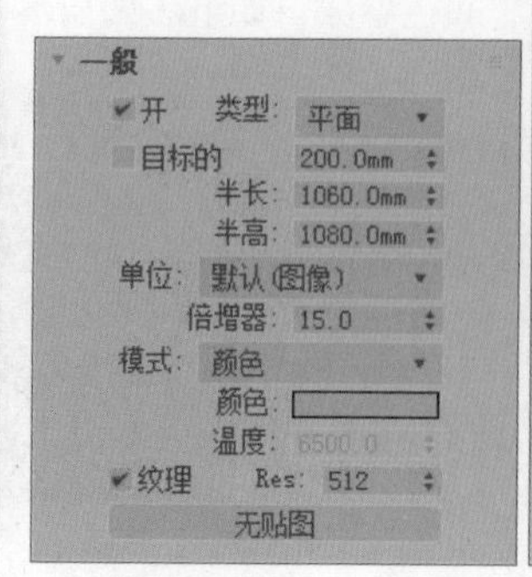

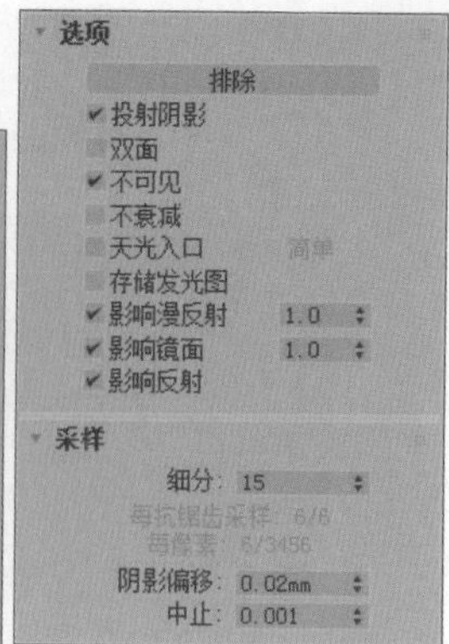

步骤25 设置补光光源的灯光颜色，如下左图所示。

步骤26 切换到摄影机视口，如下右图所示。

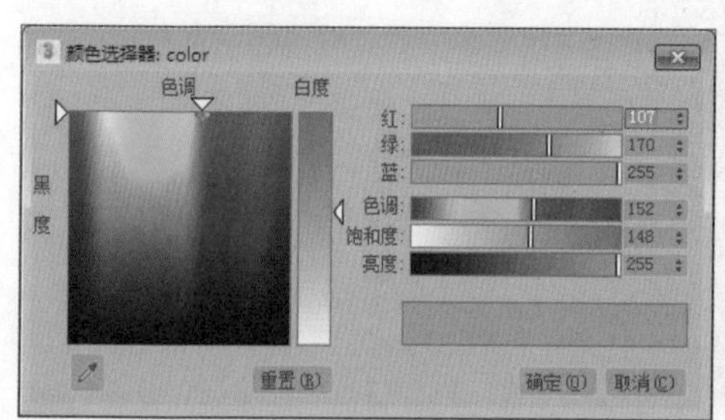

第4节 渲染客厅场景效果

灯光和材质都已经创建完毕，接着需要先对场景进行测试渲染，直到用户满意后，就可以正式渲染最终成品图像了，具体操作步骤介绍如下。

步骤01 执行“渲染>渲染设置”命令，打开“渲染设置”对话框，在V-Ray选项卡中打开“帧缓冲”卷展栏，取消勾选“启用内置帧缓冲区”复选框，如下左图所示。

步骤02 在“图像采样（抗锯齿）”卷展栏中设置抗锯齿类型为“块”；在“图像过滤”卷展栏中取消勾选“图像过滤器”复选框，如下右图所示。

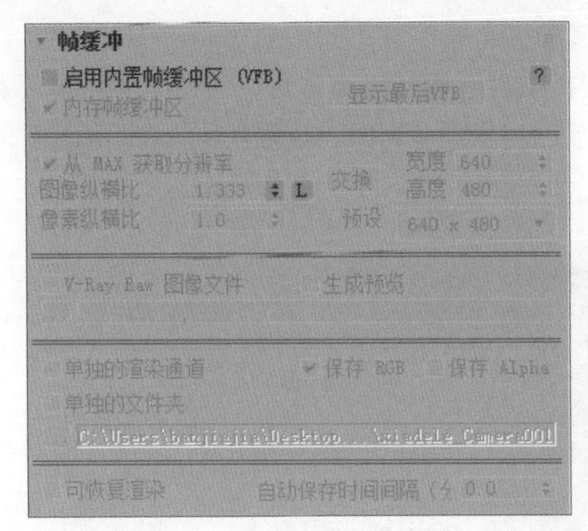

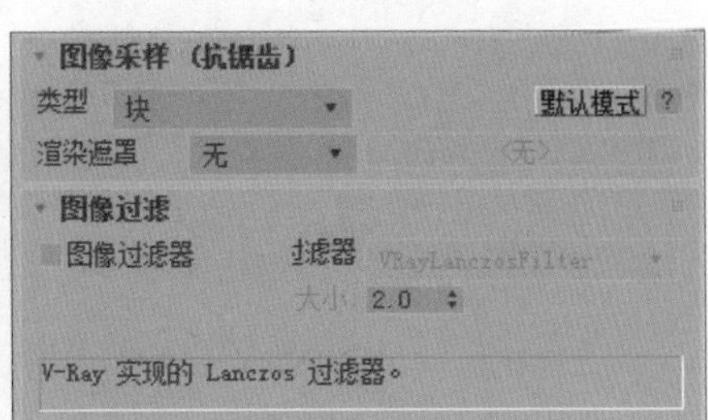

步骤03 在“颜色贴图”卷展栏中设置类型为“指数”，如下左图所示。

步骤04 在“全局光照”卷展栏中设置首次引擎为“发光贴图”；在“发光贴图”卷展栏中设置当前预设为“非常低”，设置细分值为20，如下右图所示。

颜色贴图
类型 指数 默认模式 ?
暗部倍增：1.0
亮部倍增：1.0

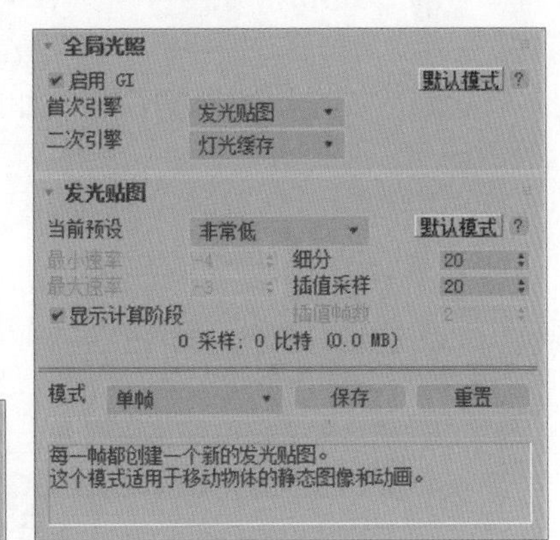

步骤05 在“灯光缓存”卷展栏中设置细分值为200，如下左图所示。

步骤06 渲染摄影机视图，效果如下右图所示。

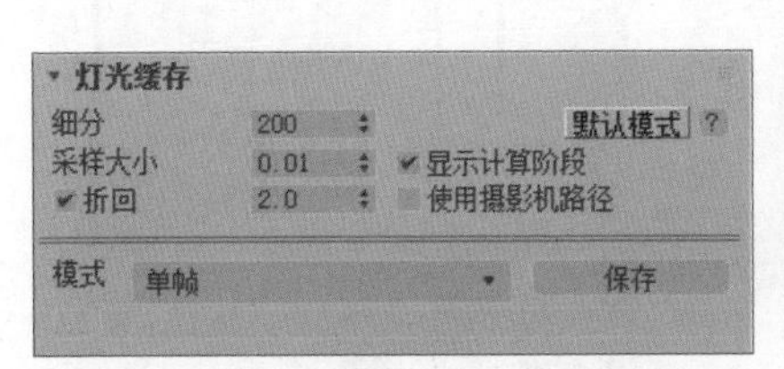

步骤07 在“公用参数”卷展栏中设置图片输出大小，如下左图所示。

步骤08 在“图像采样（抗锯齿）”卷展栏中设置抗锯齿类型为“渐进”，在“图像过滤”卷展栏中勾选“图像过滤器”复选框，设置过滤器类型，如下右图所示。

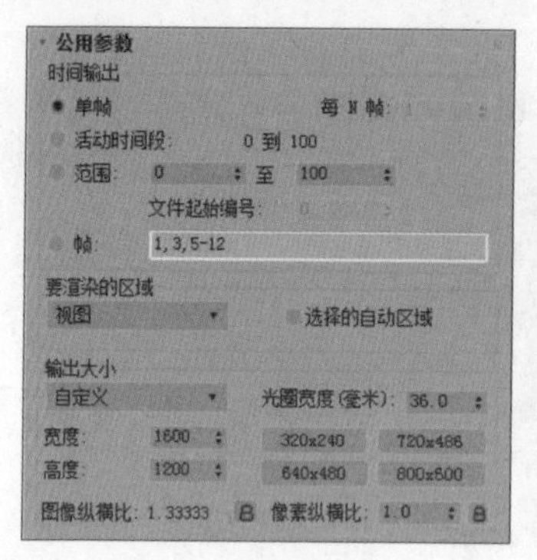

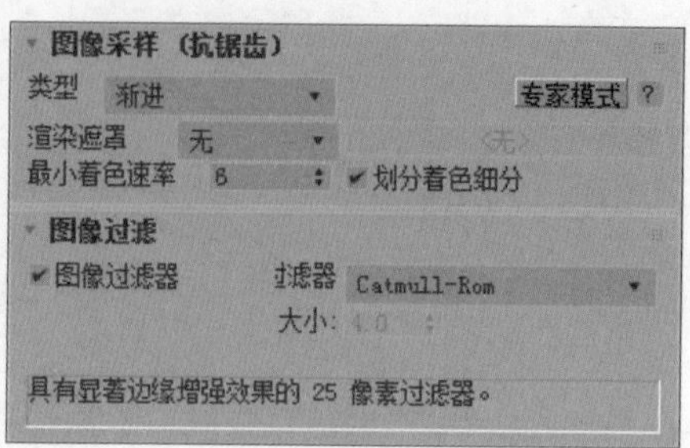

步骤09 在“全局DMC”卷展栏的高级模式中勾选“使用局部细分”复选框，设置自适应数量为0.75，如下左图所示。

步骤10 在“发光贴图”卷展栏中设置当前预设为“高”，细分和插值采样值均为50；在“灯光缓存”卷展栏中设置细分值为1200，如下右图所示。

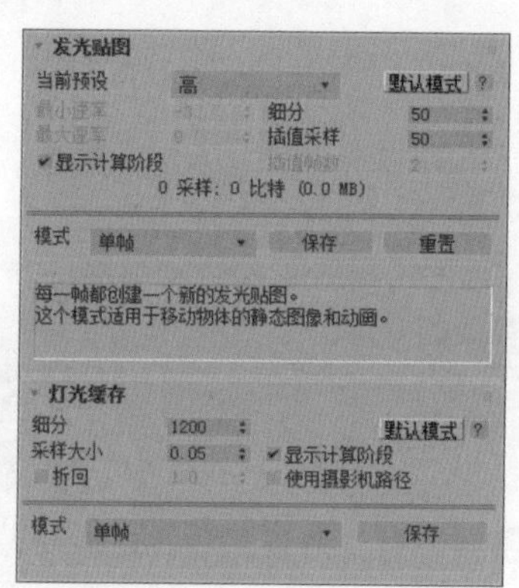

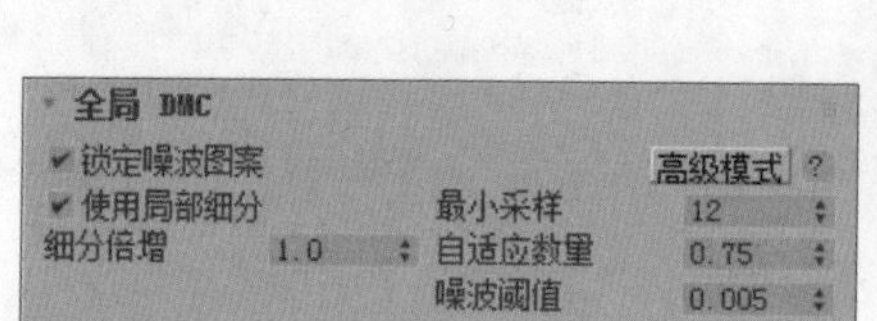

步骤11 在“系统”卷展栏中设置序列方式为“顶->底”，如下左图所示。

步骤12 渲染摄影机视图，效果如下右图所示。

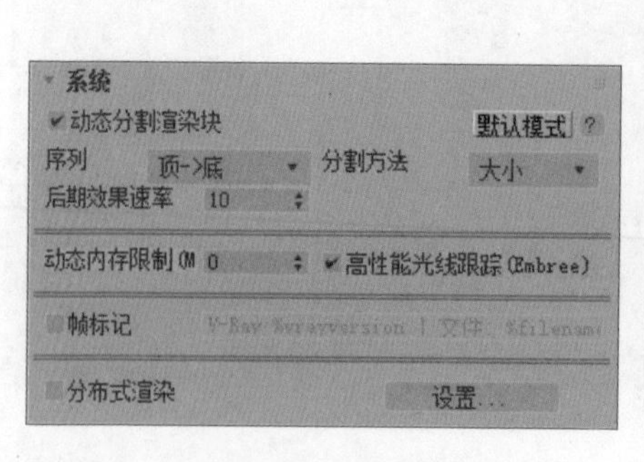

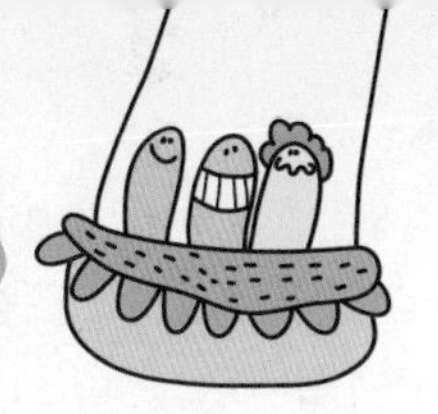

第5节 Photoshop后期处理

通过上面的制作，已经得到了客厅场景的成品图。由于受环境的影响，图像的色彩不够鲜明，这里就需要利用Photoshop软件对其进行调整，具体操作介绍如下。

步骤01 在Photoshop软件中打开渲染好的客厅效果图像文件，如下左图所示。

步骤02 执行“图像>调整>色相/饱和度”命令，打开“色相/饱和度”对话框，对图像中的黄色适当提高饱和度，如下右图所示。

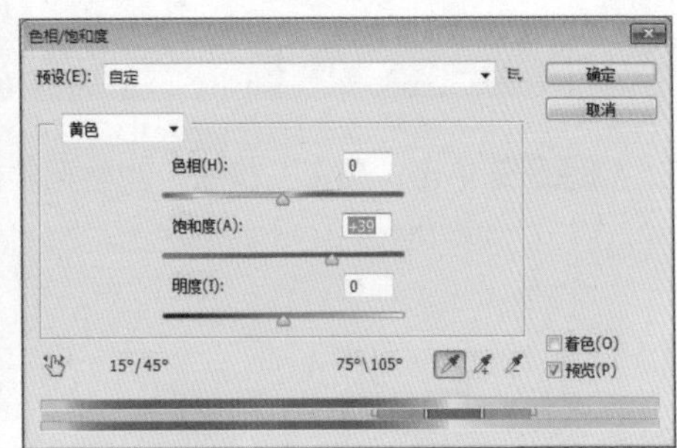

步骤03 单击“确定”按钮，效果如下左图所示。

步骤04 执行“图像>调整>亮度/对比度”命令，打开“亮度/对比度”对话框，设置亮度和对比度的值，如下右图所示。

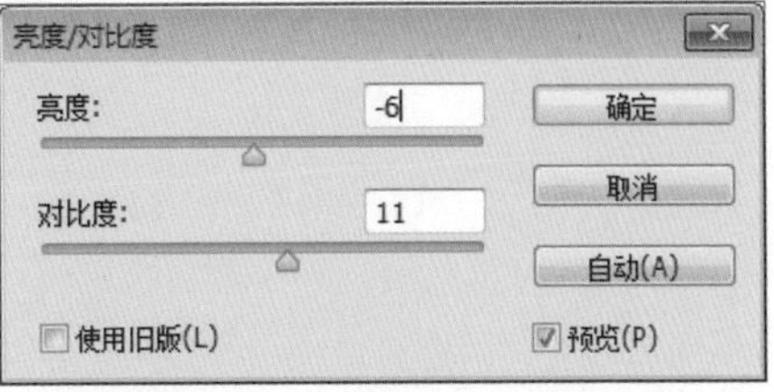

步骤 05 单击“确定”按钮，效果如下左图所示。

步骤 06 执行“图像>调整>曲线”命令，打开“曲线”对话框，添加控制点调整曲线，如下右图所示。

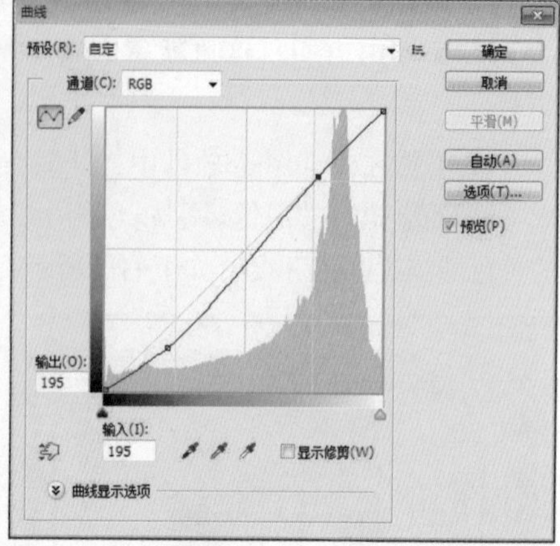

步骤 07 单击“确定”按钮，观察调整前后的效果，如下图所示。

10 Chapter 餐厅场景的表现

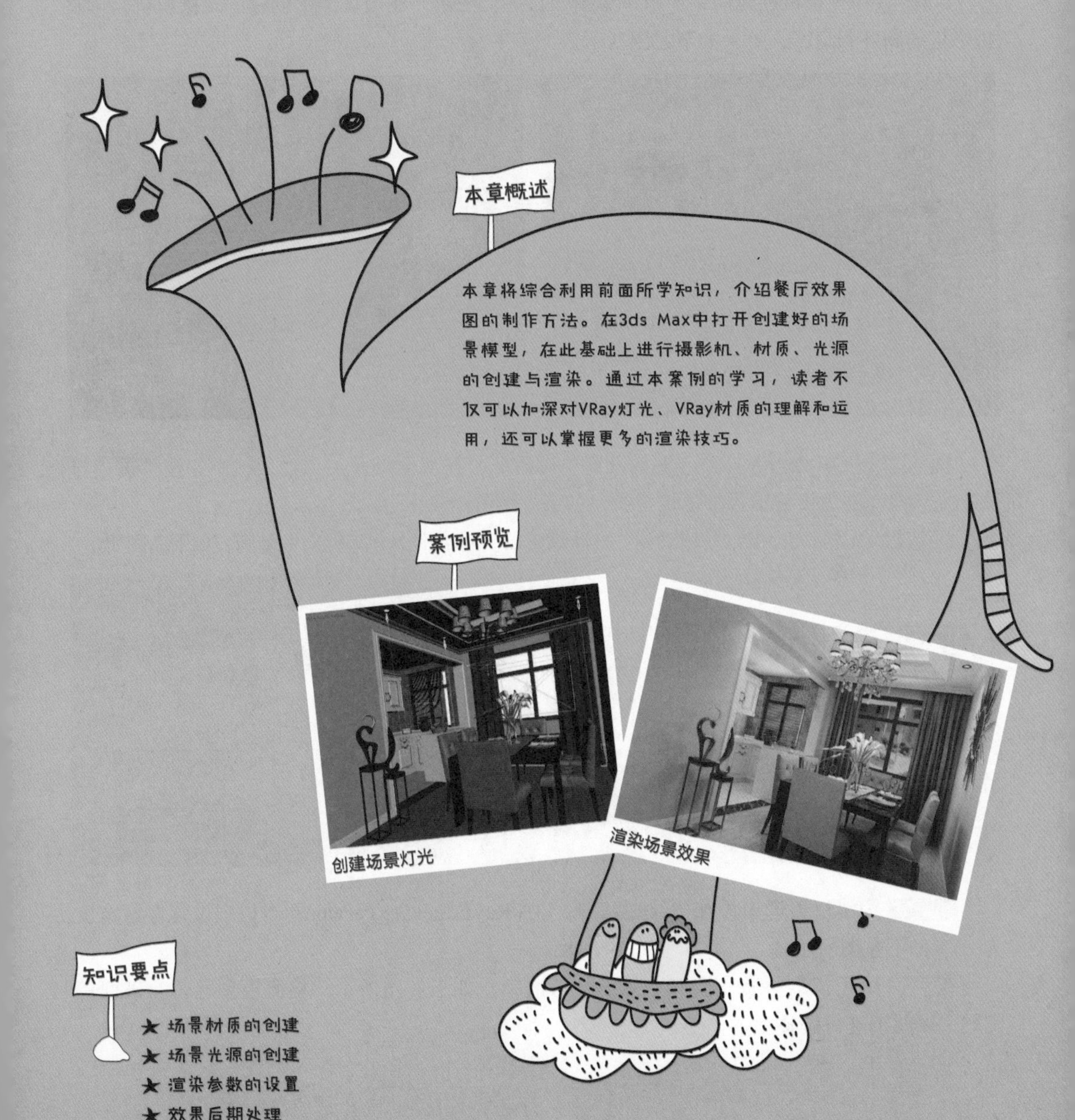

本章将综合利用前面所学知识，介绍餐厅效果图的制作方法。在3ds Max中打开创建好的场景模型，在此基础上进行摄影机、材质、光源的创建与渲染。通过本案例的学习，读者不仅可以加深对VRay灯光、VRay材质的理解和运用，还可以掌握更多的渲染技巧。

- ★ 场景材质的创建
- ★ 场景光源的创建
- ★ 渲染参数的设置
- ★ 效果后期处理

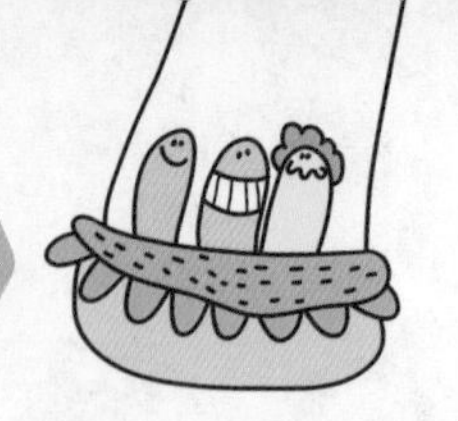

第1节 检测模型

下面将介绍如何在3ds Max中打开并检测已经创建完成的场景模型，具体操作步骤介绍如下。

步骤 01 打开素材文件，如下左图所示。

步骤 02 在摄影机创建命令面板中单击“目标”按钮，在顶视图中创建一架摄影机，调整摄影机的高度和角度，效果如下右图所示。

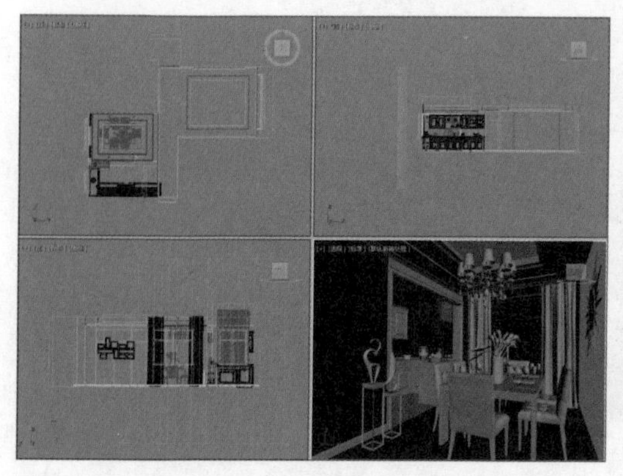

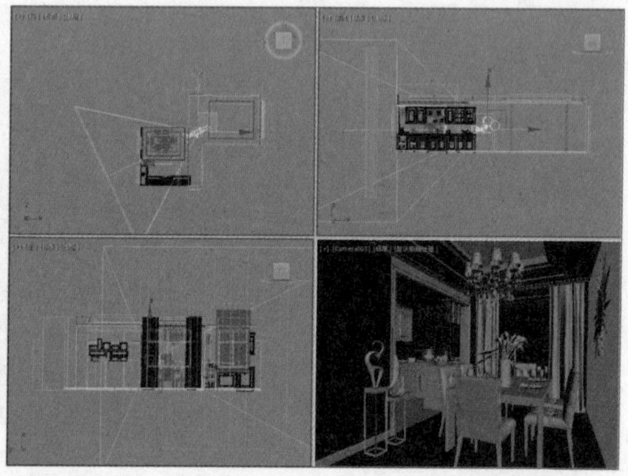

步骤 03 按F10功能键打开“渲染设置”对话框，在“全局开关”卷展栏中勾选“覆盖材质”复选框，并为该通道添加标准材质，如下左图所示。

步骤 04 将添加的标准材质拖动到“材质编辑器”对话框，并进行实例复制，如下右图所示。

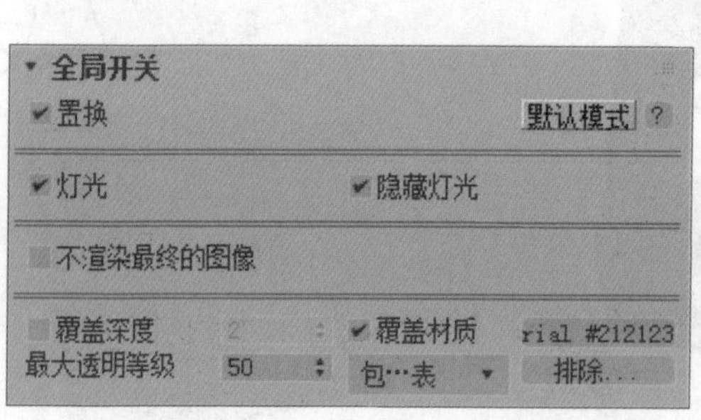

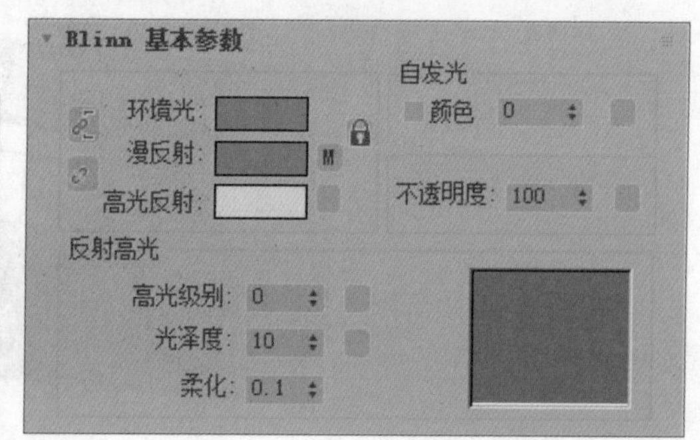

步骤 05 为漫反射通道添加边纹理贴图，在VRayEdgesTexParams卷展栏中设置像素宽度为0.3，如下左图所示。

步骤 06 赋予模型材质，按F9功能键进行渲染，如下右图所示。检测模型是否有破面等问题，以便于进行调整。

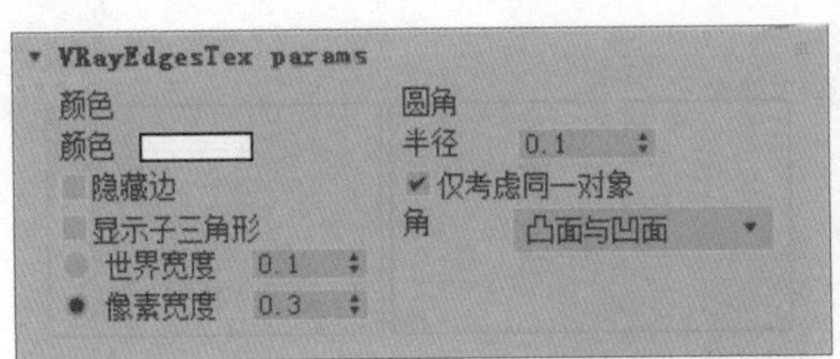

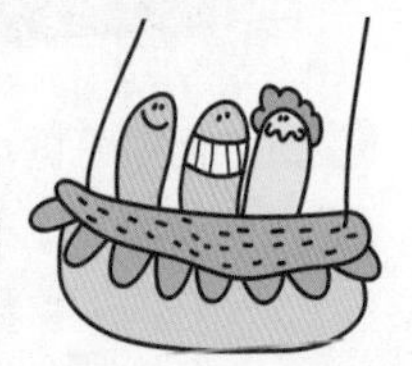

第2节 为餐厅场景创建材质

本节主要讲述为餐厅场景中的对象分别赋予材质的操作方法。材质的设置是制作效果图的关键之一，只有材质设置到位，才能表现出场景的真实性，具体操作步骤介绍如下。

10.2.1 为建筑主体创建材质

本场景中的墙面和顶面使用了不同颜色的乳胶漆，地面材质为木地板和瓷砖。下面将具体介绍操作步骤。

步骤01 按M键打开“材质编辑器”，在材质球示例窗口中选择一个未使用的材质球，设置材质类型为VRayMtl，设置漫反射颜色为255.255.255，设置高光光泽和反射光泽等参数，如下左图所示。

步骤02 在BRDF卷展栏中选择函数类型为Blinn；在“选项”卷展栏中取消勾选“光泽菲涅耳”、“跟踪反射”以及“雾系统单位比例”复选框，设置中止值为0.01，如下右图所示。

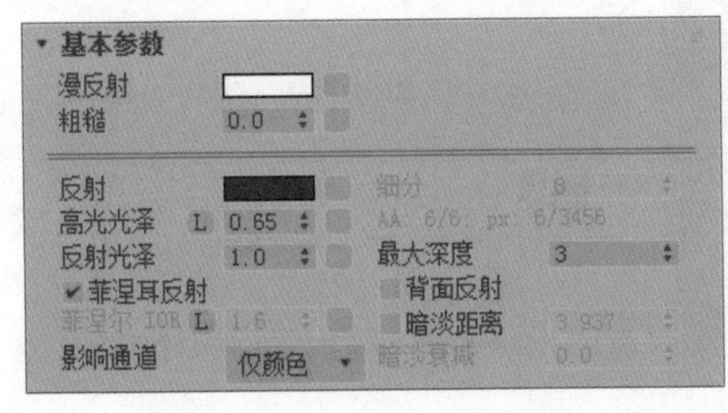

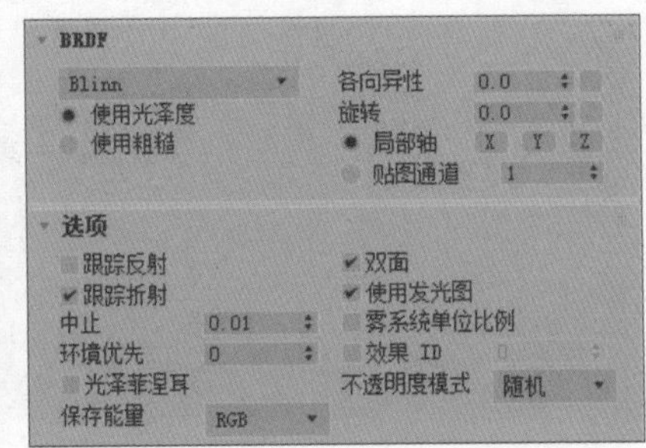

步骤 03 创建好的乳胶漆材质球效果，如下左图所示。

步骤 04 复制乳胶漆材质，设置复制后的材质球漫反射颜色参数，如下右图所示。

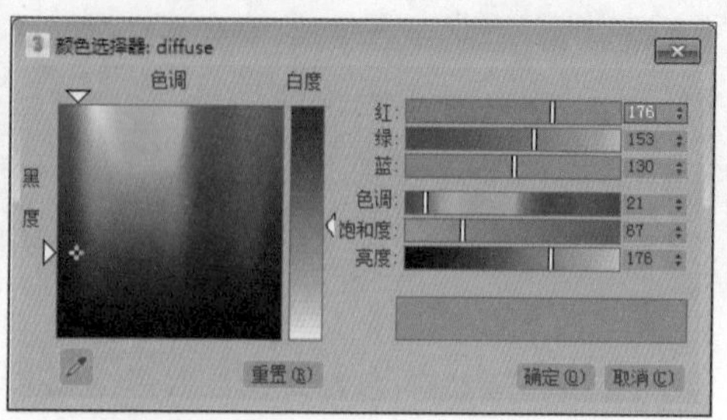

步骤 05 创建好的墙面材质球效果，如下左图所示。

步骤 06 选择一个未使用的材质球，设置材质类型为VRayMtl，设置高光光泽和反射光泽等参数，取消勾选“菲涅耳反射”复选框，如下右图所示。

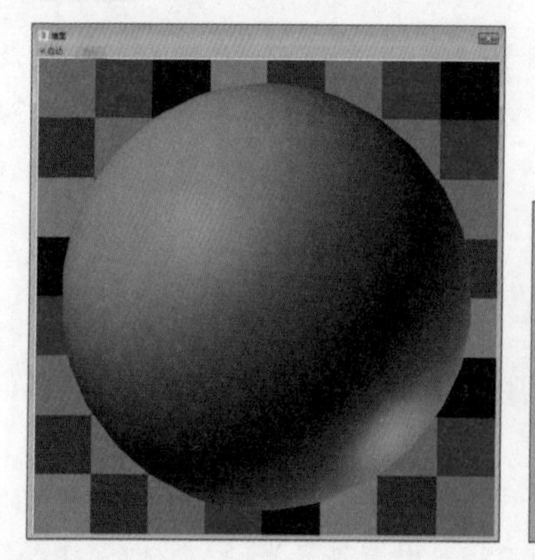

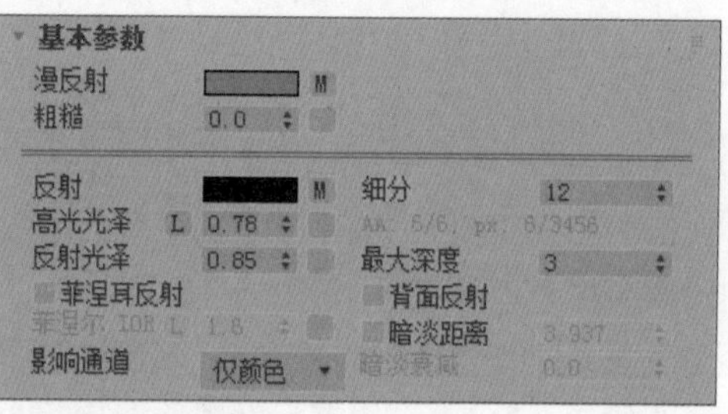

步骤 07 为漫反射通道添加的位图贴图，如下左图所示。

步骤 08 为反射通道添加衰减贴图，设置衰减类型等参数，如下右图所示。

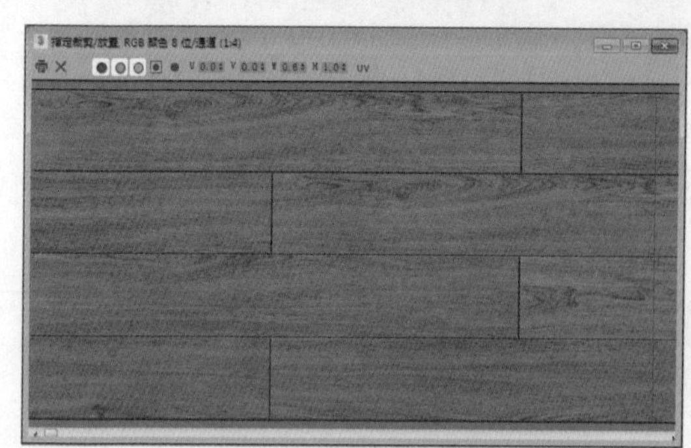

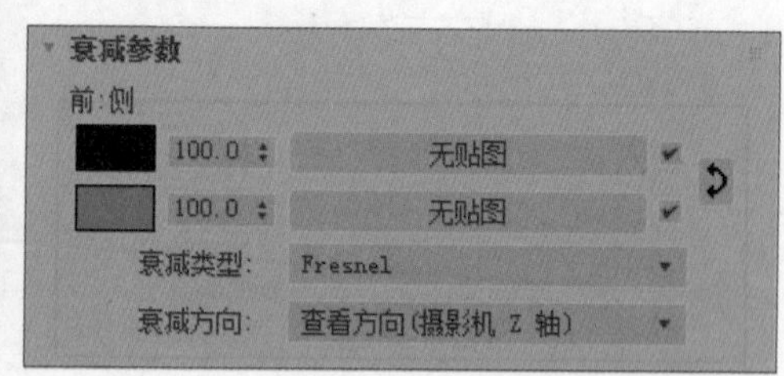

步骤09 设置颜色2的颜色参数，如下左图所示。

步骤10 在“贴图”卷展栏中复制漫反射通道的材质到凹凸通道上，并设置凹凸值，如下右图所示。

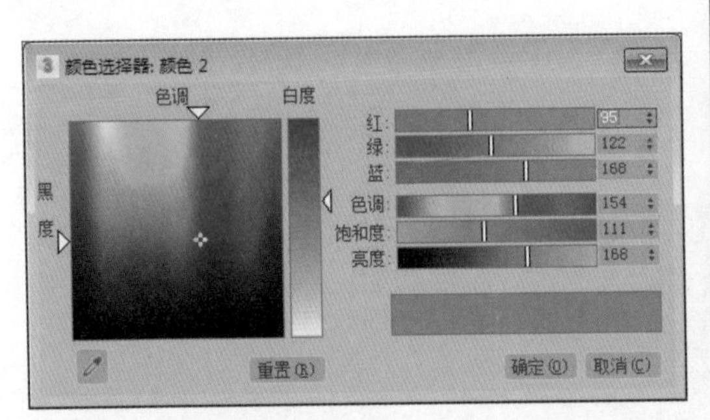

贴图

漫反射	100.0	✔	Map #1615 (209393.jpg)
粗糙	100.0	✔	无贴图
自发光	100.0	✔	无贴图
反射	100.0	✔	Map #1616 (Falloff)
高光光泽	100.0	✔	无贴图
反射光泽	100.0	✔	无贴图
菲涅尔 IOR	100.0	✔	无贴图
各向异性	100.0	✔	无贴图
各异性旋转	100.0	✔	无贴图
折射	100.0	✔	无贴图
光泽	100.0	✔	无贴图
IOR	100.0	✔	无贴图
半透明	100.0	✔	无贴图
雾颜色	100.0	✔	无贴图
凹凸	5.0	✔	Map #1615 (209393.jpg)
置换	100.0	✔	无贴图
透明度	100.0	✔	无贴图
环境		✔	无贴图

步骤11 在BRDF卷展栏中选择函数类型为Blinn；在“选项”卷展栏中取消勾选“光泽菲涅耳”和“雾系统单位比例”复选框，设置中止值为0.01，如下左图所示。

步骤12 创建好的木地板材质球效果，如下右图所示。

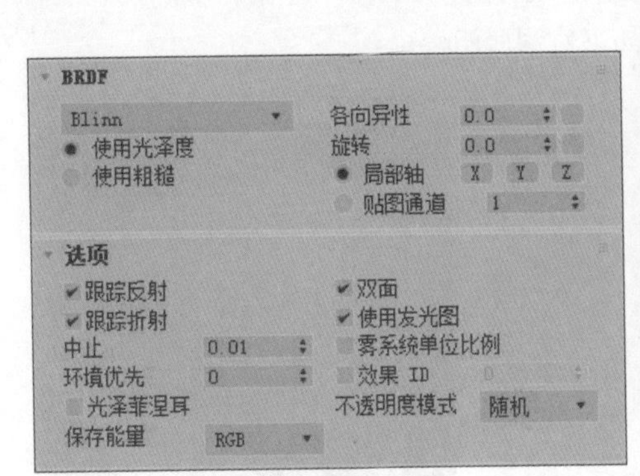

步骤13 选择一个未使用的材质球，设置材质类型为VRayMtl，设置高光光泽和反射光泽等参数，取消勾选“菲涅耳反射”复选框，如下左图所示。

步骤14 为漫反射通道添加的位图贴图，如下右图所示。

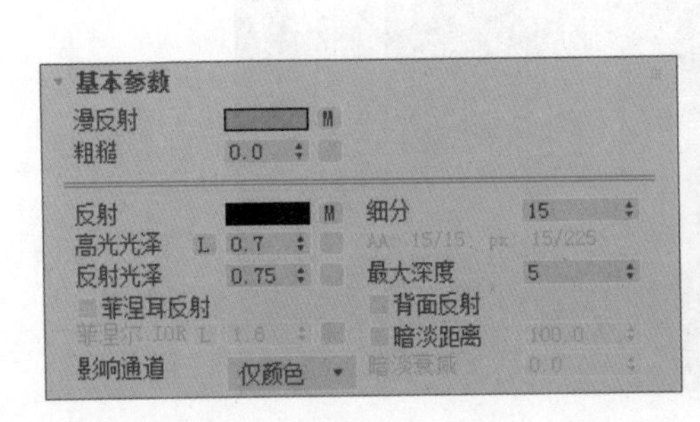

步骤15 为反射通道添加衰减贴图，设置衰减类型为Fresnel，并设置颜色2的颜色参数为110.110.110，如下左图所示。

步骤16 在“贴图”卷展栏中复制漫反射通道的材质放在凹凸通道上，并设置凹凸值为15，如下右图所示。

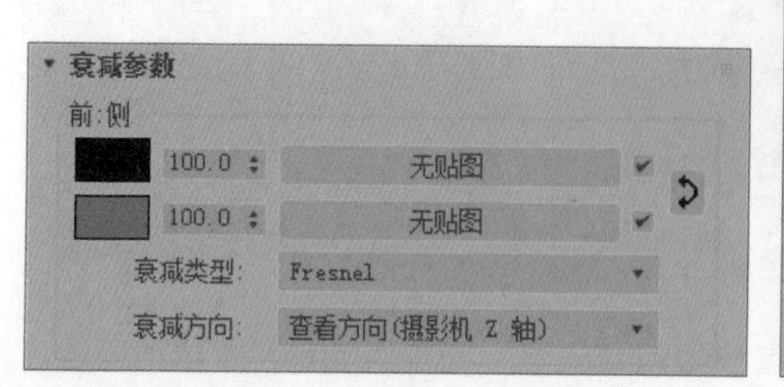

贴图

漫反射	100.0	✔	贴图 #2 (地砖贴图.jpeg)
粗糙	100.0	✔	无贴图
自发光	100.0	✔	无贴图
反射	100.0	✔	贴图 #4 (Falloff)
高光光泽	100.0	✔	无贴图
反射光泽	100.0	✔	无贴图
菲涅尔 IOR	100.0	✔	无贴图
各向异性	100.0	✔	无贴图
各异性旋转	100.0	✔	无贴图
折射	100.0	✔	无贴图
光泽	100.0	✔	无贴图
IOR	100.0	✔	无贴图
半透明	100.0	✔	无贴图
雾颜色	100.0	✔	无贴图
凹凸	15.0	✔	贴图 #5 (地砖贴图.jpeg)
置换	100.0	✔	无贴图
透明度	100.0	✔	无贴图
环境		✔	无贴图

步骤17 在BRDF卷展栏中选择函数类型为Blinn；在“选项”卷展栏中取消勾选“光泽菲涅耳”和“雾系统单位比例”复选框，设置中止值为0.01，如下左图所示。

步骤18 创建好的瓷砖材质球效果，如下右图所示。

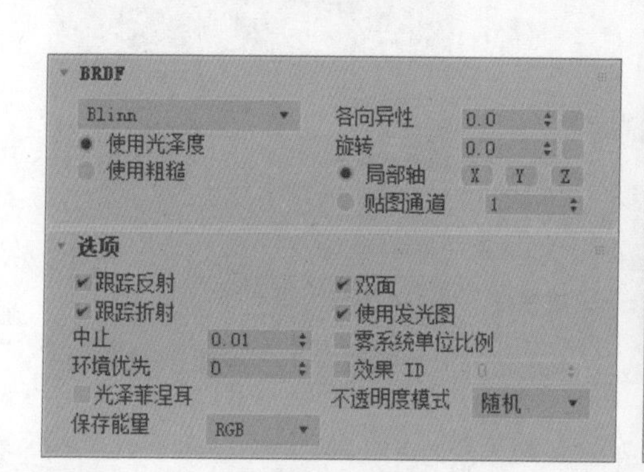

步骤19 将创建好的材质赋予模型，效果如下图所示。

10.2.2 为餐桌椅组合创建材质

场景中的家具主要是餐桌和餐具等，材质包括不锈钢、玻璃、布料等，下面介绍创建这几种材质的具体操作。

步骤 01 选择一个未使用的材质球，设置材质类型为VRayMtl，设置漫反射颜色为15.15.15，设置反射颜色、细分、反射光泽和高光光泽等参数，取消勾选“菲涅耳反射”复选框，如下左图所示。

步骤 02 为反射通道添加衰减类型，并设置相关参数，如下右图所示。

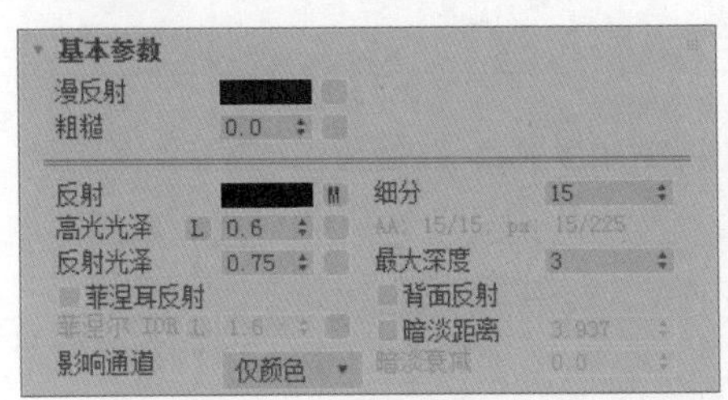

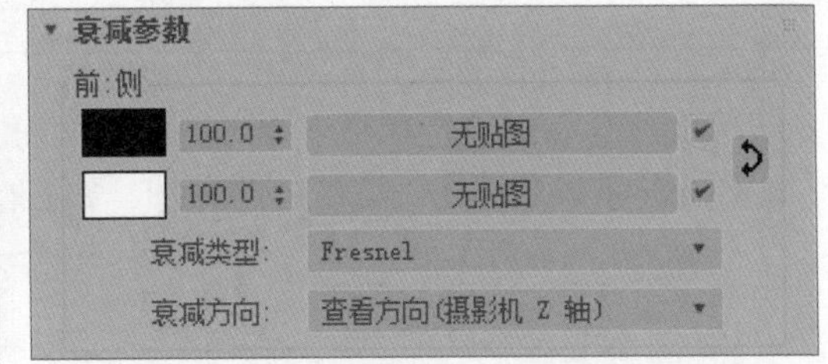

步骤 03 在BRDF卷展栏中选择函数类型为Blinn；在“选项”卷展栏中取消勾选“光泽菲涅耳”和“雾系统单位比例”复选框，设置中止值为0.01，如下左图所示。

步骤 04 创建好的椅子腿材质球效果如下右图所示。

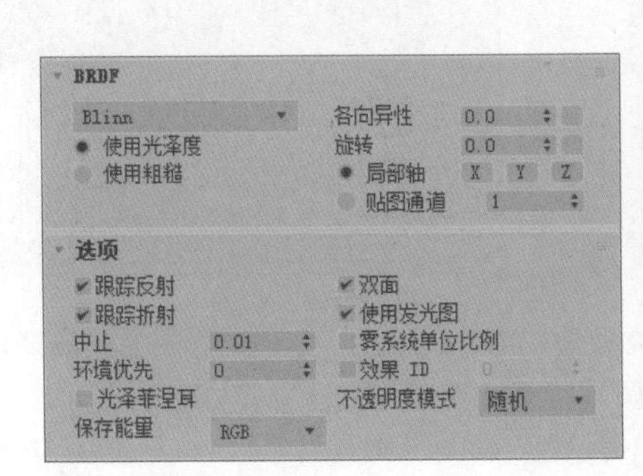

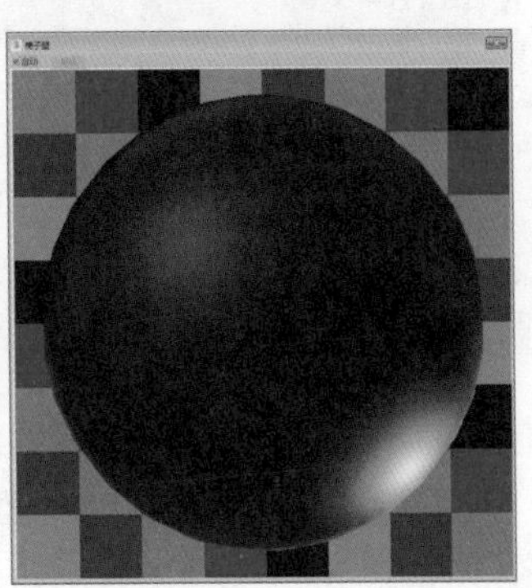

步骤 05 选择一个未使用的材质球，设置材质类型为VRayMtl，设置漫反射颜色为240.240.240，设置反射颜色为50.50.50，并设置高光光泽、反射光泽和细分等参数，如下左图所示。

步骤 06 为漫反射通道添加衰减贴图，并设置衰减类型等参数，如下右图所示。

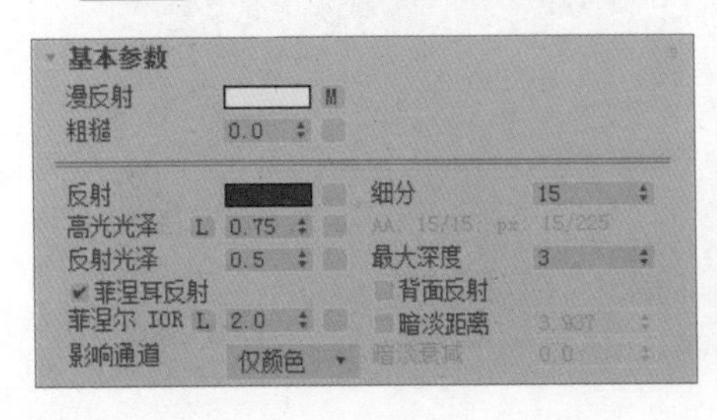

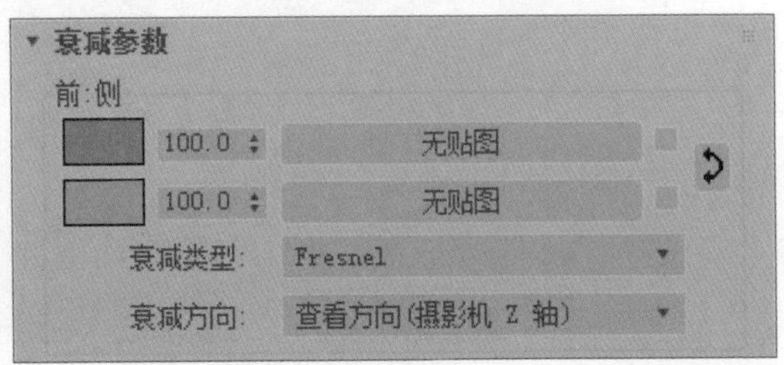

步骤 07 设置颜色1的颜色参数，如下左图所示。

步骤 08 设置颜色2的颜色参数，如下右图所示。

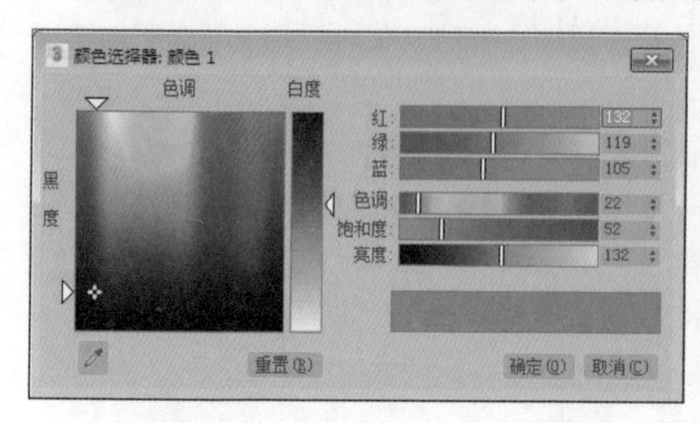

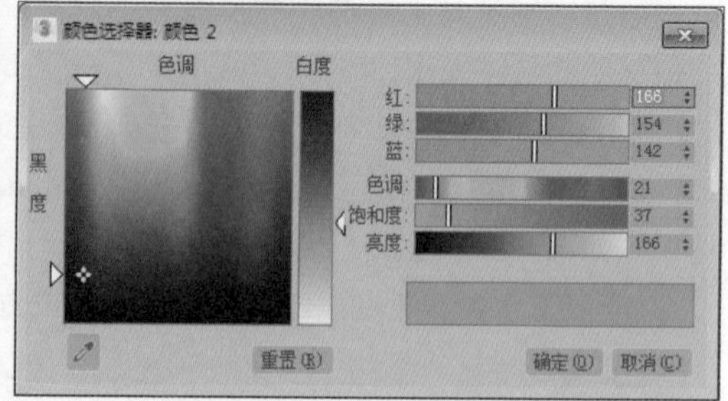

步骤 09 在“贴图”卷展栏中为凹凸通道添加位图贴图，并设置凹凸值，如下左图所示。

步骤 10 为凹凸通道所添加的位图贴图，如下右图所示。

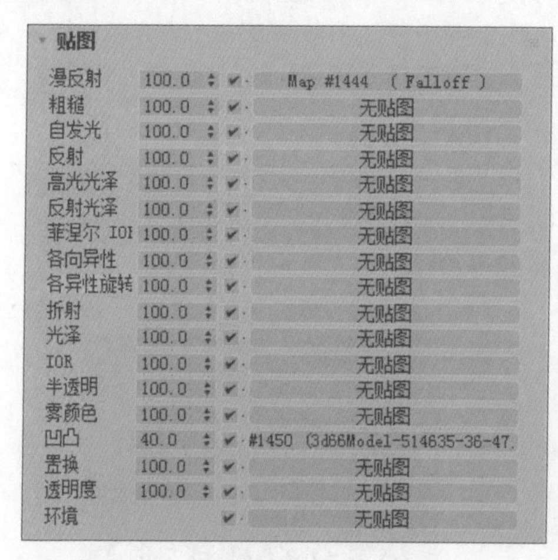

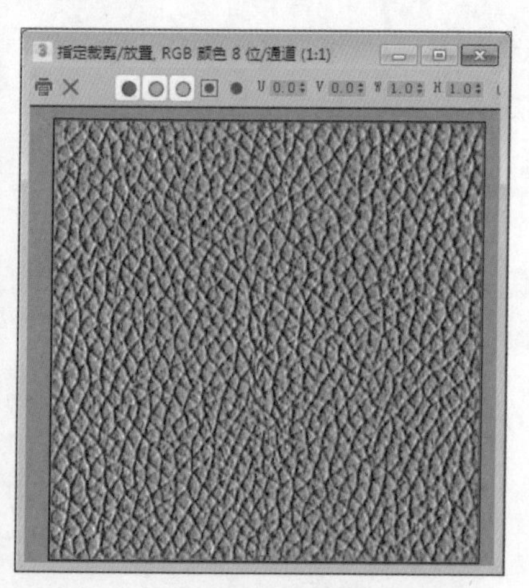

步骤 11 在BRDF卷展栏中选择函数类型为“Blinn”；在“选项”卷展栏中取消勾选“光泽菲涅耳”和“雾系统单位比例”复选框，设置中止值为0.01，如下左图所示。

步骤 12 创建好的皮革材质球效果如下右图所示。

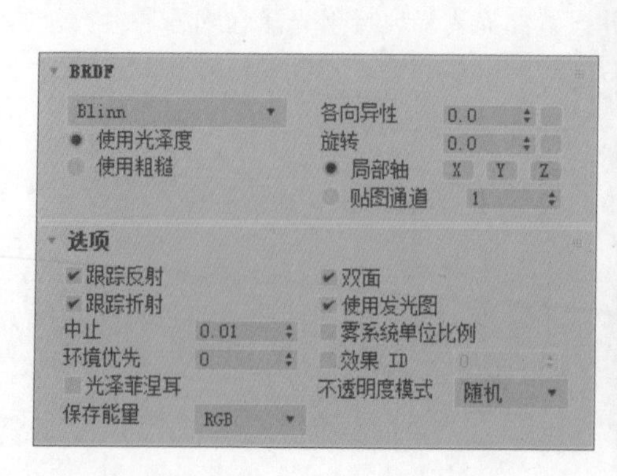

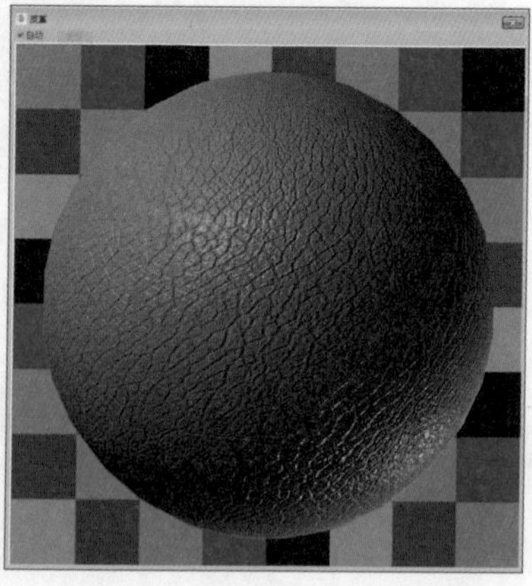

步骤13 选择一个未使用的材质球，设置材质类型为VRayMtl，设置漫反射颜色为10.10.10，设置反射颜色为150.150.150，设置高光光泽的值，并取消勾选“菲涅耳反射”复选框，如下左图所示。

步骤14 为反射通道添加衰减贴图，并设置衰减类型等参数，如下右图所示。

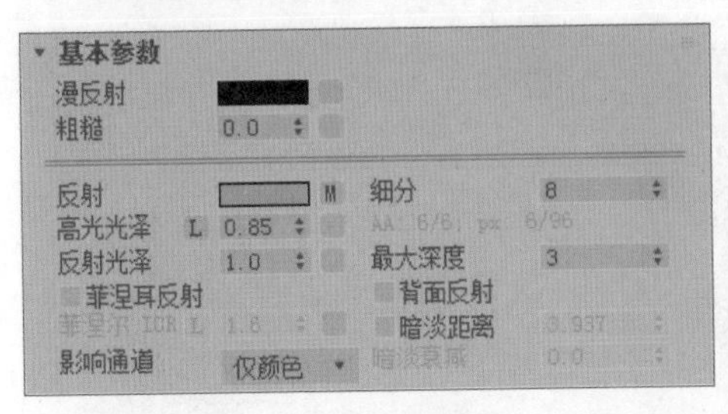

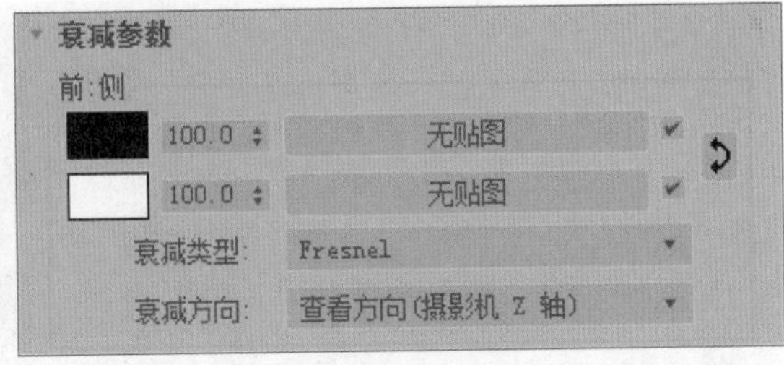

步骤15 在BRDF卷展栏中选择函数类型为Blinn；在“选项”卷展栏中取消勾选“光泽菲涅耳”和“雾系统单位比例”复选框，设置中止值为0.01，如下左图所示。

步骤16 创建好的餐桌材质球效果如下右图所示。

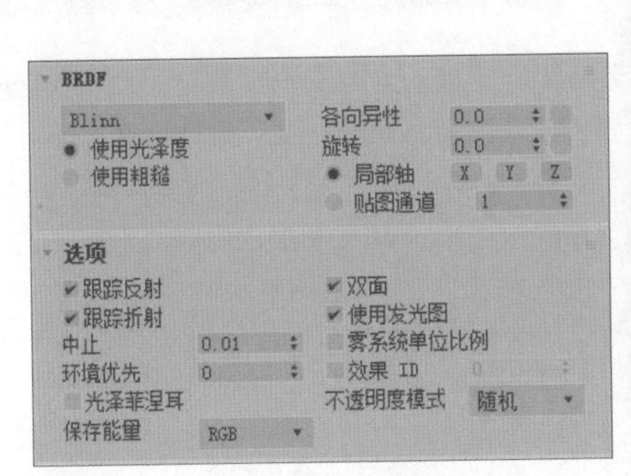

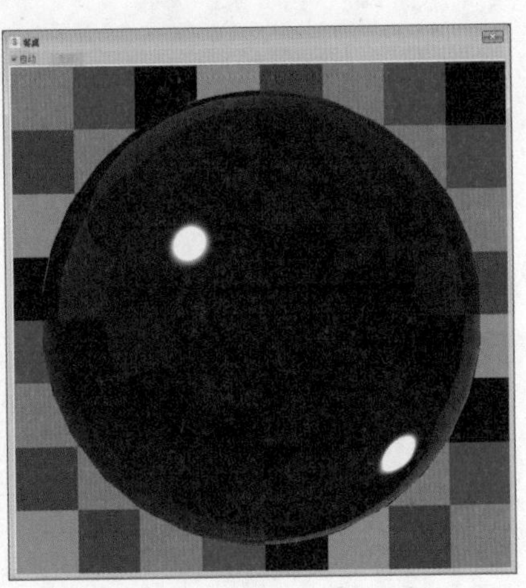

步骤17 选择一个未使用的材质球，设置材质类型为VRayMtl，设置漫反射颜色为232.232.232，设置反射颜色为255.255.255，设置反射光泽以及细分等参数，如下左图所示。

步骤18 为漫反射通道添加衰减贴图，设置衰减类型，并设置颜色1的颜色参数为232.232.232，设置颜色2的颜色参数为255.255.255，如下右图所示。

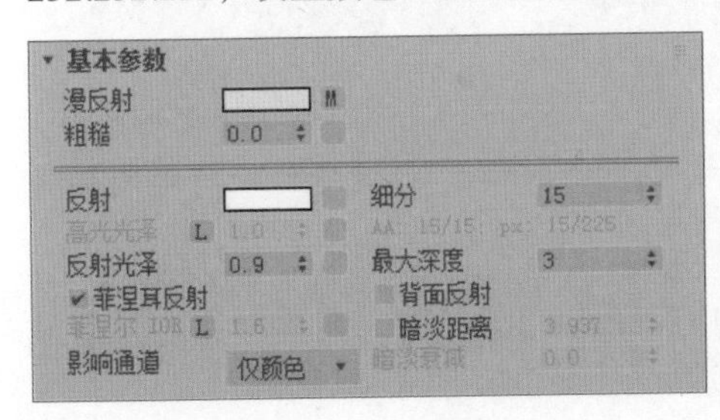

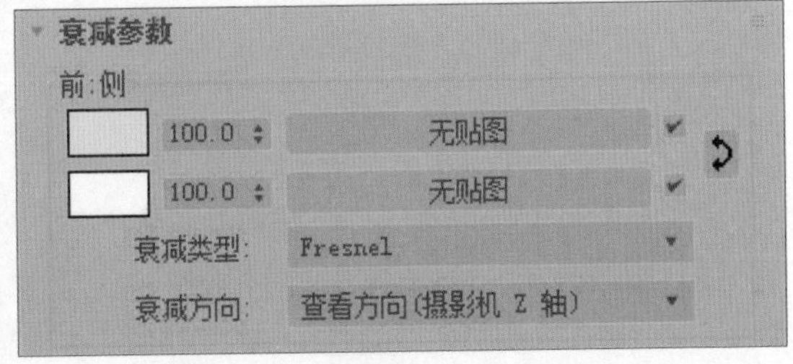

步骤19 在BRDF卷展栏中选择函数类型为Blinn；在“选项”卷展栏中取消勾选“光泽菲涅耳”和“雾系统单位比例”复选框，设置中止值为0.01，如下左图所示。

步骤20 创建好的餐盘材质球效果，如下右图所示。

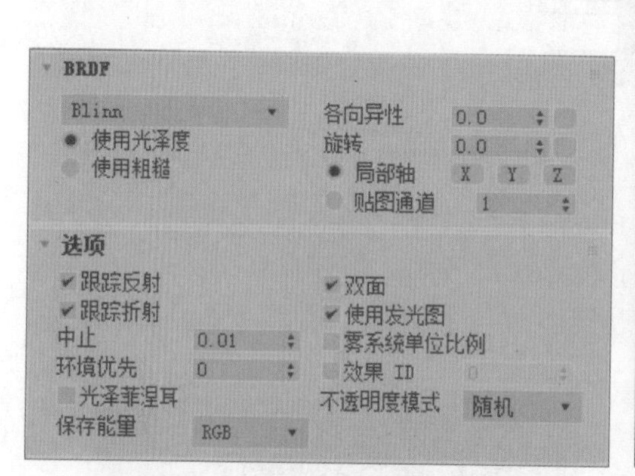

步骤21 选择一个未使用的材质球，设置材质类型为VRayMtl，设置漫反射颜色为255.255.255，设置反射颜色为30.30.30，设置折射颜色为252.252.252，取消勾选“菲涅耳反射”复选框，如下左图所示。

步骤22 在BRDF卷展栏中选择函数类型为Blinn；在“选项”卷展栏中取消勾选“光泽菲涅耳”和“雾系统单位比例”复选框，设置中止值为0.01，如下右图所示。

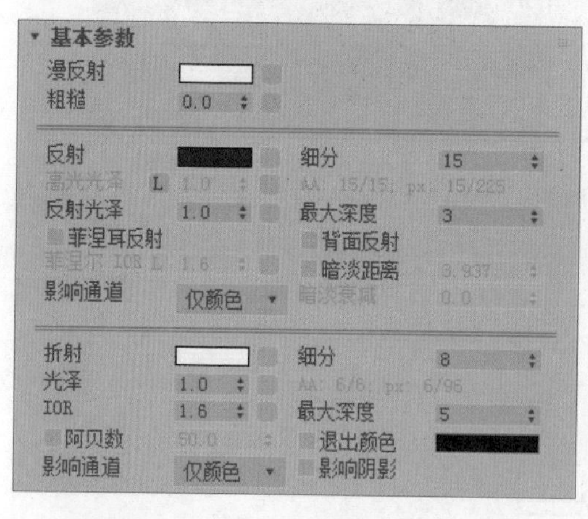

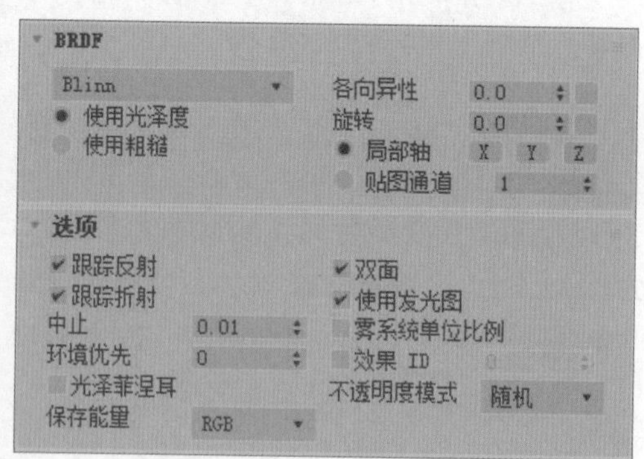

步骤23 创建好的酒杯材质球效果，如下左图所示。

步骤24 选择一个未使用的材质球，设置材质类型为VRayMtl，设置漫反射颜色为240.240.240，设置反射颜色为50.50.50，并设置高光光泽和反射光泽等参数，如下右图所示。

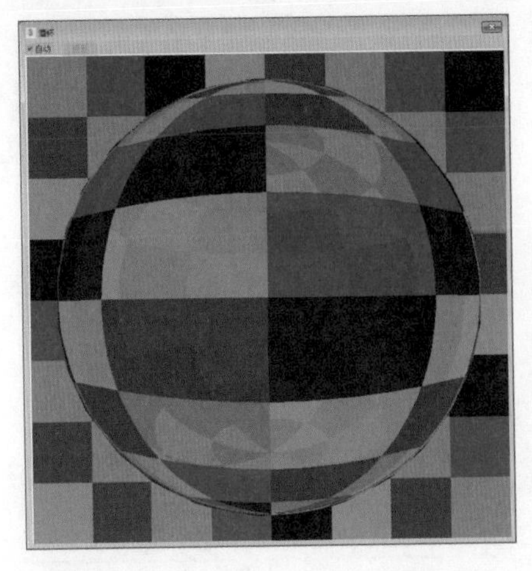

基本参数
漫反射 M
粗糙 0.0
反射
细分 15
高光光泽 L 0.4
AA: 15/15; px: 15/225
反射光泽 0.75
最大深度 3
✔菲涅耳反射
背面反射
菲涅尔 IOR L 2.0
暗淡距离 3.937
影响通道 仅颜色
暗淡衰减 0.0

步骤25 为漫反射通道添加衰减贴图，设置衰减类型等参数，如下左图所示。

步骤26 为颜色1和2通道添加相同的位图贴图，如下右图所示。

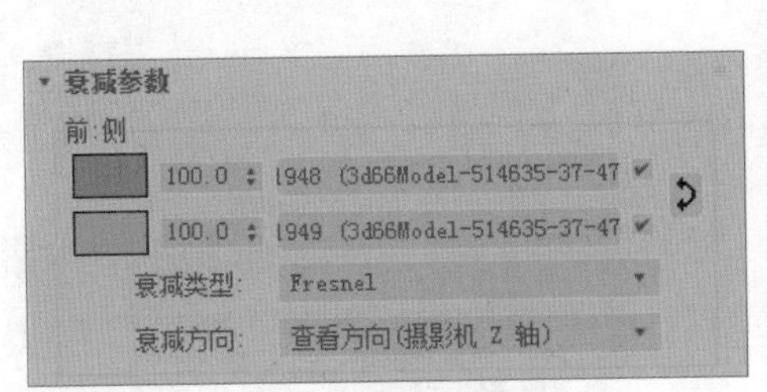

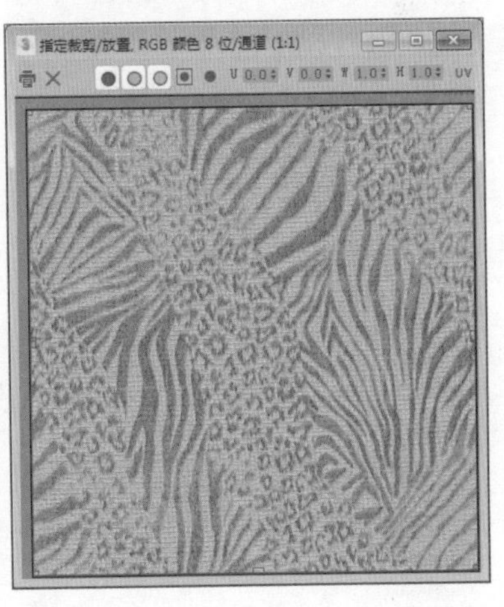

步骤27 设置颜色1的颜色参数，如下左图所示。

步骤28 设置颜色2的颜色参数，如下右图所示。

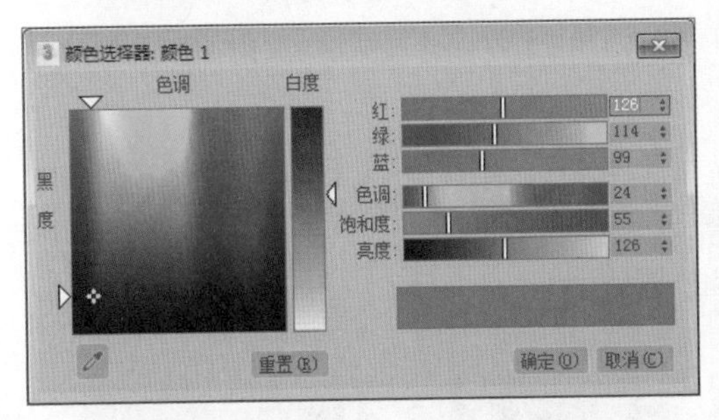

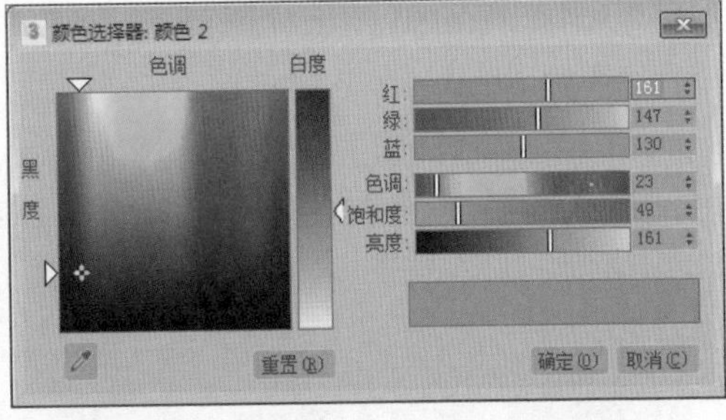

步骤29 在“贴图”卷展栏中为凹凸通道添加位图贴图，并设置凹凸值，如下左图所示。

步骤30 为凹凸通道添加的位图贴图，如下右图所示。

贴图			
漫反射	100.0	✔	Map #1444 （Falloff）
粗糙	100.0	✔	无贴图
自发光	100.0	✔	无贴图
反射	100.0	✔	无贴图
高光光泽	100.0	✔	无贴图
反射光泽	100.0	✔	无贴图
菲涅尔 IOR	100.0	✔	无贴图
各向异性	100.0	✔	无贴图
各异性旋转	100.0	✔	无贴图
折射	100.0	✔	无贴图
光泽	100.0	✔	无贴图
IOR	100.0	✔	无贴图
半透明	100.0	✔	无贴图
雾颜色	100.0	✔	无贴图
凹凸	40.0	✔	#1450 (3d66Model-514635-36-47.
置换	100.0	✔	无贴图
透明度	100.0	✔	无贴图
环境		✔	无贴图

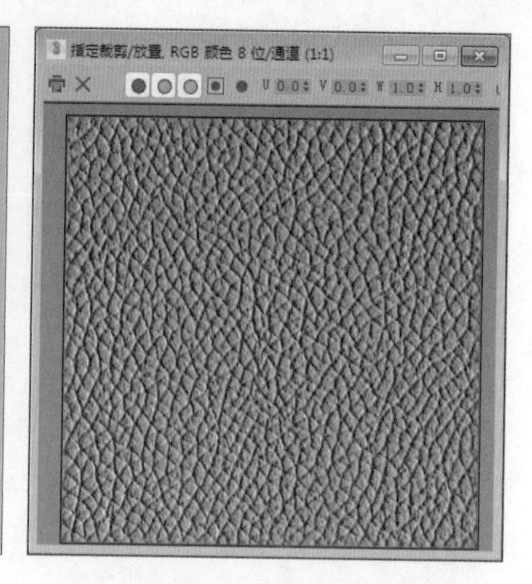

步骤31 在BRDF卷展栏中选择函数类型为Blinn；在“选项”卷展栏中取消勾选“光泽菲涅耳”和“雾系统单位比例”复选框，设置中止值为0.01，如下左图所示。

步骤32 创建好的餐布材质球效果，如下右图所示。

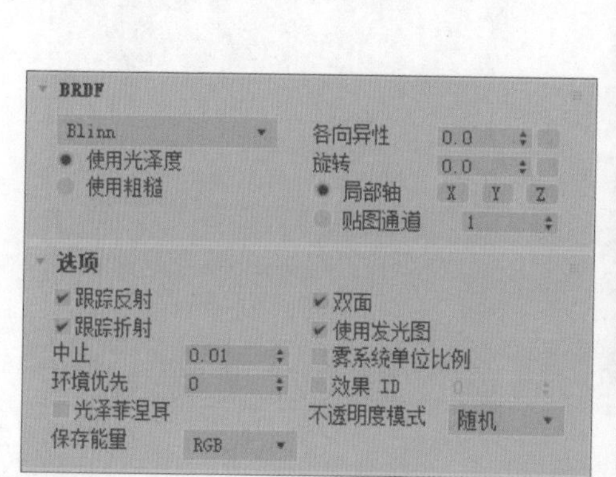

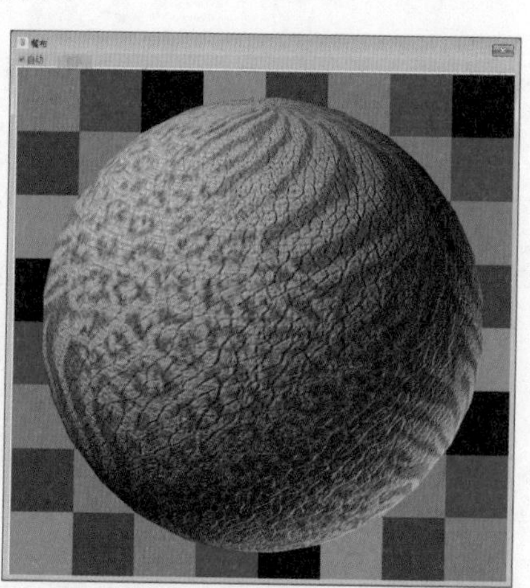

步骤33 选择一个未使用的材质球，设置材质类型为VRayMtl，设置漫反射颜色，设置反射颜色为180.180.180，设置高光光泽、细分等参数，并取消勾选“菲涅耳反射”复选框，如下左图所示。

步骤34 漫反射颜色参数如下右图所示。

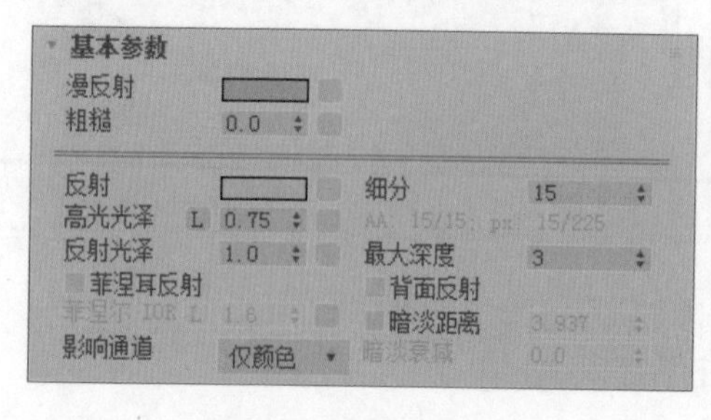

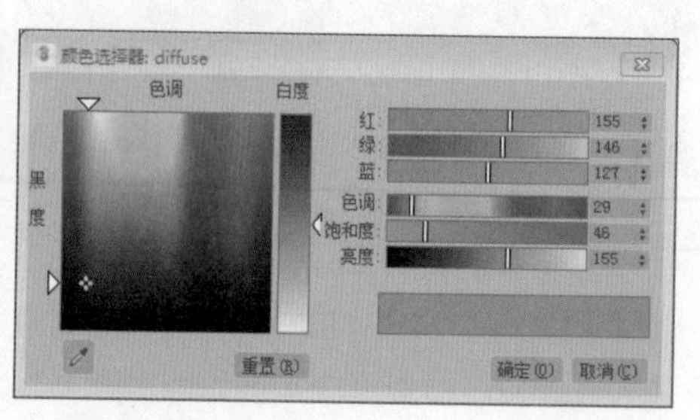

步骤 35 在BRDF卷展栏中选择函数类型为Blinn；在“选项”卷展栏中取消勾选“光泽菲涅耳”和“雾系统单位比例”复选框，设置中止值为0.01，如下左图所示。

步骤 36 创建好的不锈钢底座材质球效果，如下右图所示。

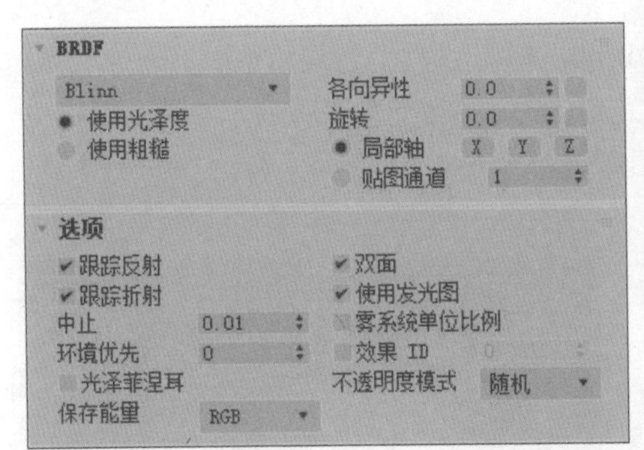

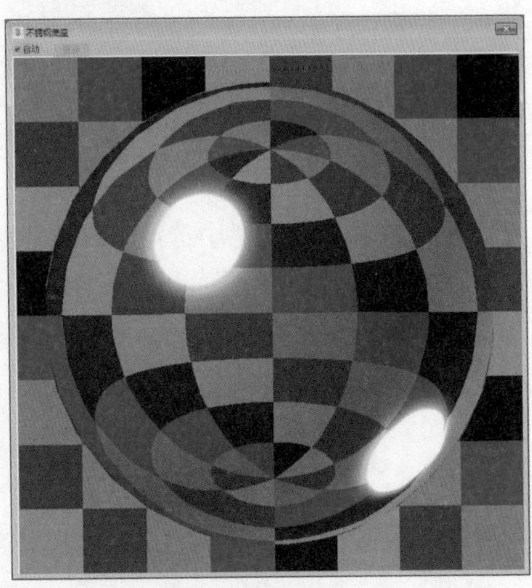

步骤 37 将创建好的材质赋予模型并进行渲染，效果如下图所示。

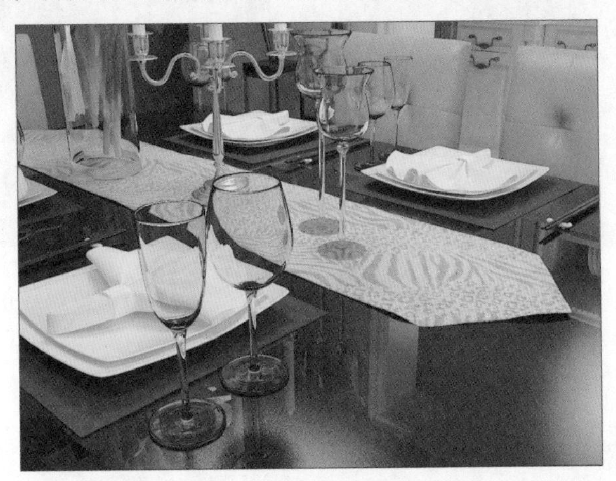

10.2.3 为装饰镜创建材质

装饰镜作为餐厅的一个亮点，具有扩大空间的效果，其材质包括不锈钢和镜面，下面将对该材质的创建步骤进行介绍。

步骤 01 选择一个未使用的材质球，设置材质类型为VRayMtl，设置漫反射颜色为5.5.5，设置反射颜色、高光光泽和反射光泽，并取消勾选“菲涅耳反射”复选框，如下左图所示。

步骤 02 反射颜色参数如下右图所示。

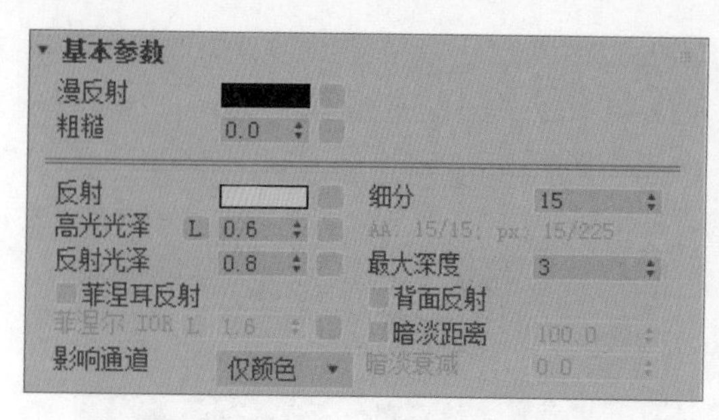

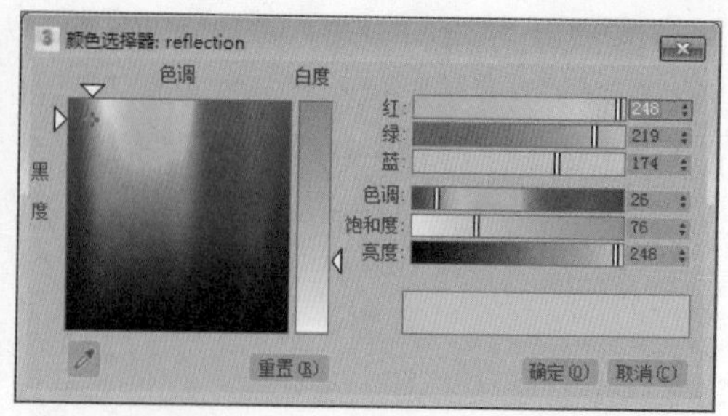

步骤03 在BRDF卷展栏中选择函数类型为Blinn；在“选项”卷展栏中取消勾选“光泽菲涅耳”和“雾系统单位比例”复选框，设置中止值为0.01，如下左图所示。

步骤04 创建好的镜框材质球效果如下右图所示。

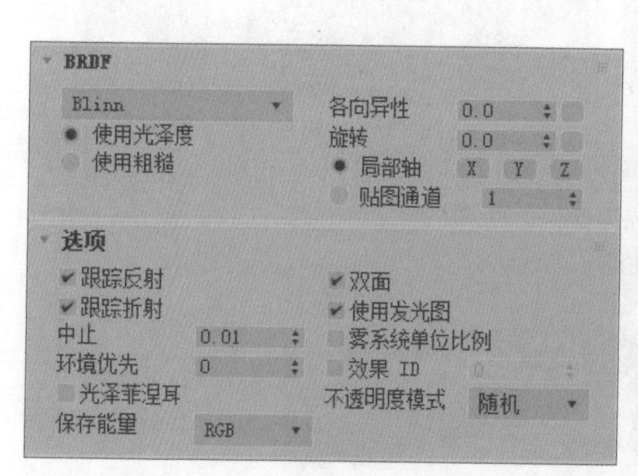

步骤05 要创建镜子材质，则选择一个未使用的材质球，设置材质类型为VRayMtl，设置漫反射和反射颜色，设置细分值，并取消勾选“菲涅耳反射”复选框，如下左图所示。

步骤06 设置反射颜色参数如下右图所示。

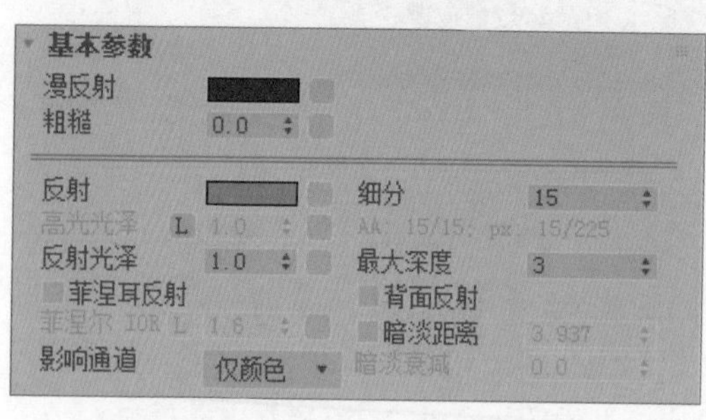

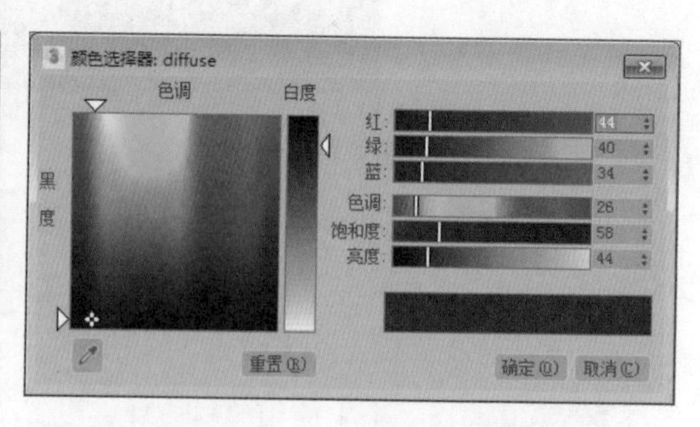

步骤07 漫反射颜色参数如下左图所示。

步骤08 在BRDF卷展栏中选择函数类型为Blinn；在“选项”卷展栏中取消勾选“光泽菲涅耳”和“雾系统单位比例”复选框，设置中止值为0.01，如下右图所示。

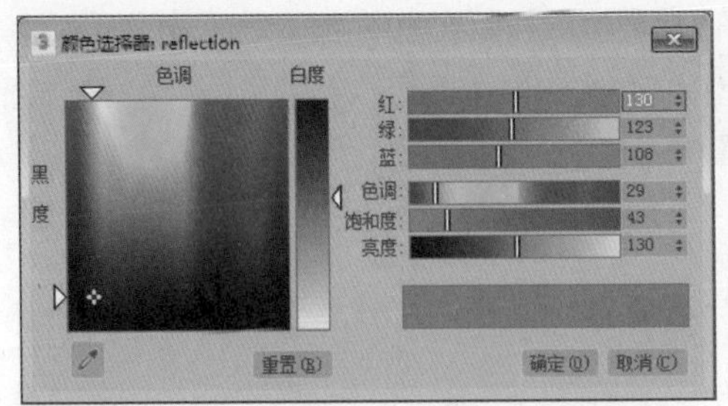

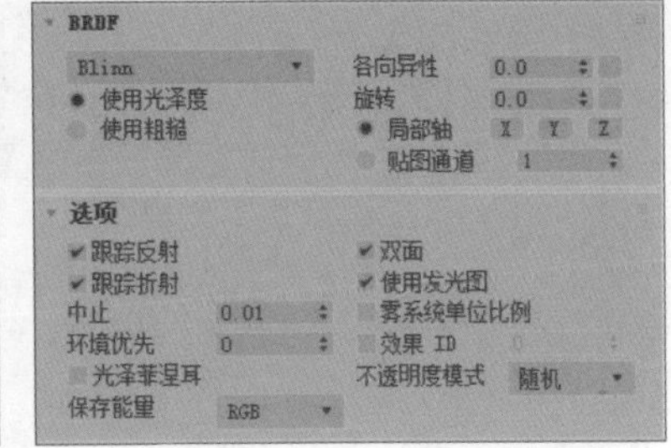

步骤09 创建好的镜子材质球效果，如下左图所示。

步骤10 将创建好的材质赋予模型并进行渲染，效果如下右图所示。

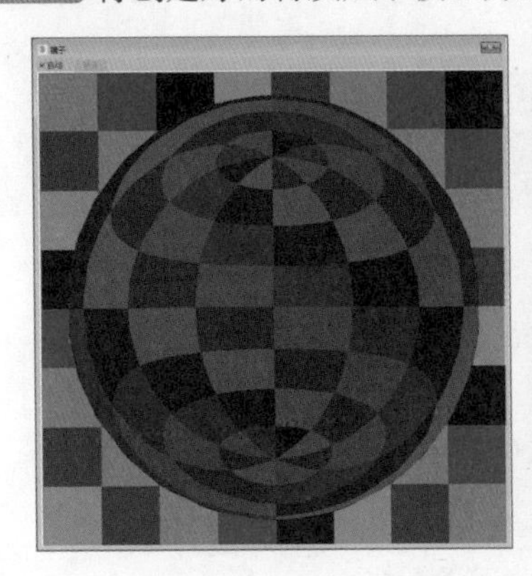

10.2.4 为酒柜创建材质

酒柜放置在吧台的下方，充分利用了空间，下面介绍创建酒柜材质的具体操作方法。

步骤01 首先创建酒柜材质，选择一个未使用的材质球，设置材质类型为VRayMtl，设置反射颜色参数为5.5.5，设置高光光泽、反射光泽和细分等参数，取消勾选“菲涅耳反射”复选框，如下左图所示。

步骤02 为漫反射通道添加位图贴图，如下右图所示。

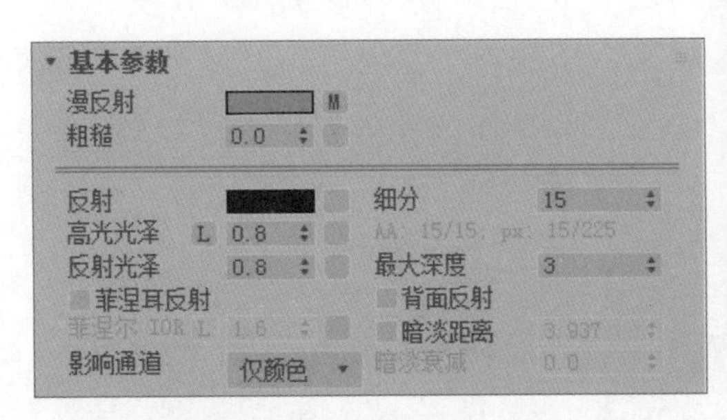

步骤03 在“贴图”卷展栏中为凹凸通道添加位图贴图，如下左图所示。

步骤04 在BRDF卷展栏中选择函数类型为Blinn；在“选项”卷展栏中取消勾选“光泽菲涅耳”和“雾系统单位比例”复选框，设置中止值为0.01，如下右图所示。

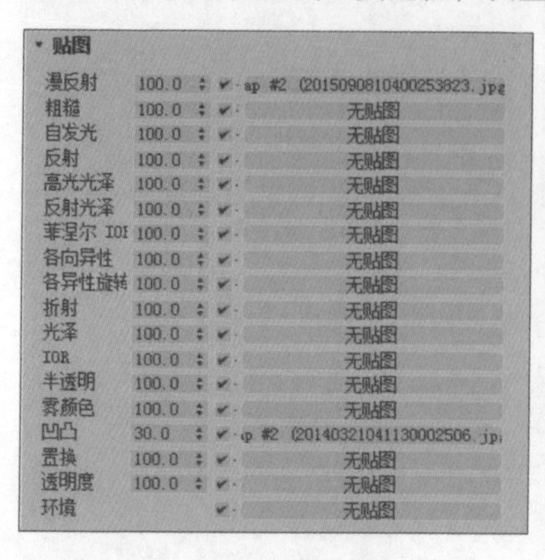

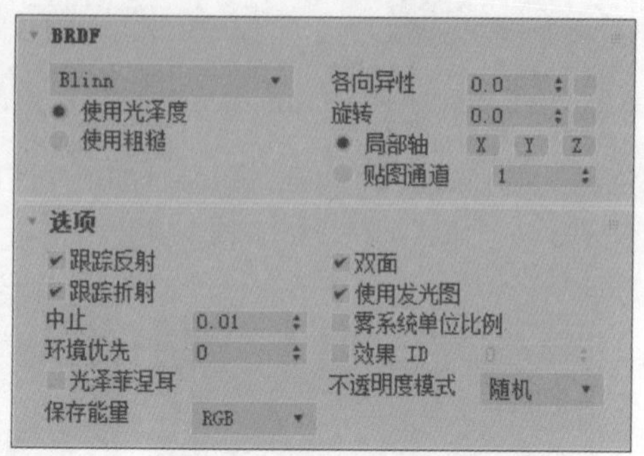

步骤05 创建好的酒柜材质效果，如下左图所示。

步骤06 选择一个未使用的材质球，设置漫反射颜色，设置反射颜色为30.30.30，设置雾颜色为119.119.119，设置相关参数并取消勾选“菲涅耳反射”复选框，如下右图所示。

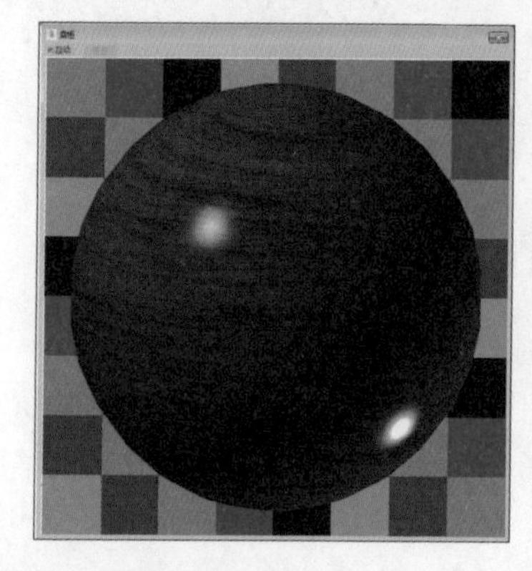

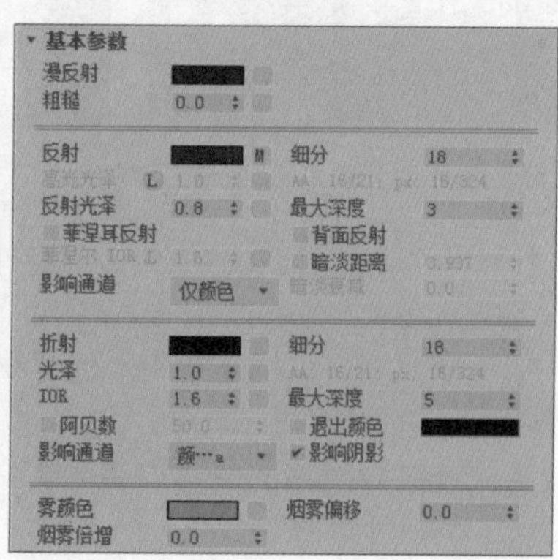

步骤07 为反射通道添加衰减贴图，设置相关参数如下左图所示。

步骤08 在BRDF卷展栏中选择函数类型为Blinn；在“选项”卷展栏中取消勾选“光泽菲涅耳”和“雾系统单位比例”复选框，设置中止值为0.01，如下右图所示。

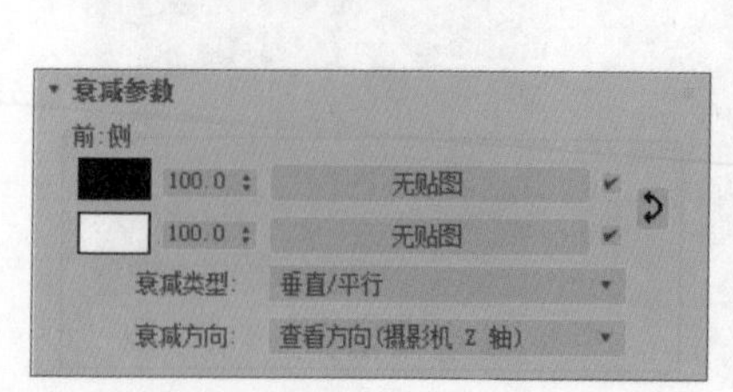

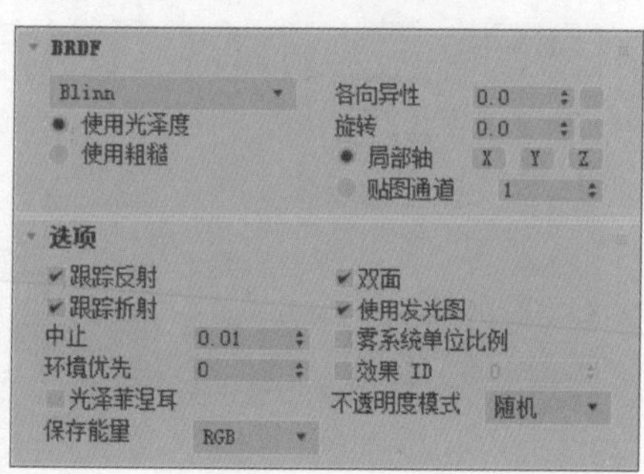

步骤09 创建好的红酒瓶材质球效果，如下左图所示。

步骤10 将创建好的材质赋予模型并进行渲染，效果如下右图所示。

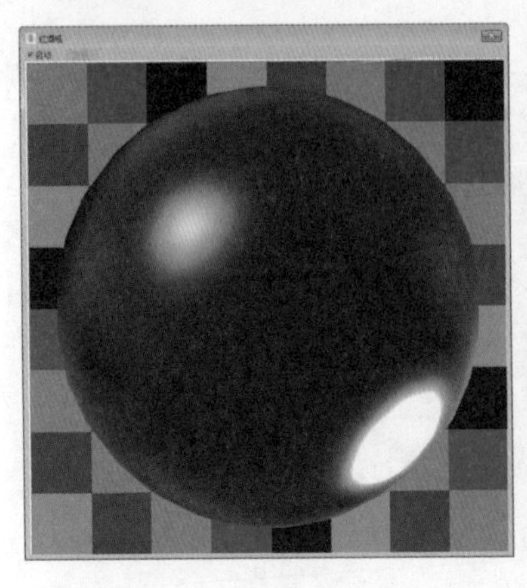

10.2.5 为其他装饰品创建材质

本场景中有很多装饰品，包括花瓶、摆件、水果等，下面将对这些装饰品材质的创建操作进行介绍。

步骤01 选择一个未使用的材质球，设置材质类型为VRayMtl，设置漫反射和折射颜色为255.255.255，设置反射颜色为40.40.40，设置高光光泽为0.85，取消勾选“菲涅耳反射”复选框，如下左图所示。

步骤02 为折射通道添加衰减贴图，设置颜色1的颜色参数为255.255.255，设置颜色2的颜色参数为180.180.180，如下右图所示。

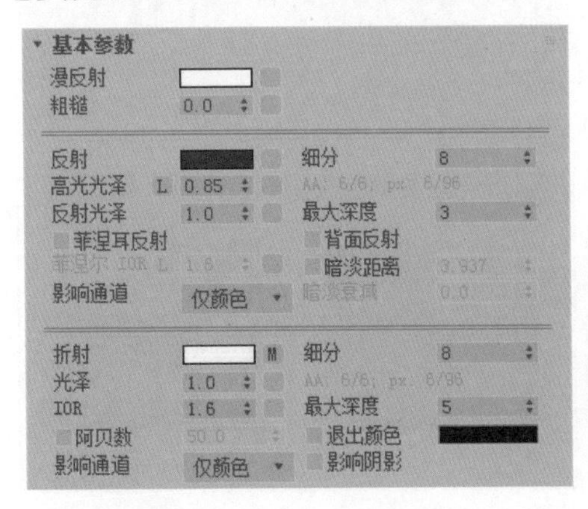

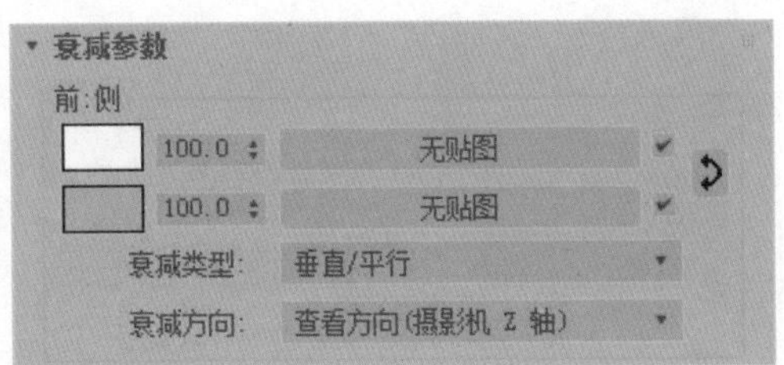

步骤03 创建好的吊灯材质球效果，如下左图所示。

步骤04 选择一个未使用的材质球，设置材质类型为VRayMtl，设置漫反射颜色，设置折射颜色为3.3.3，设置反射光泽和细分等参数，并取消勾选“菲涅耳反射”复选框，如下右图所示。

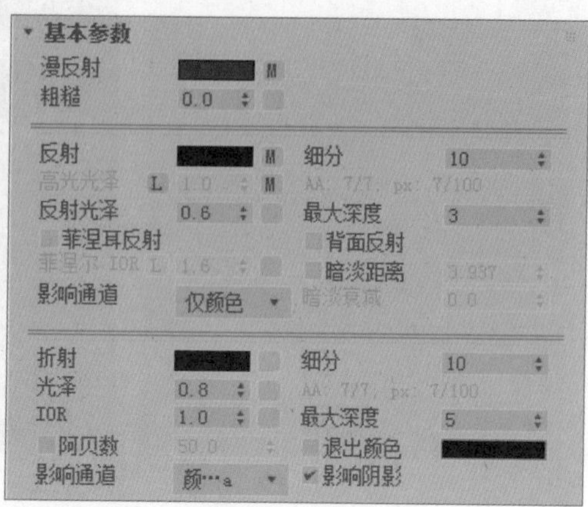

步骤05 漫反射颜色参数如下左图所示。

步骤06 为漫反射通道添加衰减贴图，设置颜色1和2的颜色参数，如下右图所示。

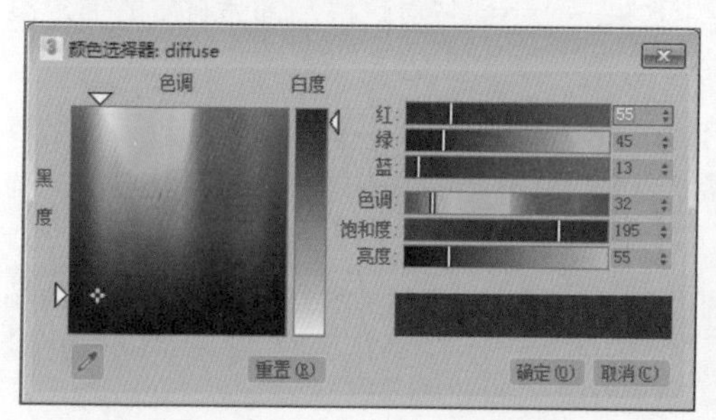

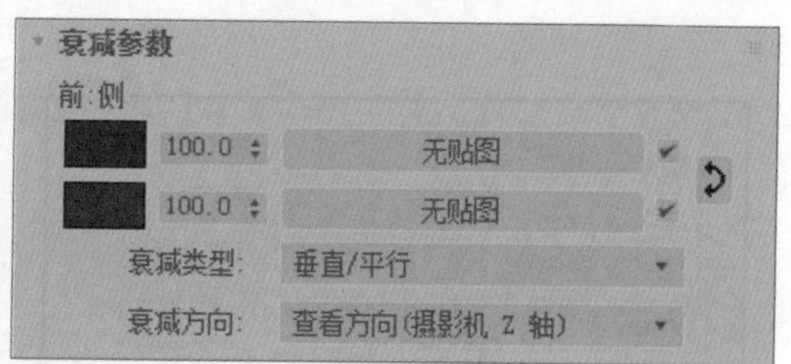

步骤07 设置颜色1的颜色参数，如下左图所示。

步骤08 设置颜色2的颜色参数，如下右图所示。

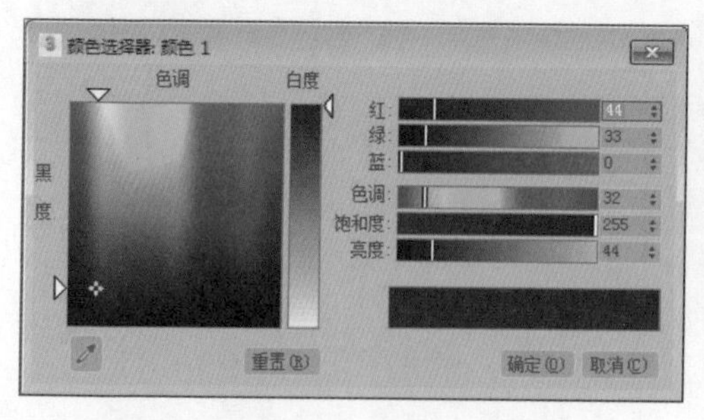

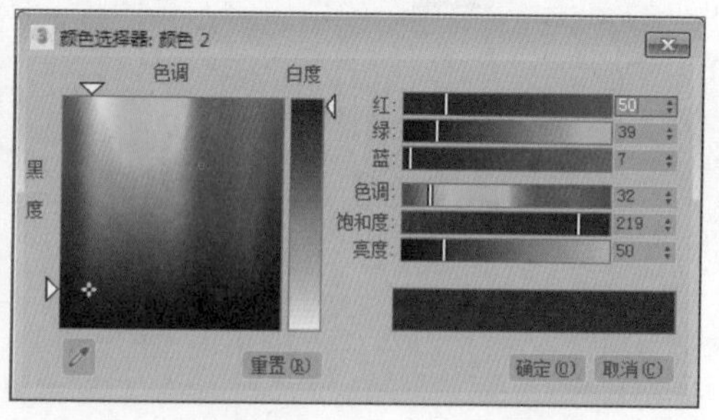

步骤09 为反射通道添加衰减贴图，设置颜色1的颜色参数为91.91.91，设置颜色2的颜色参数为10.10.10，如下左图所示。

步骤10 为高光光泽通道添加衰减贴图，设置颜色1的颜色参数为163.163.163，设置颜色2的颜色参数为91.91.91，如下右图所示。

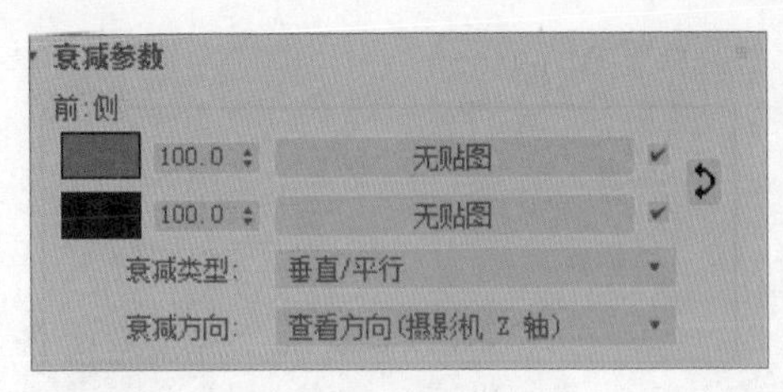

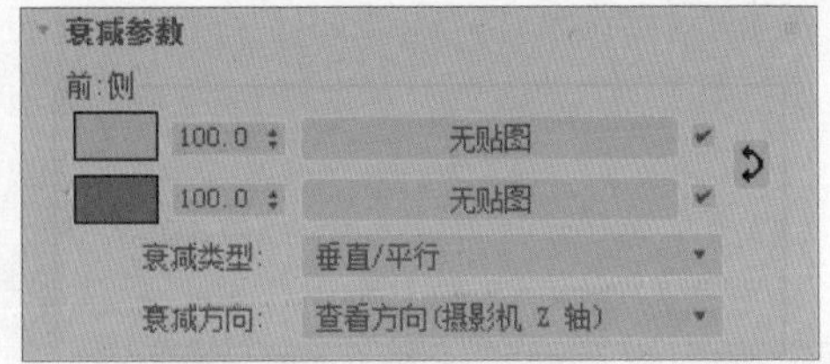

步骤 11 在“贴图”卷展栏中，为凹凸通道添加位图贴图，并设置凹凸和置换的值，如下左图所示。

步骤 12 为凹凸通道添加位图贴图，如下右图所示。

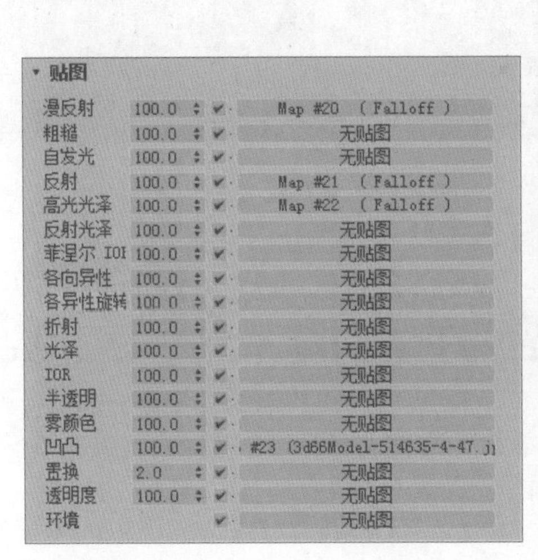

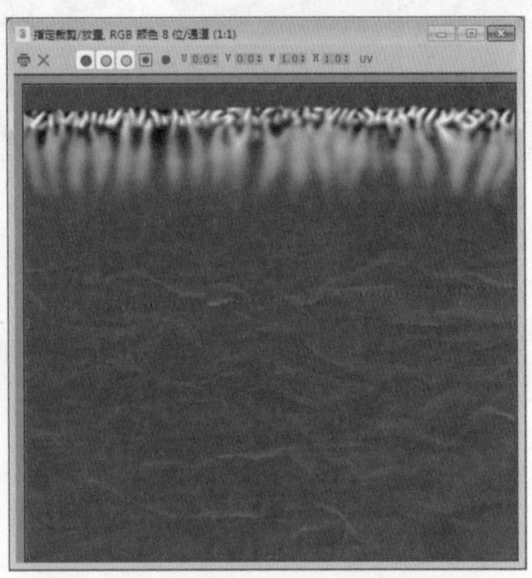

步骤 13 在BRDF卷展栏中选择函数类型为Blinn；在“选项”卷展栏中取消勾选“光泽菲涅耳”和“雾系统单位比例”复选框，设置中止值为0.01，如下左图所示。

步骤 14 创建好的窗帘材质球效果，如下右图所示。

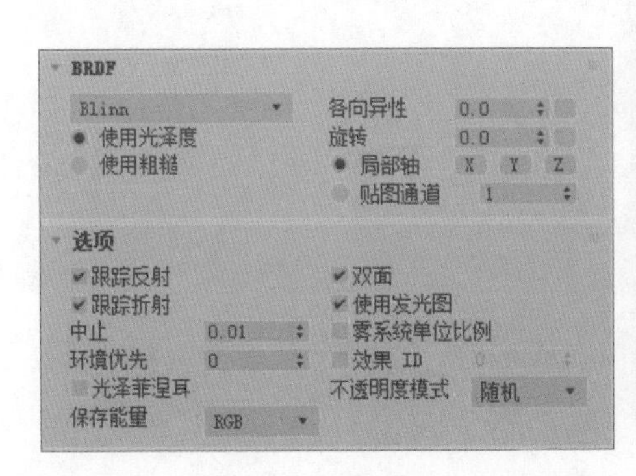

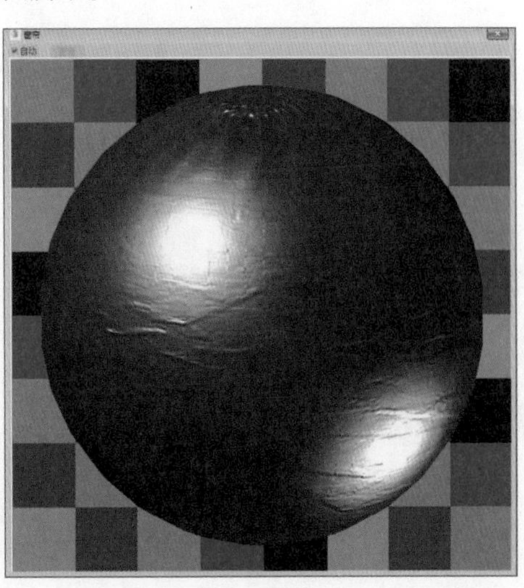

步骤15 继续创建其他装饰品、外景等材质，如下左图所示。

步骤16 将创建好的材质赋予模型并进行渲染，效果如下右图所示。

第3节 为餐厅场景创建灯光

场景中的灯光以室内光源为主，包括吊灯、灯带光源。用户可以根据需要添加室内外辅助光源，具体操作步骤介绍如下。

步骤01 在灯光命令面板中单击“VRay-灯光”按钮，创建平面光源，放在吊顶的合适位置，如下左图所示。

步骤02 在修改命令面板中修改VRay-灯光的半长、半高、倍增、颜色等参数，如下右图所示。

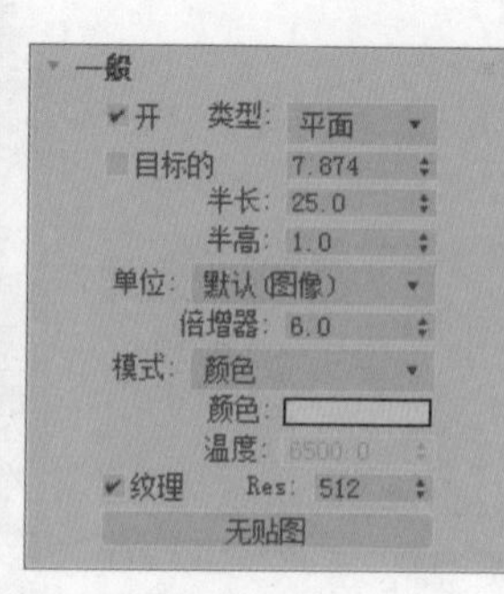

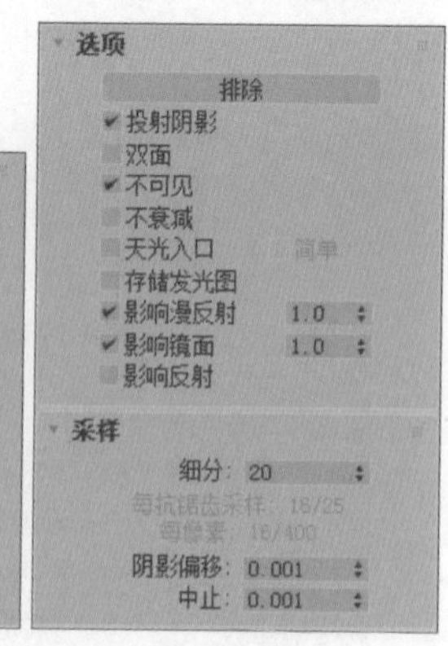

步骤03 设置灯带的灯光颜色参数，如下左图所示。

步骤04 复制并旋转创建好的灯带光源，如下右图所示。

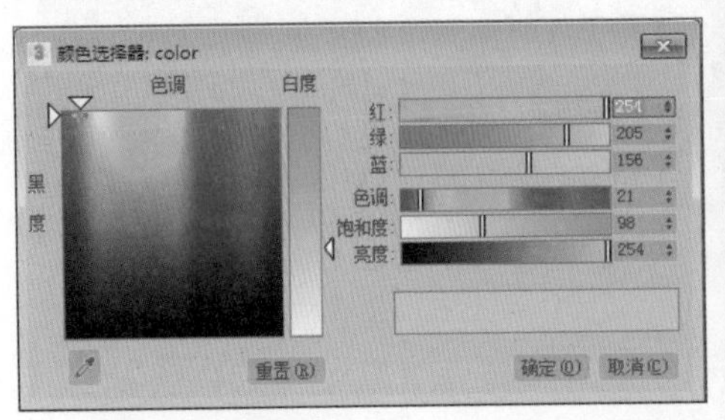

步骤05 在修改面板中修改半长的值，其余参数保持不变，如下左图所示。

步骤06 复制灯带光源，如下右图所示。

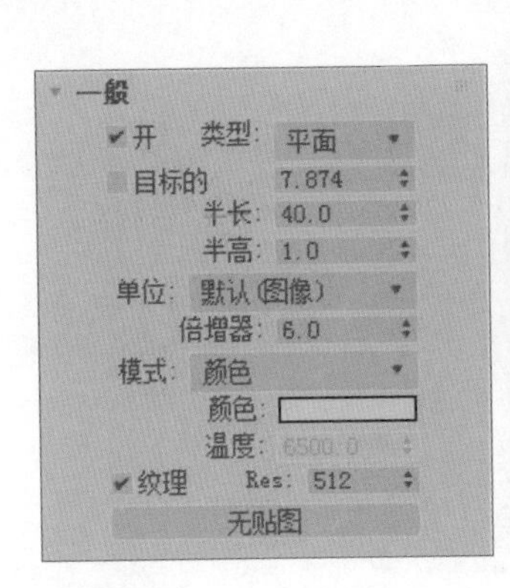

步骤07 单击“VRay-灯光”按钮，创建球体光源，放在吊灯灯罩里面以创建吊灯光源，如下左图所示。

步骤08 在修改命令面板中修改VRay-灯光的半径、倍增、颜色等参数，如下右图所示。

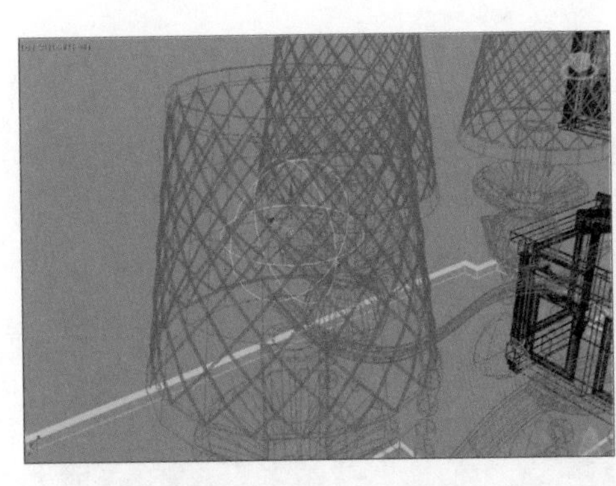

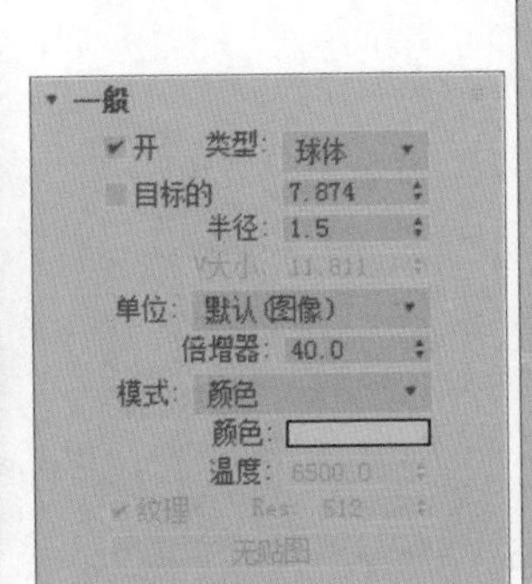

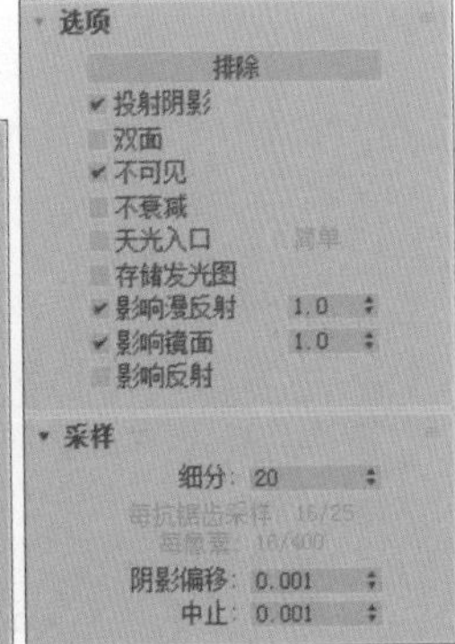

步骤09 设置吊灯的灯光颜色参数，如下左图所示。

步骤10 执行“复制”命令，实例复制吊灯光源，如下右图所示。

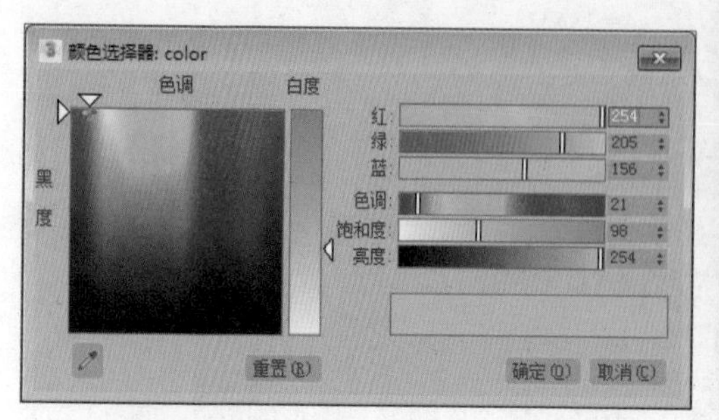

步骤11 单击“目标灯光”按钮，创建射灯光源，放在射灯模型的正下方，如下左图所示。

步骤12 在修改命令面板的“常规参数”卷展栏中设置阴影类型为VRayShadow，选择灯光分布类型为“光度学Web”，如下右图所示。

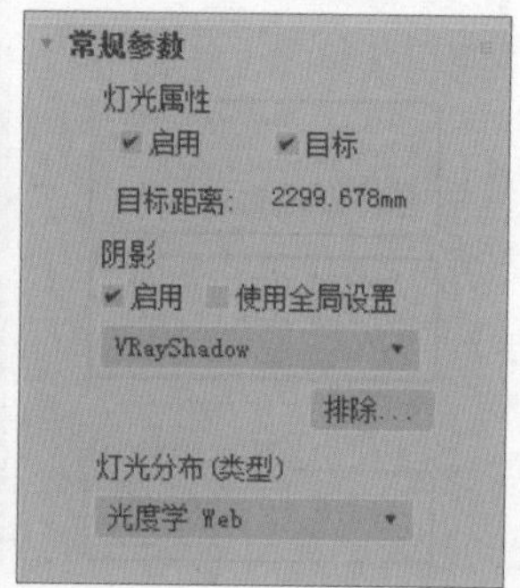

步骤13 在“分布（光度学Web）”卷展栏中单击“选择光度学文件”通道，打开“打开光域Web文件”对话框，从中选择需要的光域网文件，如下左图所示。

步骤14 单击“打开”按钮，加载光域网文件，如下右图所示。

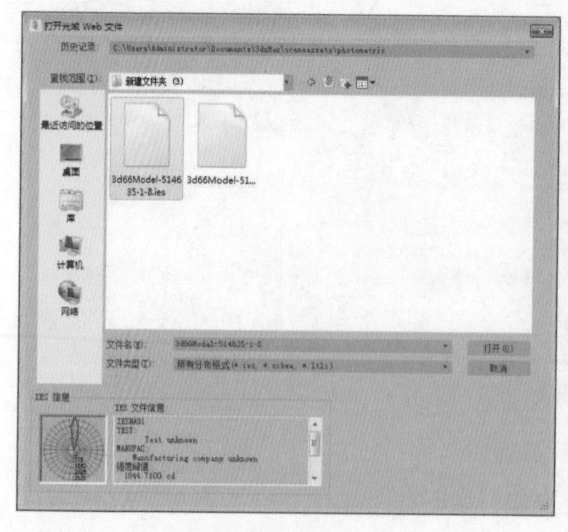

步骤15 在“强度/颜色/衰减”卷展栏中设置过滤颜色和强度值，如下左图所示。

步骤16 设置过滤颜色参数，如下右图所示。

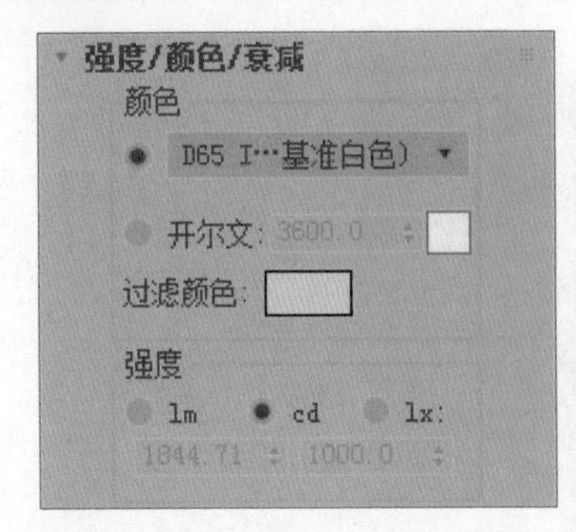

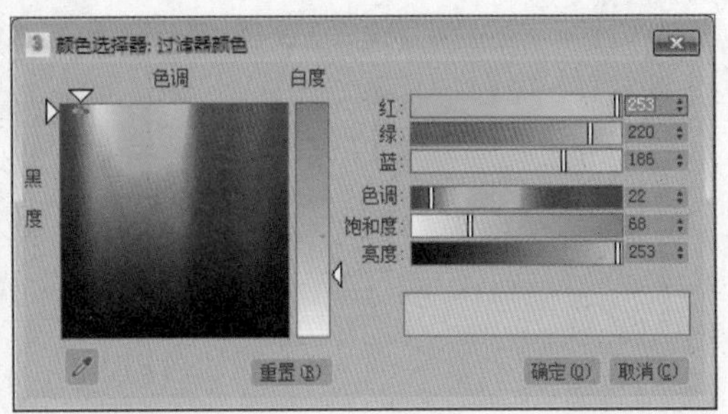

步骤17 执行“复制”命令，实例复制射灯光源，如下左图所示。

步骤18 要创建补光光源，则创建VRay-平面灯光，放在吊灯的正下方，如下右图所示。

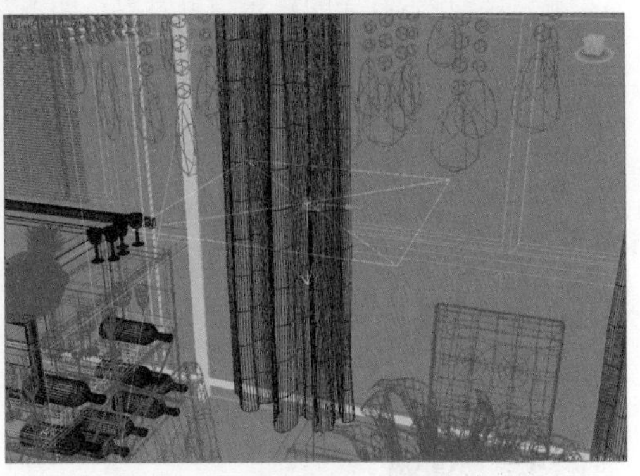

步骤19 在修改命令面板中修改VRay-灯光的半长、半高、倍增、颜色等参数，如下左图所示。

步骤20 设置补光的灯光颜色参数，如下右图所示。

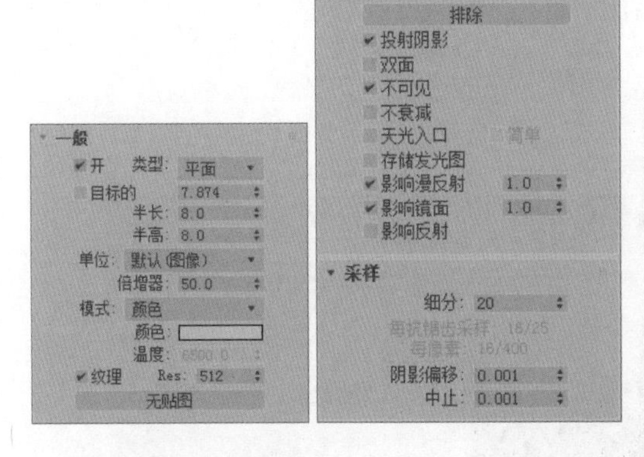

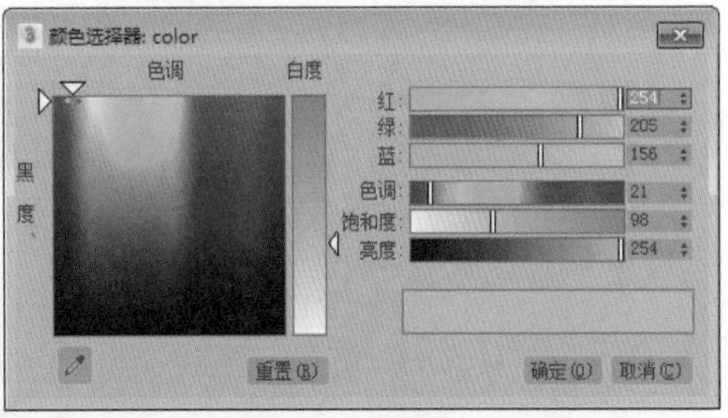

步骤21 复制旋转补光光源，将其放在窗帘内侧，如下左图所示。

步骤22 修改复制后光源的半长、半高、倍增和颜色等参数，如下右图所示。

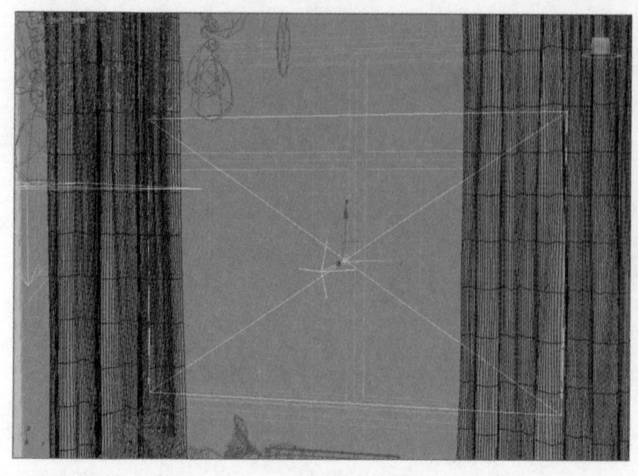

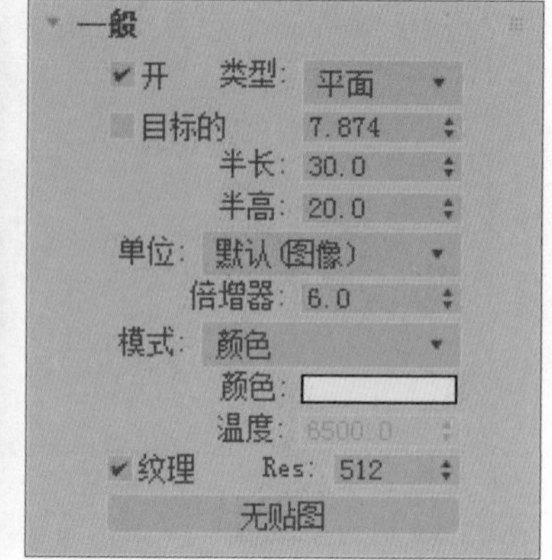

步骤23 设置补光的灯光颜色参数，如下左图所示。

步骤24 将刚创建的室内补光复制到窗户外侧，如下右图所示。

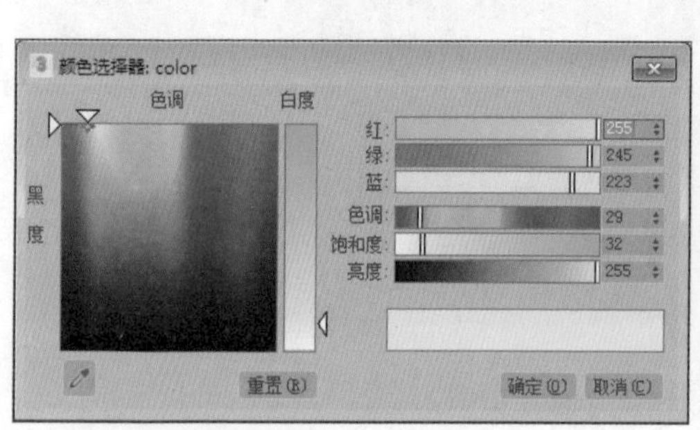

步骤25 修改复制后光源的半长、半高、倍增和颜色等参数，如下左图所示。

步骤26 设置补光的灯光颜色参数，如下右图所示。

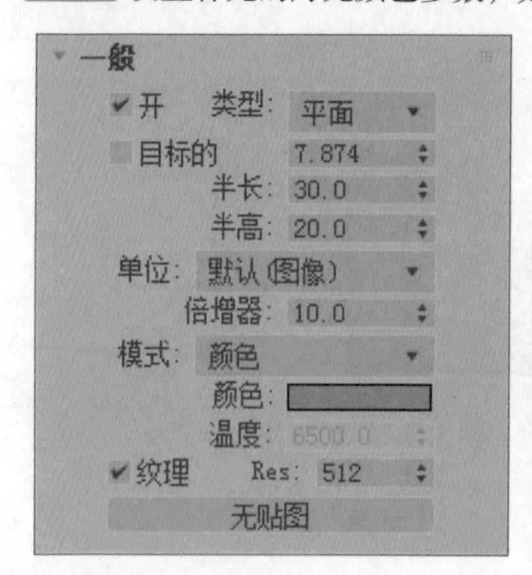

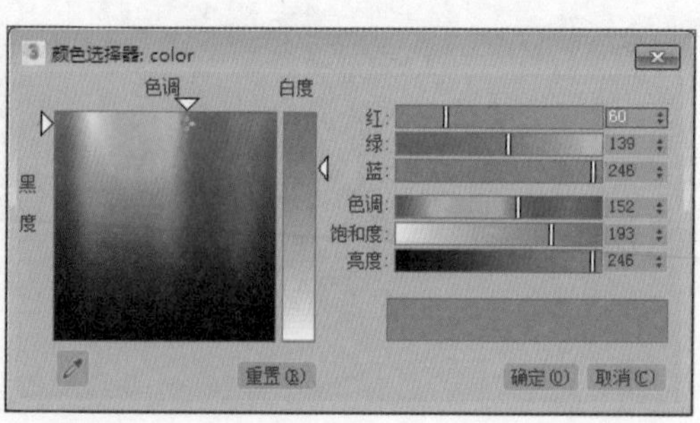

步骤27 在摄影机的后面创建VRay-平面灯光，如下左图所示。

步骤28 在修改命令面板中设置半长、半高、倍增等参数，如下右图所示。

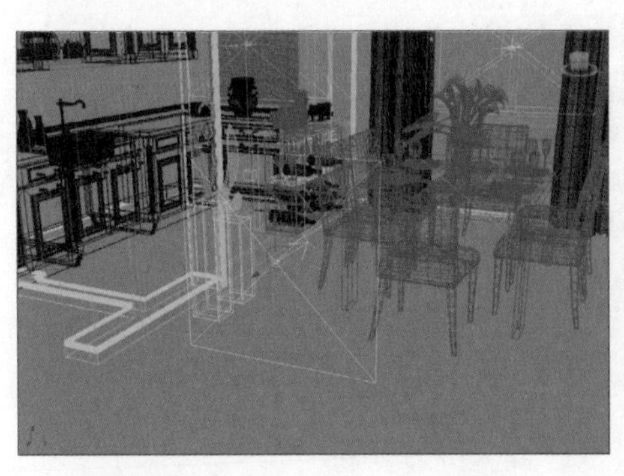

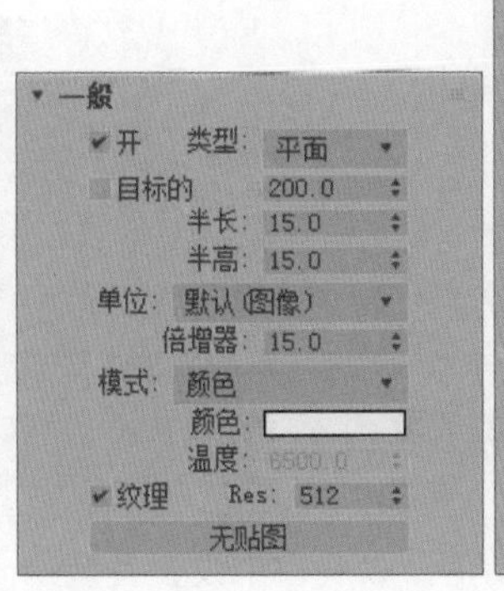

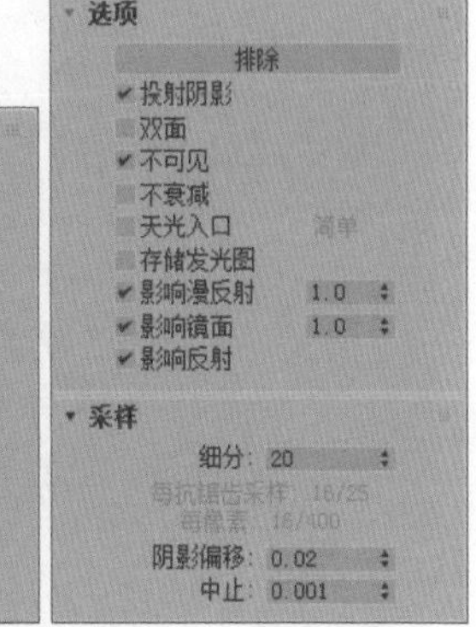

步骤29 设置补光的颜色参数，如下左图所示。

步骤30 切换到摄影机视口，餐厅的效果如下右图所示。

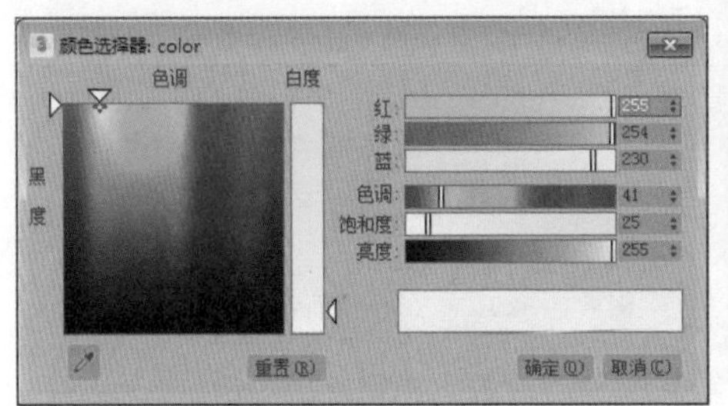

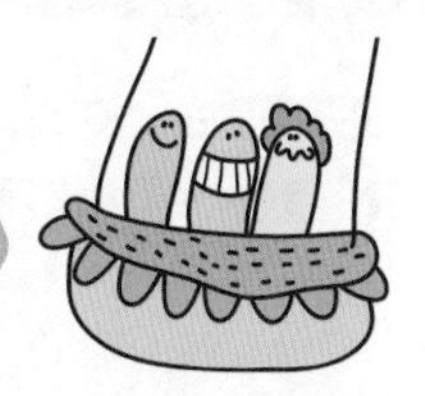

第4节 渲染餐厅场景效果光

灯光和材质都已经创建完毕，接着需要先对场景进行测试渲染，直到用户满意后，就可以正式渲染最终成品图像了，具体操作步骤介绍如下。

步骤01 执行“渲染>渲染设置”命令，打开“渲染设置”对话框，在V-Ray选项卡中打开“帧缓冲”卷展栏，取消勾选“启用内置帧缓冲区”复选框，如下左图所示。

步骤02 在“图像采样（抗锯齿）”卷展栏中设置抗锯齿类型为“块”；在“图像过滤”卷展栏中取消勾选“图像过滤器”复选框，如下右图所示。

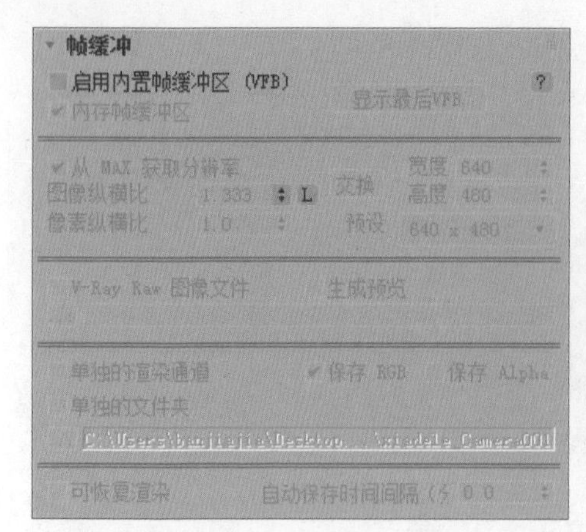

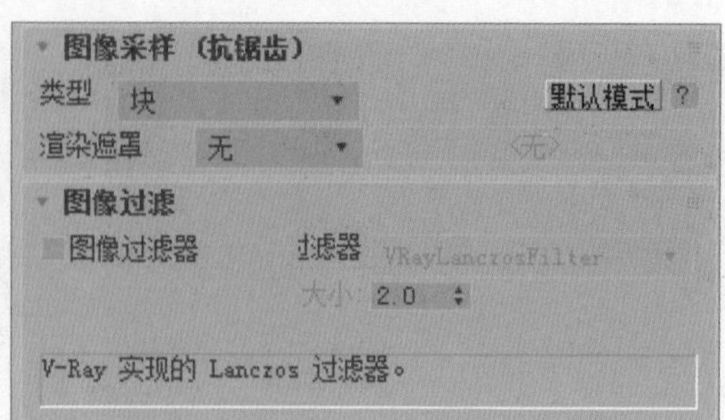

步骤03 在“颜色贴图”卷展栏中设置类型为“指数”，如下左图所示。

步骤04 在“全局光照”卷展栏中设置首次引擎为“发光贴图”；在“发光贴图”卷展栏中设置当前预设为“非常低”，设置细分值为20，如下右图所示。

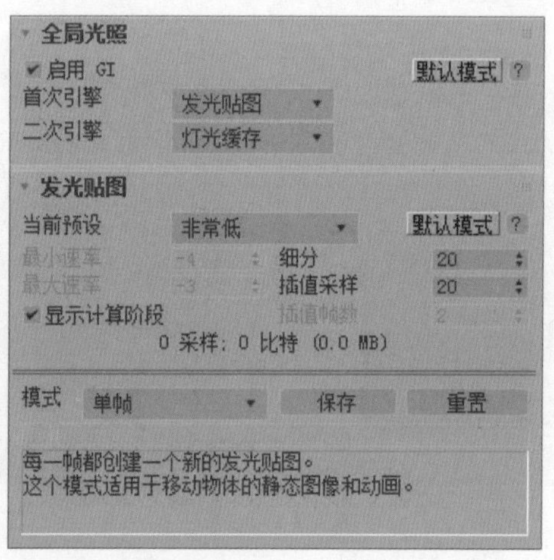

步骤05 在“灯光缓存”卷展栏中设置细分值为200，如下左图所示。

步骤06 渲染摄影机视图，效果如下右图所示。

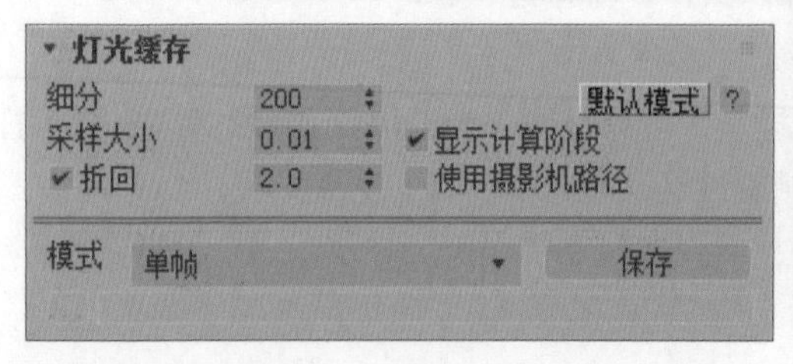

步骤07 用户对效果满意后，在“公用参数”卷展栏中设置出图大小，如下左图所示。

步骤08 在“图像采样（抗锯齿）”卷展栏中设置抗锯齿类型为“渐进”，在“图像过滤”卷展栏中勾选“图像过滤器”复选框，设置过滤器类型，如下右图所示。

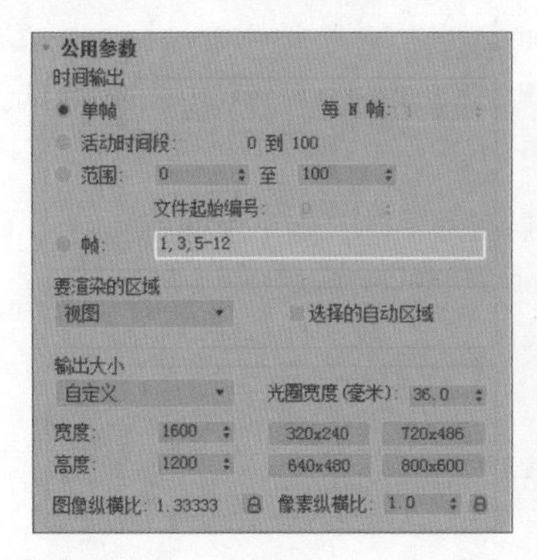

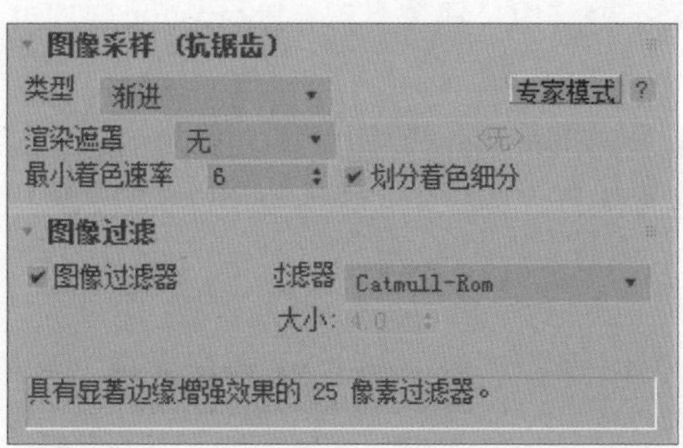

步骤09 在“全局DMC”卷展栏高级模式中勾选“使用局部细分”复选框，设置自适应数量为0.75，如下左图所示。

步骤10 在“发光贴图”卷展栏中设置当前预设为“高”，细分和插值采样值均为50；在“灯光缓存”卷展栏中设置细分值为1200，如下右图所示。

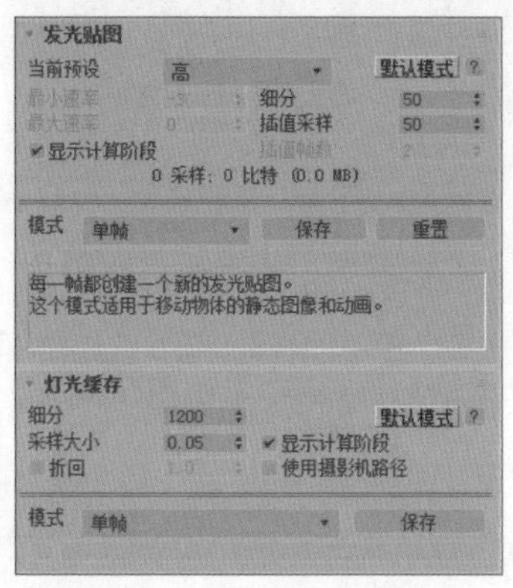

步骤11 在“系统”卷展栏中设置序列方式为“顶->底”，如下左图所示。

步骤12 渲染摄影机视图，效果如下右图所示。

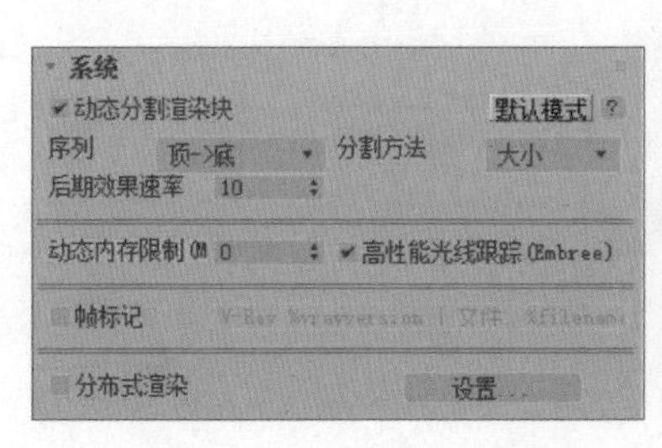

第5节 Photoshop后期处理

通过上面的制作，已经得到了餐厅场景的成品图。由于受环境的影响，图像的色彩不够鲜明，还需要利用Photoshop软件对其进行调整，具体操作介绍如下。

步骤01 在Photoshop软件中打开渲染好的餐厅效果图片文件，如下左图所示。

步骤02 执行“图像>调整>色彩平衡”命令，打开“色彩平衡”对话框，调整色阶参数，如下右图所示。

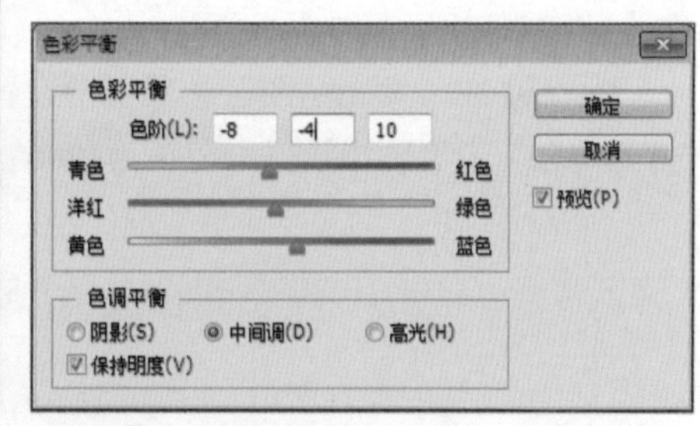

步骤03 单击“确定”按钮关闭该对话框，观察效果如下左图所示。

步骤04 执行“图像>调整>色相/饱和度”命令，打开“色相/饱和度”对话框，调整效果图的整体饱和度，如下右图所示。

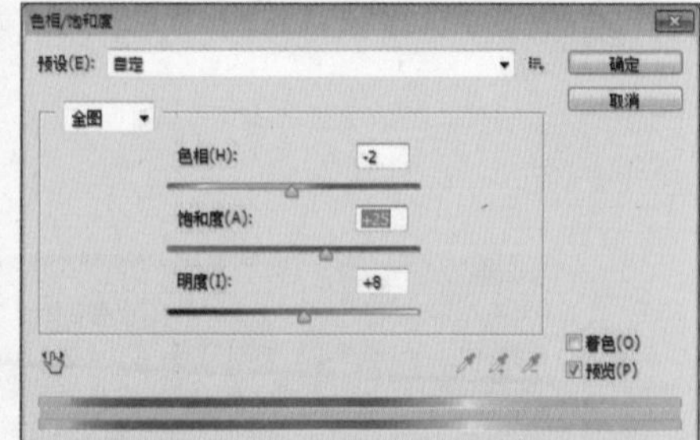

步骤05 单击“确定”按钮，效果如下左图所示。

步骤06 执行“图像>调整>亮度/对比度”命令，打开“亮度/对比度”对话框，调整对比度值，如下右图所示。

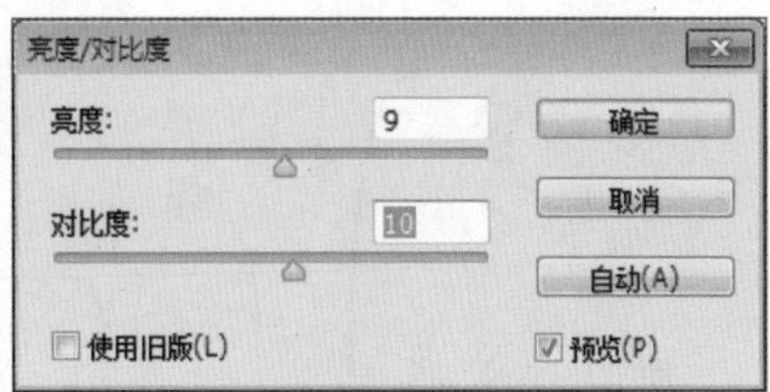

步骤07 单击“确定”按钮，效果如下左图所示。

步骤08 执行“图像>调整>曲线”命令，打开“曲线”对话框，添加控制点调整曲线，如下右图所示。

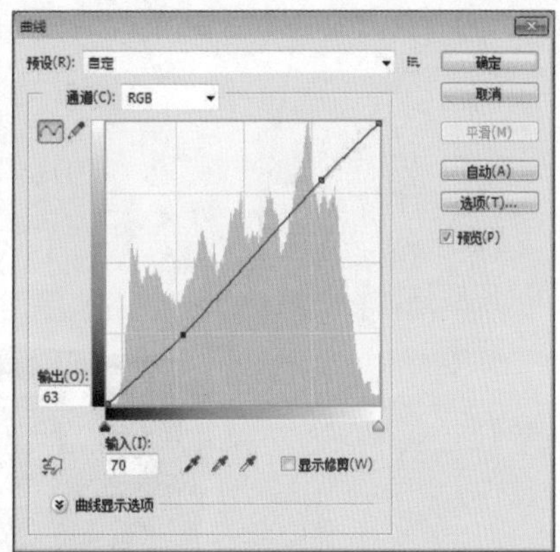

步骤09 单击“确定”按钮观察调整前后的效果，如下图所示。

11 Chapter 卧室场景的表现

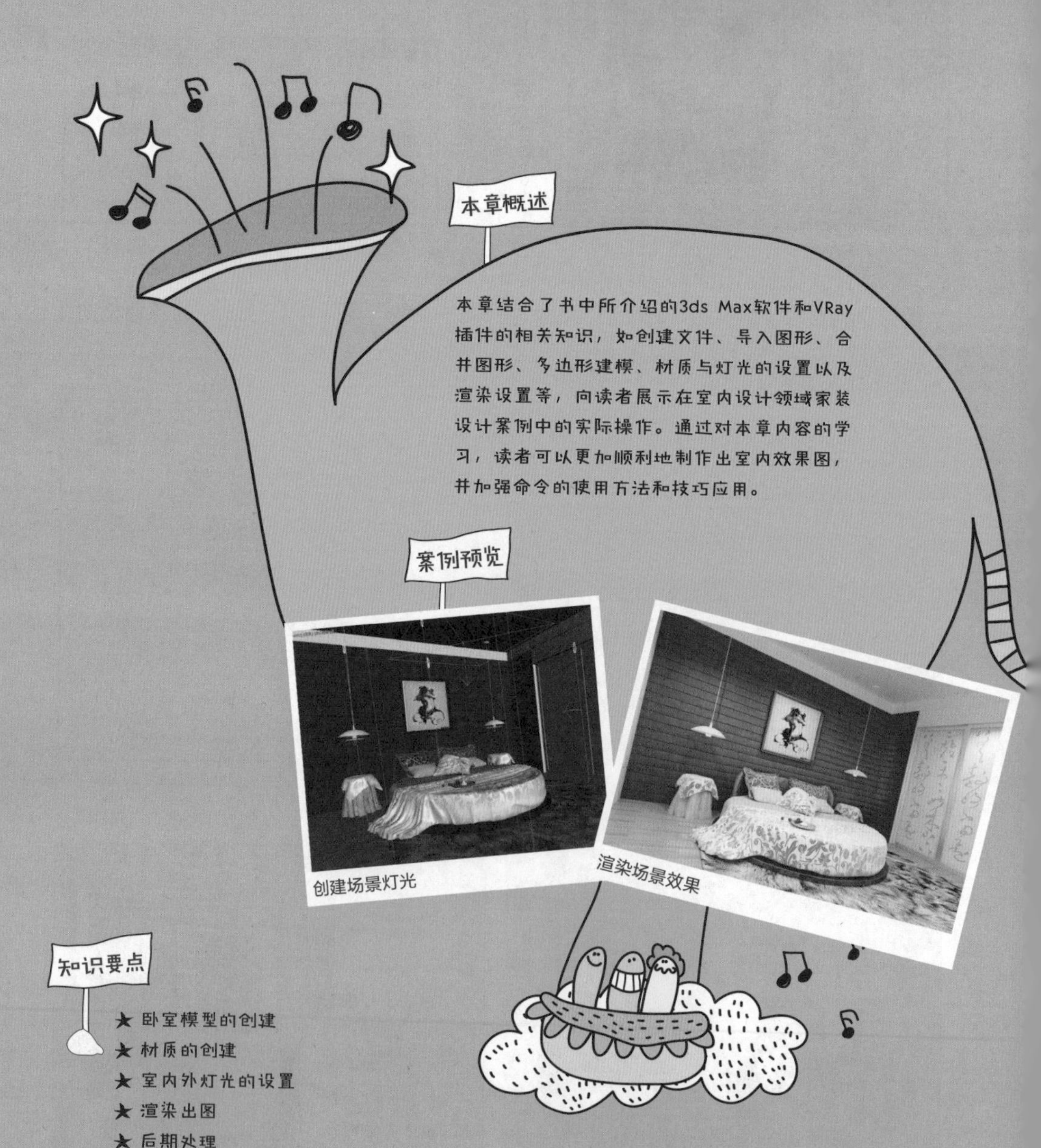

本章概述

本章结合了书中所介绍的3ds Max软件和VRay插件的相关知识，如创建文件、导入图形、合并图形、多边形建模、材质与灯光的设置以及渲染设置等，向读者展示在室内设计领域家装设计案例中的实际操作。通过对本章内容的学习，读者可以更加顺利地制作出室内效果图，并加强命令的使用方法和技巧应用。

案例预览

创建场景灯光

渲染场景效果

知识要点

★ 卧室模型的创建
★ 材质的创建
★ 室内外灯光的设置
★ 渲染出图
★ 后期处理

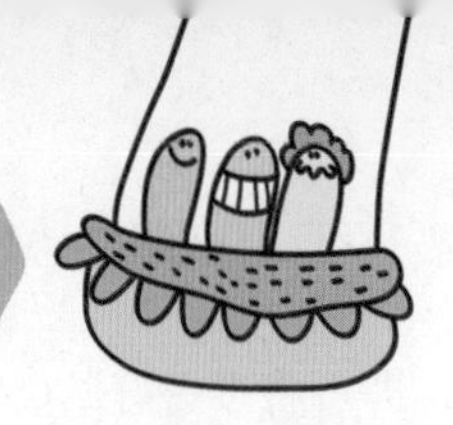

第1节 创建模型

建模是制作效果图的第一步，在建模之前首先要确定系统的单位，然后根据AutoCAD图纸进行标准建模。

11.1.1 导入CAD平面布局图

建模前期首先要准备好CAD图纸，并将其导入到3ds Max中，其操作步骤如下。

步骤01 启动3ds Max 2018软件，执行“自定义 > 单位设置”命令，打开“单位设置”对话框，设置公制单位为“毫米”，如下左图所示。

步骤02 单击“系统单位设置”按钮，打开“系统单位设置”对话框，设置系统单位比例为“毫米”，设置完成后，依次单击“确定”按钮关闭对话框，如下右图所示。

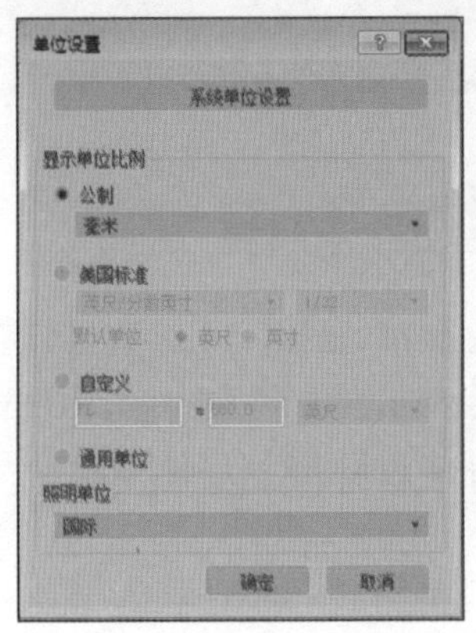

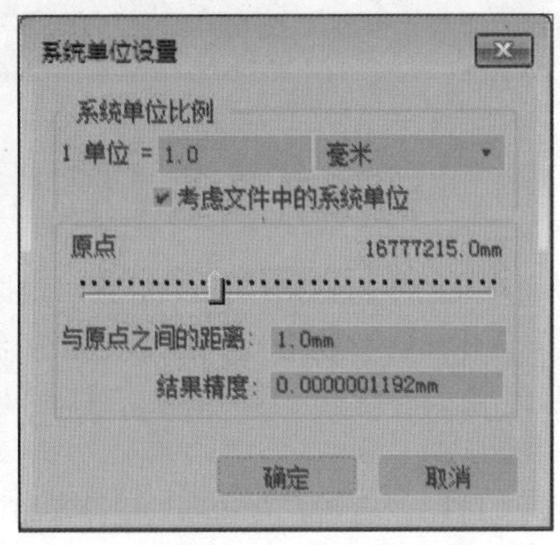

步骤03 执行“文件 > 导入 > 导入”命令，如下左图所示。

步骤04 打开“选择要导入的文件”对话框，在本地硬盘上选择需要的CAD文件，这里选择“卧室.dwg”文件，如下右图所示。

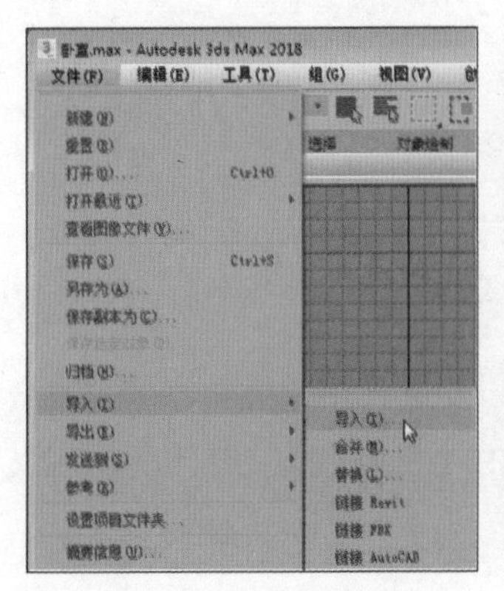

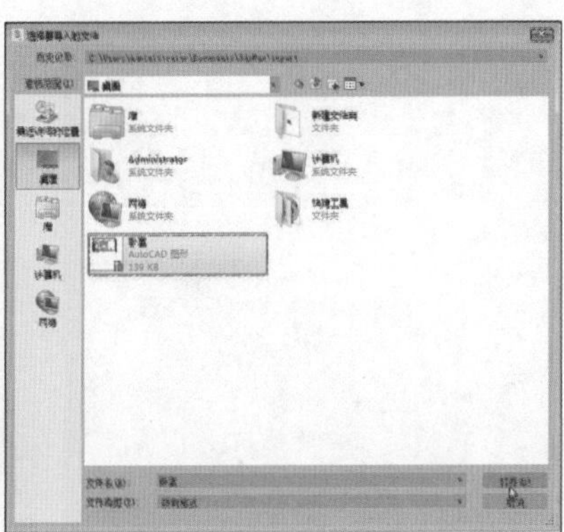

步骤05 单击“打开”按钮，打开“AutoCAD DWG/DXF导入选项”对话框，保持默认设置，如下左图所示。

步骤06 单击“确定”按钮，即可将准备好的CAD平面布局图导入到3ds Max中，按G键取消网格显示，如下右图所示。

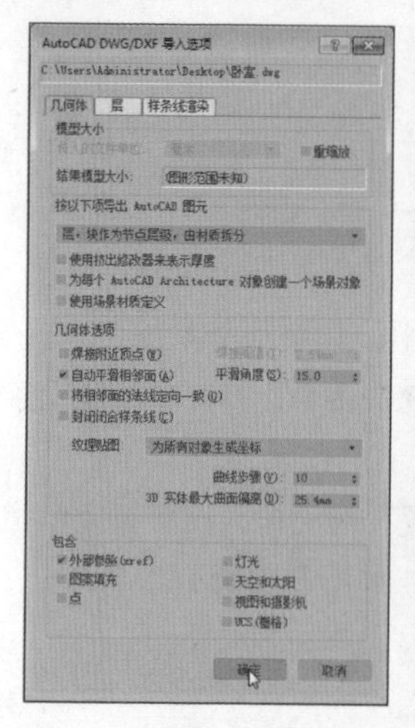

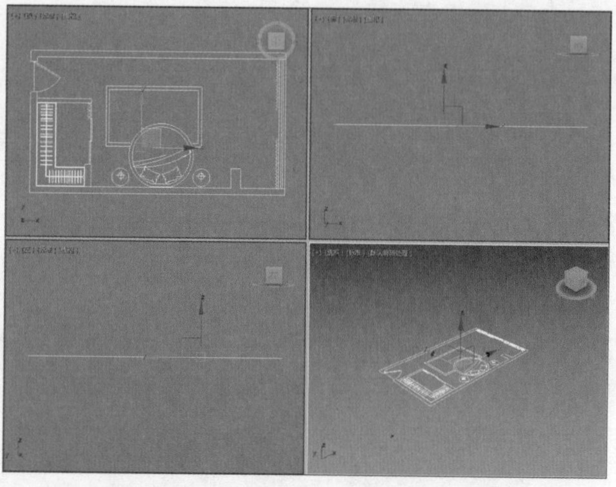

11.1.2 创建卧室框架模型

将CAD平面布局图导入到3ds Max后，即可根据该布局图进行卧室框架模型的创建。由于本案例讲述的是卧室效果的制作，卧室门以及阳台都不会出现在摄像头的视野中，所以在创建框架模型时，可以省略进一步的细化。最后应用多边形进行分离操作，分离出墙、顶、地，其操作步骤如下。

步骤01 按下Ctrl+A组合键，全选场景中导入的框线图形，接着执行“组 > 组”命令，打开“组”对话框，为其添加组名并单击“确定”按钮，如下左图所示。

步骤02 单击工具栏中的“选择并移动”按钮，选择视口中的成组图形，然后在视口下方将X、Y、Z后的数值皆设置为0，将成组图形移动到系统坐标的原点处，如下右图所示。

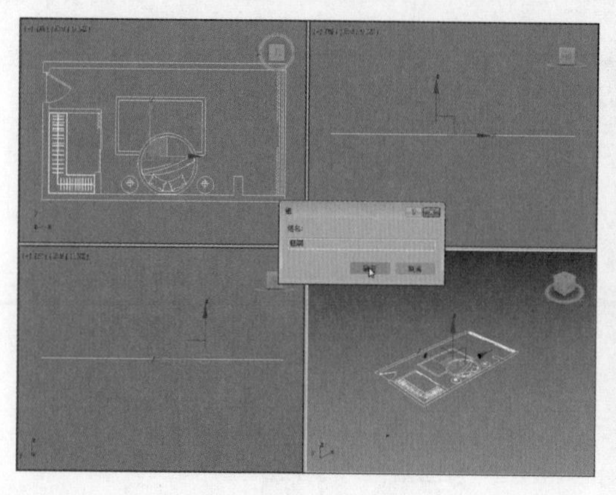

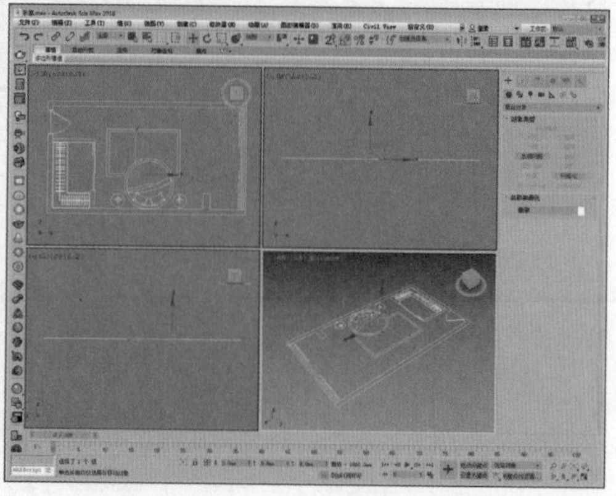

步骤03 选择视口中的成组图形并单击鼠标右键，在弹出的快捷菜单中选择“冻结当前选择”命令，如下左图所示。

步骤04 将对象冻结，单击“捕捉开关”按钮开启捕捉开关功能，再右击该按钮，打开“栅格和捕捉设置”对话框，在“捕捉”选项卡中选择捕捉点，再在“选项”选项卡中勾选“捕捉到冻结对象”复选框，如下右图所示。

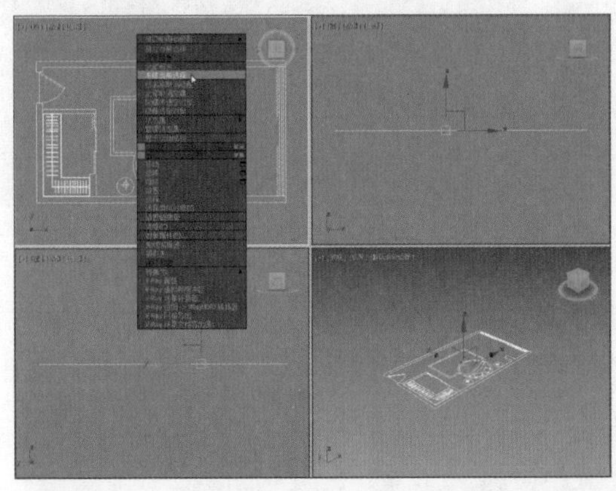

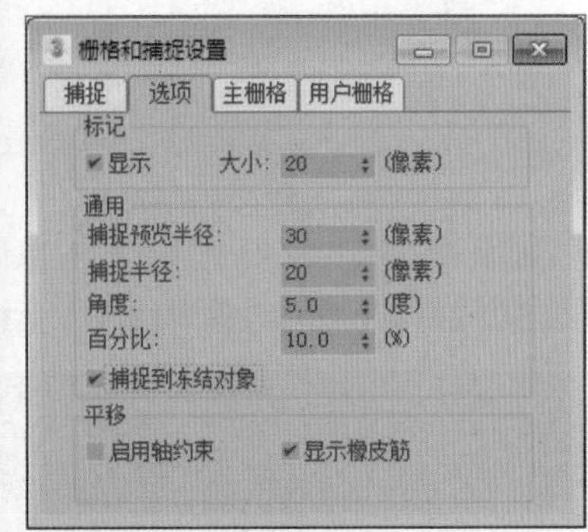

步骤05 关闭“栅格和捕捉设置”对话框，单击“线”按钮，在顶视口中捕捉冻结线框创建封闭样条线，当起点和终点重合时会弹出“样条线”提示对话框，单击“是”按钮即可闭合样条线，如下左图所示。

步骤06 进入修改命令面板，在修改器列表中选择“挤出”选项，添加“挤出”效果，将挤出数量设置为2750，最大化显示透视视口，即可看到挤出后的效果，如下右图所示。

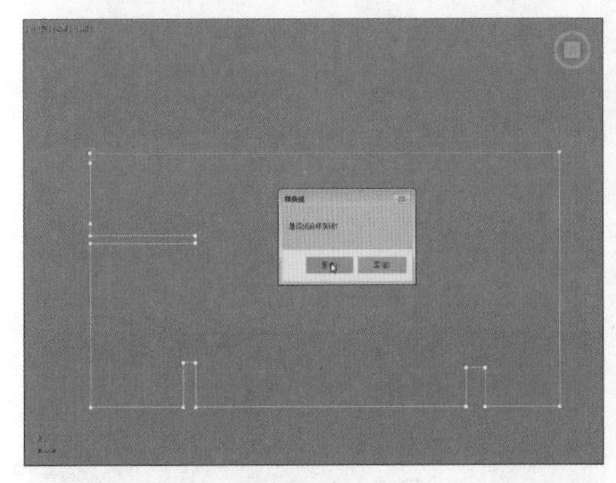

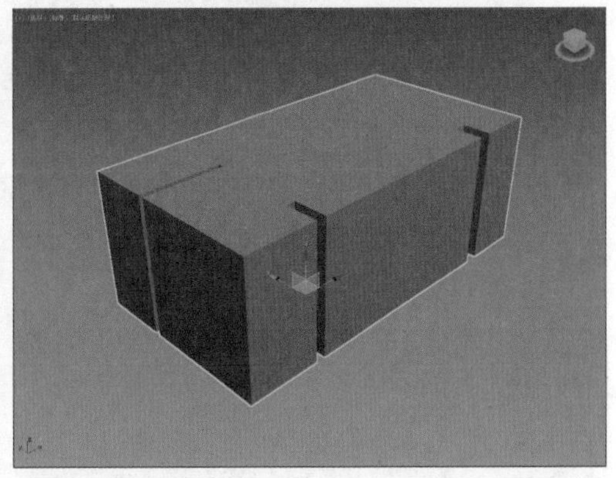

步骤07 再次单击“捕捉开关”按钮关闭捕捉开关功能，选择并右击挤出后的图形，在弹出的快捷菜单中选择“转换为”命令，在其级联菜单中选择“转换为可编辑多边形”命令，如下左图所示。

步骤08 进入到修改命令面板，打开“可编辑多边形”列表，单击“多边形”命令，在视口中选择全部图形，单击鼠标右键，在弹出的快捷菜单中选择“翻转法线”命令，如下右图所示。

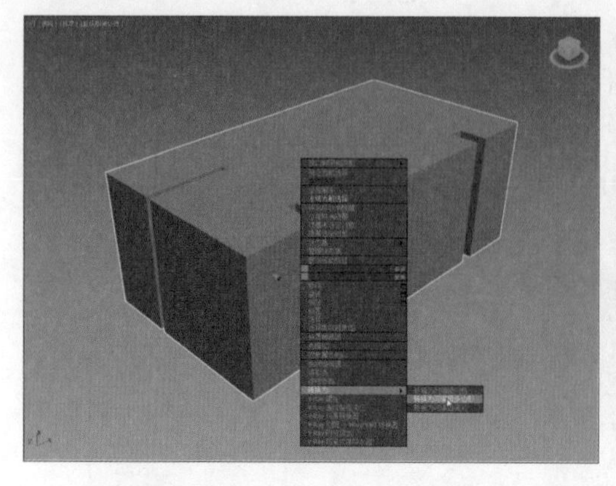

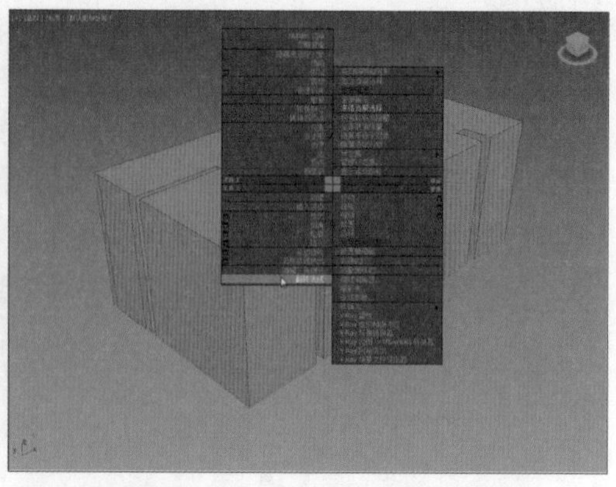

步骤09 在其级联菜单中选择“对象属性”命令，如下左图所示。

步骤10 在打开的“对象属性”对话框中，勾选“背面消隐”复选框，如下右图所示。

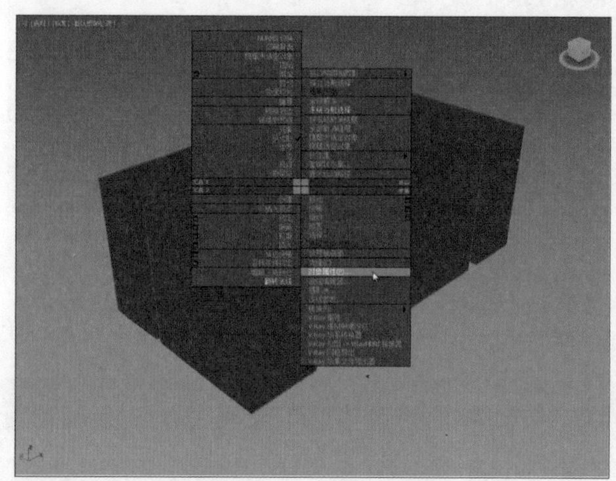

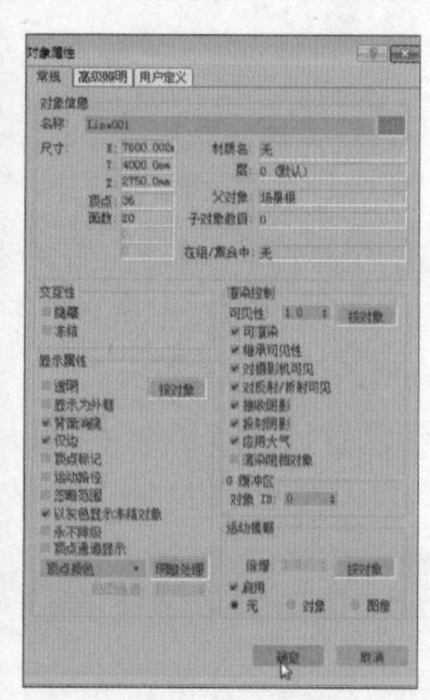

步骤11 单击“确定”按钮，用户可以观察到模型内部的结构，如下左图所示。

步骤12 在透视图中，移动视角到阳台位置，在修改命令面板中选择“边”层级，在图形中选择需要的边，如下右图所示。

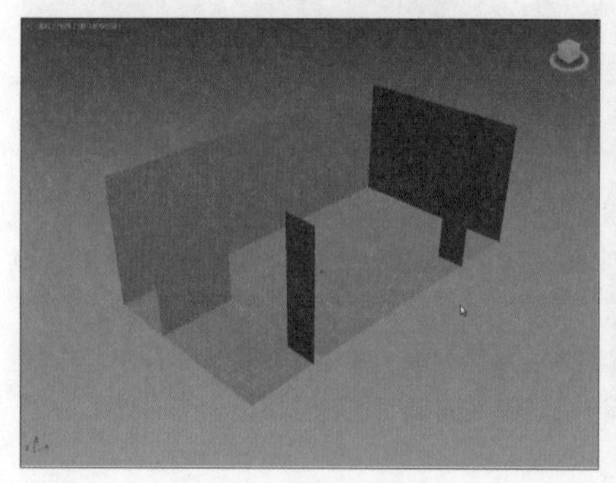

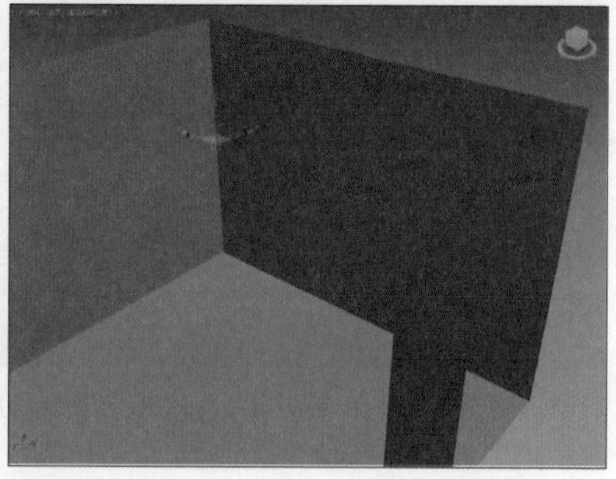

步骤13 在“编辑边”卷展栏中单击“连接”按钮，打开“连接边”设置框，设置分段值为2，可以看到新增加的两条边，显示为红色，单击“确定”按钮，如下左图所示。

步骤14 选择边，并调整Z轴高度为2400mm，如下右图所示。

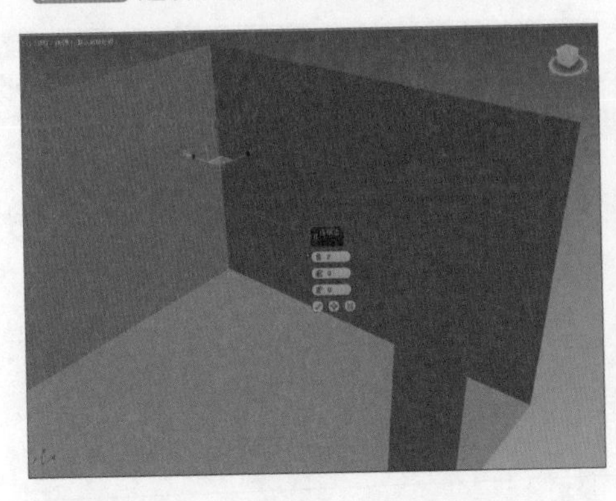

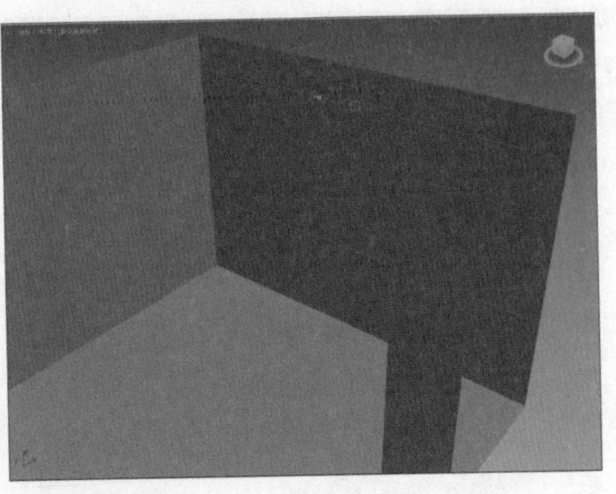

步骤15 进入“多边形”层级，并选择面，如下左图所示。

步骤16 在“编辑多边形”卷展栏中单击“挤出”按钮，打开“挤出多边形-高度”设置框，设置挤出高度为-300，单击“确定”按钮，如下右图所示。

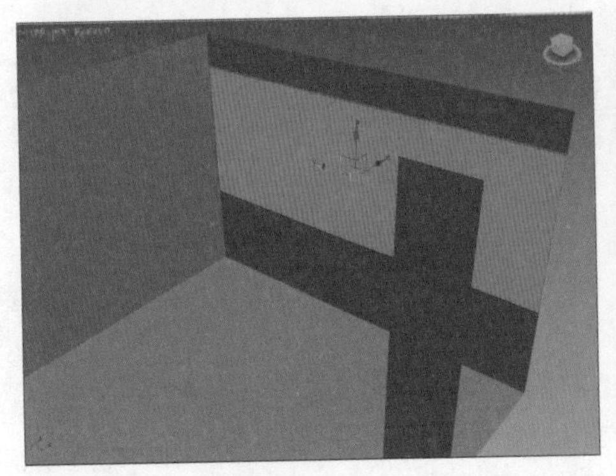

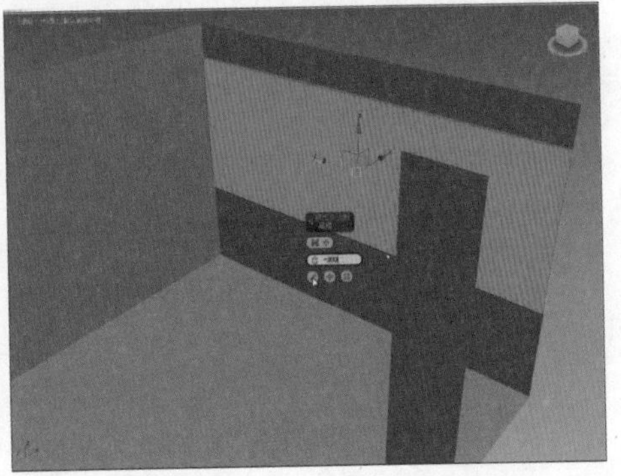

步骤17 此时可以观察到挤出后的多边形，如下左图所示。

步骤18 按Delate键将被选中的面删除，效果如下右图所示。

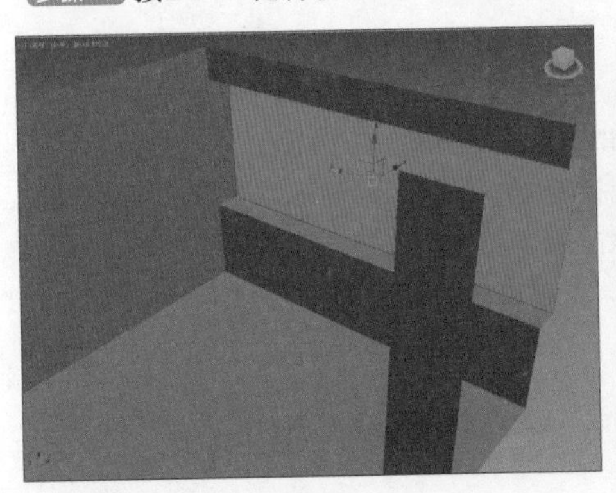

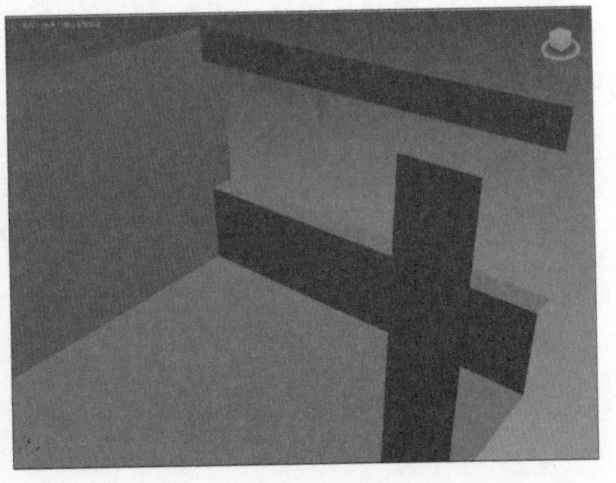

步骤19 调整模型角度，选择顶部的面，在“编辑几何体”卷展栏中单击“分离”按钮，在打开的对话框中为分离对象命名，如下左图所示。

步骤20 单击“确定”按钮，即可分离出顶面，如下右图所示。

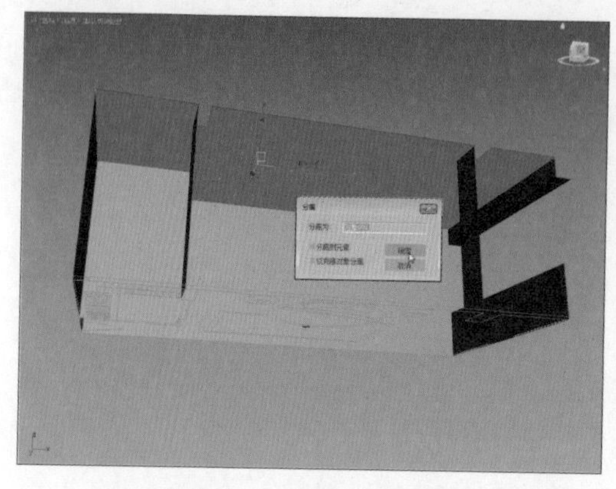

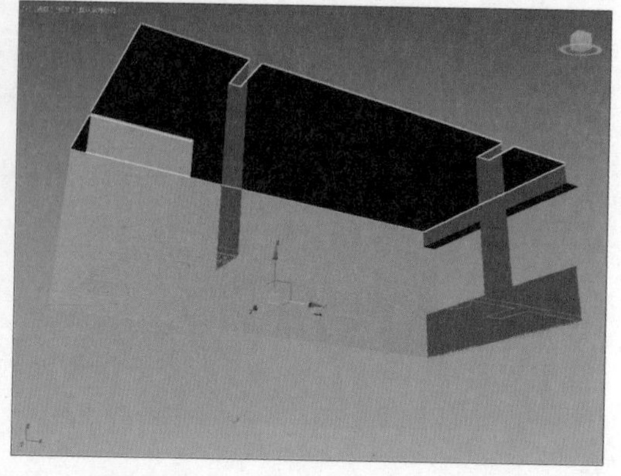

步骤21 按照上述操作方法再分离出地面，如下左图所示。

步骤22 开启捕捉开关功能，单击“长方体”命令，捕捉绘制两个长方体并设置高度，用以补充墙体及顶部，如下右图所示。

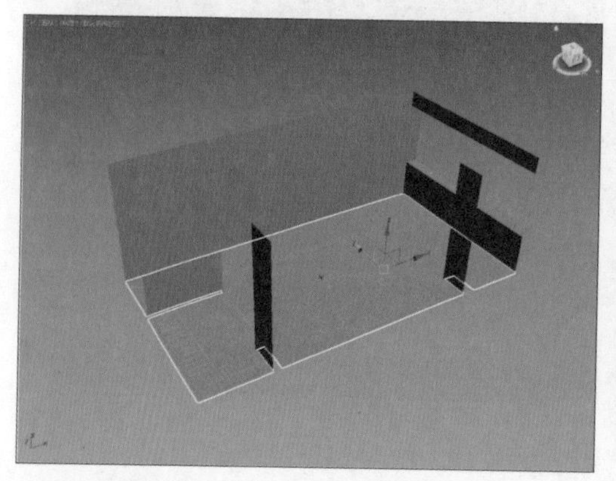

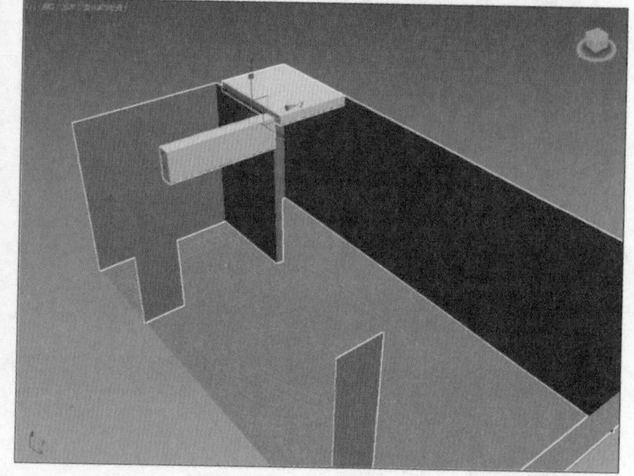

11.1.3 创建吊顶石膏线及推拉门模型

下面介绍创建推拉门模型以及石膏线造型的方法，其操作步骤如下。

步骤01 单击“矩形”按钮，在顶视图中捕捉绘制一个矩形，如下左图所示。

步骤02 将其转化为可编辑样条线，进入修改命令面板，选择“样条线”层级，在“几何体”卷展栏中设置轮廓值为20，按回车键即可将矩形框向内偏移复制，如下右图所示。

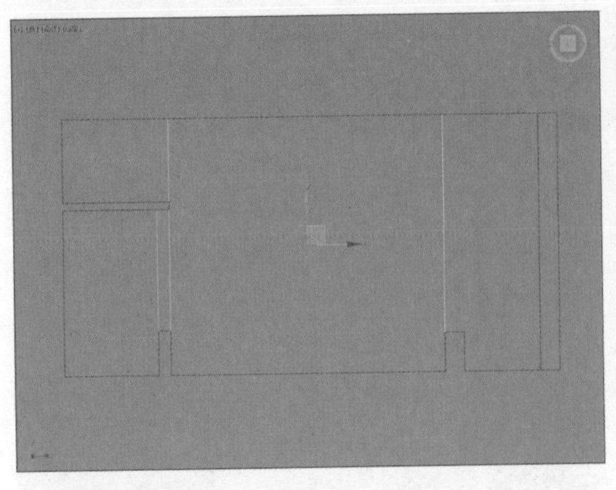

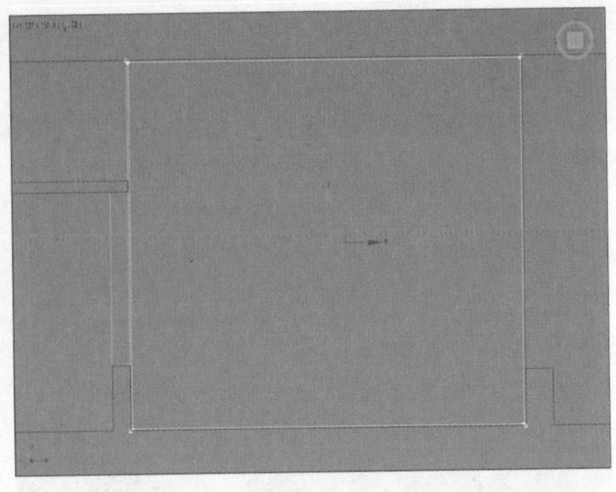

步骤03 在修改命令面板中单击“挤出”按钮，并设置挤出值为200，制作出石膏线造型，适当调整位置，如下左图所示。

步骤04 切换到左视图，单击“矩形”按钮，捕捉绘制矩形，如下右图所示。

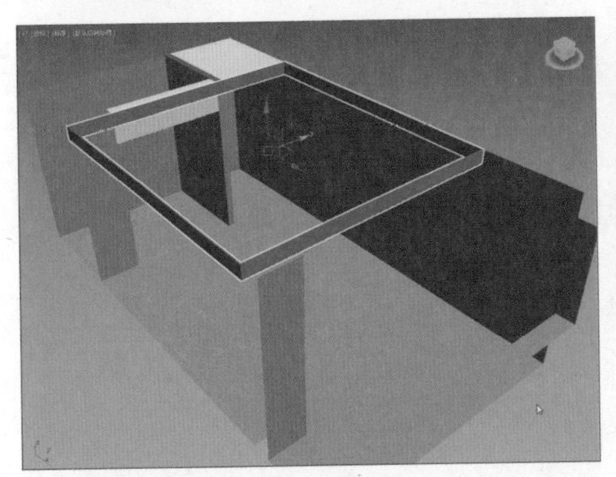

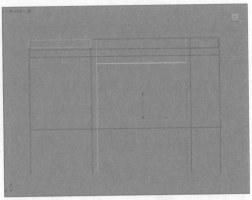

步骤05 调整宽度为原来的一半，并将其转化为可编辑样条线，如下左图所示。

步骤06 选择“样条线”层级，在“几何体”卷展栏中设置轮廓值为60，按回车键确认，在修改命令面板中单击“挤出”按钮，设置挤出值为40，绘制推拉门门框，如下右图所示。

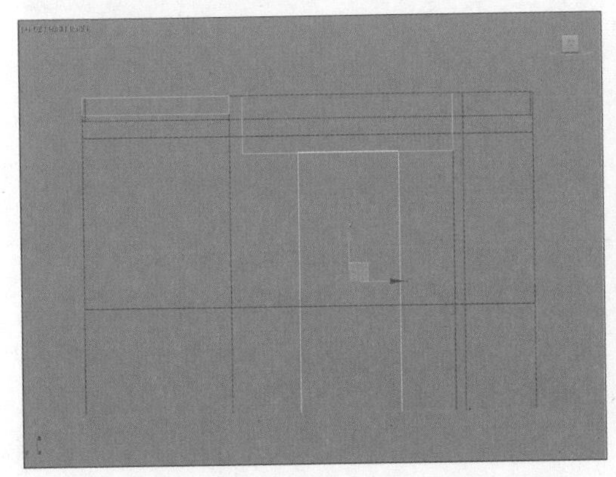

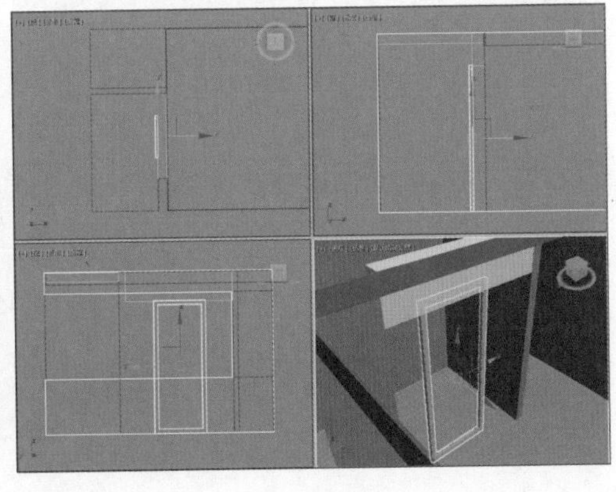

步骤07 在左视图中捕捉推拉门门框绘制长方体，并设置高度，绘制出一扇推拉门模型，如下左图所示。

步骤08 再复制一扇门，并调整推拉门位置，效果如下右图所示。

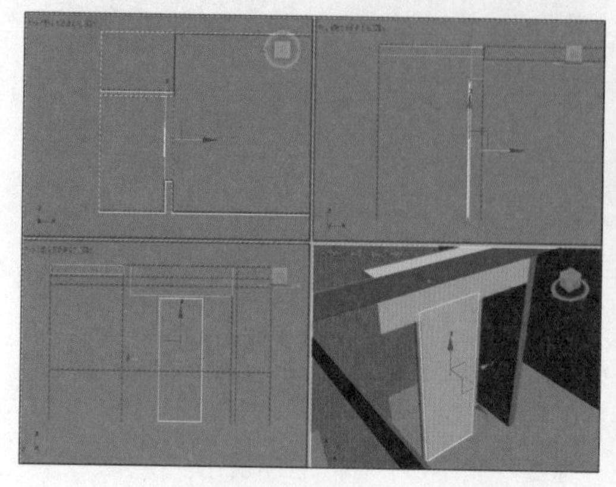

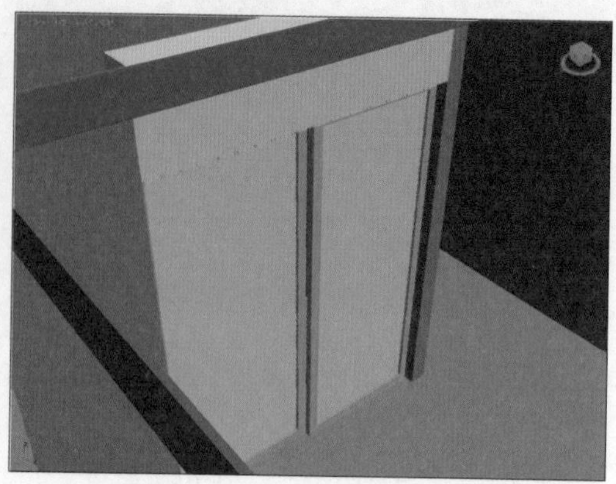

11.1.4 创建床头背景墙模型

下面将对床头背景墙模型的制作进行介绍，操作步骤介绍如下。

步骤01 单击“矩形”按钮，在左视图绘制120mm×12mm的矩形，如下左图所示。

步骤02 将其转换为可编辑样条线，进入修改命令面板，选择“顶点”层级，选择两个顶点，在“几何体”卷展栏中单击“圆角”按钮，并在后方数值框中输入6，按回车键确认，即可对样条线进行圆角操作，效果如下右图所示。

步骤03 单击“线”按钮，在顶视图中捕捉绘制一条线，如下左图所示。

步骤04 选择前面绘制的样条线，在“复合对象”面板中单击“放样”按钮，在打开的“创建方法”卷展栏中单击“获取路径”按钮，在顶视图中单击样条线，即可放样出一个模型，如下右图所示。

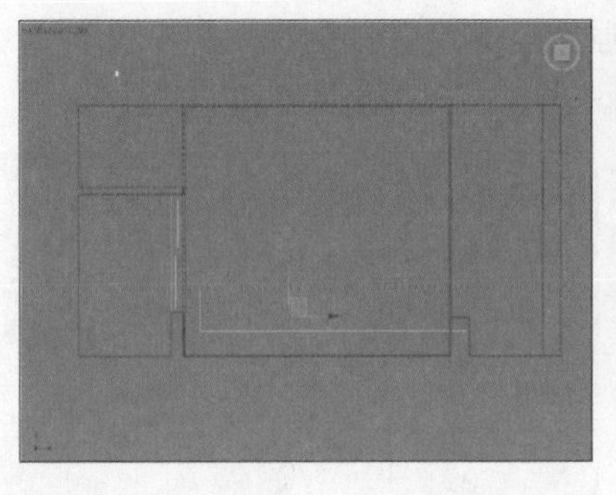

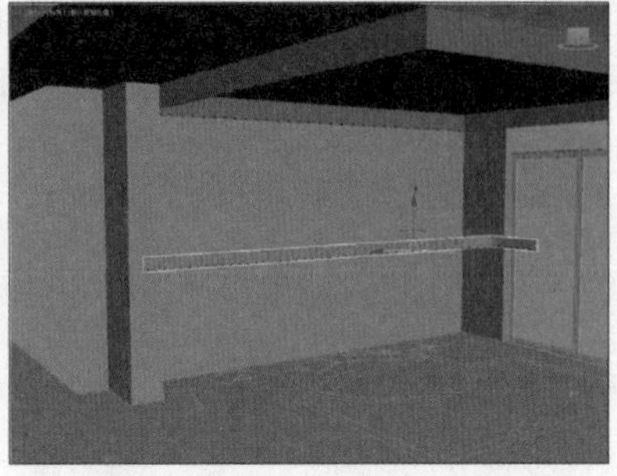

步骤05 在“蒙皮参数”卷展栏中勾选“优化图形”复选框，再设置路径步数为0，将模型移动对齐到适当的位置，如下左图所示。

步骤06 复制模型，直至铺满背景墙，效果如下右图所示。

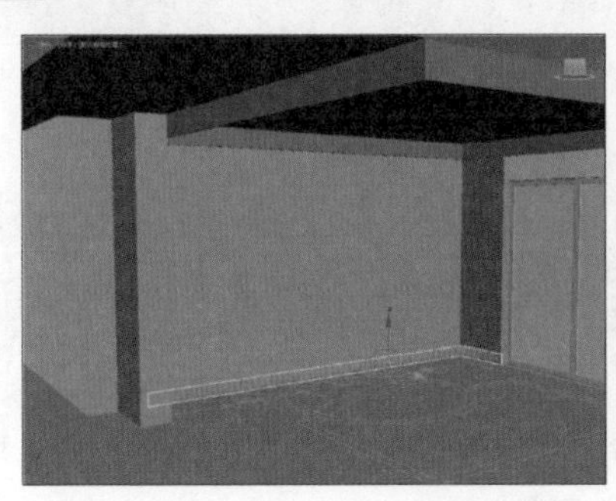

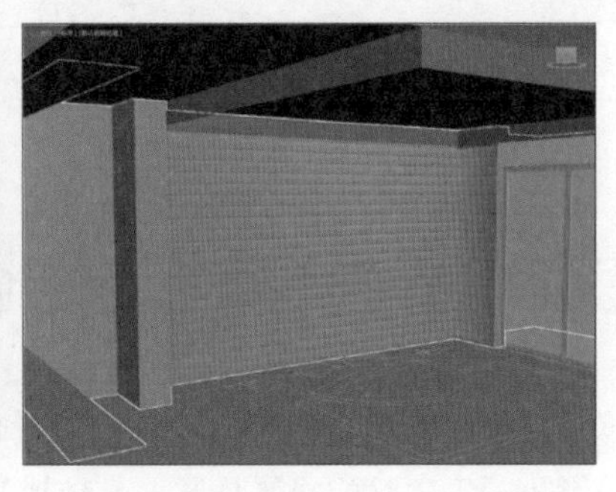

11.1.5 合并成品模型

模型创建完成后，即可将成品模型合并到当前场景中。在此需要说明的是，该室内模型中的装饰物模型用户可以自行创建，也可以通过网络下载以节省建模的时间。下面介绍将成品模型合并到当前场景中的操作过程，具体如下。

步骤01 执行“文件 > 导入 > 合并”命令，如下左图所示。

步骤02 打开“合并文件”对话框，选择需要的模型文件，如下右图所示。

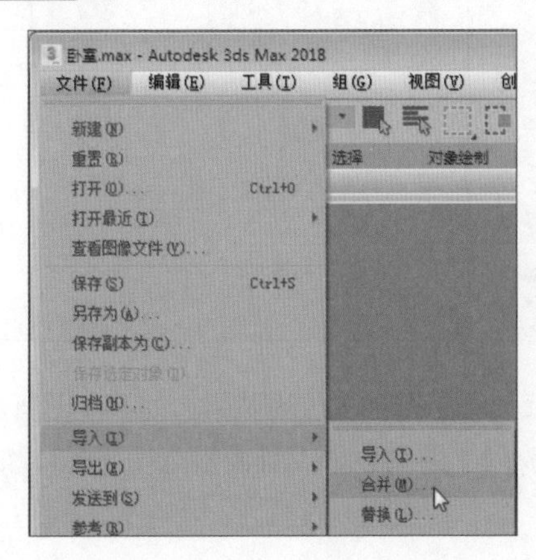

步骤03 单击“打开”按钮，将模型合并到场景并调整位置，如下左图所示。

步骤04 按照上面的操作步骤，依次合并床头柜、灯具等模型，如下右图所示。

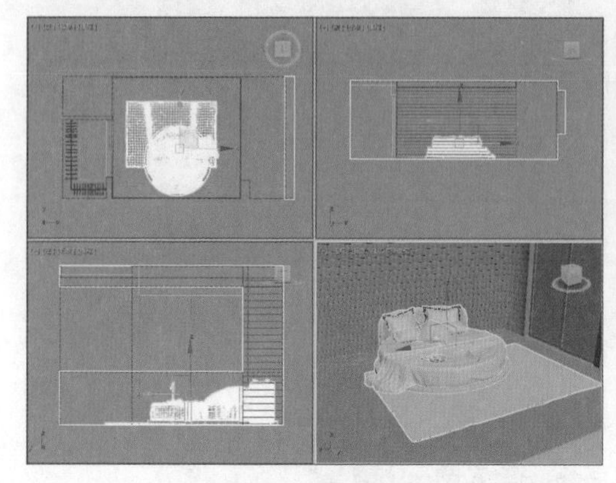

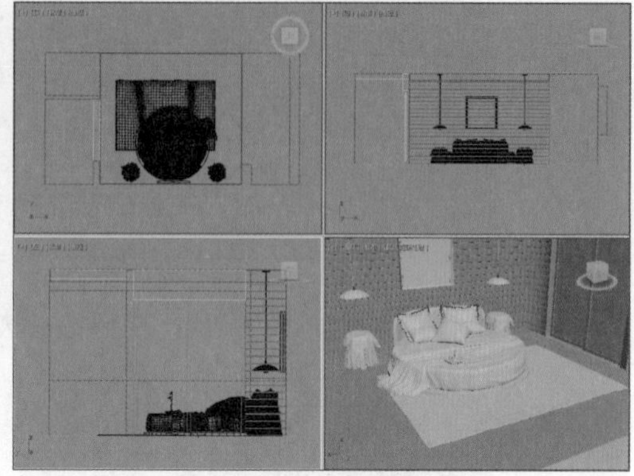

第2节 检测模型并创建摄影机

下面将介绍如何在3ds Max中打开并检测已经创建完成的场景模型，以及如何创建摄影机确定理想的观察角度，具体操作步骤如下。

步骤01 执行“渲染 > 渲染设置”命令，打开“渲染设置”对话框，在V-Ray面板下的“全局开关”卷展栏中勾选“覆盖材质”复选框，添加标准材质，如下左图所示。

步骤02 将添加的材质拖动到“材质编辑器”对话框中，根据提示进行实例复制，单击“确定”按钮，如下右图所示。

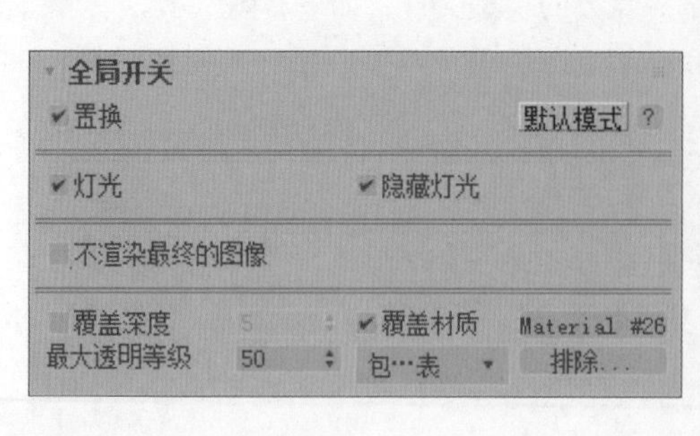

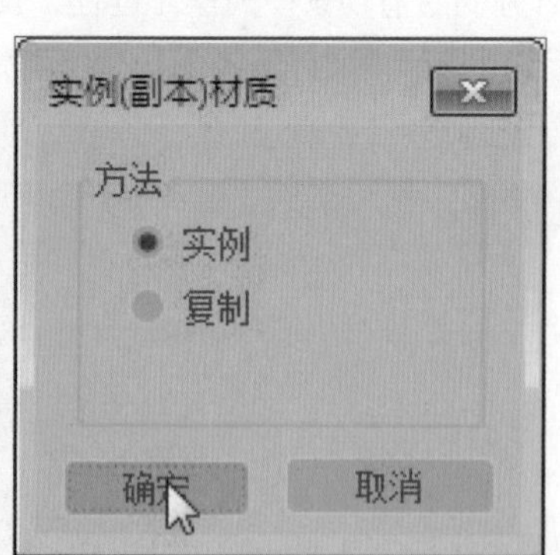

步骤03 在“Blinn基本参数”卷展栏中为漫反射通道添加边纹理贴图，如下左图所示。

步骤04 在VRayEdgesTex params（VRay边纹理）卷展栏中设置像素宽度为0.3，如下右图所示。

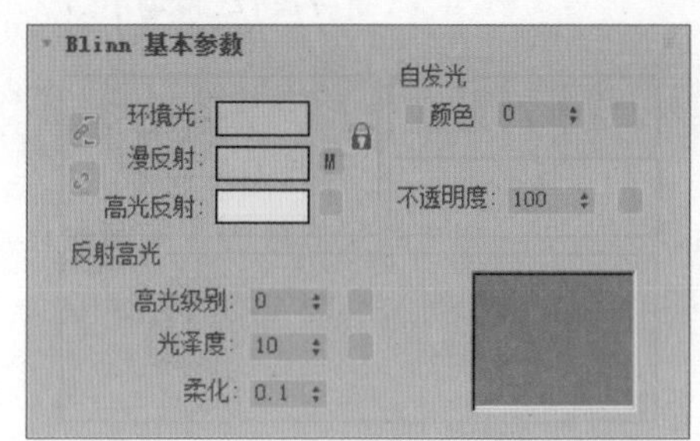

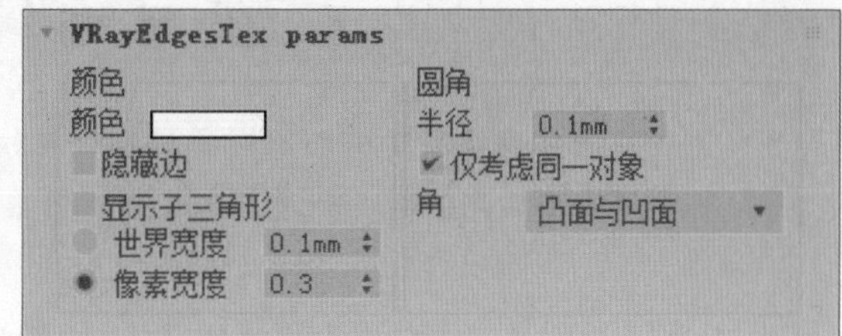

步骤05 将创建好的材质赋予模型，按F9功能键渲染透视视图，效果如下左图所示。检测模型是否有破面等，以便于进行调整。

步骤06 在顶视图中创建一架摄影机，调整摄影机高度及角度，并设置镜头为24mm，如下右图所示。

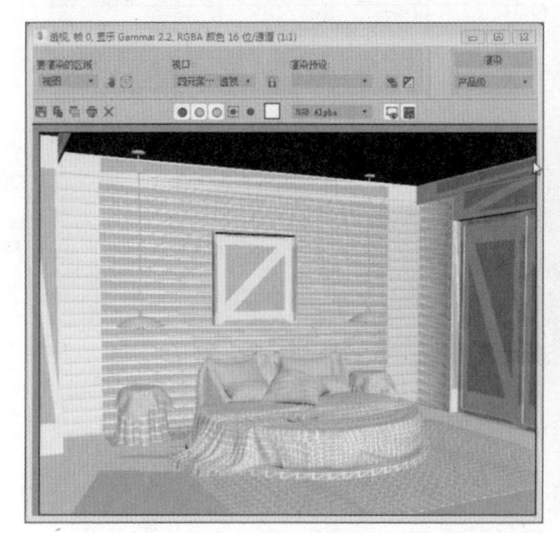

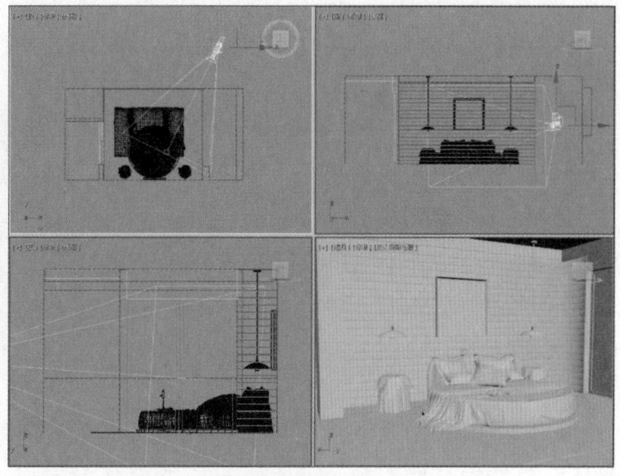

步骤07 按C键即可进入摄影机视口，再按F9功能键即可进行渲染，如下图所示。

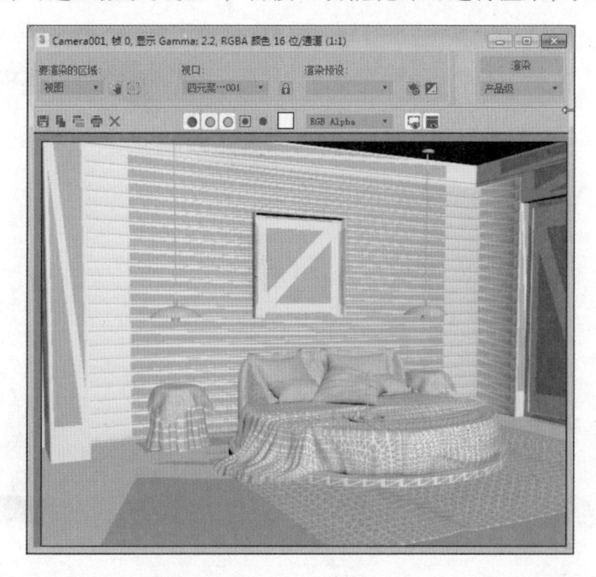

第3节 为卧室场景创建材质

下面将介绍为场景中的所有对象分别设置材质的方法。制作卧室效果图，除了灯光外，还需要运用细腻的材质来表现出温馨柔软的感觉，从而表现出场景的真实性。

11.3.1 为建筑主体创建材质

建筑主体材质包括墙面乳胶漆材质、墙板造型材质以及地面的地板材质，本小节将详细的介绍各材质的创建方法。

步骤01 按M键打开“材质编辑器”，在材质球实例窗中选择一个未使用的材质球，设置材质类型为VRayMtl，再设置漫反射颜色为淡黄色，如下左图所示。

步骤02 设置漫反射的颜色参数，如下右图所示。

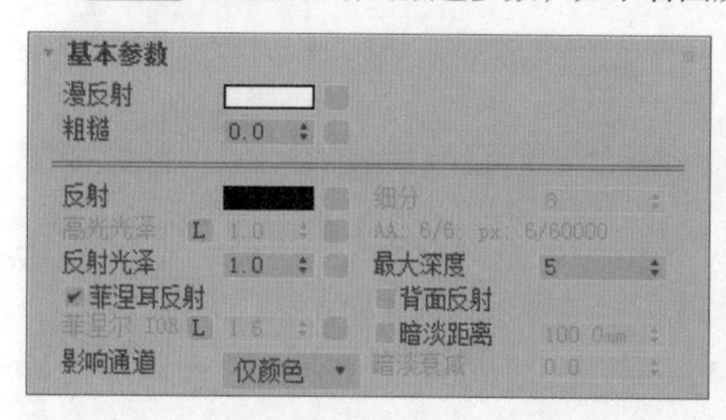

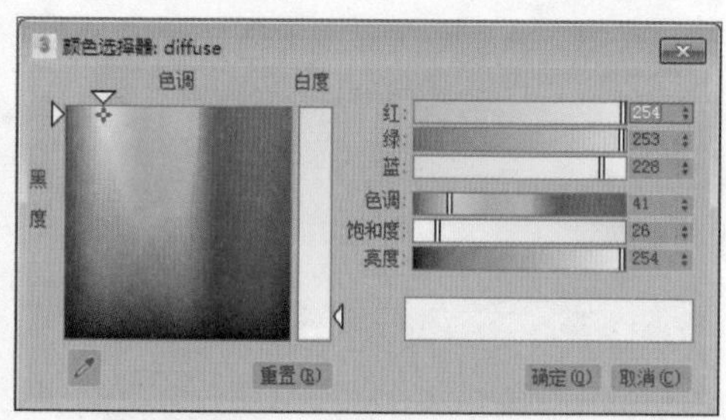

步骤03 在BRDF卷展栏中选择函数类型为Blinn；在“选项”卷展栏中取消勾选“光泽菲涅耳”复选框，如下左图所示。

步骤04 创建好的乳胶漆材质球效果，如下右图所示。

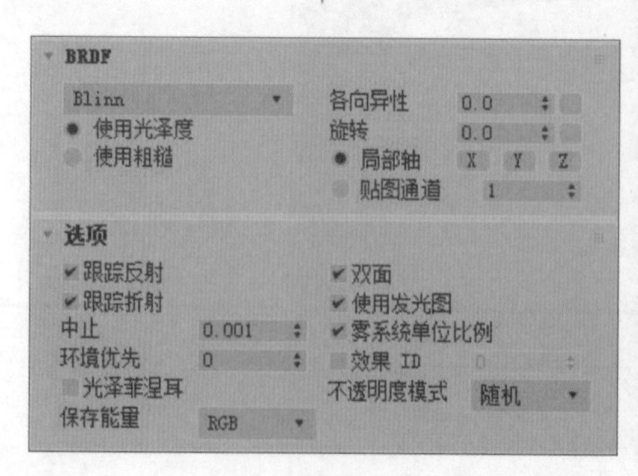

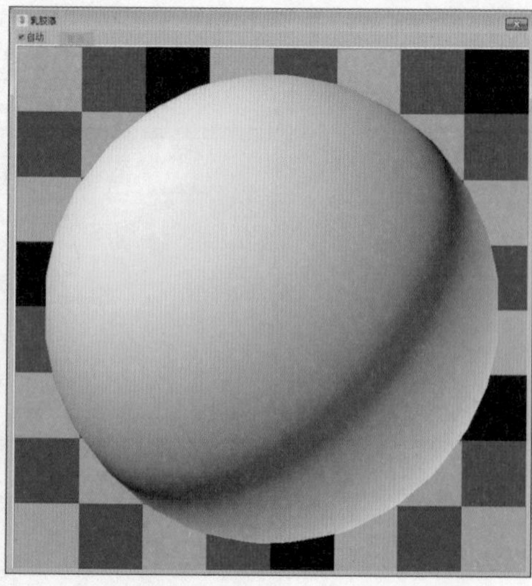

步骤05 选择一个空白材质球，设置材质类型为VRayMtl，在“贴图”卷展栏中分别为漫反射通道、粗糙通道以及凹凸通道添加位图贴图，设置粗糙和凹凸的值，如下左图所示。

步骤06 为漫反射通道添加的位图贴图，如下右图所示。

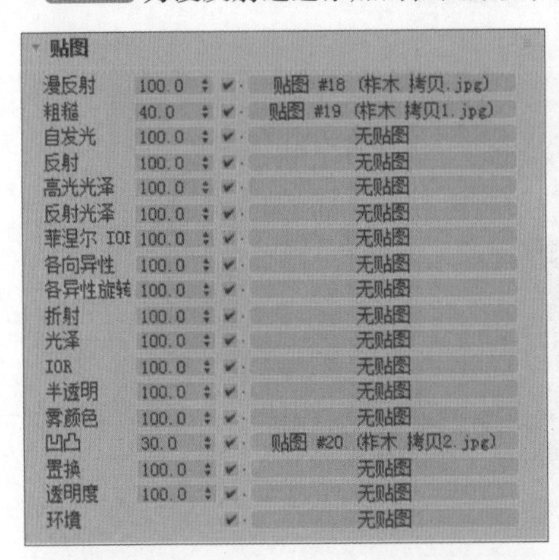

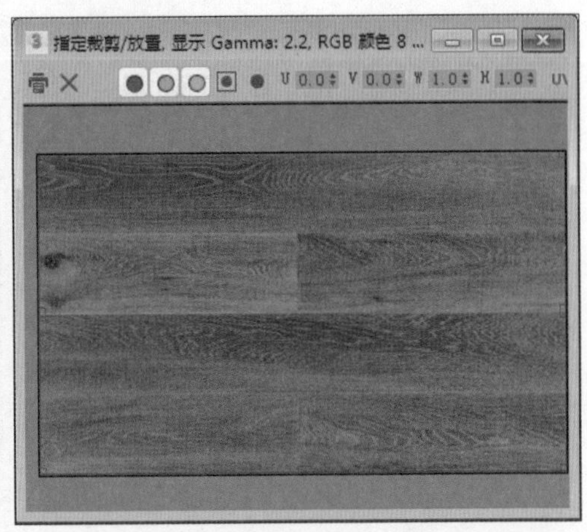

步骤07 为粗糙通道和凹凸通道分别添加的位图贴图，如下图所示。

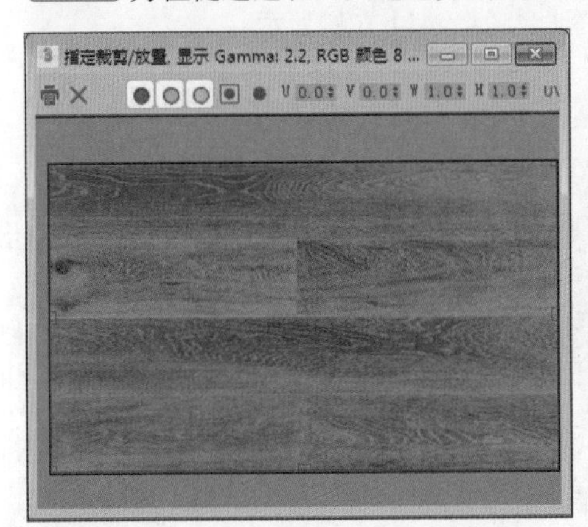

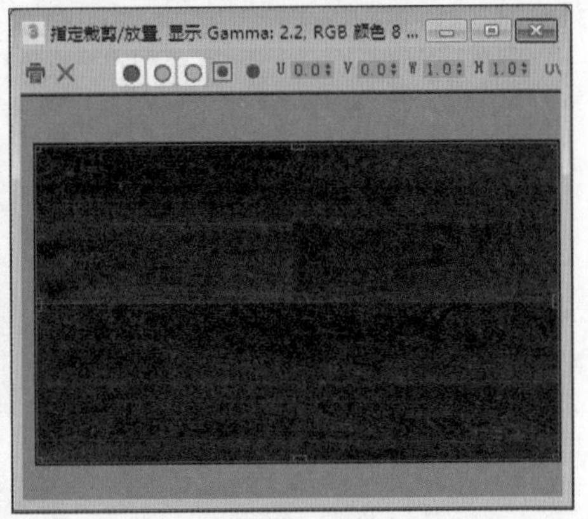

步骤08 返回到“基本参数”卷展栏中，设置反射颜色、高光光泽和反射光泽等参数，取消勾选“菲涅耳反射”复选框，如下左图所示。

步骤09 设置反射颜色参数，如下右图所示。

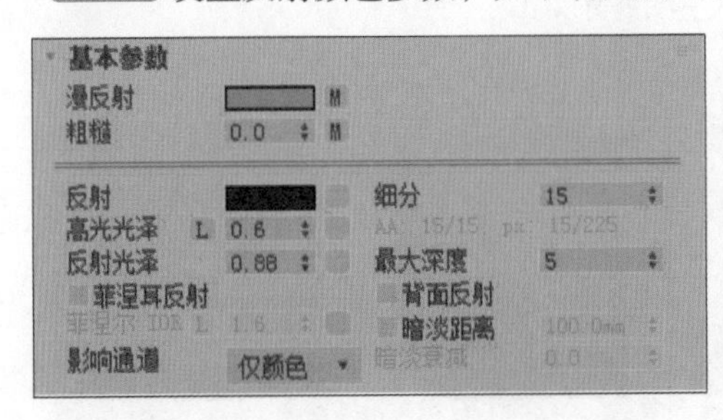

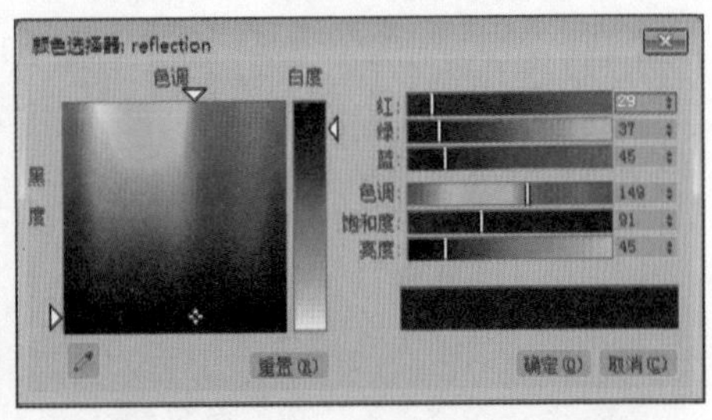

步骤10 在BRDF卷展栏中选择函数类型为Blinn；在“选项”卷展栏中取消勾选“光泽菲涅耳”复选框，如下左图所示。

步骤11 创建好的木地板材质球效果，如下右图所示。

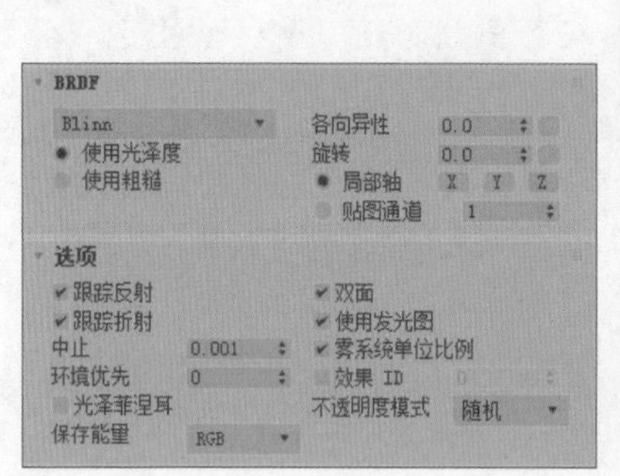

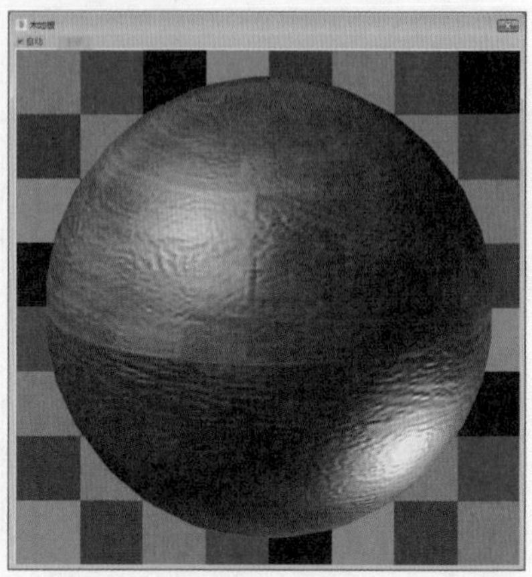

步骤12 选择一个空白材质球，设置材质类型为VRayMtl，在“贴图”卷展栏中为漫反射通道以及凹凸通道添加相同的位图贴图，再设置凹凸值，如下左图所示。

步骤13 所添加的位图贴图，如下右图所示。

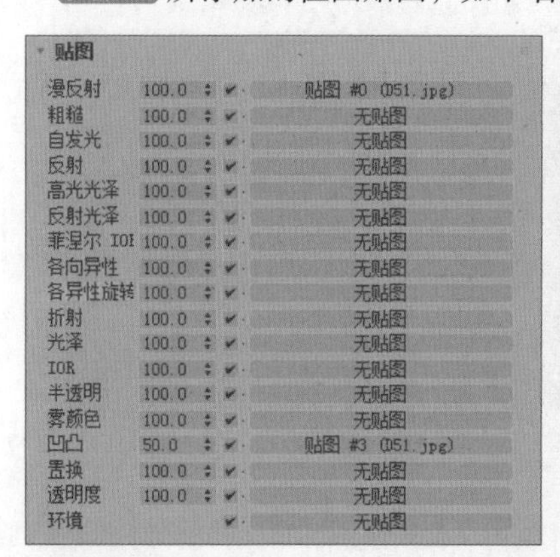

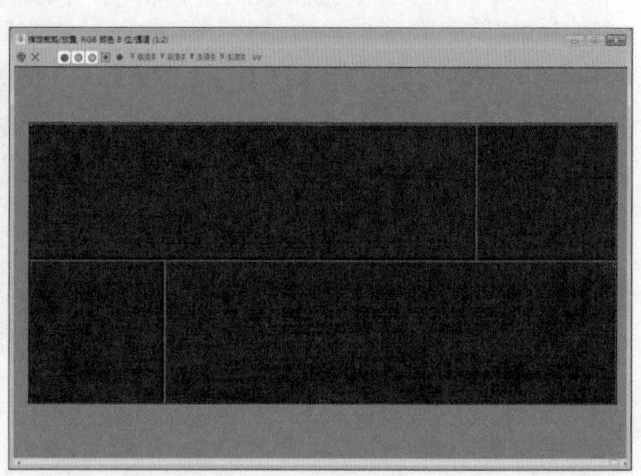

步骤14 返回到“基本参数”卷展栏中，设置反射颜色、高光光泽、反射光泽以及细分等参数，取消勾选“菲涅耳反射”复选框，如下左图所示。

步骤15 设置反射颜色参数，如下右图所示。

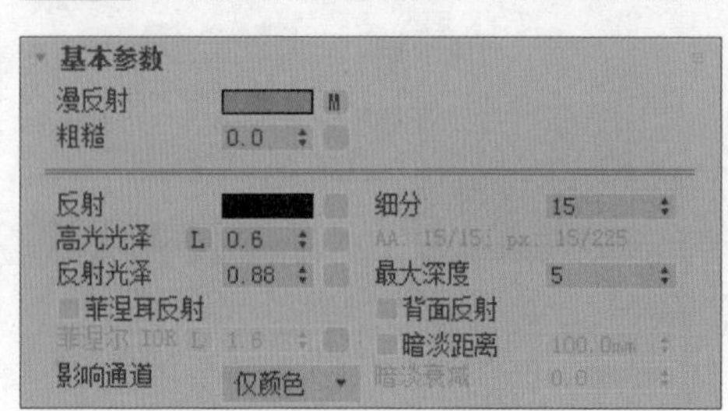

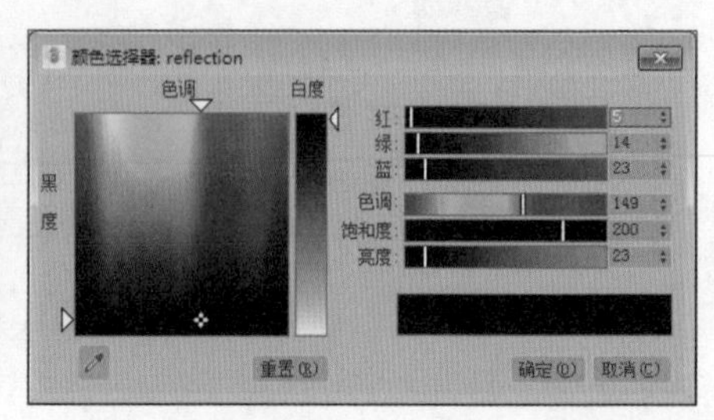

步骤16 在BRDF卷展栏中选择函数类型为Blinn；在“选项”卷展栏中取消勾选“光泽菲涅耳”复选框，如右图所示。

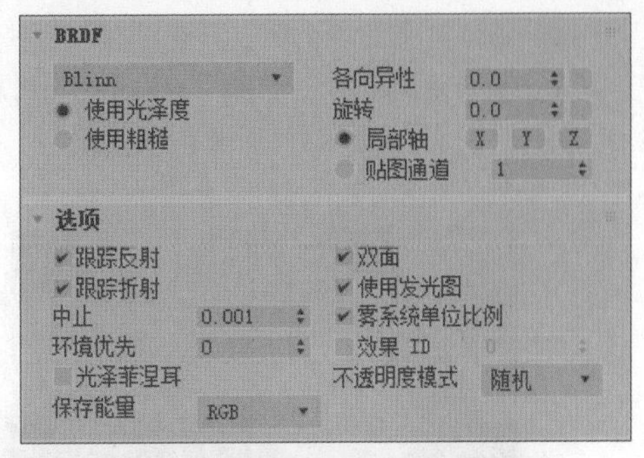

步骤17 创建好的墙板材质球效果，如下左图所示。

步骤18 将创建的材质指定给场景中的墙面顶面及地面，效果如下右图所示。

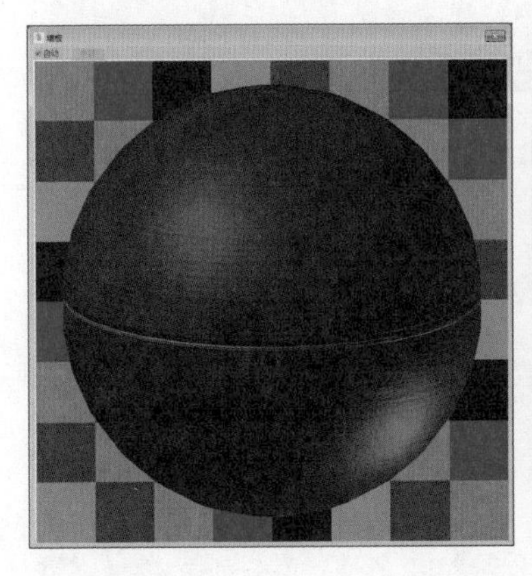

11.3.2 为门框及艺术玻璃创建材质

场景中的更衣室推拉门采用的是塑钢门框和艺术玻璃，塑钢材质接近白色并且有适当的光泽效果，艺术玻璃材质同普通的玻璃材质不同，没有透视效果，也就是在制作材质时无须考虑折射参数的设置，有纹理并且有一些反射效果，接下来进行详细介绍。

步骤01 选择一个空白材质球，设置材质类型为VRayMtl，设置漫反射颜色与反射颜色为220.220.200，再设置高光光泽、反射光泽以及细分的值，取消勾选“菲涅耳反射”复选框，如下左图所示。

步骤02 在BRDF卷展栏中选择函数类型为Blinn；在“选项”卷展栏中取消勾选“光泽菲涅耳”复选框，如下右图所示。

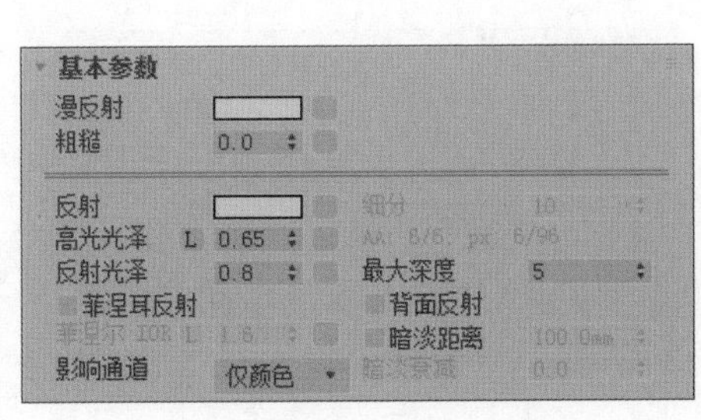

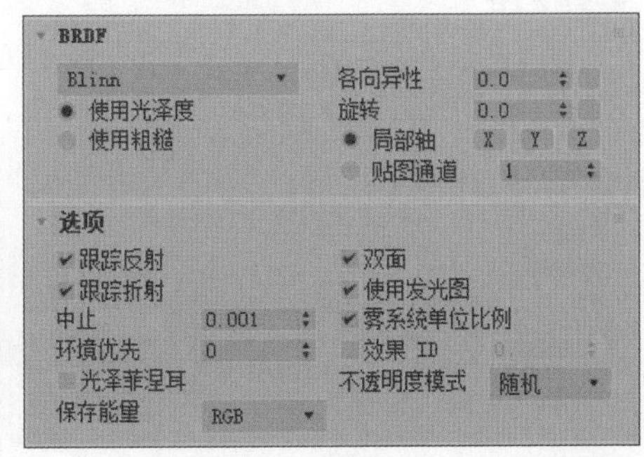

步骤03 创建好的门框材质球效果，如下左图所示。

步骤04 选择一个空白材质球，设置材质类型为混合材质，设置材质1与材质2的材质类型为VRayMtl，并为遮罩材质添加位图贴图，如下右图所示。

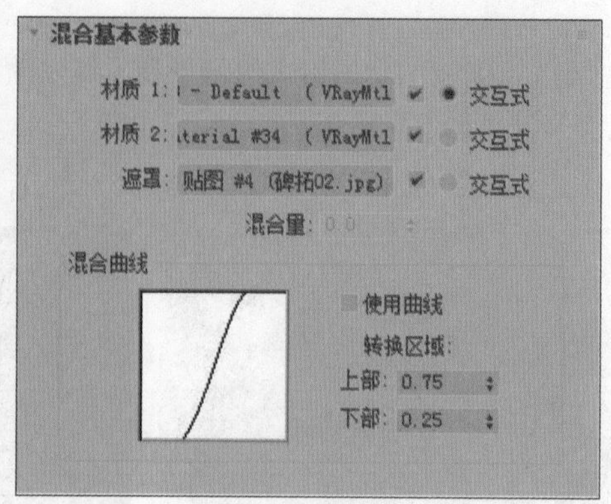

步骤05 打开材质1参数面板，设置漫反射颜色参数，设置反射颜色为95.95.95，如下左图所示。

步骤06 设置漫反射颜色参数，如下右图所示。

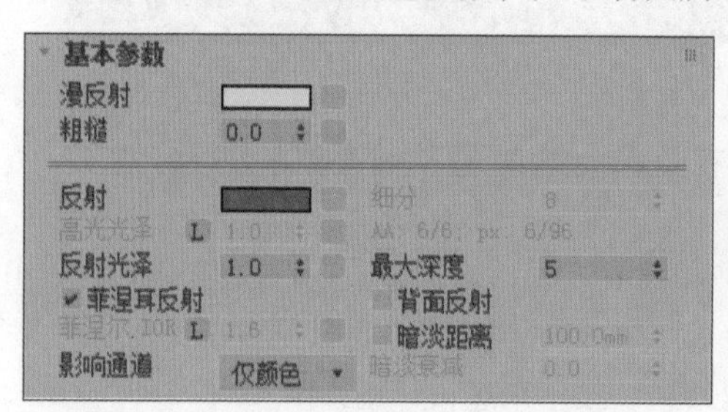

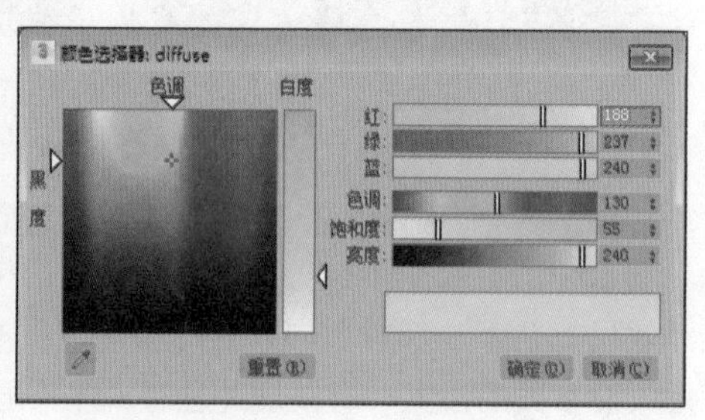

步骤07 在BRDF卷展栏中选择函数类型为Blinn；在“选项”卷展栏中取消勾选“光泽菲涅耳”复选框，如下左图所示。

步骤08 再打开材质2参数面板，设置反射颜色、高光光泽和反射光泽等参数，如下右图所示。

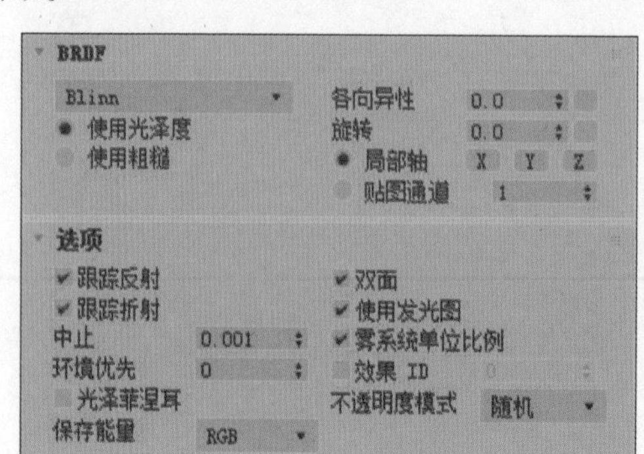

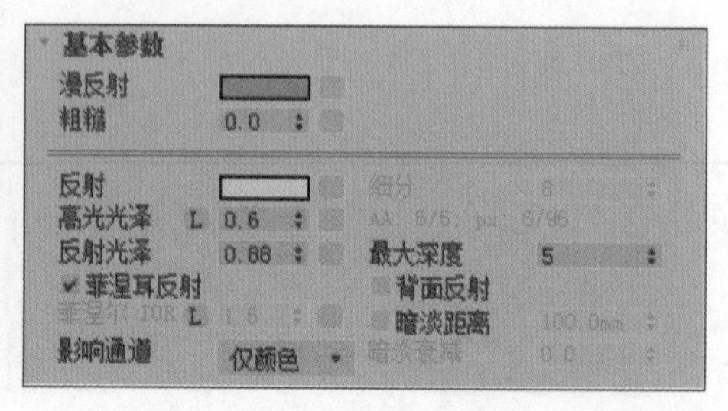

步骤09 设置反射颜色参数，如下左图所示。

步骤10 在BRDF卷展栏中选择函数类型为Blinn；在“选项”卷展栏中取消勾选“光泽菲涅耳”复选框，如下右图所示。

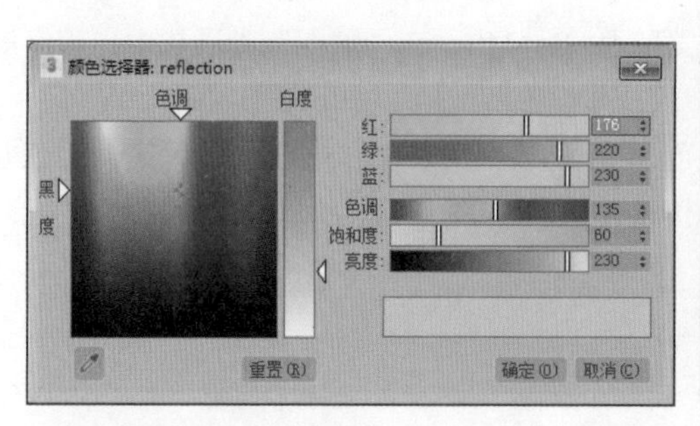

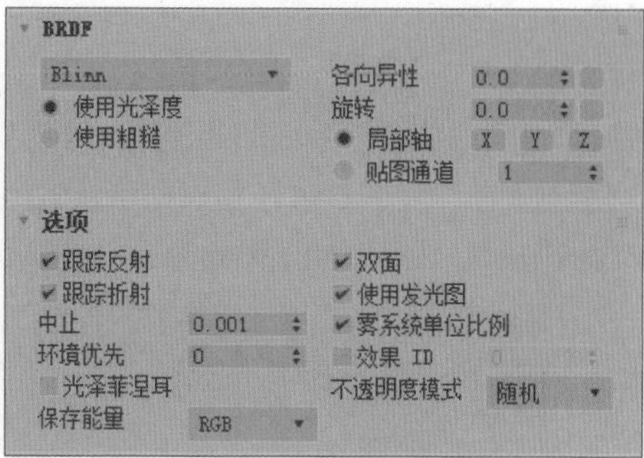

步骤11 为遮罩材质添加的位图贴图，如下左图所示。

步骤12 创建好的艺术玻璃材质球效果，如下右图所示。

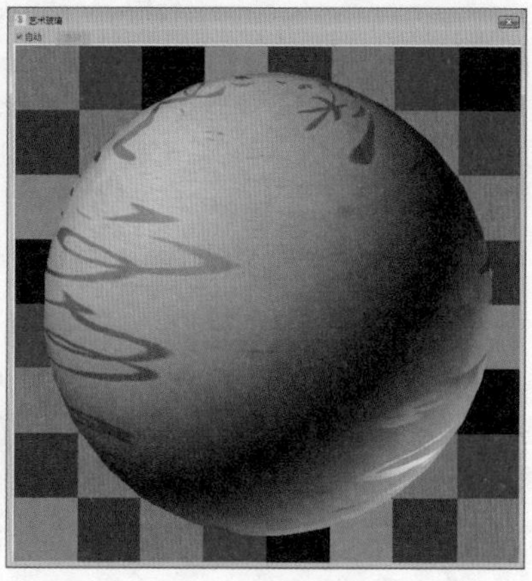

步骤13 将创建好的材质赋予模型并进行渲染，效果如下图所示。

11.3.3 为双人床创建材质

本案例中的双人床上布艺物品较多，需要创建多个材质，下面将对这些材质的具体创建过程逐一进行介绍。

步骤01 选择一个空白材质球，设置材质类型为VRayMtl，在“贴图”卷展栏中，为漫反射通道添加衰减贴图，为凹凸通道添加位图贴图，并设置凹凸值，如下左图所示。

步骤02 在“衰减参数”卷展栏中设置颜色1的颜色参数为255.255.255，设置衰减颜色并添加位图贴图，该贴图同凹凸通道的位图贴图相同，如下右图所示。

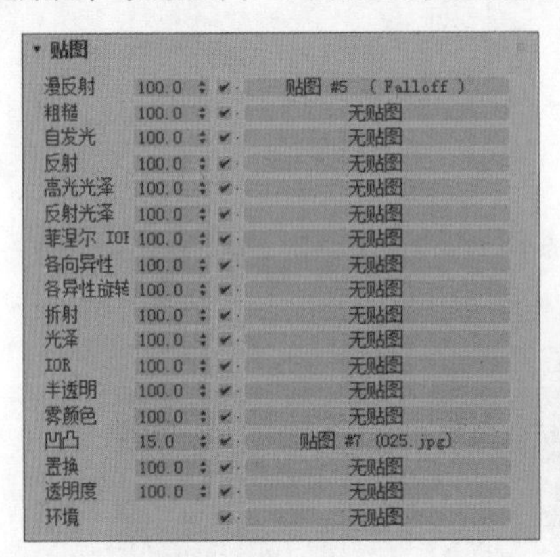

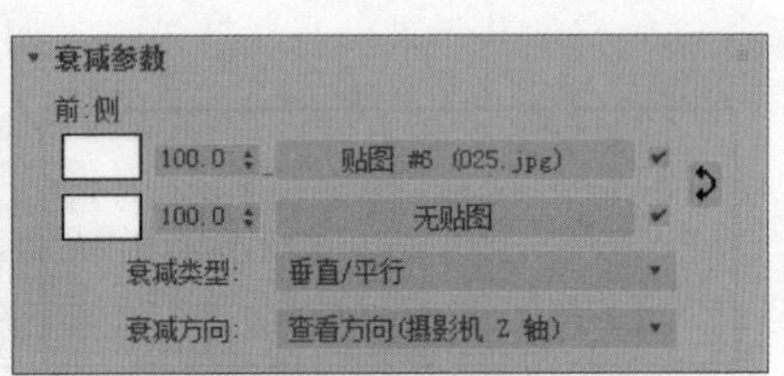

步骤03 添加的位图贴图，如下左图所示。

步骤04 创建好的床品布料材质球效果，如下右图所示。

步骤05 继续创建其他布料材质，如下左图所示。

步骤06 选择一个空白材质球，设置材质类型为VRayMtl，为漫反射通道添加位图贴图，设置反射颜色，设置高光光泽和反射光泽的值，取消勾选“菲涅耳反射”复选框，如下右图所示。

基本参数
漫反射 M
粗糙 0.0
反射 细分 15
高光光泽 L 0.6 AA: 15/15; px: 15/225
反射光泽 0.88 最大深度 5
菲涅耳反射 背面反射
菲涅尔 IOR L 1.6 暗淡距离 100.0mm
影响通道 仅颜色 暗淡衰减 0.0

步骤07 为漫反射通道添加的位图贴图，如下左图所示。

步骤08 设置反射颜色参数，如下右图所示。

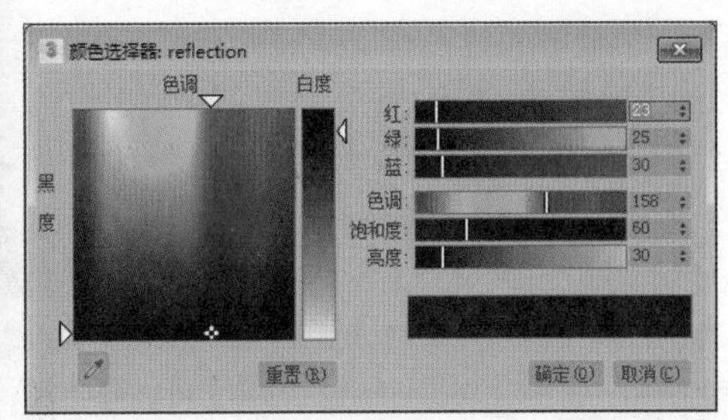

步骤09 在BRDF卷展栏中选择函数类型为Blinn；在“选项”卷展栏中取消勾选“光泽菲涅耳”复选框，如下左图所示。

步骤10 创建好的靠背材质球效果，如下右图所示。

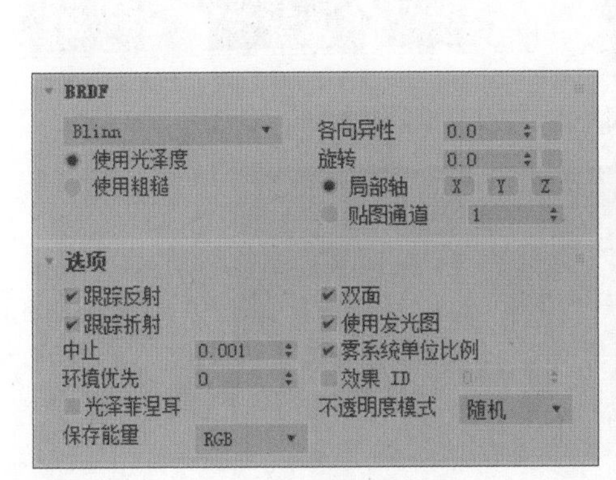

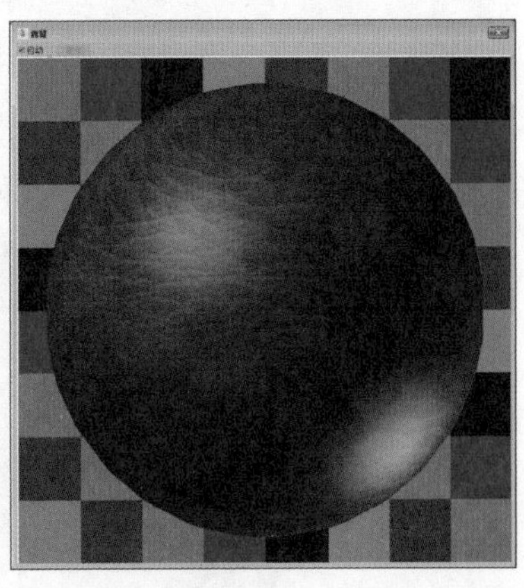

步骤11 选择一个空白材质球，设置材质类型为VRayMtl，为漫反射通道和凹凸通道添加位图贴图，如下左图所示。

步骤12 所添加的位图贴图，如下右图所示。

贴图			
漫反射	100.0	✔	贴图 #15（羊毛块毯aaa.jpg）
粗糙	100.0	✔	无贴图
自发光	100.0	✔	无贴图
反射	100.0	✔	无贴图
高光光泽	100.0	✔	无贴图
反射光泽	100.0	✔	无贴图
菲涅尔 IOR	100.0	✔	无贴图
各向异性	100.0	✔	无贴图
各异性旋转	100.0	✔	无贴图
折射	100.0	✔	无贴图
光泽	100.0	✔	无贴图
IOR	100.0	✔	无贴图
半透明	100.0	✔	无贴图
雾颜色	100.0	✔	无贴图
凹凸	30.0	✔	贴图 #15（羊毛块毯aaa.jpg）
置换	100.0	✔	无贴图
透明度	100.0	✔	无贴图
环境		✔	无贴图

步骤13 在BRDF卷展栏中选择函数类型为Blinn；在“选项”卷展栏中取消勾选“光泽菲涅耳”复选框，如下左图所示。

步骤14 创建好的地毯材质球效果，如下右图所示。

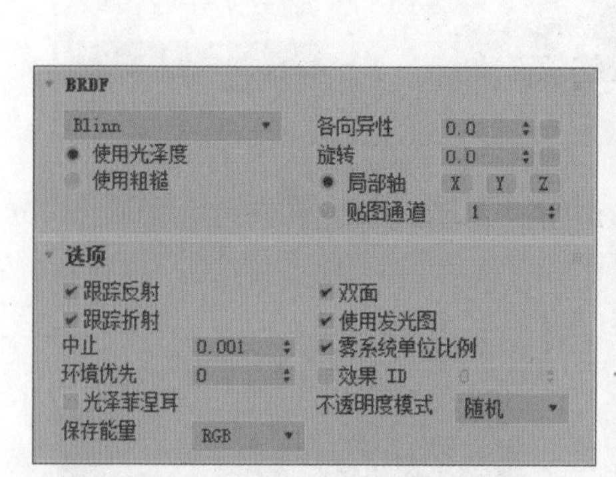

步骤15 将创建的材质赋予模型并进行渲染，效果如下图所示。

11.3.4 为吊灯及装饰品创建材质

场景中还剩下吊灯以及一些装饰品的材质未创建，下面介绍具体创建方法。

步骤01 选择一个空白材质球，设置材质类型为VRayMtl，设置漫反射颜色为255.255.255，设置反射颜色为20.20.20，设置细分值为15并取消勾选“菲涅耳反射”复选框，如下左图所示。

步骤02 在“BRDF”卷展栏中选择函数类型为“Blinn”；在“选项”卷展栏中取消勾选“光泽菲涅耳”复选框，如下右图所示。

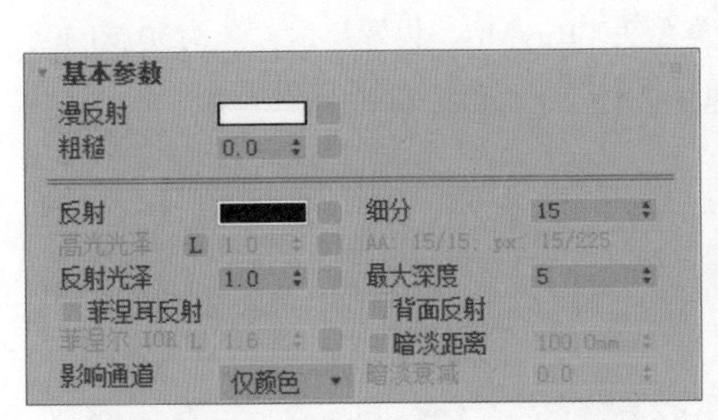

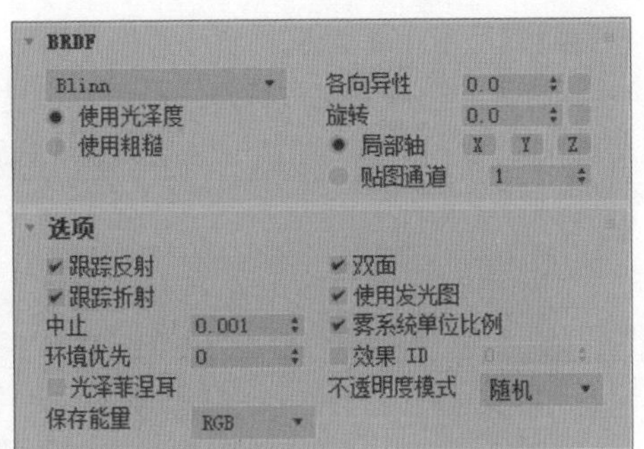

步骤03 创建好的吊灯材质球效果，如下左图所示。

步骤04 选择一个空白材质球，设置材质类型为VRayMtl，设置漫反射颜色、设置反射颜色为60.60.60，设置高光光泽和反射光泽以及细分的值，取消勾选“菲涅耳反射”复选框，如下右图所示。

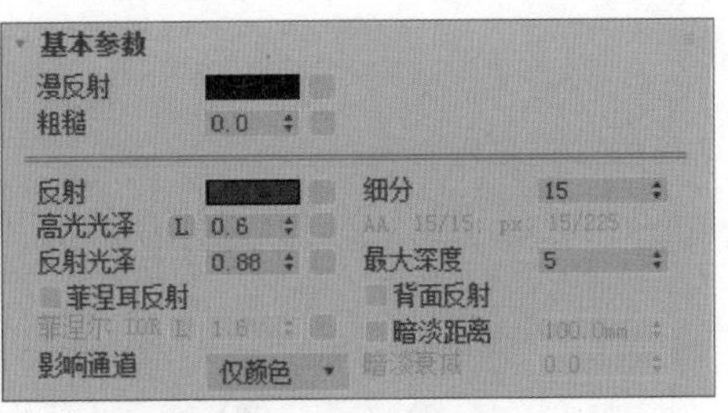

步骤05 设置漫反射颜色，如下左图所示。

步骤06 在BRDF卷展栏中选择函数类型为Blinn；在“选项”卷展栏中取消勾选“光泽菲涅耳”复选框，如下右图所示。

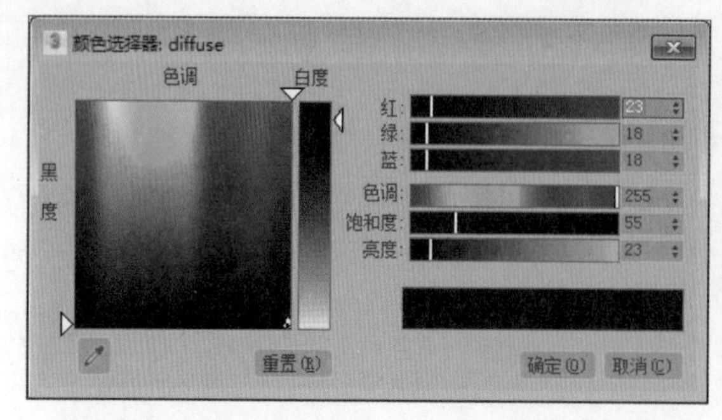

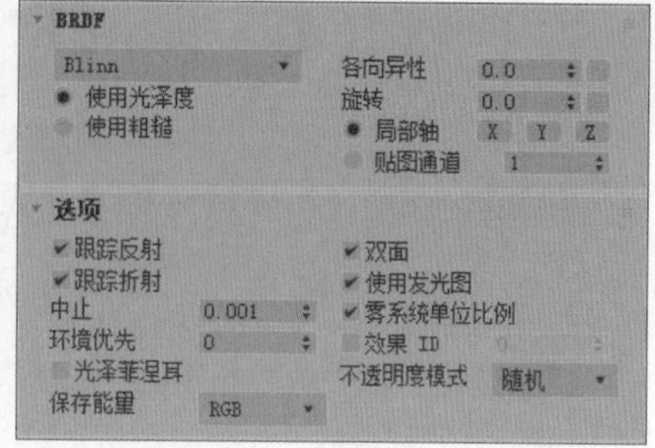

步骤07 创建好的画框材质球效果，如下左图所示。

步骤08 选择一个空白材质球，设置材质类型为VRayMtl，设置反射颜色为50.50.50，设置高光光泽和反射光泽的值，取消勾选“菲涅耳反射”复选框，如下右图所示。

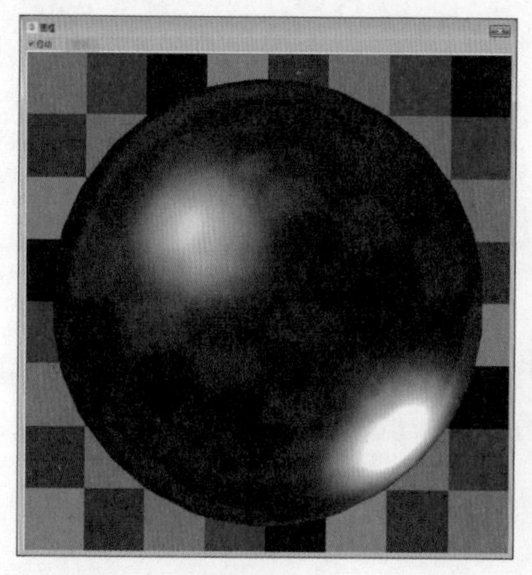

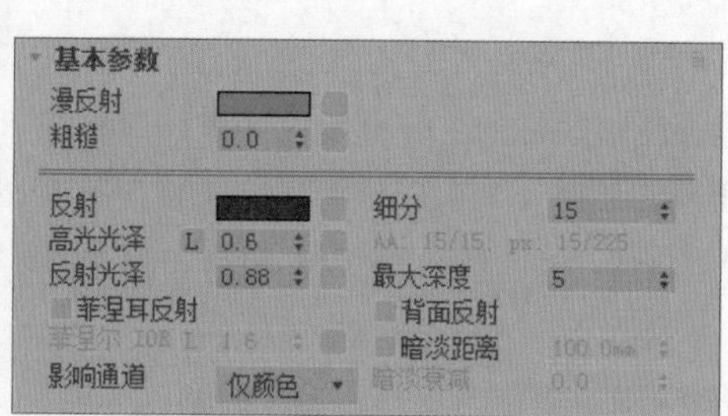

步骤09 在BRDF卷展栏中选择函数类型为Blinn；在“选项”卷展栏中取消勾选“光泽菲涅耳”复选框，如下左图所示。

步骤10 创建好的不锈钢托盘材质球效果，如下右图所示。

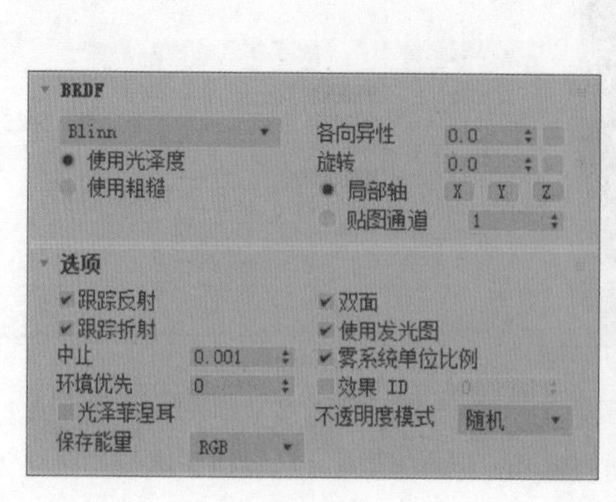

步骤11 选择一个空白材质球，设置材质类型为VRayMtl，设置漫反射颜色为255.255.255，设置反射颜色为20.20.20，取消勾选“菲涅耳反射”复选框，如下左图所示。

步骤12 在BRDF卷展栏中选择函数类型为Blinn；在“选项”卷展栏中取消勾选“光泽菲涅耳”复选框，如下右图所示。

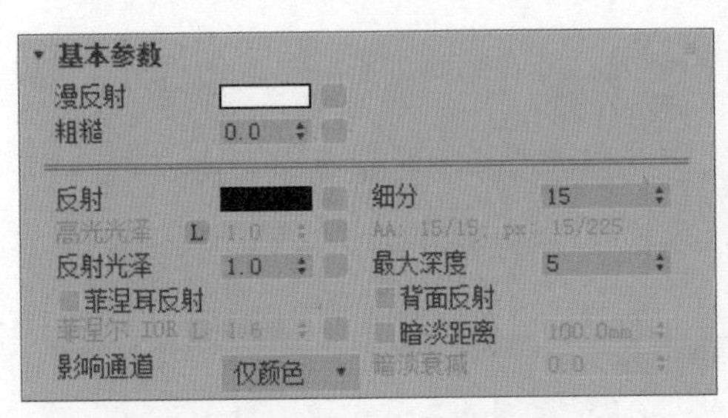

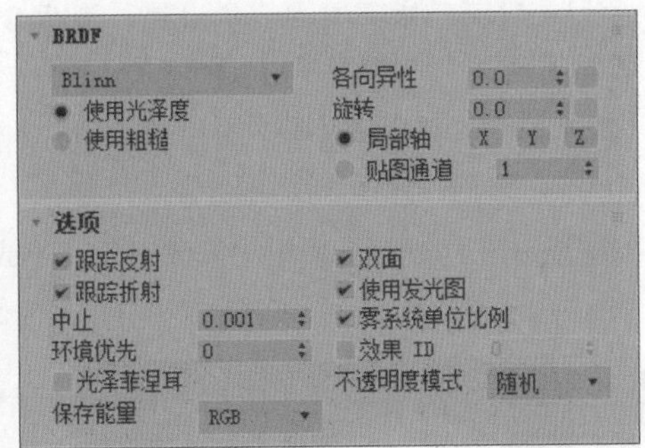

步骤13 创建好的花瓶材质球效果，如下左图所示。

步骤14 继续创建花朵、水果等材质，如下右图所示。

步骤15 将创建好的材质赋予模型并进行渲染，效果如下图所示。

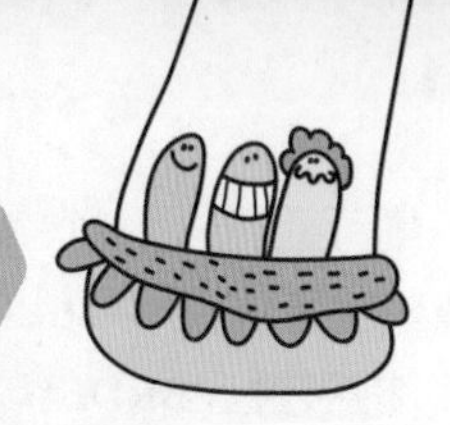

第4节 为卧室场景创建灯光

此场景为日光下卧室的情景，主要光源为室外光源及室内的辅助灯光。下面将首先介绍户外环境光源的设置，然后介绍室内灯光的设置。具体操作步骤如下。

步骤01 在VRay灯光命令面板创建VRay平面灯光，放在吊灯的正下方以创建吊灯光源，如下左图所示。

步骤02 在修改命令面板中修改半长、半高、倍增等参数，如下右图所示。

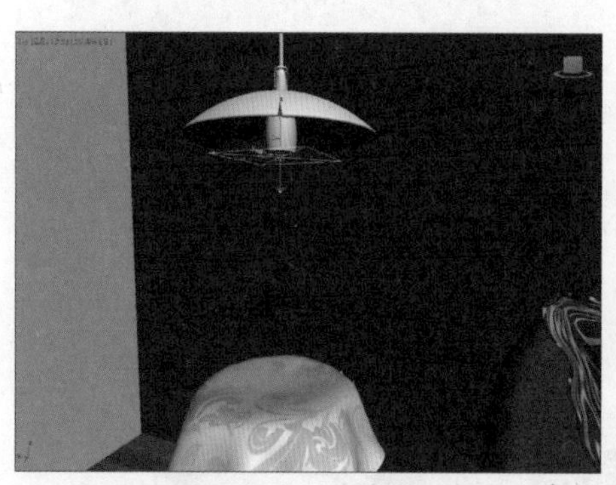

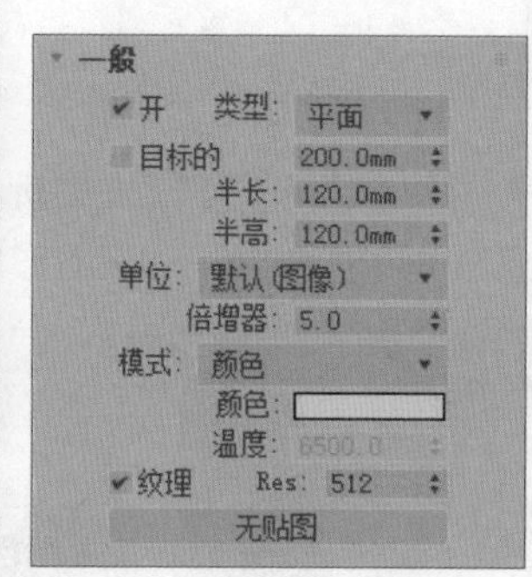

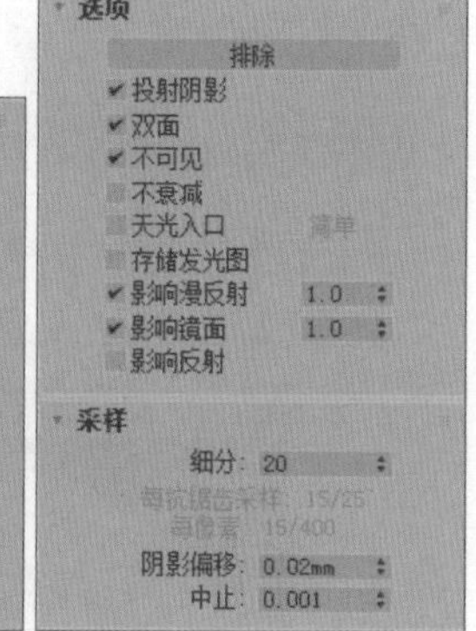

步骤03 设置吊灯光源颜色参数，如下左图所示。

步骤04 将创建好的吊灯光源进行实例复制，如下右图所示。

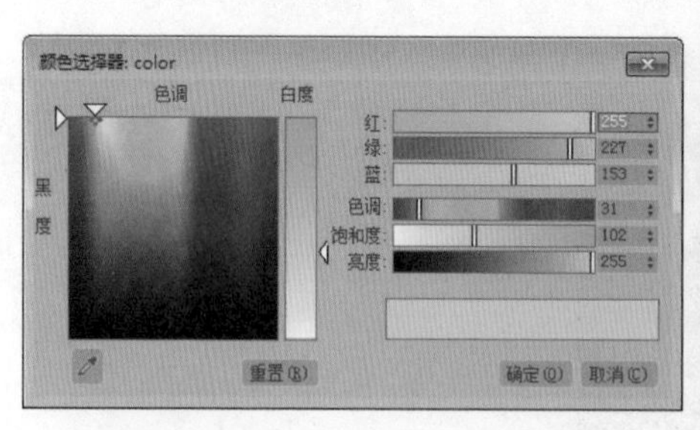

步骤05 单击“目标灯光”按钮，创建目标灯光，如下左图所示。

步骤06 在“常规参数”卷展栏中设置阴影类型和灯光分布（类型）等参数，如下右图所示。

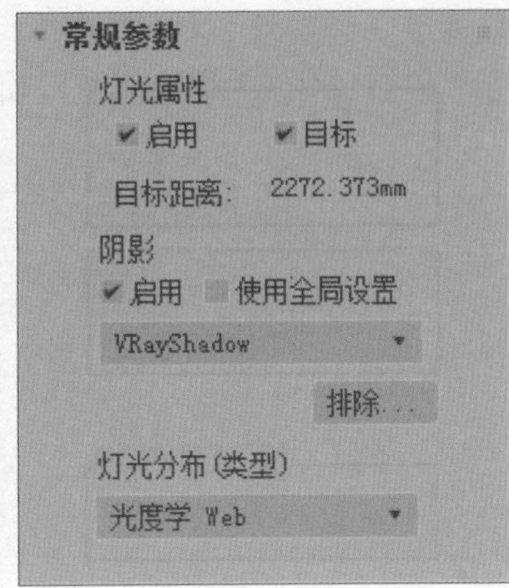

步骤07 在“分布（光度学Web）”卷展栏中，选择“选择光度学文件”选项，打开“打开光域网Web文件”对话框，从中选择需要的光域网文件，如下左图所示。

步骤08 单击“打开”按钮，加载光域网文件，如下右图所示。

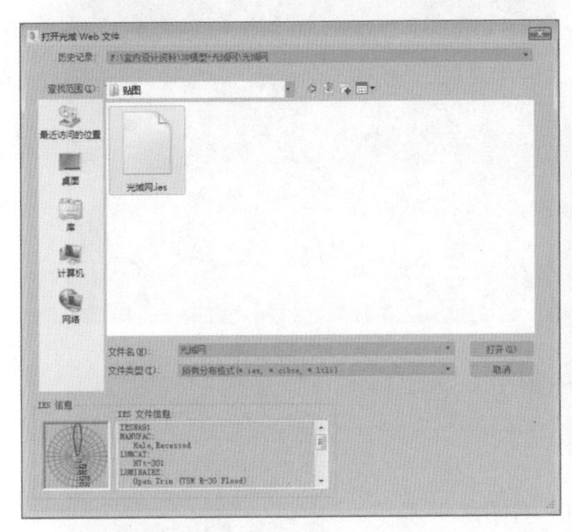

步骤09 实例复制射灯光源，如下左图所示。

步骤10 创建VRay平面灯光，放在合适的位置，如下右图所示。

步骤11 在修改命令面板中设置半长、半高以及倍增等参数，如下左图所示。

步骤12 设置补光的颜色参数，如下右图所示。

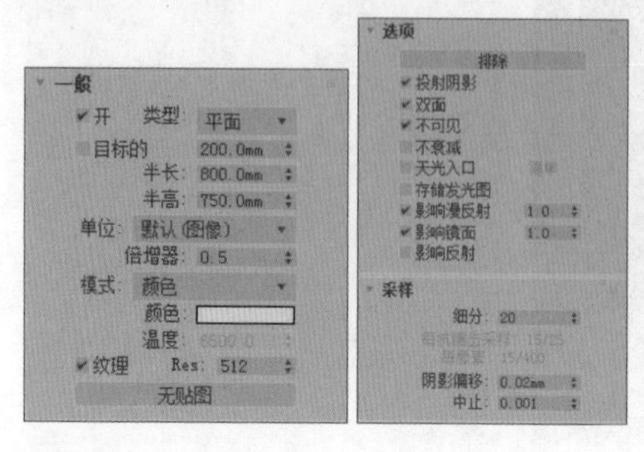

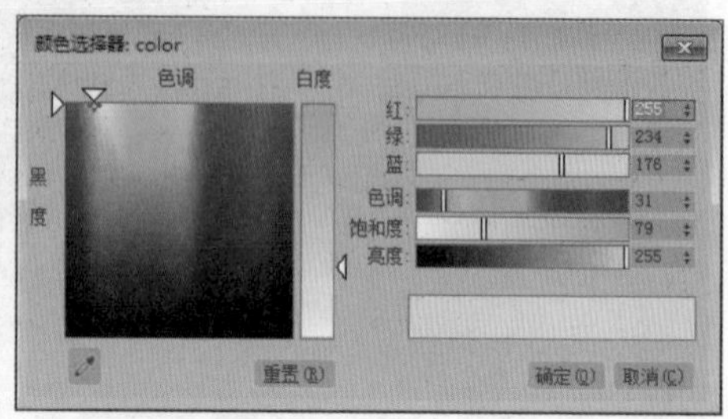

步骤13 复制并旋转补光光源，放在衣柜门的外侧，如下左图所示。

步骤14 镜像复制刚创建的补光光源，放在窗户内侧，如下右图所示。

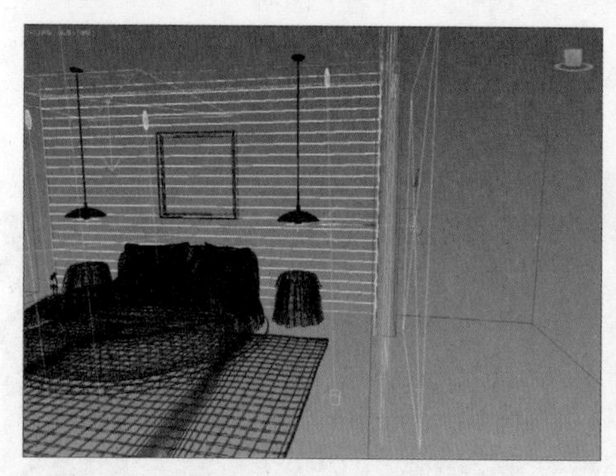

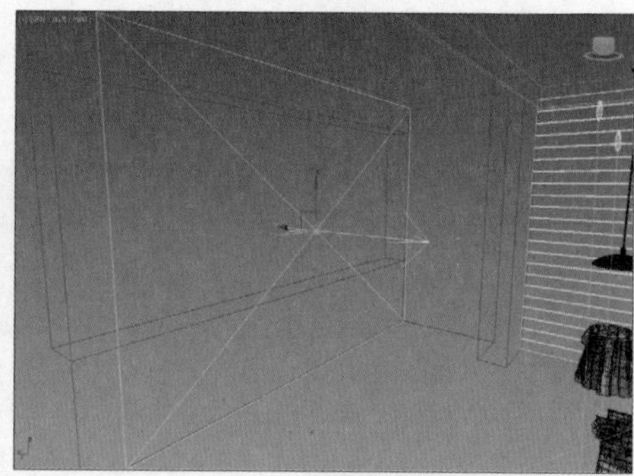

步骤15 在修改命令面板设置半长、半高、倍增、颜色等参数，如右图所示。

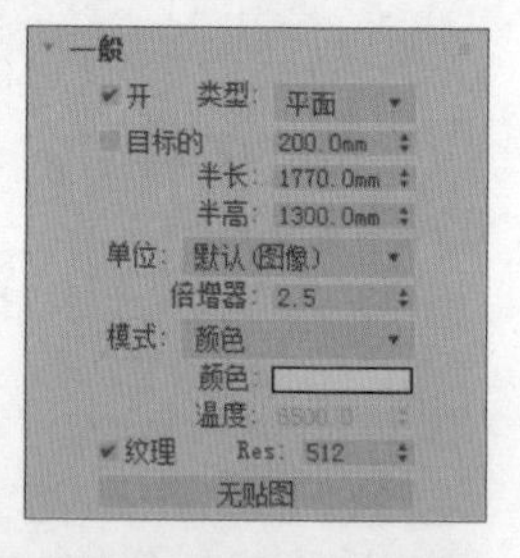

步骤16 设置颜色参数，如下左图所示。

步骤17 将视口切换到摄影机视口，效果如下右图所示。

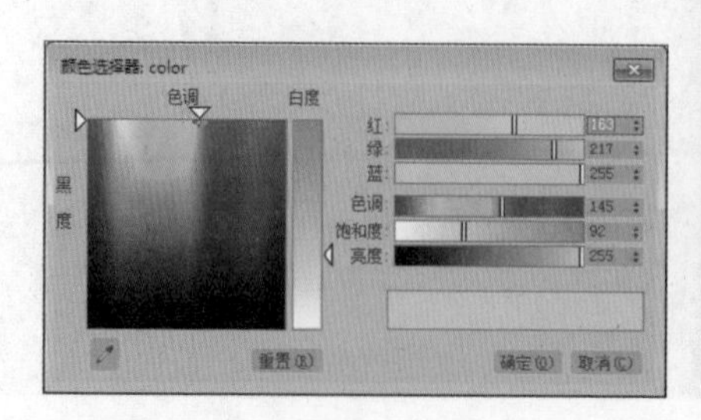

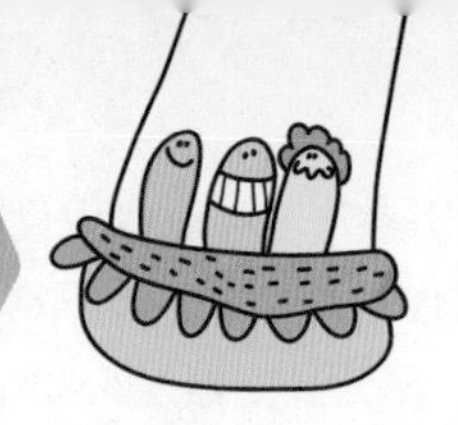

第5节 渲染卧室场景

灯光和材质都已经创建完毕，接着需要先对场景进行测试渲染直到满意后，就可以正式渲染最终成品图像了，具体操作步骤介绍如下。

步骤 01 执行“渲染>渲染设置”命令，打开“渲染设置”对话框，在V-Ray选项卡中打开“帧缓冲”卷展栏，然后取消勾选“启用内置帧缓冲区”复选框，如右上图所示。

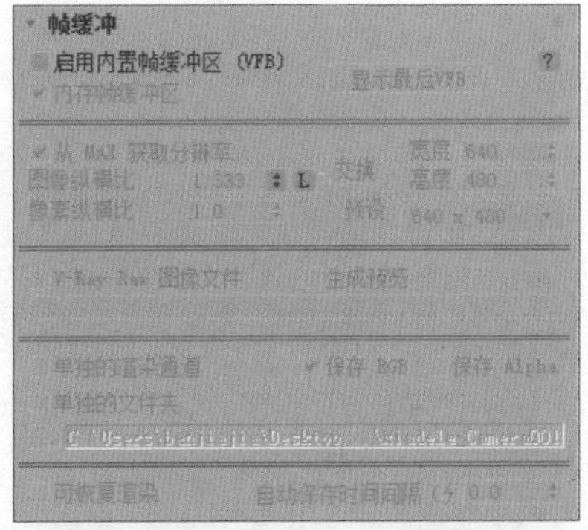

步骤 02 在“图像采样（抗锯齿）”卷展栏中设置抗锯齿类型为“块”；在“图像过滤”卷展栏中取消勾选“图像过滤器”复选框，如右下图所示。

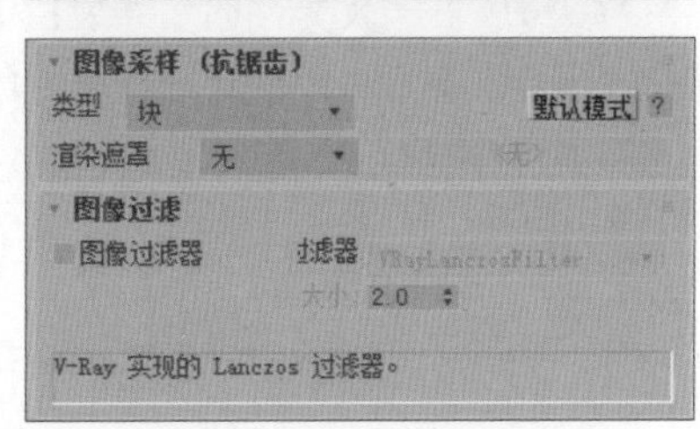

步骤 03 在“颜色贴图”卷展栏中设置类型为“指数”，如下左上图所示。

步骤 04 在“全局光照”卷展栏中设置首次引擎为“发光贴图”；在“发光贴图”卷展栏中设置当前预设为“非常低”，设置细分值为20，如下左下图所示。

步骤 05 在“灯光缓存”卷展栏中设置细分值为200，如下右上图所示。

步骤 06 渲染摄影机视图，效果如下右下图所示。

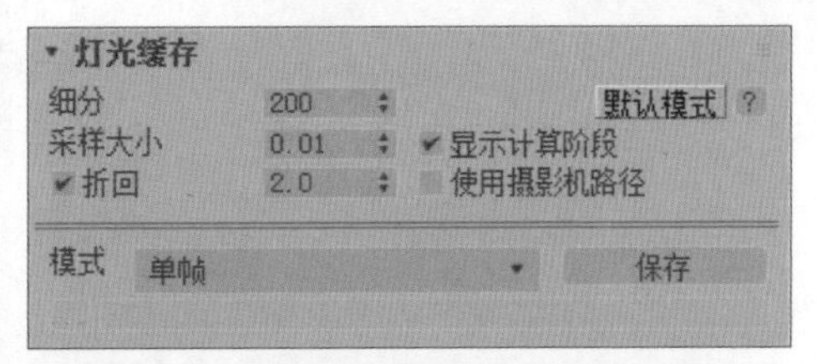

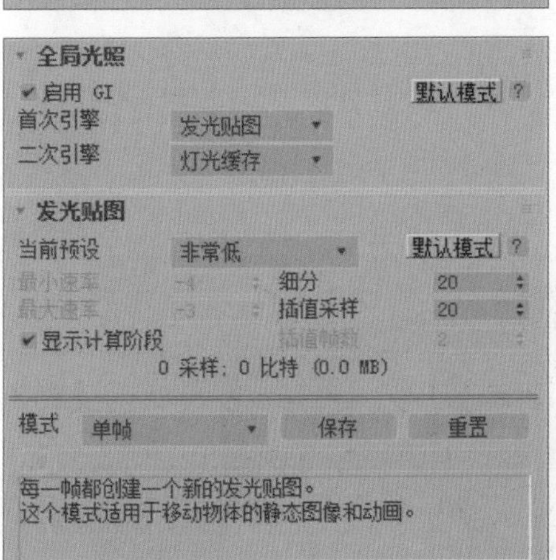

步骤07 在“公用参数”卷展栏中设置图片输出大小，如下左图所示。

步骤08 在“图像采样（抗锯齿）”卷展栏中设置抗锯齿类型为“渐进”，在“图像过滤”卷展栏中勾选“图像过滤器”复选框，设置过滤器类型，如下右图所示。

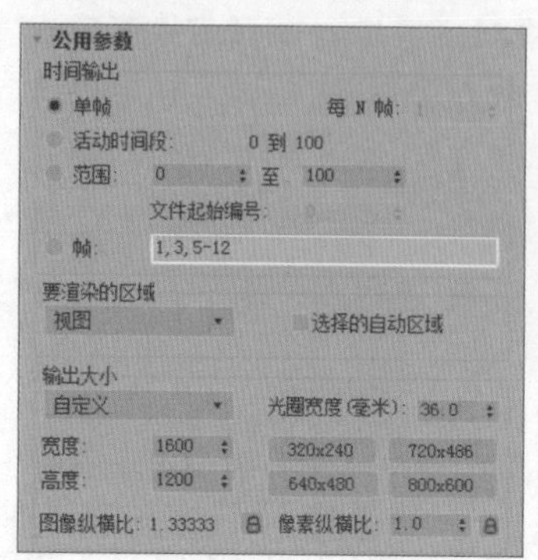

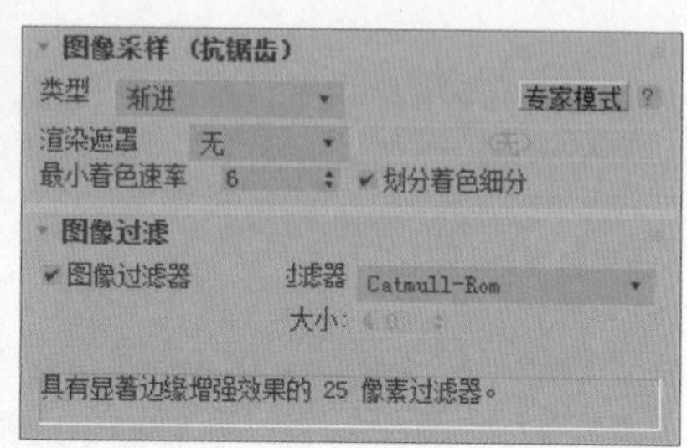

步骤09 在“全局DMC”卷展栏高级模式中勾选“使用局部细分”复选框，设置自适应数量为0.75，如下左图所示。

步骤10 在“发光贴图”卷展栏中设置当前预设为“高”，细分和插值采样值均为50；在“灯光缓存”卷展栏中设置细分值为1200，如下右图所示。

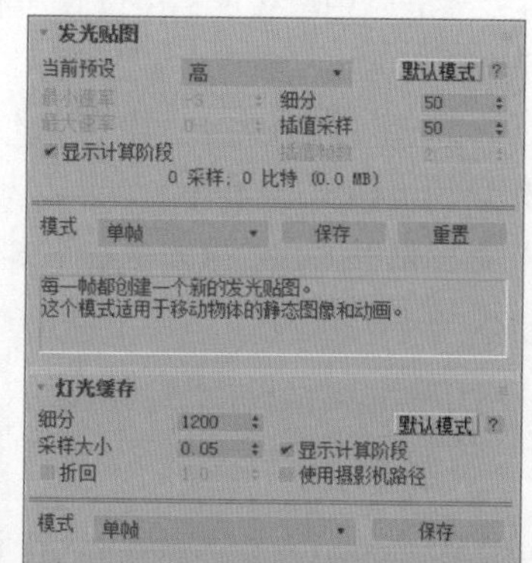

步骤11 在“系统”卷展栏中设置序列方式为“顶->底”，如下左图所示。

步骤12 渲染摄影机视图，效果如下右图所示。

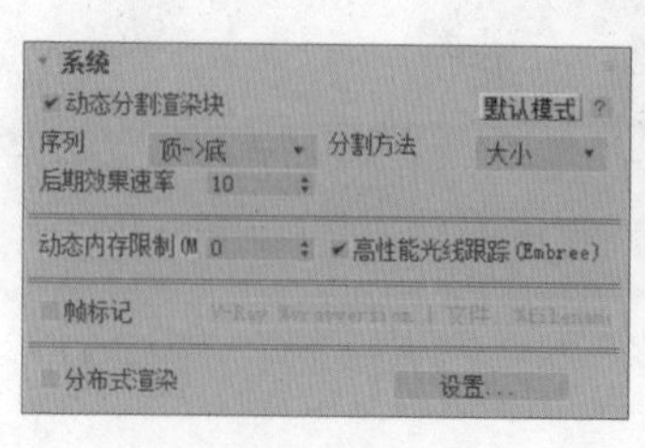

第6节 Photoshop后期处理

本节主要介绍如何在Photoshop中对卧室场景进行后期处理，使得渲染图片更加精美、完善。从效果图中可以看到，场景效果明暗效果不强烈，整体有些偏冷色，这就需要进行适当的调整，下面介绍其操作步骤。

步骤01 在Photoshop软件中打开渲染好的“渲染效果.jpg”文件，如下左图所示。

步骤02 执行“图像 > 调整 > 色彩平衡”命令，打开 “色彩平衡”对话框，调整色阶参数，如下右图所示。

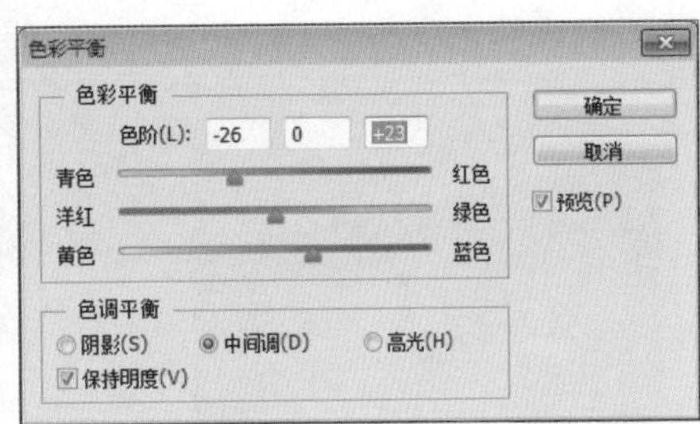

步骤03 单击“确定”按钮关闭该对话框观察效果，如下左图所示。

步骤04 执行“图像 > 调整 > 色相/饱和度”命令，打开“色相/饱和度”对话框，调整整体饱和度，如下右图所示。

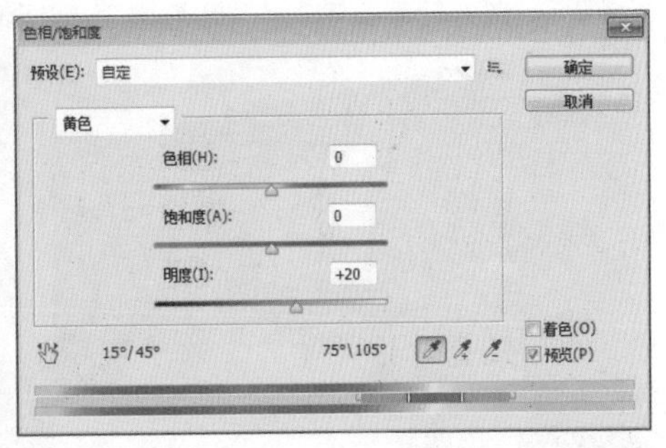

步骤05 单击“确定”按钮，效果如下左图所示。

步骤06 执行“图像 > 调整 > 亮度/对比度”命令，打开“亮度/对比度”对话框，设置亮度和对比度的值，如下右图所示。

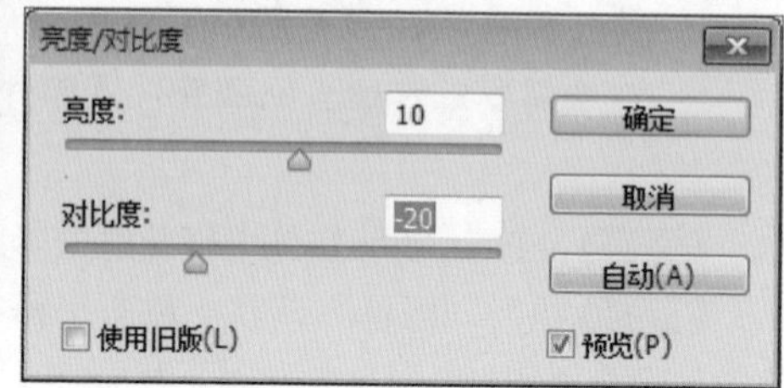

步骤07 单击“确定”按钮，效果如下左图所示。

步骤08 执行“图像 > 调整 > 曲线”命令，打开“曲线”对话框，添加控制点调整曲线，如下右图所示。

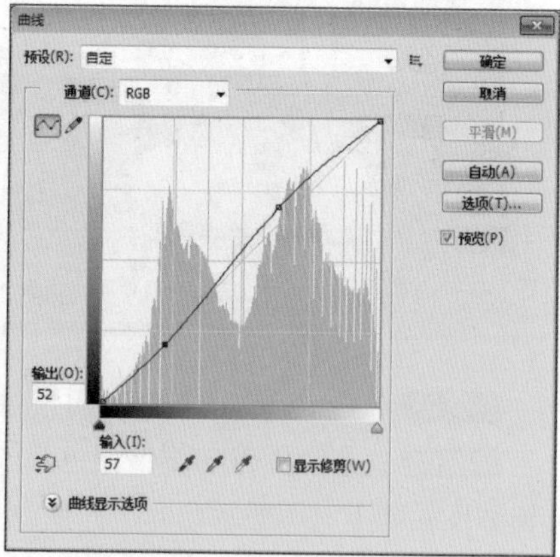

步骤09 单击“确定”按钮，观察调整前后的效果，如下图所示。

12 Chapter 办公大厅场景的表现

本章概述

本案例讲述的是一个日光场景的制作过程，包括摄影机的创建、材质的创建、室内外光源的创建以及渲染参数设置，以及对效果图的后期处理，其目的就是让读者对此类效果图的制作流程有一个整体的把握。通过本章案例的学习，读者可以掌握室外阳光的设置方法、筒灯光源的创建以及灯带光源的创建等知识。

案例预览

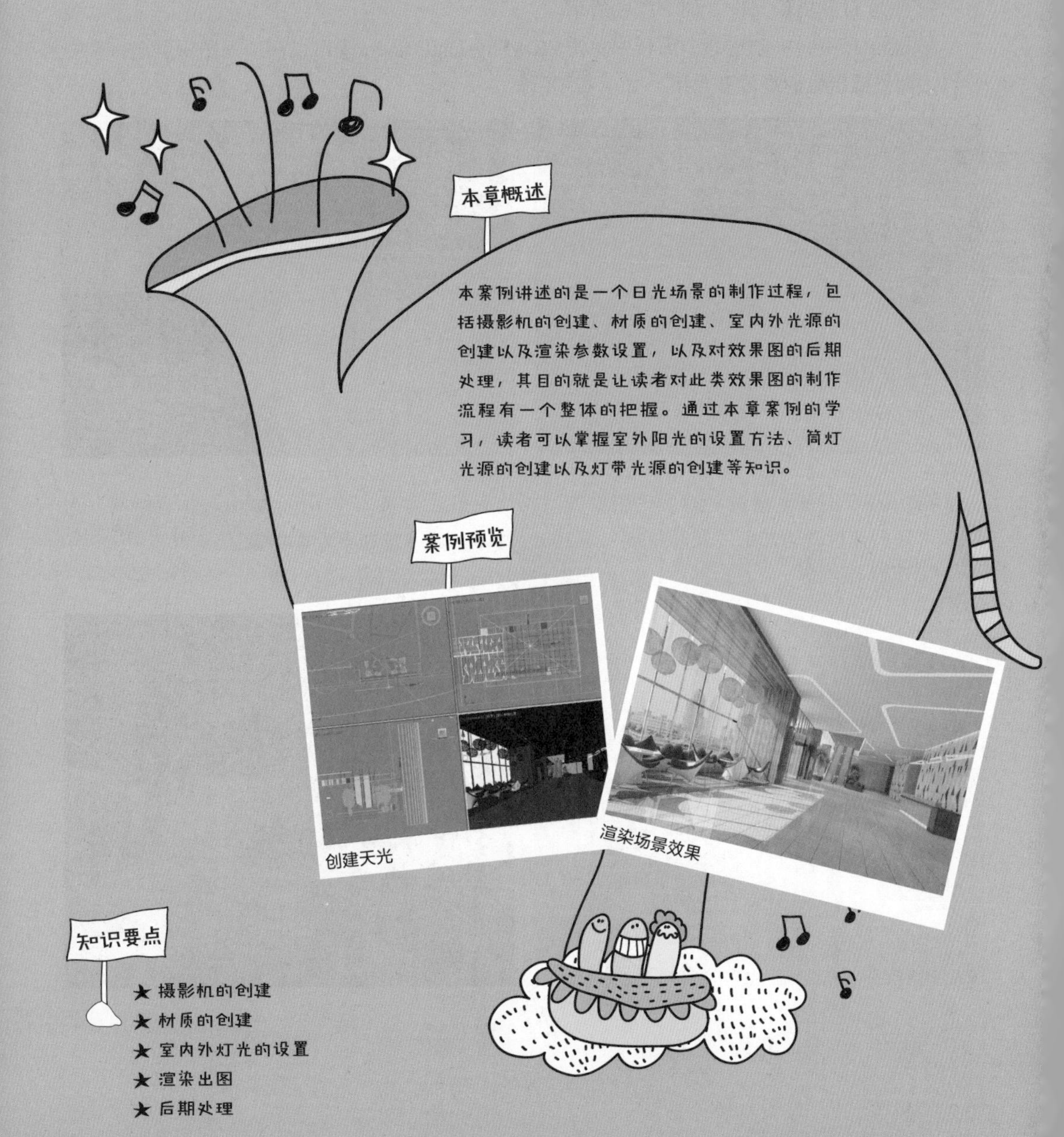

创建天光

渲染场景效果

知识要点

- ★ 摄影机的创建
- ★ 材质的创建
- ★ 室内外灯光的设置
- ★ 渲染出图
- ★ 后期处理

第1节 创建摄影机

本场景的模型及材质是制作好的，首先要进行摄影机的创建，以便于后面的操作。摄影机的架设是效果图制作中关键的一步，这关系到效果图制作过程中场景的观察以及最后效果图的美感。

步骤01 打开场景文件，如下左图所示。

步骤02 在摄影机创建命令面板中单击VRayPhysicalCamera按钮，在顶视图中创建一架摄影机，调整摄影机的高度和角度，如下右图所示。

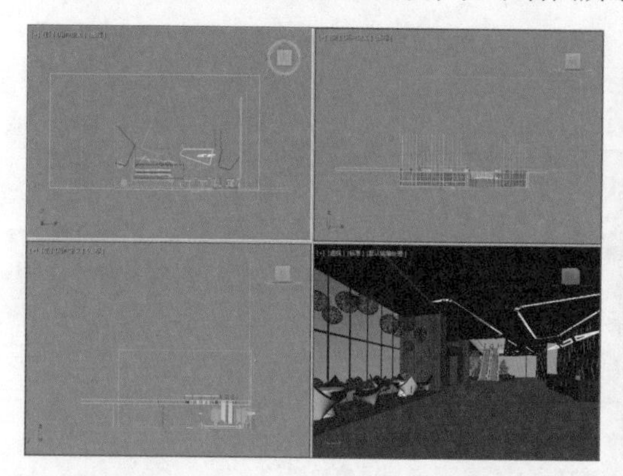

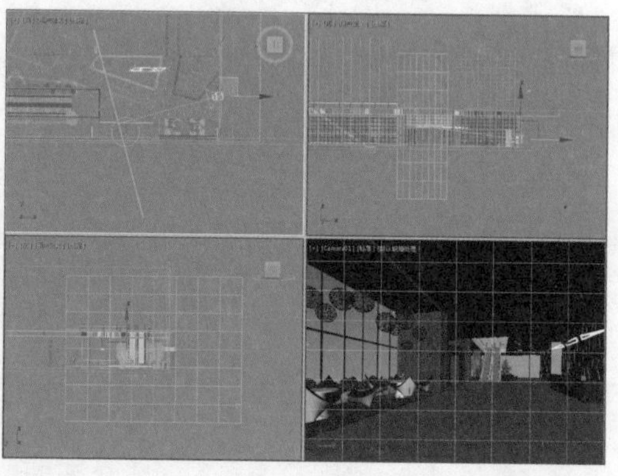

步骤03 在“基本参数”卷展栏中设置“胶片规格”为36、“焦距”为20、“垂直倾斜”为0.12、“快门速度”为200、“胶片速度”为100，具体参数设置如下左图所示。

步骤04 按键盘上的C键即可切换到摄影机视口，效果如下右图所示。

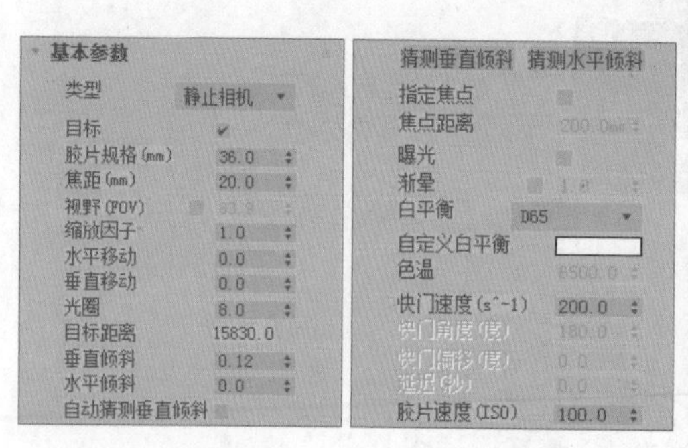

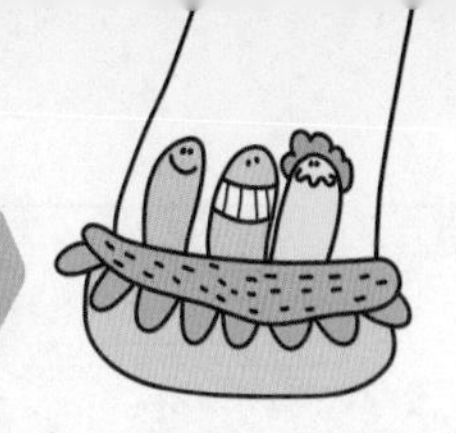

第2节 创建主要材质

材质的表现是模型中重要的环节，日光场景中表现最为突出的是地砖材质、木纹理材质和凳材质，在阳光照射下质感非常强烈，下面将对这几个主要材质的设置进行介绍。

步骤01 按M键打开“材质编辑器”，选择一个空白材质球，设置为VRayMtl材质，设置漫反射颜色为255.255.255，其余设置保持默认，如下左图所示。

步骤02 在BRDF卷展栏中选择函数类型为Blinn；在“选项”卷展栏中取消勾选“光泽菲涅耳”复选框，设置中止值为0.01，如下右图所示。

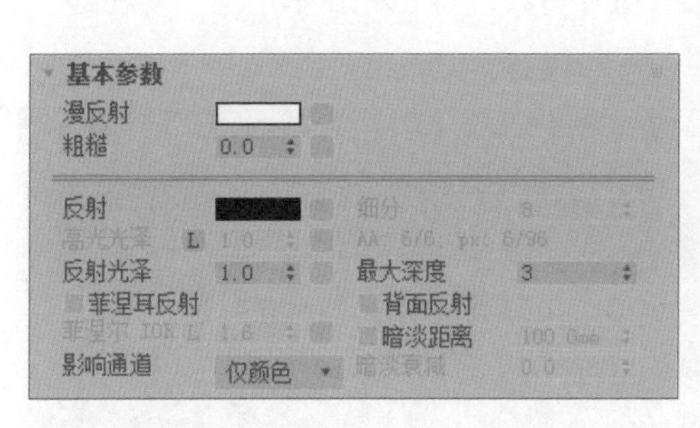

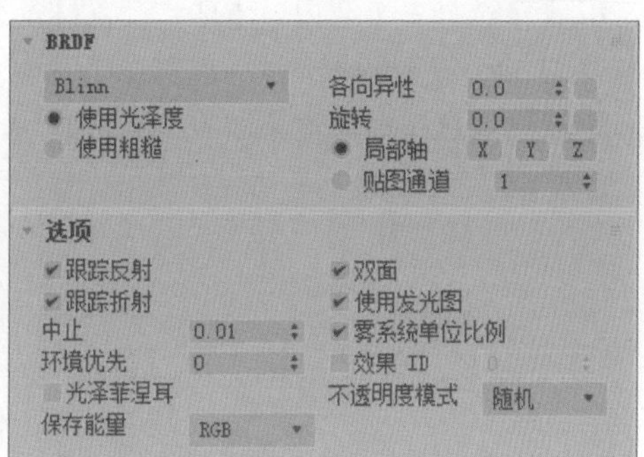

步骤03 创建好的乳胶漆材质球效果，如下左图所示。

步骤04 要创建地砖材质，则选择一个空白材质球，设置材质类型为VRayMtl，设置反射颜色为29.29.29，为漫反射通道添加位图贴图，设置高光光泽以及细分值，取消勾选“菲涅耳反射”复选框，如下右图所示。

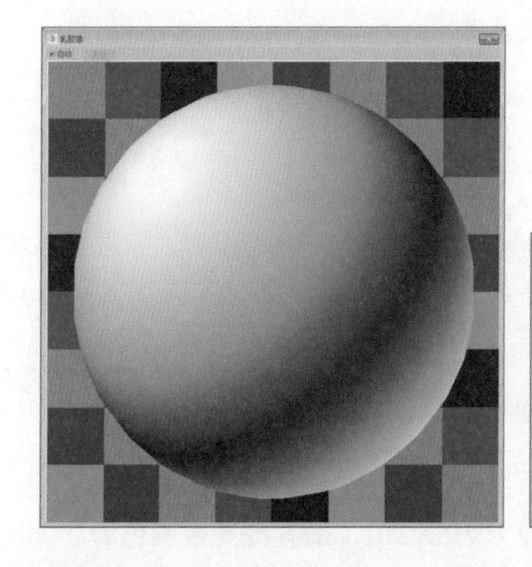

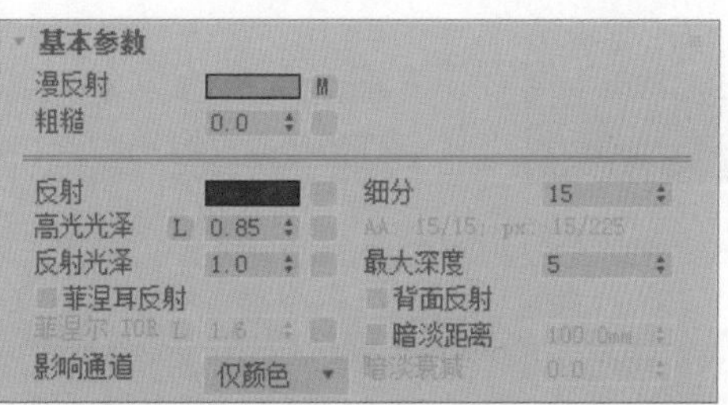

步骤05 为漫反射通道添加的位图贴图，如下左图所示。

步骤06 创建好的地砖材质球效果，如下右图所示。

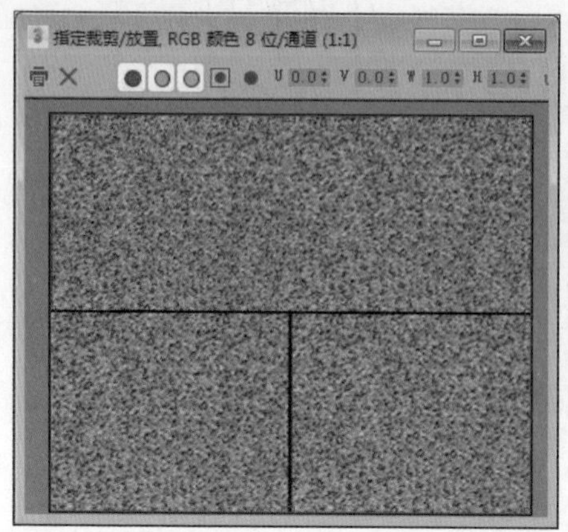

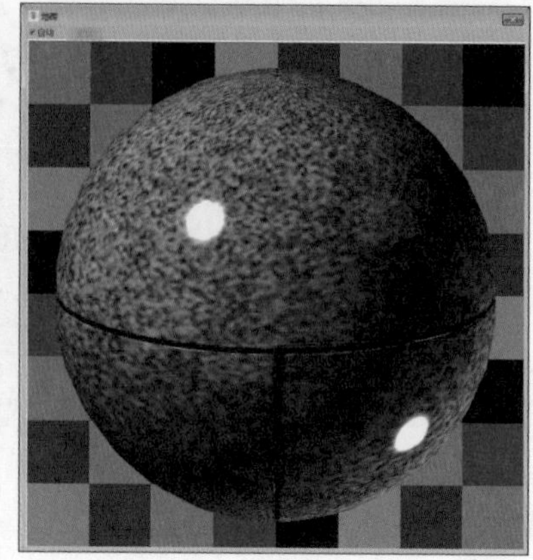

步骤07 选择一个空白材质球，设置材质类型为VRayMtl，设置漫反射颜色，设置反射颜色为54.54.54，设置高光光泽、反射光泽以及细分值等参数，如下左图所示。

步骤08 为漫反射通道添加的位图贴图，如下右图所示。

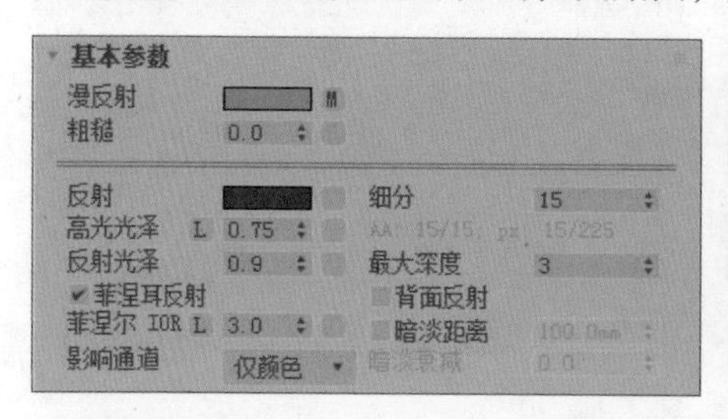

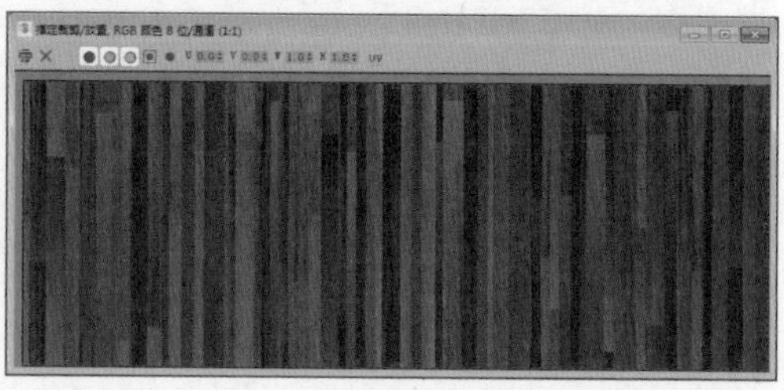

步骤09 漫反射颜色参数，如下左图所示。

步骤10 在BRDF卷展栏中选择函数类型为Blinn；在“选项”卷展栏中取消勾选“光泽菲涅耳”复选框，设置中止值为0.01，如下右图所示。

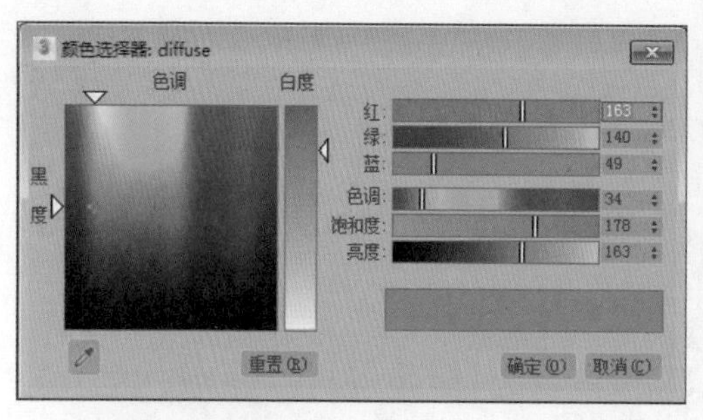

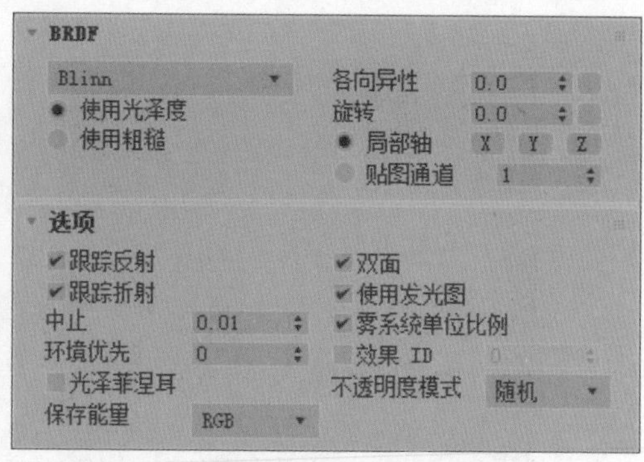

步骤11 设置好的木纹理材质球，如下左图所示。

步骤12 选择一个空白材质球，设置材质类型为VRayMtl，设置漫反射颜色为20.20.20，反射颜色为188.188.188，设置高光光泽、反射光泽以及细分的值，取消勾选“菲涅耳反射”复选框，如下右图所示。

步骤 13 在BRDF卷展栏中选择函数类型为Blinn；在“选项”卷展栏中取消勾选“光泽菲涅耳”复选框，设置中止值为0.01，如下左图所示。

步骤 14 创建好的窗框不锈钢材质球效果，如下右图所示。

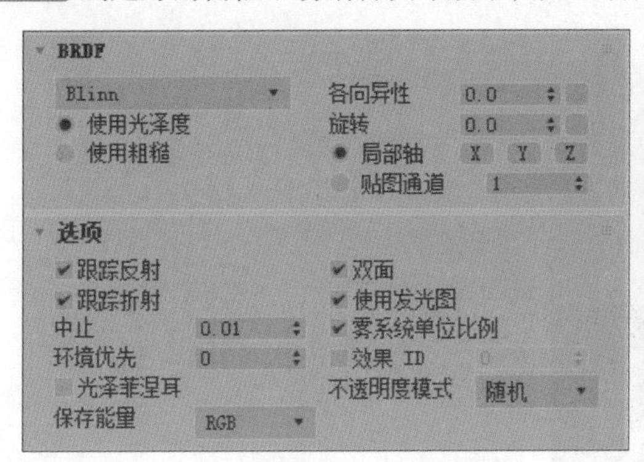

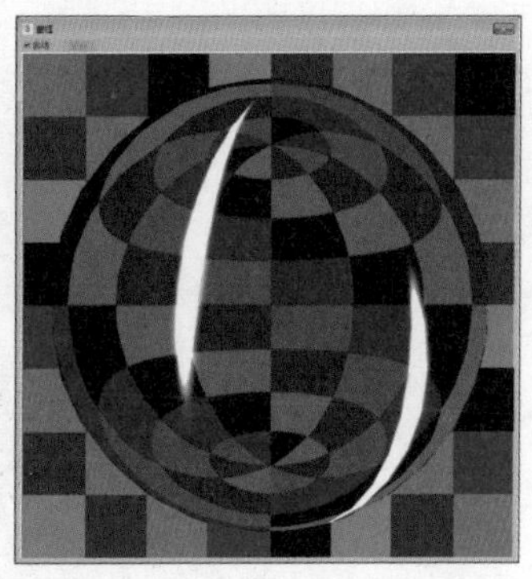

第3节 为办公大厅场景创建灯光

本场景要表现的是上午的日光照射效果，在落地窗的影响下，室内受太阳光和天光影响较大，室内的筒灯和壁灯仅起到辅助作用。

12.3.1 创建室外场景及阳光光源

太阳光源是本场景中的主要光源来源，这里利用目标平行光来表现太阳光效果，具体操作步骤如下。

步骤 01 在顶视图中绘制一条弧线，如下左图所示。

步骤 02 将其转换为可编辑样条线，进入“样条线”子层级，设置轮廓值为50，如下右图所示。

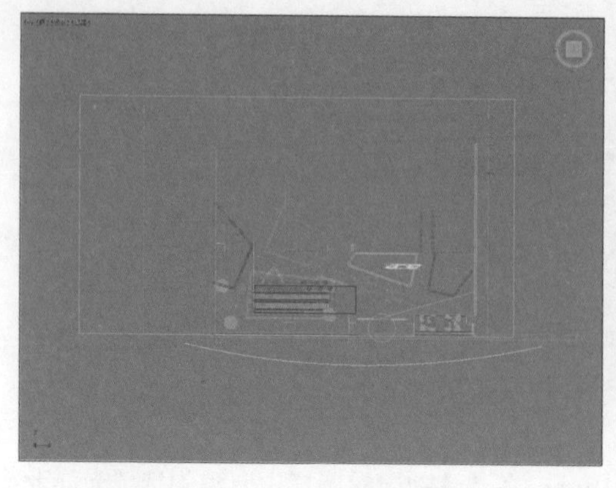

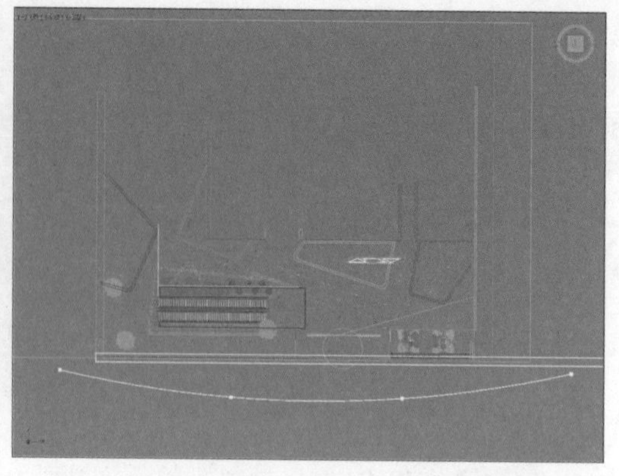

步骤03 为其添加挤出修改器，设置挤出值为15000，调整模型位置，如下左图所示。

步骤04 按M键打开“材质编辑器”，选择一个空白材质球，设置为VRay灯光材质，设置强度值为2，再添加位图贴图，如下右图所示。

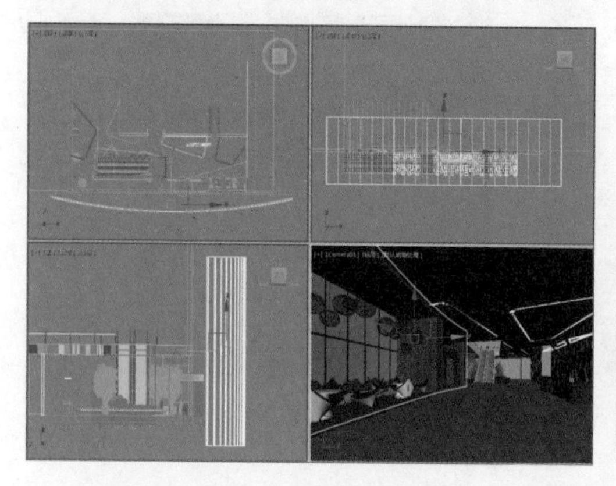

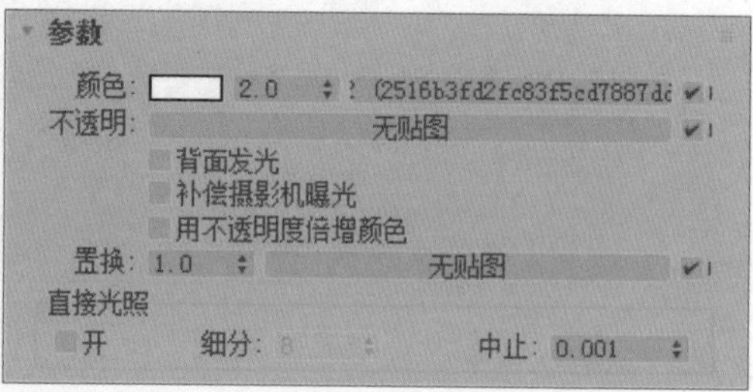

步骤05 添加的位图贴图，如下左图所示。

步骤06 创建好的自发光材质效果，如下右图所示。

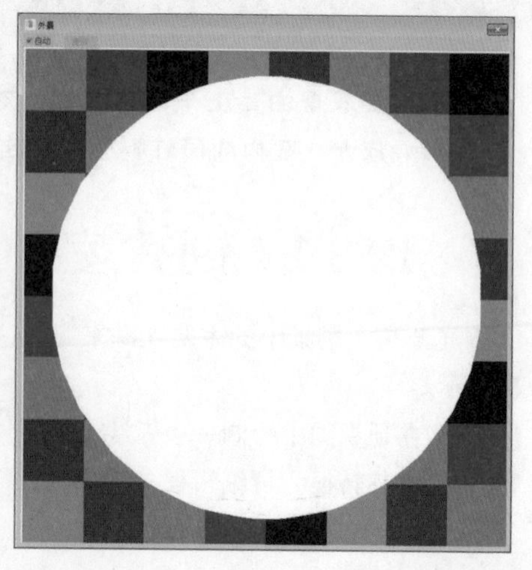

步骤07 将创建好的材质赋予模型并进行渲染，效果如下左图所示。

步骤08 在顶视图中创建一盏目标平行光，调整灯光角度及位置，如下右图所示。

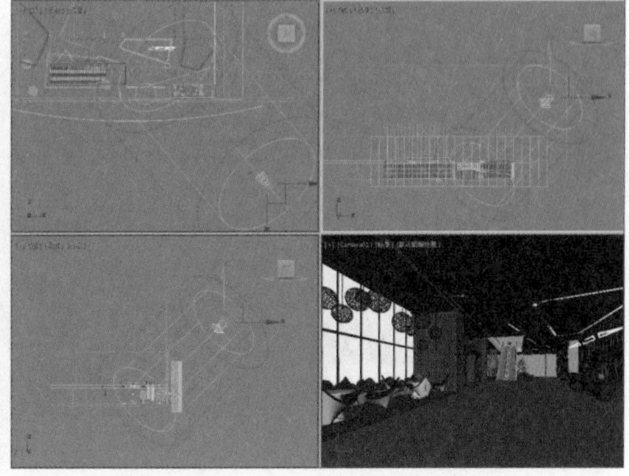

步骤09 在修改命令面板启用VRay阴影，设置平行光聚光区和衰减区相关参数，如下左图所示。

步骤10 渲染场景，效果如下右图所示。

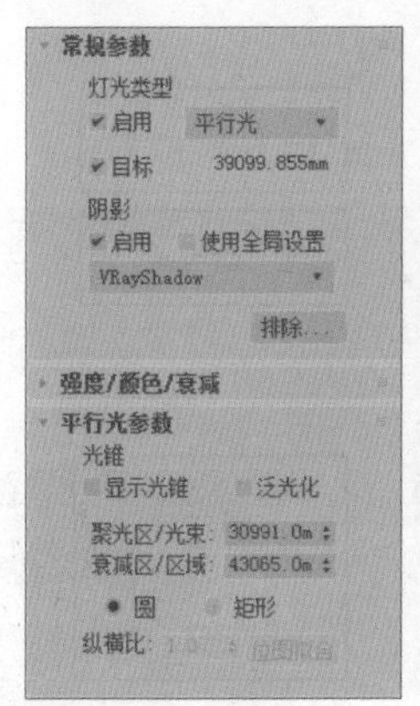

步骤11 调整灯光强度、灯光颜色以及阴影参数，如下左图所示。

步骤12 再渲染场景，效果如下右图所示。

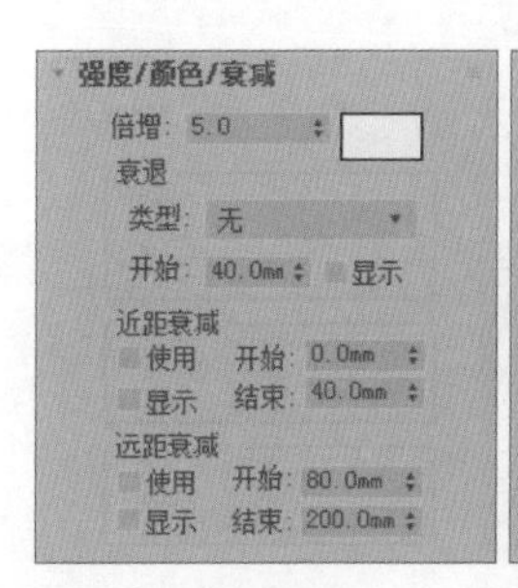

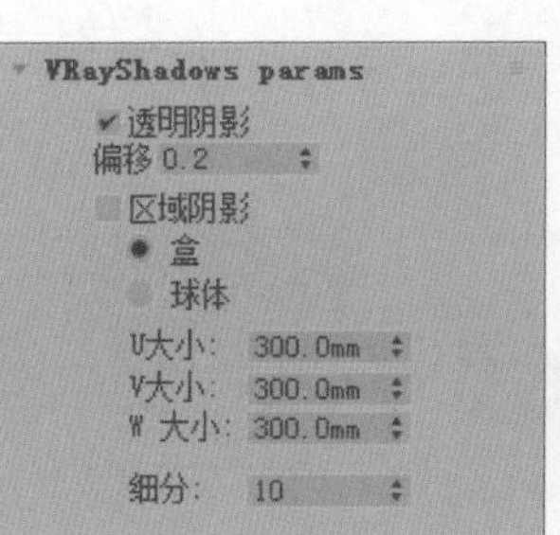

步骤13 调整灯光颜色，颜色参数设置如下左图所示。

步骤14 渲染场景，效果如下右图所示。受到室外淡黄色的阳光影响，室内场景也被染成淡淡的黄色。

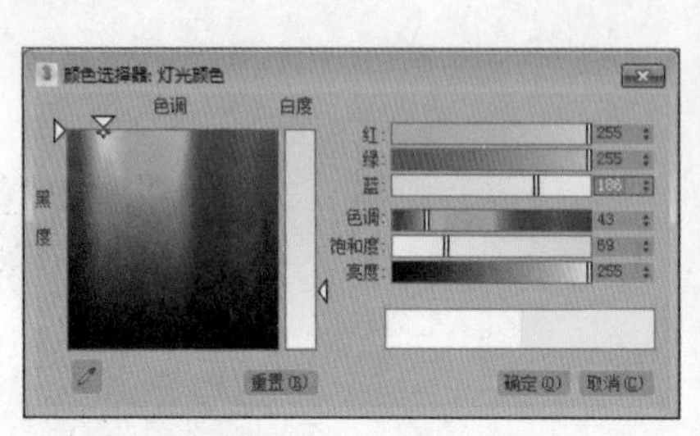

12.3.2 创建天光

本场景中有较多落地窗，天光对场景的影响也很大，下面将利用浅蓝色的VRay灯光模拟天光光源效果，操作步骤如下。

步骤01 在前视图中创建一盏VRay灯光，如下左图所示。

步骤02 调整灯光位置，如下右图所示。

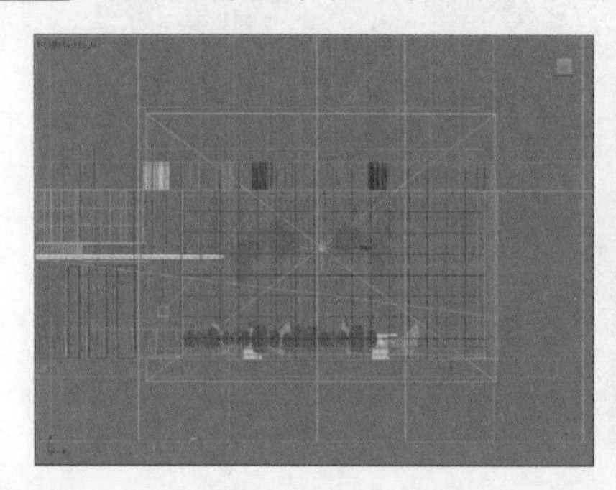

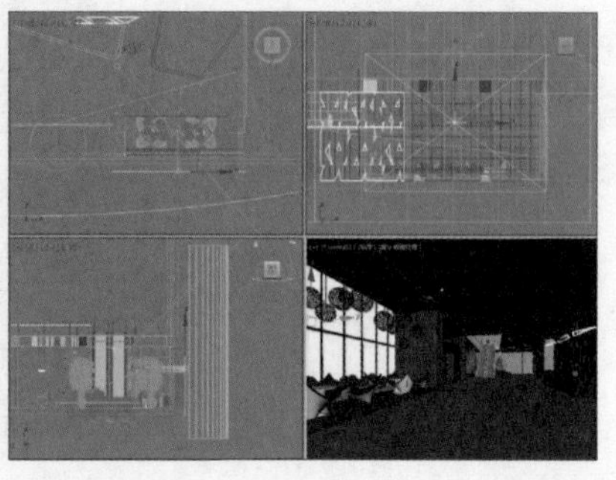

步骤03 设置灯光尺寸及选项相关参数，如下左图所示。

步骤04 渲染场景，可见场景中出现曝光，效果如下右图所示。

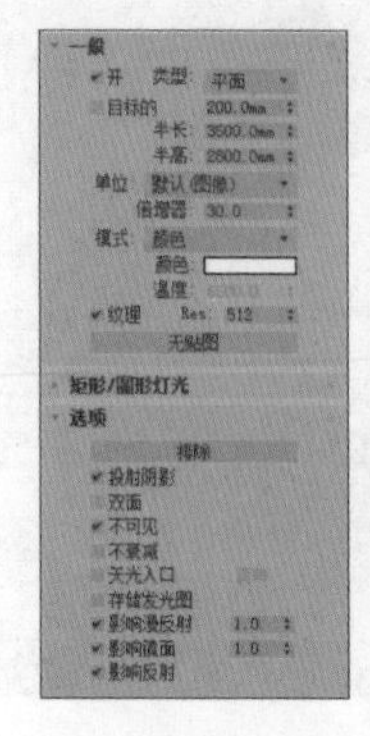

步骤05 调整灯光倍增，其余参数保持不变，如下左图所示。

步骤06 渲染场景，效果如下右图所示。

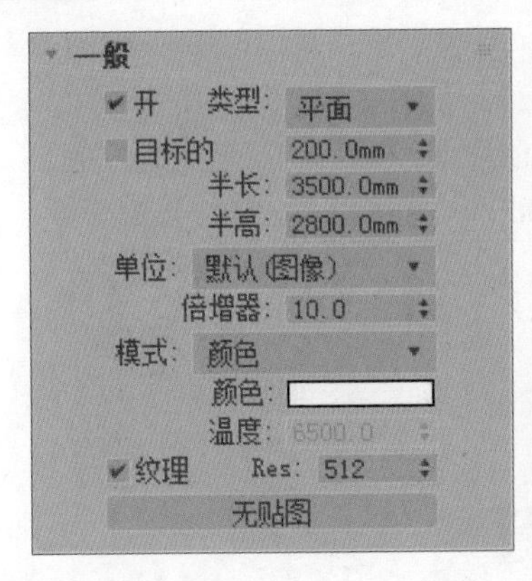

步骤07 调整灯光颜色为浅蓝色，再设置采样细分值为15，如下左图所示。

步骤08 渲染场景，可以看到场景淡蓝色的天光冲淡了浅黄色的太阳光，场景表现出浅蓝色的色调，如下右图所示。

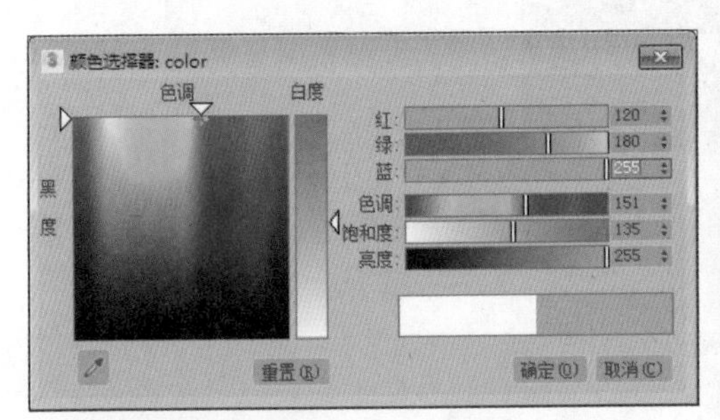

步骤09 实例复制灯光并调整位置，如下左图所示。

步骤10 再渲染场景，效果如下右图所示。

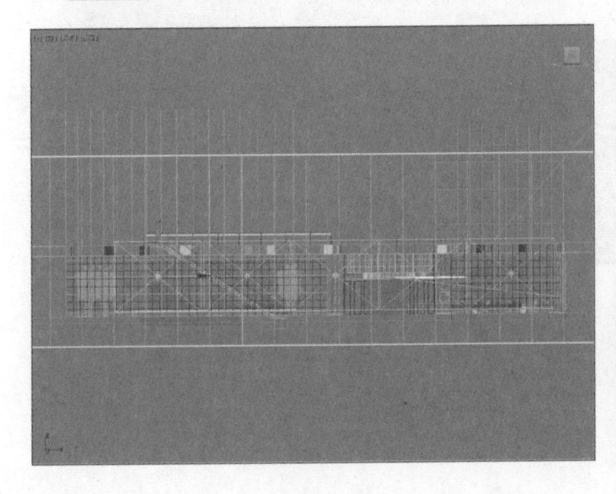

12.3.3 创建筒灯光源

室外太阳光源和天光的影响较大，虚弱了室内光源的影响。这里的筒灯光源设置为暖黄色，可以中和蓝色的室外天光光源，下面介绍操作过程。

步骤01 在顶视图中创建自由灯光，调整到合适的位置，如下左图所示。

步骤02 在修改面板中开启阴影并设置灯光分布为“光度学Web”，并为分布（光度学Web）添加光域网，如下右图所示。

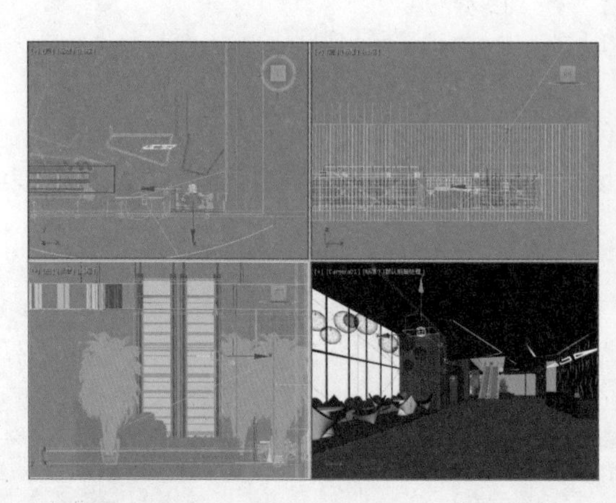

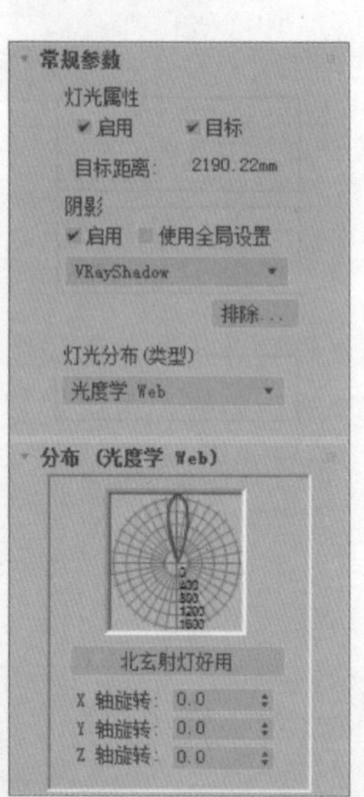

步骤03 实例复制灯光，并调整电梯位置的灯光高度，如下左图所示。

步骤04 渲染场景，可以看到场景亮度并未增加很多，如下右图所示。

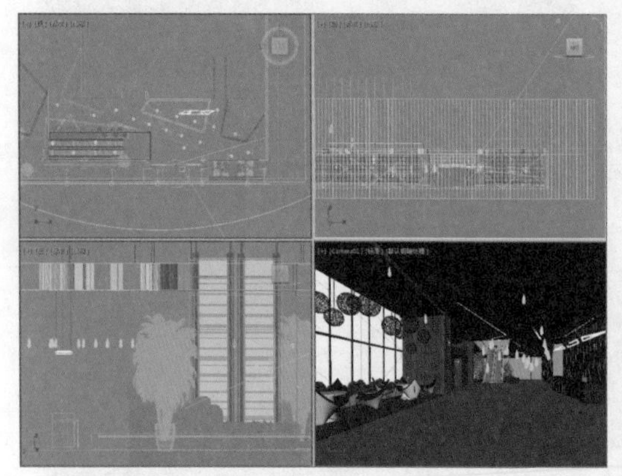

步骤05 在“强度/颜色/衰减”卷展栏中调整灯光强度并设置灯光颜色，如下左图所示。

步骤06 灯光颜色参数设置如下中图所示。

步骤07 再次渲染场景，效果如下右图所示。

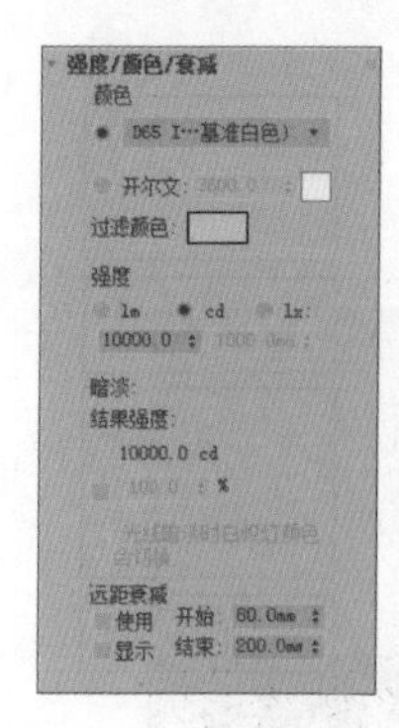

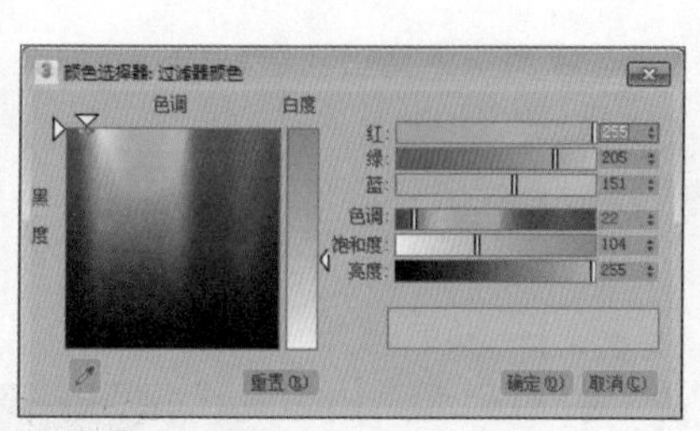

12.3.4 创建接待台光源

接待台光源是场景中需要被稍微提亮的一处，包括吊灯光源和接待台的灯带光源效果，其作用仅为点缀，具体操作步骤介绍如下。

步骤 01 在顶视图中创建一盏VRay灯光，调整灯光位置，如下左图所示。

步骤 02 设置灯光的大小和选项相关参数，如下右图所示。

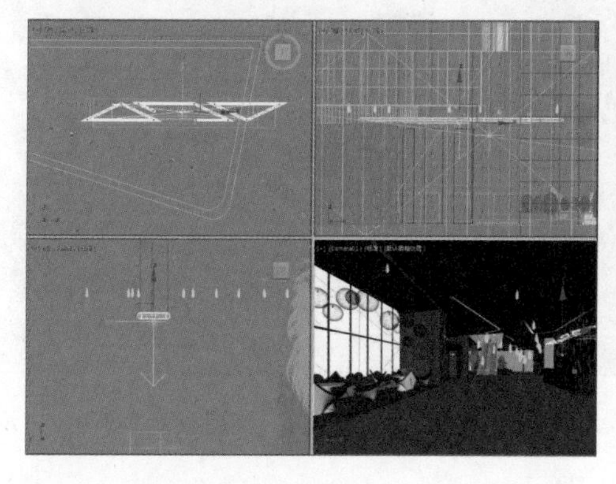

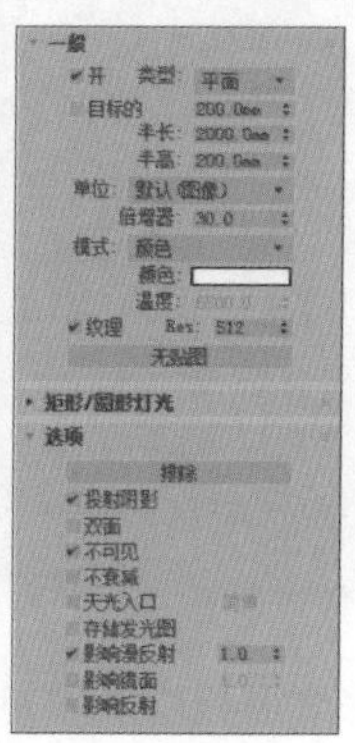

步骤 03 渲染场景，效果如下左图所示。

步骤 04 调整灯光强度及采样细分值，如下右图所示。

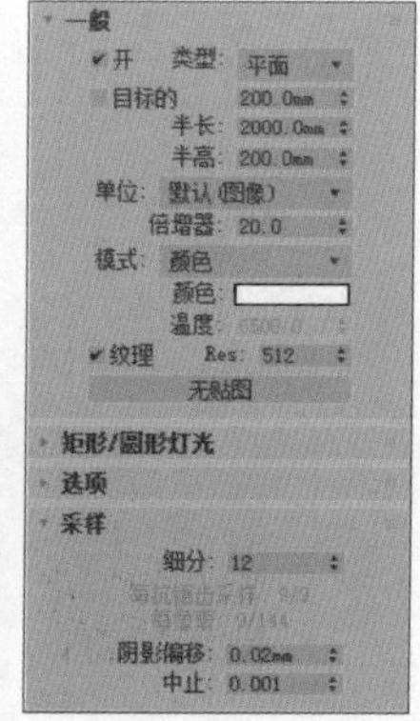

步骤05 再次渲染场景，效果如下左图所示。

步骤06 继续创建VRay灯光，调整到合适位置，从而创建接待台中的灯带光源，如下右图所示。

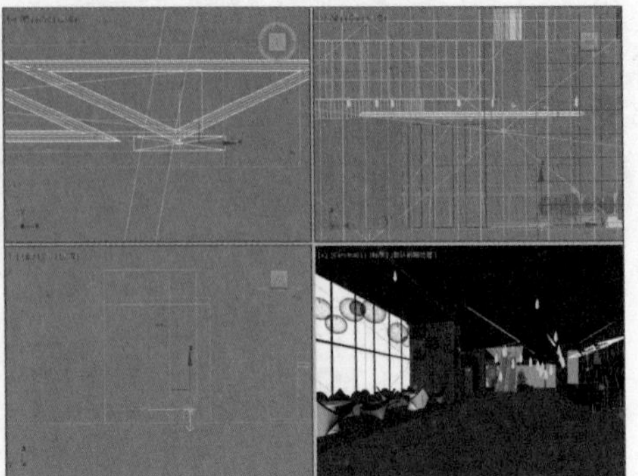

步骤07 实例复制灯光，如下左图所示。

步骤08 渲染场景，效果如下右图所示。

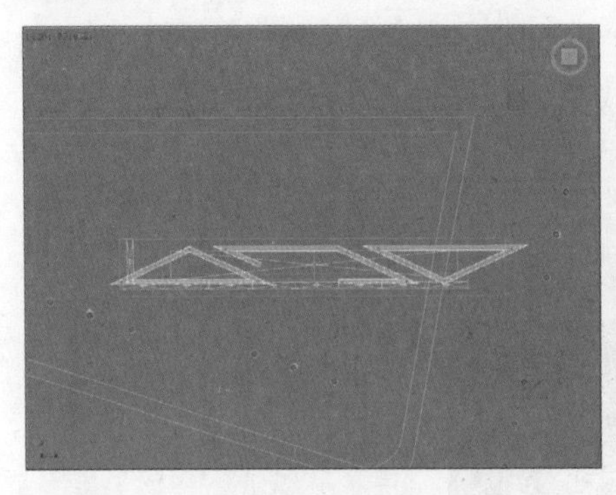

步骤09 在修改面板中调整灯光强度及灯光颜色等参数，如下左图所示。

步骤10 灯光颜色参数如下中图所示。

步骤11 再次渲染场景，效果如下右图所示。

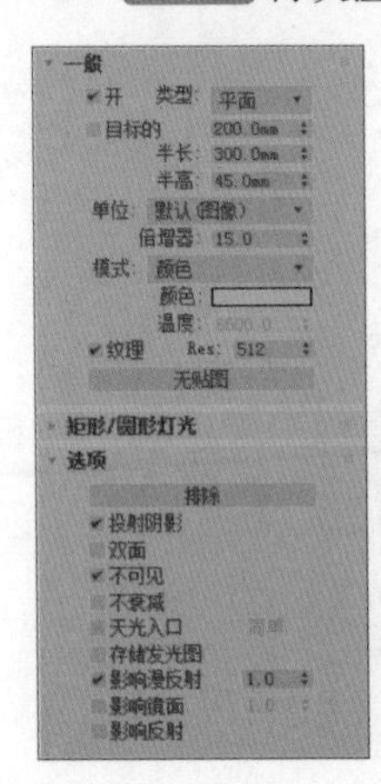

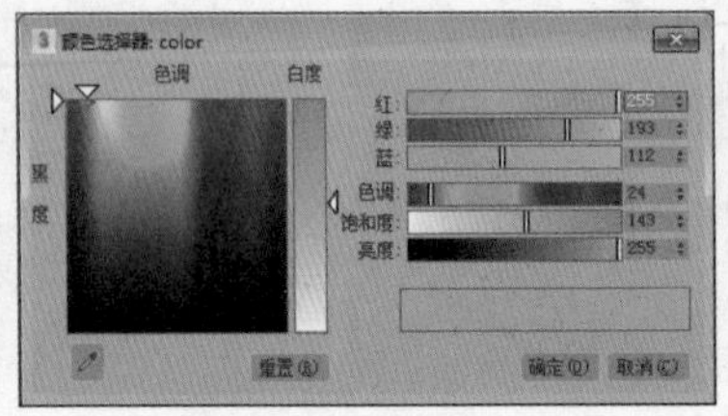

12.3.5 创建壁灯光源

场景中可见的壁灯只有三处，这是与其他光源不同的光源，其光源强度较高，但是影响范围很小，且光源颜色浓烈。下面介绍创建壁灯光源的具体方法。

步骤01 创建球形VRay灯光，移动到壁灯位置，如下左图所示。

步骤02 渲染场景，效果如下右图所示。

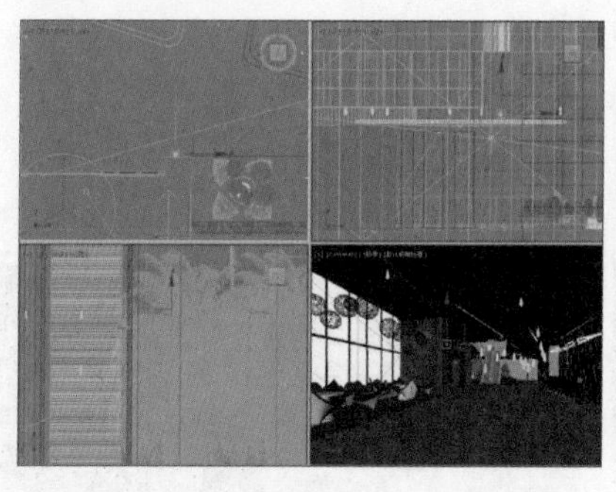

步骤03 调整灯光强度及颜色，如下左图所示。

步骤04 灯光颜色参数设置，如下右图所示。

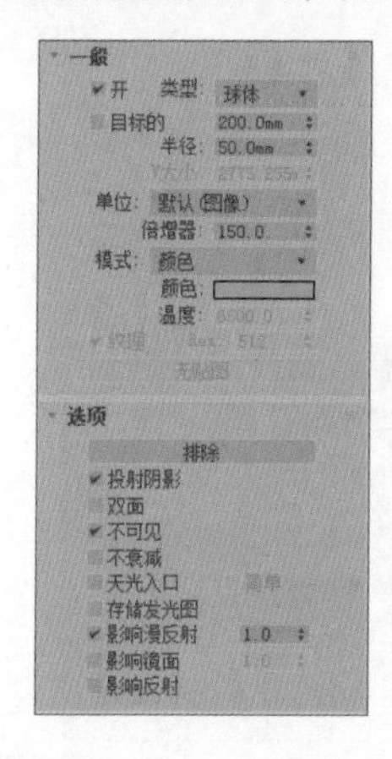

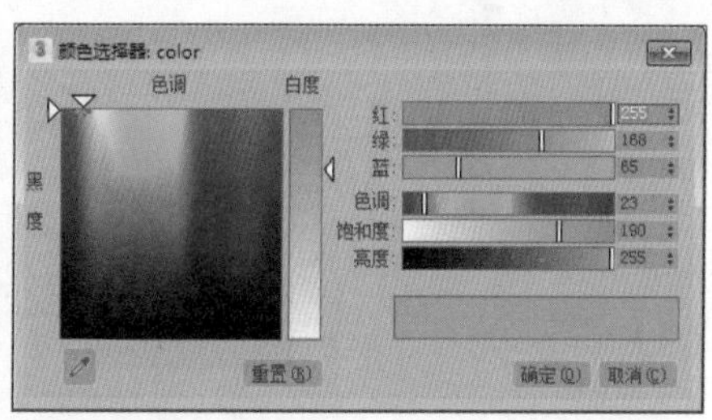

步骤05 渲染场景，壁灯光源效果如下左图所示。

步骤06 复制灯光至其他壁灯位置，再次渲染场景，效果如下右图所示。

12.3.6 创建补光

场景中的对象是大小不一的，这样会导致一些高度较低的物体接受不到主光源发出的光线，在主光源下添加一个补充光源可以很好地解决照明不足的问题，操作步骤如下。

步骤01 在顶视图中创建一盏VRay灯光，调整灯光尺寸和位置，如下左图所示。

步骤02 实例复制灯光，调整到合适位置，如下右图所示。

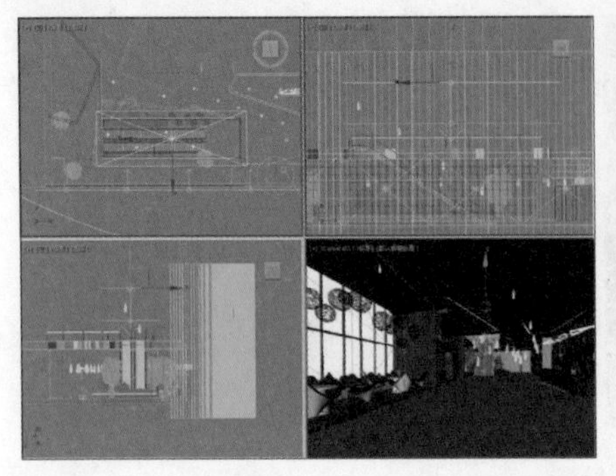

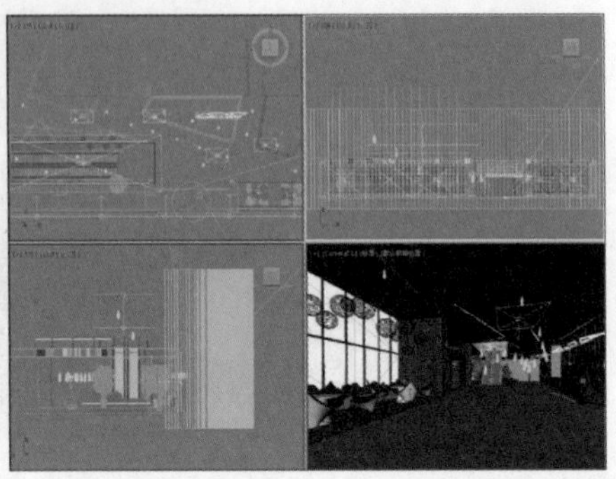

步骤03 设置灯光强度，再设置灯光颜色，如下左图所示。

步骤04 灯光颜色参数如下右图所示。

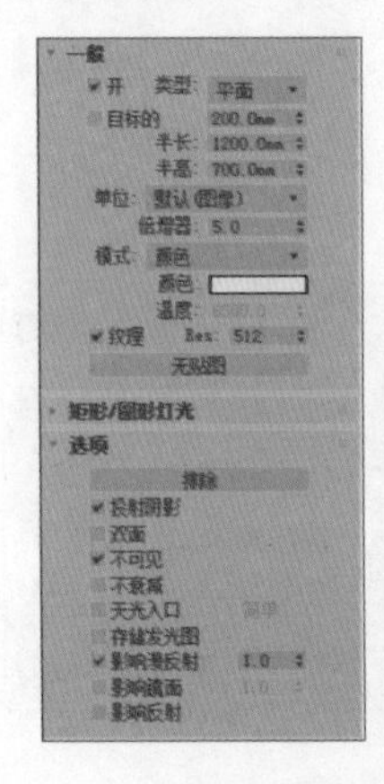

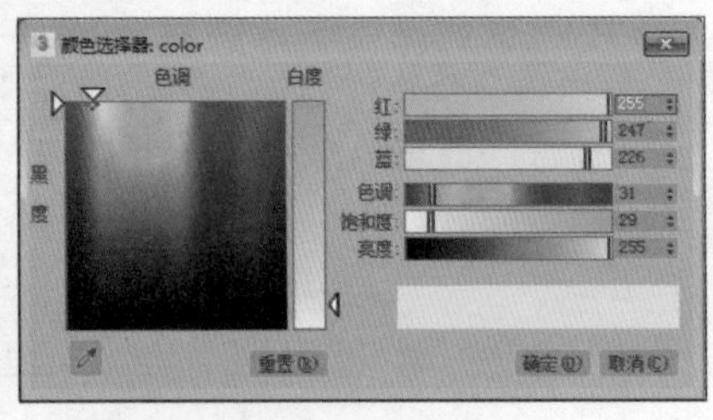

步骤05 再次进行场景渲染，效果如下图所示。

第4节 渲染办公大厅场景效果

场景中的灯光环境已经全部布置完毕，接着就可以对灯光效果进行测试渲染，对不满意的灯光进行调整，满意后再进行高品质效果的渲染。

12.4.1 测试渲染

在测试渲染时，可以将“渲染设置”对话框中的参数设置得低一些，以便快速观察渲染效果。

步骤01 按F10功能键打开“渲染设置”对话框，设置输出尺寸大小，如下左图所示。

步骤02 在“帧缓冲”卷展栏中取消勾选“启用内置帧缓冲区”复选框，如下中图所示。

步骤03 在“图像过滤”卷展栏中设置过滤器类型，在“颜色贴图”卷展栏中设置类型为“指数”，如下右图所示。

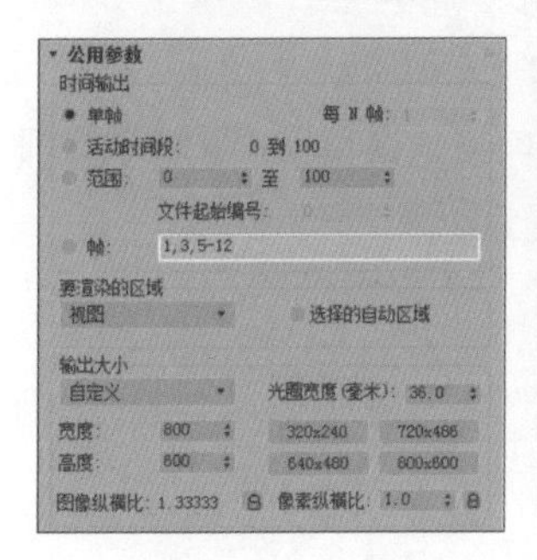

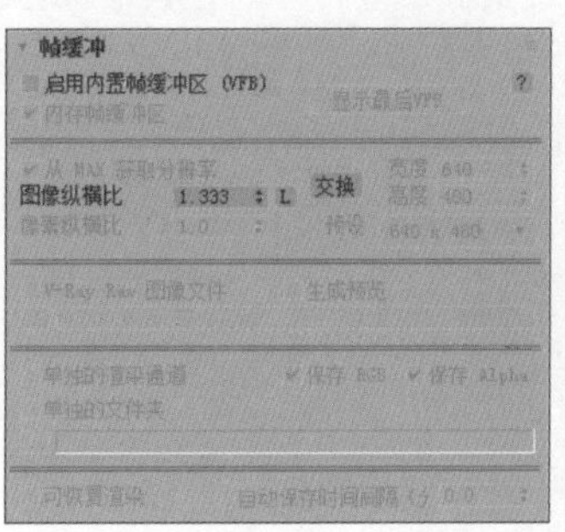

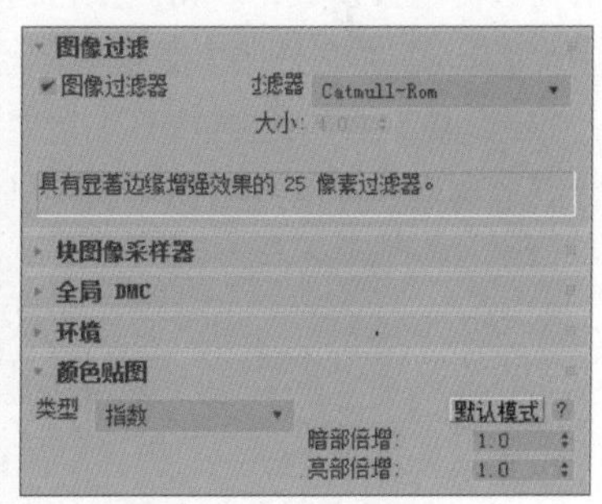

步骤04 在“全局光照”卷展栏中设置首次引擎为“发光贴图”，二次引擎为“灯光缓存”，如下左图所示。

步骤05 在“发光贴图”卷展栏中设置当前预设等级为“低”，再设置细分值为20，勾选“显示计算阶段”和“显示直接光”复选项，如下中图所示。

步骤06 在“灯光缓存”卷展栏中设置细分值为400，其余参数保持默认，如下右图所示。

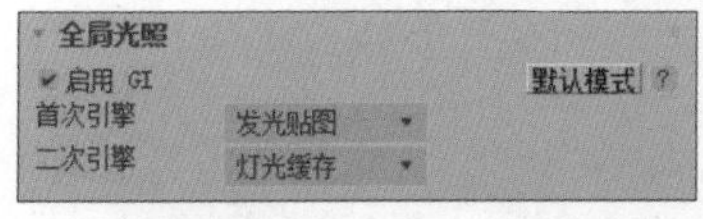

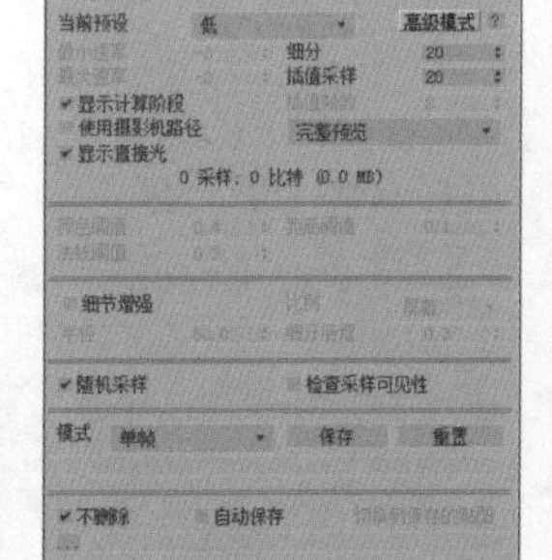

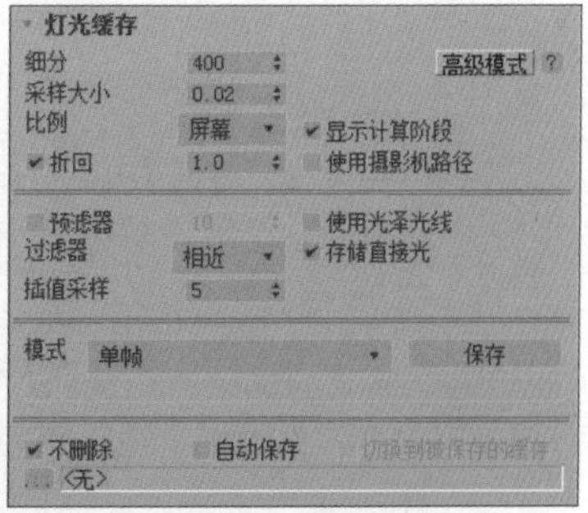

步骤07 在“系统”卷展栏中设置序列方式及动态内存限制值，如下左图所示。

步骤08 渲染场景，测试效果如下右图所示。从测试效果中可以看到，效果图中有较大的颗粒，场景物体缺乏质感。

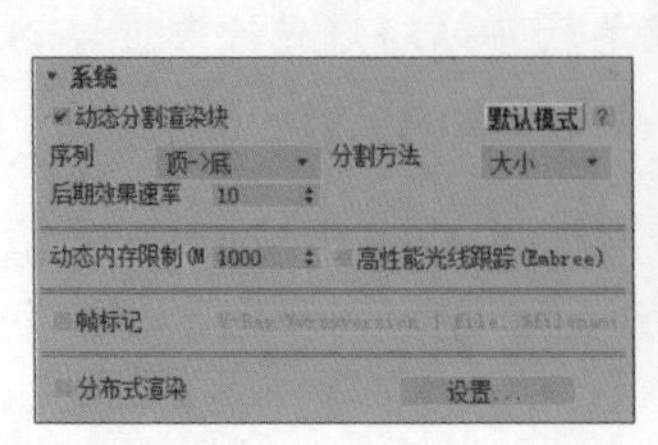

12.4.2 高品质效果渲染

测试渲染效果满意后，就可以着手进行最终效果的渲染了。用户可根据自身电脑的配置情况进行参数设置，以得到最佳渲染效果且节省时间，具体操作步骤如下。

步骤01 在“公用参数”卷展栏中重新设置图像输出尺寸，如下左图所示。

步骤02 在“全局DMC”卷展栏中设置噪波阈值及最小采样的值，再勾选“使用局部细分”复选框，如下右图所示。

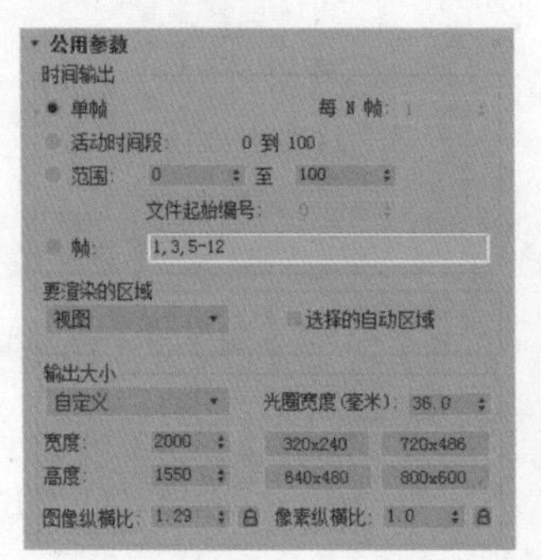

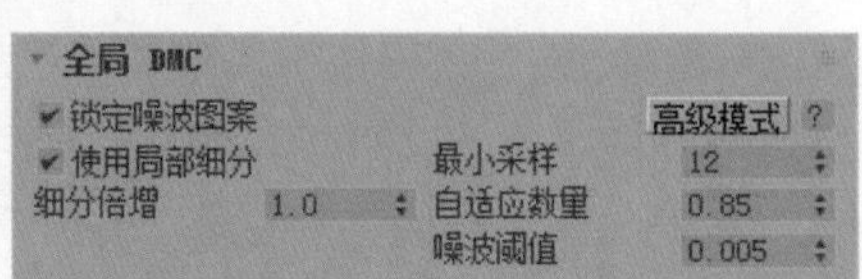

步骤03 在“发光贴图”卷展栏中设置预设级别和细分等参数，如下左图所示。

步骤04 在“灯光缓存”卷展栏中设置细分值为1000，如下右图所示。

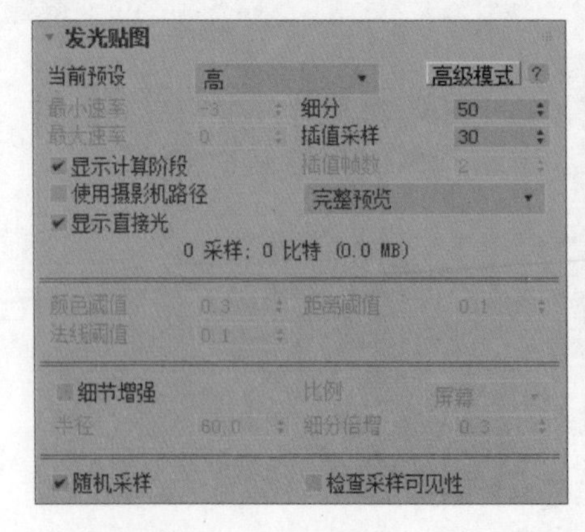

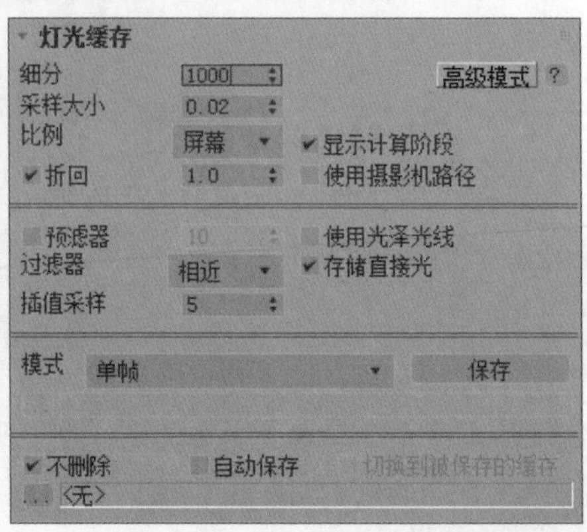

步骤05 最后在“系统”卷展栏中设置动态内存限制为4000，如下左图所示。

步骤06 重新渲染场景，最终效果如下右图所示。

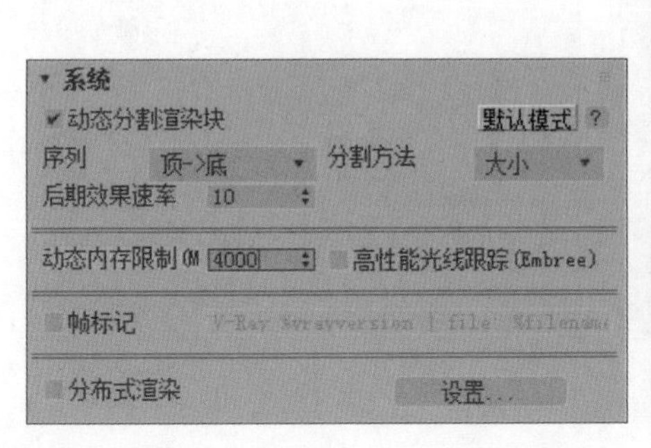

第5节 Photoshop后期处理

通过上面的制作，已经得到了办公大厅场景的成品图。由于受环境色的影响，图像的色彩不够鲜明，整体偏灰暗。下面将利用Photoshop软件对其进行调整，操作步骤如下。

步骤01 在Photoshop软件中打开效果图文件，如下左图所示。

步骤02 可以看到整体场景偏暗，亮度不够，暗部看不见，这里需要调整明暗对比。执行“图像 > 调整 > 亮度/对比度”命令，打开“亮度/对比度”对话框，调整对比度的参数，如下右图所示。

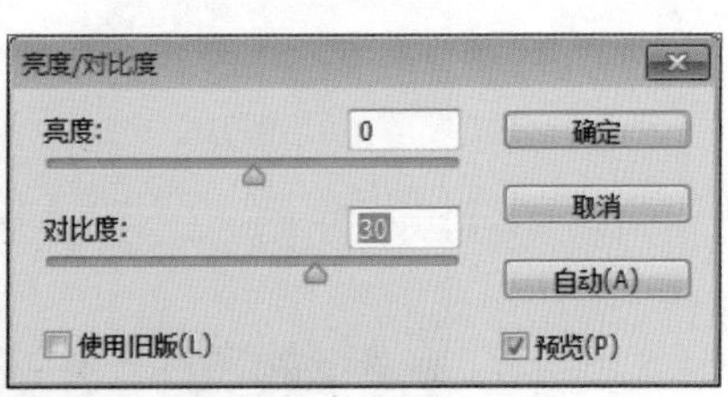

步骤03 单击“确定”按钮，调整后效果如下左图所示。

步骤04 整体场景仍然偏暗，再执行“图像 > 调整 > 曲线”命令，打开“曲线”对话框，调整曲线形状，如下右图所示。

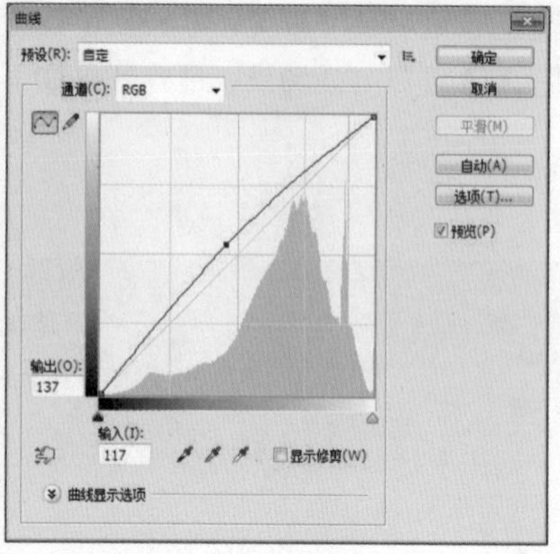

步骤05 单击“确定”按钮，调整后效果如下左图所示。

步骤06 最后要利用笔刷工具为效果添彩。选择画笔工具，在图像上右击，在打开的面板中选择合适的笔刷，如下右图所示。

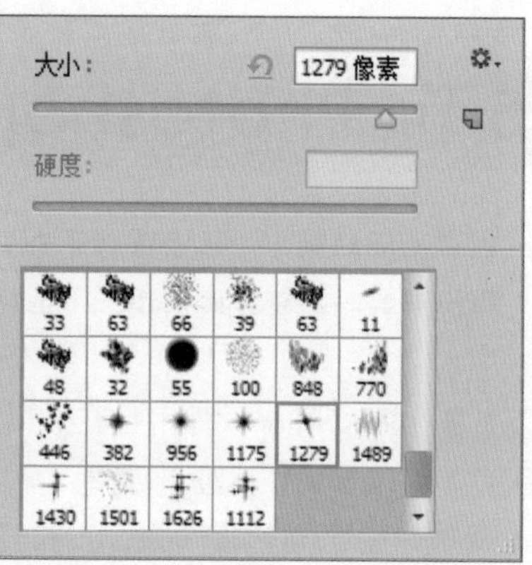

步骤07 调整笔刷大小并设置前景色为白色，在画面中单击添加图案，完成效果图的后期制作并将文件保存，最终效果如下图所示。